Nematology Research in China Vol.8

中国线虫学研究

（第八卷）

彭德良 等 主编

中国农业科学技术出版社

图书在版编目（CIP）数据

中国线虫学研究．第八卷 / 彭德良等主编．-- 北京：中国农业科学技术出版社，2021. 11

ISBN 978-7-5116-5549-3

Ⅰ.①中… Ⅱ.①彭… Ⅲ.①线虫动物－研究－中国－文集 Ⅳ.①Q959.17-53

中国版本图书馆 CIP 数据核字（2021）第 211839 号

责任编辑 姚 欢
责任校对 马广洋
责任印制 姜义伟 王思文

出 版 者 中国农业科学技术出版社
北京市中关村南大街12号 邮编：100081
电 话 （010）82106631（编辑室）（010）82109702（发行部）
（010）82109709（读者服务部）
传 真 （010）82106631
网 址 http: // www.castp.cn
经 销 者 全国各地新华书店
印 刷 者 北京科信印刷有限公司
开 本 185 mm×260 mm 1/16
印 张 18
字 数 400千字
版 次 2021年11月第1版 2021年11月第1次印刷
定 价 80.00元

《中国线虫学研究（第八卷）》

编 委 会

主　编　彭德良　简　恒　廖金铃　段玉玺　陈书龙　刘国坤

副主编　彭　焕　郑经武　李红梅　黄文坤　文艳华

编　委　(按姓氏笔画排序)

丁　中　于佰双　文艳华　孔令安　刘志明　刘杏忠
刘国坤　李红梅　肖　顺　肖炎农　汪来发　陈书龙
陈绵才　卓　侃　郑经武　赵洪海　胡先奇　段玉玺
高丙利　黄文坤　彭　焕　彭德良　葛建军　韩日畴
谢丙炎　谢　辉　简　恒　廖金铃

前　言

我国植物线虫科技工作者积极响应习主席提出的四个面向——“面向世界农业科技前沿，面向国家重大需求，面向现代农业建设主战场，面向人民生命健康”的要求，克服新冠肺炎疫情（COVID-19）大流行带来的不利影响，面对农业生产中线虫病害发生危害日益严重的现实问题，坚持深入生产实际，从生产中发现问题并解决困难，在植物线虫领域的基础研究和应用研究两个方面均取得较大进步，研究深度和广度都有进一步的提升，受到国内外同行的重视和关注，在植物线虫致病分子机制、线虫早期诊断和检测、生物防治、种质资源抗性、综合治理技术和策略等方面取得长足进步。特别是国家公益性行业（农业）科研专项连续资助开展作物孢囊线虫和蔬菜根结线虫研究，对发展我国植物线虫学科和人才队伍建设具有重要推动作用。

《中国线虫学研究（第八卷）》共收集了113篇研究论文、摘要简报和研究综述，内容涉及农林植物线虫发生分布、诊断和检测监测技术、生物学、分子生物学、生物防治、化学防治、综合治理等线虫学研究的各个方面，反映了近3年来我国植物线虫学工作者在相关领域的基础理论、应用基础以及病害综合治理方面的最新研究成果。

本书的出版得到了国家公益性行业（农业）科研专项经费项目“作物孢囊线虫综合治理技术方案（201503114）”的资助，同时得到了中国农业科学院植物保护研究所、植物病虫害生物学国家重点实验室、福建农林大学闽台作物有害生物生态防控国家重点实验室、广东佛山市盈辉作物科学有限公司、广东真格生物科技有限公司、安道麦（北京）农业技术有限公司、拜耳作物科学（中国）有限公司、郑州澳邦生物工程技术有限公司、日本石原产业株式会社、河北兴柏农业科技有限公司和尼康仪器（上海）有限公司等单位的资助与支持，中国农业科学技术出版社对本书的出版给予了大力帮助。在此，我们一并表示衷心的感谢!

在编辑文稿时，本着文责自负的原则，按照论文规范性要求进行收录整理，对个别文句进行了修订。由于时间仓促，疏漏和不足之处在所难免，敬请投稿作者和读者批评指正。

编　者

2021年7月

目　　录

中国线虫学研究（第八卷）Nematology Research in China（Vol.8）：1-7

2种番茄病原根结线虫的形态及分子鉴定*

梁 艳**，胡先奇***，朱辰辰，胡梦君
（云南农业大学植物保护学院/省部共建云南生物资源保护与利用国家重点实验室，昆明 650201）

摘 要：为明确现阶段元谋县番茄种植区根结线虫的主要种类，为有效防控元谋番茄根结线虫病奠定基础。采用主要形态学鉴别特征会阴花纹的形态与rDNA-ITS区PCR及分子特异检测SCAR鉴定技术结合，鉴定云南省元谋县番茄种植区病原根结线虫的种类。结果显示，在采集的样本中鉴定了2种根结线虫：南方根结线虫（*Meloidogyne incognita*）和象耳豆根结线虫（*M.enterolobii*）。表明元谋县番茄种植区当前的病原根结线虫主要是南方根结线虫和象耳豆根结线虫。

关键词：番茄；根结线虫；种类

Morphological and Molecular Identification of Two Species of Root-knot Nematode on Tomato*

Liang Yan**，Hu Xianqi***，Zhu Chenchen，Hu Mengjun
（*State Key Laboratory for Conservation and Utilization of Bio-Resources in Yunnan*，*Yunnan Agricultural University*，*Kunming* 650201，*China*）

Abstract：Morphological characteristic identification for the perineal pattern，rDNA internal transcribed spacer（ITS）sequence PCR amplification and SCAR molecular marker identification were used to identify the species of vegetable root-knot nematodes（*Meloidogyne* spp.）in Yuanmou County，Yunnan Provinceand and help to controlling root-knot nematode parasitism effectively. The results indicated that two kinds of root-knot nematode species were identified from samples：*Meloidogyne incognita* and *M. enterolobii*. The species of root knot nematode mainly include *M.incognita and M.enterolobii* in tomato growing areas in Yuanmou.

Key words：Tomato；Root-knot nematodes；Species

根结线虫（*Meloidogyne* spp.）是蔬菜作物上为害极大的植物病原线虫，其种类多，分布广，寄主范围广，为害几乎所有的蔬菜作物。据不完全统计，在我国因根结线虫为害的产量损失为30%～50%，严重的达到70%以上[1]。根结线虫通过寄生植物根系，在植物根上形成“结节状”，影响根系发育生长，使根系丧失全部或部分功能，导致植物生长不良、黄化、萎蔫甚至死亡[2]。根结线虫有雌虫、雄虫、卵和幼虫（2龄幼虫、3龄幼虫和4

*基金项目：国家重点研发计划（2018YFD0201200）；公益性行业（农业）科研专项（201103018，3-17）；云南省现代农业蔬菜产业技术体系建设专项（2018KJTX0011）
**第一作者：梁艳，硕士，研究方向：植物线虫病害防治。E-mail：1712717970@qq.com
***通信作者：胡先奇，教授，博士，研究方向：植物病理学和植物线虫学。E-mail：xqhoo@126.com

龄幼虫）4个虫态，2龄幼虫从根部侵染植物[3]。据报道由根结线虫引起的农作物减产中有90%以上是由南方根结线虫（*M.incognita*）、北方根结线虫（*M.hapla*）、花生根结线虫（*M.arenaria*）和爪哇根结线虫（*M.javanica*）4个常见种引起的[4]。由于根结线虫种类多，寄主范围广，优势种群日趋多变，对根结线虫种类的准确鉴定是植物根结线虫病有效防治的基础。传统鉴定是采用形态学方法，形态鉴定中雌虫会阴花纹为最重要的形态鉴别特征[5]。现今的实际应用中是将传统的形态学鉴定与分子生物学技术相结合，以准确有效鉴定根结线虫的种类。容万韬等[6]利用PCR检测技术对南方根结线虫、花生根结线虫和爪哇根结线虫进行了快速、准确的鉴定，PCR检测技术具有速度快、成本低、效率高等优势，在根结线虫快速鉴定中应用广泛[7-8]，常见4种根结线虫PCR特异性引物鉴定的研究报道也比较多[9]，构建的较多根结线虫的PCR检测体系，其具有的特异性、灵敏度、效率高和重复性等特点，均达到了实际应用的要求[10-11]。

1　材料与方法

1.1　田间采样

2016年10—12月从云南省元谋县不同乡镇蔬菜产区，采集番茄根结线虫病样本40份，做好标记，带回实验室置于4℃冰箱保存。

1.2　雌虫会阴花纹观察

参考Hartman等[12]和刘维志[13]等的方法在体视显微镜下，挑取雌虫制作会阴花纹，后在显微镜下观察会阴花纹的特征并拍照。

1.3　基因组DNA的提取

参照Adam[10]等的方法，用单头成熟雌虫提取DNA，在−80℃冰箱保存。

1.4　rDNA-ITS区PCR扩增

应用Vrain等[14]设计的线虫18S和28S序列的一对通用引物F195/V5367，其系列为F195（5′-TCCTCCGCTAAATGATATG-3′）、V5367（5′-TTGATTACGTCC CTGCCCTTT-3′），由北京六合华大基因科技股份有限公司合成。用此对引物，以根结线虫基因DNA为模板，进行rDNA的ITS区PCR扩增。PCR反应体积为25μL，模板DNA 2.5μL，10×PCR Buffer（Mg^{2+}，Plus）2.5μL，dNTP（Mixture）2.0μL，Taq酶（5U/μL）0.2μL，ddH_2O补足25μL。PCR反应程序：94℃预变性4min；94℃ 30s，55℃ 45s，72℃ 1min，进行35个循环；72℃延伸10min。PCR反应时设置无DNA模板做空白对照。PCR产物在1.5%琼脂糖凝胶电泳（含溴化乙锭）电泳，并在紫外灯下观察结果并拍照。

1.5　根结线虫SCAR鉴定

PCR反应体系25μL：2×Power Tap PCR Master Mix 12.5μL，ddH_2O 8.5μL，上下游引物各（10μmol/L）1μL，根结线虫模板DNA1μL。所用引物4组（表1）。PCR反应程序：94℃预变性2min；94℃ 30s，（Finc/Rinc：54℃；Far/Rar：61℃；Fjav/Rjav：64℃；Me-F/Me-R：62℃）30s，72℃ 1min，进行35个循环；72℃延伸10min。PCR反应时设置无DNA模板做空白对照。PCR产物在1.5%琼脂糖凝胶电泳（含溴化乙锭）电泳，并在紫外灯下观察结果并拍照。

表1　特异性引物信息

根结线虫种类	引物	引物序列（5′-3′）	扩增产物大小/bp	参考文献
M. incognita	Finc	CTCTGCCCAATGAGCTGTCC	1 200bp	[7]
	Rinc	CTCTGCCCTCACATTAGG		
M. arenaria	Far	TCGGCGATAGAGGTAAATGAC	420bp	[7]
	Rar	TCGGCGATAGACACTACAACT		
M. javanica	Fjav	GGTGCGCGATTGAACTGAGC	670bp	[7]
	Rjav	CAGGCCCTTCAGTGGAACTATAC		
M. enterolobii	Me-F	AACTTTTGTGAAAGTGCCGCTG	236bp	[15]
	Me-R	TCAGTTCAGGCAGGATCAACC		

2　结果与分析

2.1　雌虫会阴花纹形态特征

南方根结线虫雌虫会阴花纹特征：花纹背弓明显，似方形或梯形；常有纹涡，无明显侧线，肛门饰纹竖直，线纹较粗呈波浪状，清楚，有横纹伸向阴门，会阴花纹变异较大（图1A、B）。象耳豆根结线虫雌虫会阴花纹特征：整体卵圆形或椭圆形，线纹细密且平滑，背弓中等到高，多数个体会阴花纹无侧线，少数具有1条或2条不清晰的侧线（图1C、D）。

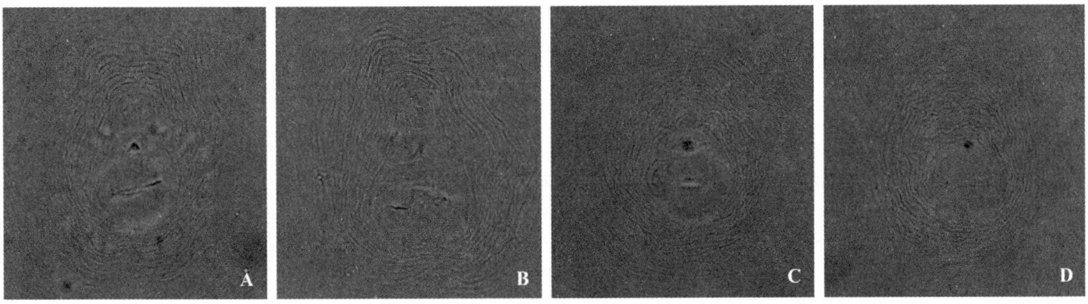

图1　根结线虫的会阴花纹

2.2　rDNA-ITS区PCR扩增产物电泳检测结果

采用通用引物F195/V5367扩增40份蔬菜根结线虫rDNA的ITS区（图2），供试的所有种群在此区域均产生约760bp大小片段，表明云南元谋县不同乡镇蔬菜产区番茄的病原线虫属于根结线虫属。

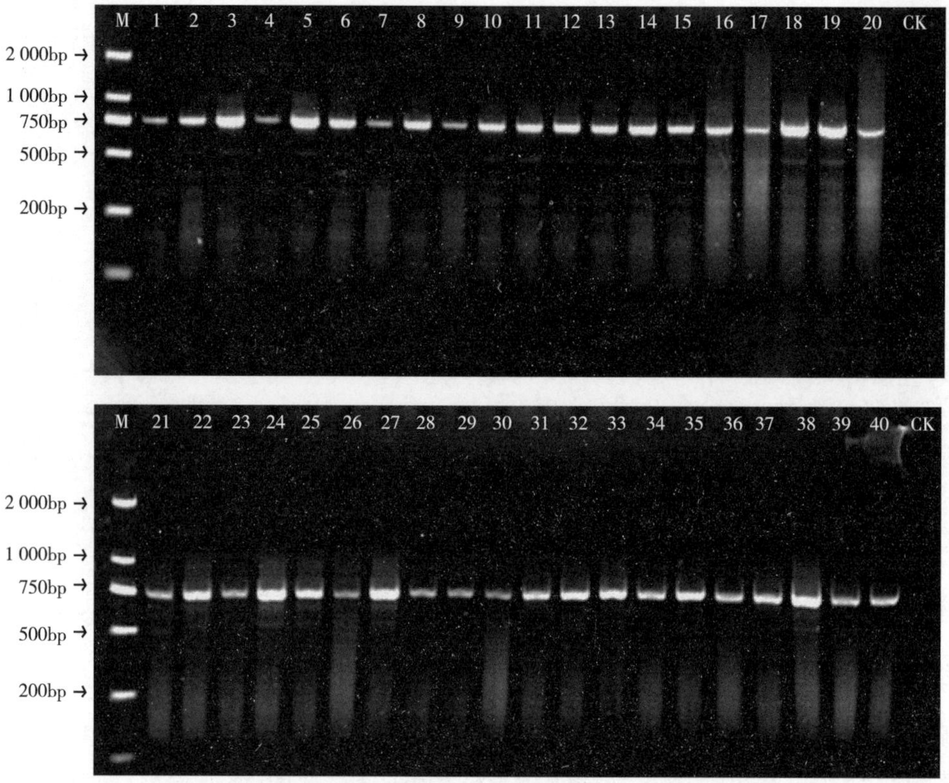

图2　40份根结线虫样品ITS片段的PCR扩增电泳结果

2.3　SCAR特异性引物扩增产物电泳检测结果

根据南方根结线虫特异性引物Finc/Rinc对供试根结线虫种群PCR扩增产物结果（图3）表明20份检样均扩增出条带，条带大小约1 200bp，说明所以检样中均有南方根结线虫存在。

利用象耳豆根结线虫特异性引物Me-F/Me-R对供试线虫种群的随机扩增PCR扩增（图3）表明，有22份检样均扩增出大小约236bp长的目标DNA片段，表明检样中有象耳豆根结线虫（*M.enterolobii*）存在。

2.4　基于会阴花纹的形态鉴定与PCR技术相结合综合鉴定结果

比较根结线虫通用引物F195/V5367扩增产物大小，以及其SCAR特异扩增产物大小与雌虫会阴花纹形态特征，可以认为上述两种方法的鉴定结果一致。说明应用形态学重要特征会阴花纹与PCR技术和SCAR特异检测结合能准确鉴定番茄的病原根结线虫。结果表明，元谋县番茄种植区当前的病原根结线虫主要是2种：南方根结线虫和象耳豆根结线虫。

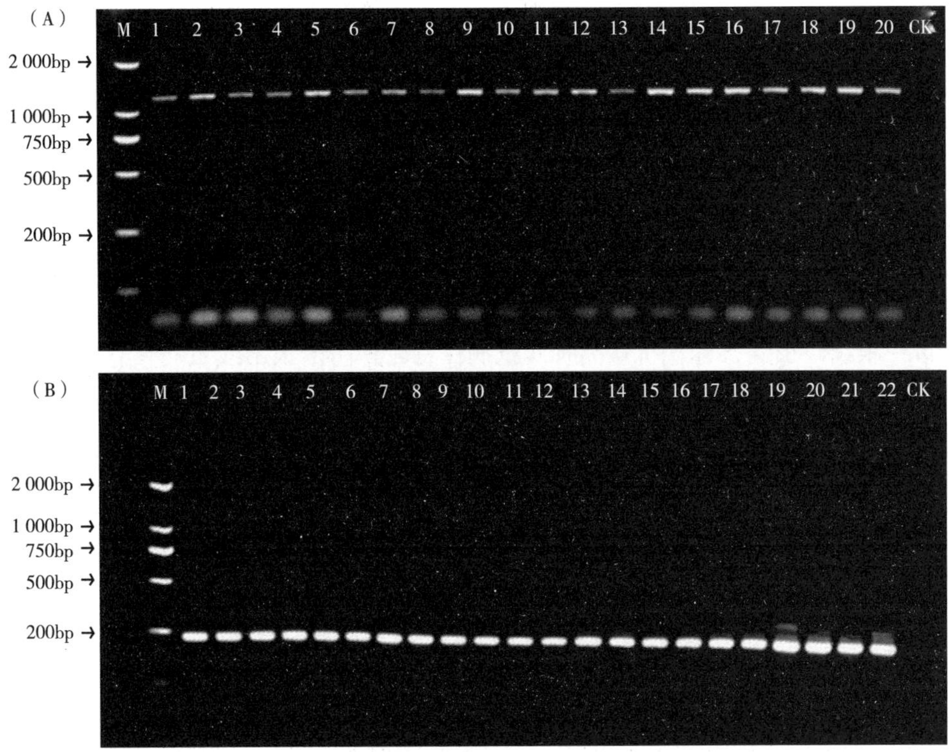

A. 南方根结线虫PCR扩增结果；B. 象耳豆根结线虫PCR扩增结果

图3　根结线虫种类特异性PCR扩增结果

3　讨论

根结线虫病是云南省蔬菜生产中的毁灭性病害之一，已成为蔬菜产业发展的一个重要障碍。准确鉴定蔬菜根结线虫病的病原线虫种类，是有效控制蔬菜根结线虫病的基础。本研究采用根结线虫会阴花纹形态特征与DNA-ITS区扩增SCAR特异性鉴定技术相结合，对云南省元谋县部分番茄种植区的根结线虫种类进行鉴定，结果表明云南省元谋县部分番茄种植区根结线虫病的病原线虫为南方根结线虫和象耳豆根结线虫。

Wang等[16]2015年报道在云南云谋的辣椒上发现了象耳豆根结线虫，李春杰[17]和樊颖伦[18]分别鉴定出黑龙江省大棚蔬菜、山东保护地蔬菜根结线虫病原线虫均为南方根结线虫，赵传波[19]对深圳市蔬菜基地根结线虫的调查研究结果表明南方根结线虫约占90%的种群样本，李敏等[20]研究表明内蒙古保护地蔬菜根结线虫为南方根结线虫。卓侃等[21]在海南及广东的木豆、辣椒等作物上发现象耳豆根结线虫，陈淑君等[22]在福建省的胡萝卜、辣椒和空心菜上鉴定到象耳豆根结线虫。相关研究表明，象耳豆根结线虫种群扩散趋势迅速，已成为亚热带地区、内陆温室大棚一种优势种群[23]。本研究表明，云南省元谋县蔬菜根结线虫由单一的优势种群南方根结线虫[24]变化成为南方根结线虫及象耳豆根结线虫。本研究采样地点云南省元谋县蔬菜种植区常年处于干热状态，气候常年炎热，有利于象耳豆根结线虫的繁殖和扩散。本研究结果与相关报道一致。不足之处是，采样地点仅涉及元谋县部分番茄种植区，其番茄根结线虫病的病原线虫种类及优势种群有待进一步深入调查。

4 结论

本研究采用根结线虫会阴花纹形态特征和常见根结线虫特异性引物对云南省元谋番茄种植区的病原根结线虫进行了鉴定，结果表明，元谋县番茄种植区当前的病原根结线虫主要是2种：南方根结线虫和象耳豆根结线虫。因此，在对元谋县番茄种植区根结线虫的防治时，应将南方根结线虫及象耳豆根结线虫作为主要防治对象。同时，本研究结果对元谋县蔬菜产区中根结线虫病害选育抗病品种和抗病作物轮作防治根结线虫病具有应用价值，为制定元谋县蔬菜产区根结线虫病可持续防治措施提供依据。

参考文献

[1] 焦自高. 蔬菜根结线虫病的发生与防治[J]. 农业知识，2015（4）：27-28.

[2] 陈芳. 根结线虫生防菌的筛选及其生物有机肥研制[D]. 南京：南京农业大学，2011.

[3] 路雪君，廖晓兰，成飞雪，等. 根结线虫的生物防治研究发展[J]. 中国农业科技导报，2010，12（4）：44-48.

[4] 赵鸿，彭德良，朱建兰. 根结线虫的研究现状[J]. 植物保护，2003，29（6）：6-9.

[5] CHITWOOD B G. Root-knot nematodes，Part Ⅰ. A revision of the genus Meloidogyne Goeldi[M]. Proceedings of the Helminthological Society of washington，1949，2：90-114.

[6] 容万韬，王金成，林宇，等. 南方花生和爪哇根结线虫PCR检测方法[J]. 植物检疫，2016，30（3）：42-47.

[7] ZIJLSTRA C，DONKESR-VENNE D T H M. Fragette M. Identification of *Meloidogyne inc- ognita. M . javanica* and *M. arenaria* using sequence characterised amplified region（SCAR）based PCR assays[J]. Nematology，2000，2（8）：847-853.

[8] HU M X，ZHUO K，LIAO J L. Multiplex PCR for the simultaneous identification and detectionof *Meloidogyne incognita*，*M. enterolobii* and *M . javanica* Using DNA extracted Directly from Individual Galls[J]. Phytopahtology，2011，101（11）：1270-1277.

[9] MENG Q P，LONG H，XU J H. PCR assays for rapid and sensitive identification of three major root-knot nematodes，*Meloidogyne incognitaM. javanica* and *M. arenaria*[J]. Acta Phytopat- hologica Sinica，2004，34（3）：204-210.

[10] ADAM M A M，PHILLIPS M S，BLOK V C. Molecular diagnostic key for identification of single juveniles of seven common and economically important species of root-knot nematode（*Meloidogyne* spp.）[J]. Plant Pathology，2007，56（1）：190-197.

[11] KIEWNICK S，WOLF S，WILLARETH M，et a1. Development of a simple multiplex PCR protocol of identification of the tropical root-knot nematode species *M. incognita*，*M. arenaria* and *M. javanica*[J]. Journal of Plnat Diseases and Protection，2009，118（3）：146.

[12] HARTMAN K M，SASSER J N. Identification of *Meloidogyne* species on the basis of differential host test and perineal-pattern morphology[M]. In：An advanced treatise on *Meloidogyne*，Vol II. Methodology（edited by Barkar K R，Carter C C and Sasser J N）Raleigh，NC，USA：North Carolina State University Graphics，1985：69-77.

[13] 刘维志. 植物线虫学研究技术[M]. 沈阳：辽宁科学技术出版社，1995.

[14] VRAIN T C，WAKAREHUK D A，LEVESQUE A C，*et al*. Intraspecific rDNA restriction fragment length polymorphisrn in the *Xiphinema americanum* group[J]. Fundamental and Applied Nematology，1992，5（6）：563-573.

[15] LONG H，LIU H，XU J H. Development of a PCR diagnostic for the root-knot nematode *Meloidogyne enterolobii*[J]. Acta Phytopathologica Sinica，2006，36（2）：109-115.

[16] WANG Y，HU X Q. First report of *Meloidogyne enterolobii* on Hot Pepper in China[J]. Plant disease，2015，99（4）：557.

[17] 李春杰，胡岩峰，王从丽. 黑龙江省大庆市大棚蔬菜根结线虫种类和小种的鉴定[J]. 土壤与作物，2016，5（2）：105-109.

[18] 樊颖伦，张维国，吕山花，等. 山东保护地蔬菜根结线虫种类鉴定[J]. 华北农学报，2009，24（增刊）：262-264.

[19] 赵传波，郑小玲，阮兆英，等. 深圳市蔬菜基地根结线虫的种类和分布[J]. 华中农业大学学报，2015，34（2）：41-48.

[20] 李敏，白全江，席先梅，等. 内蒙古赤峰市保护地蔬菜根结线虫种类鉴定[J]. 植物病理学报，2017，47（2）：286-288.

[21] 卓侃，胡茂秀，廖金玲，等. 广东省和海南省象耳豆根结线虫的鉴定[J]. 华中农业大学学报，2008，27（2）：193-197.

[22] 陈淑君，肖顺，程敏，等. 福建省象耳豆根结线虫的鉴定及分子检测[J]. 福建农林大学学报（自然科学版），2017，46（2）：141-146.

[23] 陈蕙，王会芳，陈绵才. 象耳豆根结线虫的研究进展[J]. 贵州农业科学，2016，44（5）：51-55.

[24] 杨子祥，袁理春，段日汤，等. 云南元谋番茄根结线虫病调查与防治[J]. 长江蔬菜，2011：44-45.

中国线虫学研究（第八卷）Nematology Research in China（Vol.8）：8-12

6%氨基寡糖·噻唑膦对玉米生长发育的影响

宋爱婷*，王泊理**，阙引利***
（广东真格生物科技有限公司，肇庆　526108）

Effect of 6% Amino-oligosaccharide · Fosthiazate on the Growth and Development of Corn

Song Aiting*，Wang Boli**，Que Yinlin***
（*Guangdong ZhenBiotechnology Co.*，*Ltd*，*Zhaoqing*　526108，*China*）

摘　要：采用室内生测相关试验方法，研究分析了6%氨基寡糖·噻唑膦水乳剂（广东真格生物科技有限公司，商品名：线制）、20%噻唑膦水乳剂（某农资企业）、2%氨基寡糖素水剂（某农资企业）共3种药剂对玉米种子发芽及幼苗生长发育的影响，试验结果表明，无论是浸泡处理种子还是灌根处理幼苗，6%氨基寡糖·噻唑膦水乳剂（广东真格）在种子发芽、植株根系生长、茎叶的生长发育等方面均表现出显著的促进作用。

关键词：6%氨基寡糖·噻唑膦；玉米；发芽率；浸种；灌根

玉米是我国重要的粮食作物，确保我国主要粮食作物的优质、高产和稳产对保障我国粮食安全具有重要的意义。

噻唑膦是一种低毒、安全高效、持效期长的非熏蒸型杀线虫剂，具有触杀、内吸两种作用方式，其在各种环境条件下均有良好的防治效果，土壤酸碱度、温度或水分对其药效影响不明显。寡糖素的研究从20世纪60年代开始，至今已发现寡糖素可以诱导植物产生植保素、乙烯、甲壳素酶、葡聚糖酶、几丁质酶等，能够刺激植物的免疫反应系统[1]。目前国内外相关机构已经对寡糖素促进植物根系生长及防治根结线虫的研究取得一定成效。研究表明氨基寡糖素的作用机理为：诱导作物产生几丁质酶，分解吸收线虫和卵壳中的壳寡糖使线虫体壁和卵壳溶解，从而导致线虫和虫卵死亡，与此同时，诱导植物产生植保素，修复根部线虫侵害创口，促进根系细胞的分生，提高植物对病害及根结线虫的抵抗能力[2]。

*第一作者：宋爱婷，硕士。E-mail：1722570774@qq.com
**第二作者：阙引利，硕士。E-mail：2265208301@qq.com
***通信作者：王泊理，硕士，从事作物病虫害防治防控研究工作。E-mail：wangbl_001@163.com

1 材料与方法

1.1 材料

供试种子：玉米种子（郑单958）。

供试药剂：6%氨基寡糖·噻唑膦水乳剂（广东真格生物科技有限公司，商品名：线制）、20%噻唑膦水乳剂（某农资企业）、2%氨基寡糖素水剂（某农资企业）。

1.2 方法

本试验于2020年在广东真格生物科技有限公司生测实验室内进行。

1.2.1 不同药剂浸种对发芽率的影响试验

挑取颗粒饱满，种皮完整的供试玉米种子，50℃恒温水浴锅浸种消毒20min，捞出自然晾干表面水分。供试药剂稀释1 000倍，将消毒后的种子分别浸泡于稀释药液中，搅拌浸泡30min捞出，自然晾干表面水分，转移到铺无菌滤纸的干净培养皿中保湿催芽，每处理设置3个重复，每个重复接入药剂处理种子30粒，以清水处理作为空白对照。

完成所有处理后，置入光照培养箱，27℃黑暗培养，每天补充2mL无菌水，待空白对照发芽完成后统计各处理发芽情况，计算种子发芽率。

1.2.2 不同药剂浸种对玉米幼苗长势的影响试验

种子浸种催芽步骤如1.2.1中所述，将种子从供试药剂中捞出后，转移到特殊植物根系清晰可见的水培装置中，每个处理设置3个重复，每个重复接入药剂处理种子15粒，最后置于光照培养箱培养，条件：光照14h，温度27℃，湿度72%；黑暗10h，温度24℃，湿度50%。培养过程中观察玉米幼苗长势变化。

1.2.3 不同药剂灌根对玉米幼苗长势的影响试验

挑取颗粒饱满，种皮完整的供试玉米种子，50℃恒温水浴锅浸种消毒20min，捞出恒温箱催芽。取发芽露白整齐的种子，播种于育苗杯中，每个处理设置3个重复，每个苗杯中播种3粒玉米种子。光照培养箱培养，待长出2片真叶时，供试药剂分别稀释1 000倍进行灌根处理，光照培养箱培养7d后进行各指标的测量。

1.3 调查方法

本文中浸种试验在玉米种子出苗后，调查各处理出苗率，计算各处理药剂对玉米种子发芽率，计算公式如下：

发芽率（%）=（发芽种子粒数/供试种子粒数）× 100

数据分析采用Excel 2017进行数据分析，用SPSS Statistics 17.0对数据进行差异显著性分析。

2 结果与分析

2.1 不同药剂浸泡玉米种子对其发芽率的影响

由表1可以看出，与清水空白对照相比，6%寡糖·噻唑膦水乳剂（广东真格）处理对玉米种子的发芽有显著促进效果，2%氨基寡糖素水剂（某农资企业）处理对种子发芽率也有一定的促进作用，而20%噻唑膦水乳剂（某农资企业）处理对玉米种子发芽有显著抑制效果。

表1　不同药剂浸泡玉米种子发芽率统计表

处理	稀释浓度	发芽率/%
清水对照	1 000倍	77.78b
6%寡糖·噻唑膦水乳剂（广东真格）	1 000倍	88.89c
2%氨基寡糖素水剂（某农资企业）	1 000倍	81.11b
20%噻唑膦水乳剂（某农资企业）	1 000倍	54.44a

注：Duncan法方差分析差异显著性，$P<0.05$。

2.2　不同药剂浸泡处理玉米种子对其幼苗长势的影响

由图1、图2和图3可见，药剂1号：6%寡糖·噻唑膦水乳剂（广东真格）；药剂2号：20%噻唑膦水乳剂（某农资企业）；药剂3号：2%氨基寡糖素水剂（某农资企业）不同药剂稀释液浸泡玉米种子3～4d时，与清水对照相比，“药剂1号”整齐度高于对照，“药剂2号”整齐度低于对照，而“药剂3号”与对照无明显差异；不同药剂稀释液浸泡玉米种子后7d时，“药剂1号”和“药剂3号”茎叶部长势与整齐度均与对照无明显差异，且“药剂1号”根部密度明显大于清水对照；而“药剂2号”与其他处理组相比长势最弱。

由表2可见，与清水对照相比，6%寡糖·噻唑膦水乳剂（广东真格）稀释1 000倍浸泡玉米种子对其幼苗茎叶部的生长无显著作用，而对根部生长表现出显著促进作用；2%氨基寡糖素水剂（某农资企业）同样稀释1 000倍浸泡玉米种子，对其茎叶和根的生长均无显著作用效果；而20%噻唑膦水乳剂（某农资企业）浸泡玉米种子后对其幼苗生长有抑制作用。

图1　不同药剂浸种处理后第3天玉米苗长势图

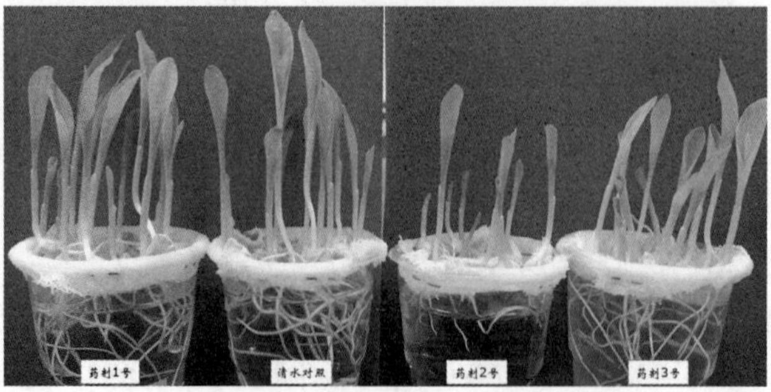

图2　不同药剂浸种处理后第4天玉米苗长势图

图3　不同药剂浸种处理后第7天玉米苗长势图

表2　不同药剂浸种处理对玉米幼苗生长的影响

处理	茎叶鲜重/g	根部鲜重/g	茎叶干重/g	根部干重/g
清水对照	18.0b	15.5b	2.1a	1.5a
6%寡糖·噻唑膦水乳剂（广东真格）	17.9b	21.8c	3.6b	2.8b
20%噻唑膦水乳剂（某农资企业）	13.9a	7.8a	1.5a	1.2a
2%氨基寡糖素水剂（某农资企业）	17.0b	16.4b	2.4a	1.6a

注：Duncan法方差分析差异显著性，$P<0.05$。

2.3　不同药剂灌根对玉米幼苗生长的影响

由图4和表3中可以看出，6%寡糖·噻唑膦水乳剂（广东真格）稀释1 000倍灌根处理玉米幼苗，对其茎叶部的生长无显著促进作用，而对其根部生长表现出显著促进作用；2%氨基寡糖素水剂（某农资企业）同样稀释1 000倍浸泡玉米种子，对其茎叶和根的生长均无显著作用效果；而20%噻唑膦水乳剂（某农资企业）浸泡玉米种子后对其幼苗茎叶部生长及根部生长均有明显抑制作用。

图4　不同药剂灌根处理玉米幼苗7d后长势图

表3　不同药剂灌根处理对玉米幼苗生长的影响

处理	茎叶鲜重/g	根部鲜重/g	茎叶干重/g	根部干重/g
清水对照	16.85b	22.40b	3.71b	2.23b
6%寡糖·噻唑膦水乳剂（广东真格）	20.15c	26.98c	4.87b	3.98c
2%氨基寡糖素水剂（某农资企业）	17.61b	23.10b	3.54b	2.04b
20%噻唑膦水乳剂（某农资企业）	12.85a	20.32a	2.27a	1.35a

注：Duncan法方差分析差异显著性，$P<0.05$。

3　讨论

6%寡糖·噻唑膦水乳剂（广东真格）对玉米的生长发育表现出显著的促进作用，特别表现在对药剂浸种对种子发芽率提高到85%以上，大大提高出苗率及出芽整齐度，减少后期补苗；灌根处理玉米幼苗能够显著促进根系生长，鲜重及干重均有所增加，有利于植株提高抗逆性。

4　结论

本试验结果表明，与空白对照及市场可见药剂对照下，采用相同的作用浓度，6%寡糖·噻唑膦水乳剂（广东真格）对玉米种子发芽率有显著提升作用，对玉米幼苗生长发育亦有显著促进效果，能够加强玉米植株的抗病抗逆性能，从而提高粮食产量与品质。

参考文献

［1］　徐俊光，赵小明. 氨基寡糖素田间防治辣椒疫病及体外抑菌试验[J]. 植物保护科学，2006，22（7）：421-424.

［2］　王亚霜. 氨基寡糖素对小麦和玉米的促生作用及其机理的初步研究[D]. 新乡：河南科技学院，2020.

中国线虫学研究（第八卷）Nematology Research in China（Vol.8）：13-19

1种从苔藓土壤中分离的细针线虫（*Gracilacus* sp.）的种类鉴定*

周　倩**，胡锦杰，宁旭兰，肖顺，程曦，刘国坤***
（福建农林大学生物农药与化学生物学教育部重点实验室，福建　福州，350002）

摘　要：从苔藓土壤中分离到一种细针线虫（*Gracilacus* sp.），其主要形态特征为口针长69.9～78.5μm，背食道腺开口不明显，排泄孔开口位于口针基部球前或后部，无阴门盖，无后阴子宫囊，尾部末端呈楔状，其形态特征与拟隐细针线虫（*G. paralatescens*）原始描述种基本一致。对该线虫的18S区、28S D2-D3区和rDNA-ITS区进行扩增，并基于其序列利用最大似然法和贝叶斯法分别构建了系统发育树，系统发育分析表明该线虫序列与GenBank中的拟隐细针线虫种群序列处于同一分支且支持率高。该线虫种通过形态与分子鉴定为拟隐细针线虫，为福建省首次报道。

关键词：拟隐细针线虫；鉴定；形态学；系统发育

Identification of a Species of *Gracilacus* isolated from the Soil of Mossy*

Zhou Qian**，Hu Jinjie，Ning Xulan，Xiao Shun，Cheng Xi，Liu Guokun***
（*Key Laboratory of Biopesticide and Chemical Biology*，*Ministry of Education*，*Fujian Agriculture and Forestry University*，350002，*Fuzhou*，*Fujian*，*P. R. China*）

Abstract：A species of *Gracilacus* sp. was isolated from the soil of mossy，and the main morphological characteristics of the nematode were as follows：the length of stylet was 69.9−78.5 μm，the dorsal esophageal gland opens was not obvious，the opening of excretory pore was located in front or behind basal knobs，without vulval flap and post uterine sac，tail having wedge shape terminus. The morphological characteristics matched the original description of *G. paralatescens*. The 18S region，28S D2-D3 region and rDNA-ITS region were amplification，and phylogenetic analysis with Maximum Likelihood and Bayesian analysis based on the three regions revealed that the sequences were group with the sequences of *G. paralatescens* available from the GenBank database respectively. The nematode species was identified as *G. paralatescens* by morphological and molecular analysis. The nematode was reported for the first time in Fujian Province.

Keywords：*Gracilacus paralatescens*；Identification；Morphology；Phylogenetic analysis

1　材料与方法

1.1　样本采集、分离

线虫样本采集自福建农林大学植物园内（GPS坐标：26°05′08″，119°14′18″；海拔

* 基金项目：国家自然科学基金面上项目（NFSC 31171828）

** 作者简介：周倩，硕士研究生，从事植物病原线虫研究。E-mail：zhouq231@126.com
*** 通讯作者：刘国坤，教授，从事植物病原线虫研究。E-mail：liuguok@126.com

44m）苔藓5～10cm深度土壤层。样本采用浅盘法和改良贝尔曼漏斗法[1]进行分离。

1.2 形态鉴定

线虫缓慢杀死制成临时玻片[1]，在Nikon显微镜（Eclipse Ni-U 931609，日本）下进行观测，用与之配套的相机（DS-Ril）拍照，用测量软件和De Man公式[2]对各形态特征进行测量和数据处理。采用Seinhorst的甘油-乙醇脱水法[3]制作永久玻片，用于保存。

1.3 分子生物学鉴定

1.3.1 DNA的提取与扩增

采用单条线虫进行DNA提取，提取方法采用蛋白酶K法[4]。采用25μL扩增体系：7.5μL ddH_2O，12.5μL Ex Premix TaqTM（TAKARA，大连宝生物公司），上下游引物各1μL，DNA模板3μL。

18S区扩增引物对为1096F/1912R（5′-GGTAATTCTGGAGCTAATAC-3′；5′-TTTACGGTCAGAACTAGGG-3′）和1813F/2646R（5′-CTGCGTGAGAGGTGAAAT-3′；5′-GCTACCTTGTTACGACTTTT-3′）[5]，扩增反应条件为引物对1096F/1912R：94℃预变性4min；94℃变性40s，53℃退火40s，72℃延伸2min，重复38次；72℃延伸10min；引物对1813F/2646R：94℃预变性4min；94℃变性15s，55℃退火40s，72℃延伸2min，重复38次；72℃延伸10min。

28S D2-D3区扩增引物对为D2A/D3B（5′-ACAAGTACCGTGAGGGAAAGT-3′；5′-TCGGAAGGAACCAGCTACTA-3′）[6]，扩增反应条件：94℃预变性3min；94℃变性30s，55℃退火30s，72℃延伸1min，重复40次；72℃延伸10min。

rDNA-ITS区扩增引物对为TW81/AB28（5′-GTTTCCGTAGGTGAACCTGC-3′；5′-ATATGCTTAAGTTCAGCGGG-3′）[7]。扩增反应条件：94℃预变性3min；95℃预变性3min，95℃变性30s，55℃退火30s，72℃延伸1min，重复40次；72℃延伸10min。

1.3.2 测序、序列处理及获取序列号

运用凝胶电泳技术对扩增产物进行测定，得到较亮条带后将PCR扩增产物送至上海生工生物公司进行纯化、测序，用软件Geneious进行测序质量的检验、序列的比对、拼接以及头尾修饰，在GenBank上提交目标序列获取序列号。

1.3.3 系统发育树的构建

将目标序列上传至BLAST比对，选取序列相似度最高的类群作为建树序列，利用G-INS-I方法进行序列的多重比对，去除无效位点，转换序列格式，运用程序MrBayes on XSEDE，采用GTR+I+G模式构建贝叶斯树[8]；运用程序RAxML-HPC2 on XSEDE，采用GTRCAT模式构建极大似然树[9]，最后在贝叶斯50%多数原则一致树上标注自展值（BS）和后验概率（PP）。

2 结果与分析

2.1 形态特征鉴定

雌虫：其形态数据见表1。虫体小，纤细，a=20.0～25.8，固定后虫体略向腹部弯曲或呈“C”形（图1，A）；头部骨化轻微，半圆形，与虫体连续；体环细小，口针长度

69.9 ~ 78.5μm，向腹部弯曲，口针基部球圆，背食道腺开口不明显，中食道球圆柱形，瓣膜大，后食道腺梨形，排泄孔开口位于口针基部球前或后部（图1，B、C）；阴门位于虫体的中后部，V=67.8 ~ 71.6，阴唇不突出，无阴门盖，阴道与体中线垂直，占阴门处体宽的1/2，无后阴子宫囊（图1，D）；阴门至肛门距离长于尾部，T/VA=0.39 ~ 0.46；尾部短，逐渐变细，末端楔状。

雄虫：未知。

其形态特征符合拟隐细针线虫（*G. paralatescens*）原始描述种的分类特征，主要分类特点为口针长41 ~ 119μm，排泄孔开口位于口针基部球前或后部，无阴门盖；与拟隐细针线虫原始种群相比，除了体长数值较大（285 ~ 348μm vs 271.1 ~ 308.1μm），其余数值均在其相应范围值内。

表1　拟隐细针线虫雌虫形态特征测量数据（测量单位：μm）

形态指标	测定种群	原始描述种[9]
n	13	26
L	314 ± 14.7（285 ~ 348）	290.4 ± 11.8（271.1 ~ 308.1）
L’	288 ± 5.18（282 ~ 295）	
a	23.4 ± 1.77（20.0 ~ 25.8）	25.3 ± 1.7（22.4 ~ 29.0）
b	2.40 ± 0.24（2.17 ~ 3.05）	2.3 ± 0.1（2.2 ~ 2.5）
c	10.8 ± 0.65（10.1 ~ 11.7）	11.2 ± 1.1（9.3 ~ 13.8）
c’	4.31 ± 0.34（3.97 ~ 4.62）	4.5 ± 0.4（3.2 ~ 5.4）
V	69.4 ± 1.11（67.8 ~ 71.6）	70.3 ± 1.2（68.2 ~ 72.9）
V’	76.6 ± 1.90（74.3 ~ 78.2）	
Stylet	76.0 ± 2.09（69.9 ~ 78.5）	74.8 ± 2.4（71.5 ~ 78.8）
Stylet Sknob height	1.41 ± 0.14（1.24 ~ 1.59）	
Stylet Sknob width	2.77 ± 0.14（2.53 ~ 2.93）	
Median bulb width	8.16 ± 0.33（7.48 ~ 8.66）	7.5 ± 0.6（6.2 ~ 8.6）
Median bulb long	15.0 ± 0.78（13.3 ~ 15.8）	15.6 ± 1.3（13.4 ~ 18.7）
Excretory pore to anterior end	80.0 ± 2.31（77.1 ~ 83.5）	68.8 ± 2.8（62.8 ~ 73.4）
Pharynx	132 ± 2.45（127 ~ 136）	125.6 ± 4.6（118.7 ~ 133.5）
Head to vulva	218 ± 7.76（201 ~ 236）	
Vulva to anus	69.1 ± 1.09（67.6 ~ 70.6）	
Anus width	6.91 ± 0.37（6.52 ~ 7.52）	5.9 ± 0.5（5.0 ~ 6.8）
Vulva width	12.3 ± 0.55（11.1 ~ 13.3）	10.9 ± 0.6（9.7 ~ 12.5）
Body width	13.5 ± 1.09（11.9 ~ 15.9）	11.5 ± 0.7（10.3 ~ 12.7）
Tail	29.7 ± 1.70（26.9 ~ 31.3）	26.2 ± 2.5（21.3 ~ 29.9）
T/VA	0.43 ± 0.03（0.39 ~ 0.46）	

2.2　分子鉴定

18S区2条序列扩增长度均为1621bp，GenBank获序列号为MW716357、MW716358，与*G. paralatescens*（MH200615）一致性为99.94%。基于贝叶斯法和极大似然法建树（图2，A），该虫与*G. paralatescens*聚在一个分支（PP=0.99，BS=85）。

28S D2-D3区3条序列扩增为772bp、771bp、771bp，GenBank获序列号分别为MW716310、MW716311、MW716312，与*G. paralatescens*（MH200616）一致性为99.87%、99.87%、99.86%，构建的系统发育树（图2，B）表明其均与*G. paralatescens*处在同一分支且支持率高（PP=0.96，BS=95）。

ITS区3条序列扩增长度均为818bp，GenBank获序列号分别为MW714357、MW714358、MW714359，与*G. paralatescens*（MH200615）一致性最高，均为99.25%，构建的系统发育树（图2，C）表明其与*G. paralatescens*（MH200615）均处于同一分支，支持率高（PP=1，BS=99）。

2.3　分类地位

通过形态特征鉴定与分子生物学鉴定，该线虫为拟隐细针线虫（G. paralatescens）。

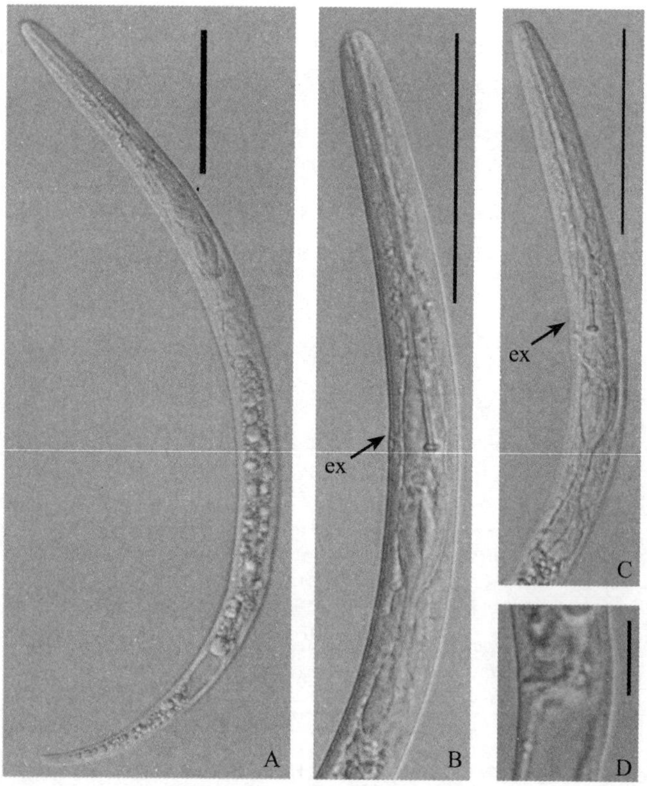

A、整体；B，C、身体前部；D、阴门

图1　光学显微镜下拟隐细针线虫特征图像（标尺：A、B、C=50μm；D=10μm）

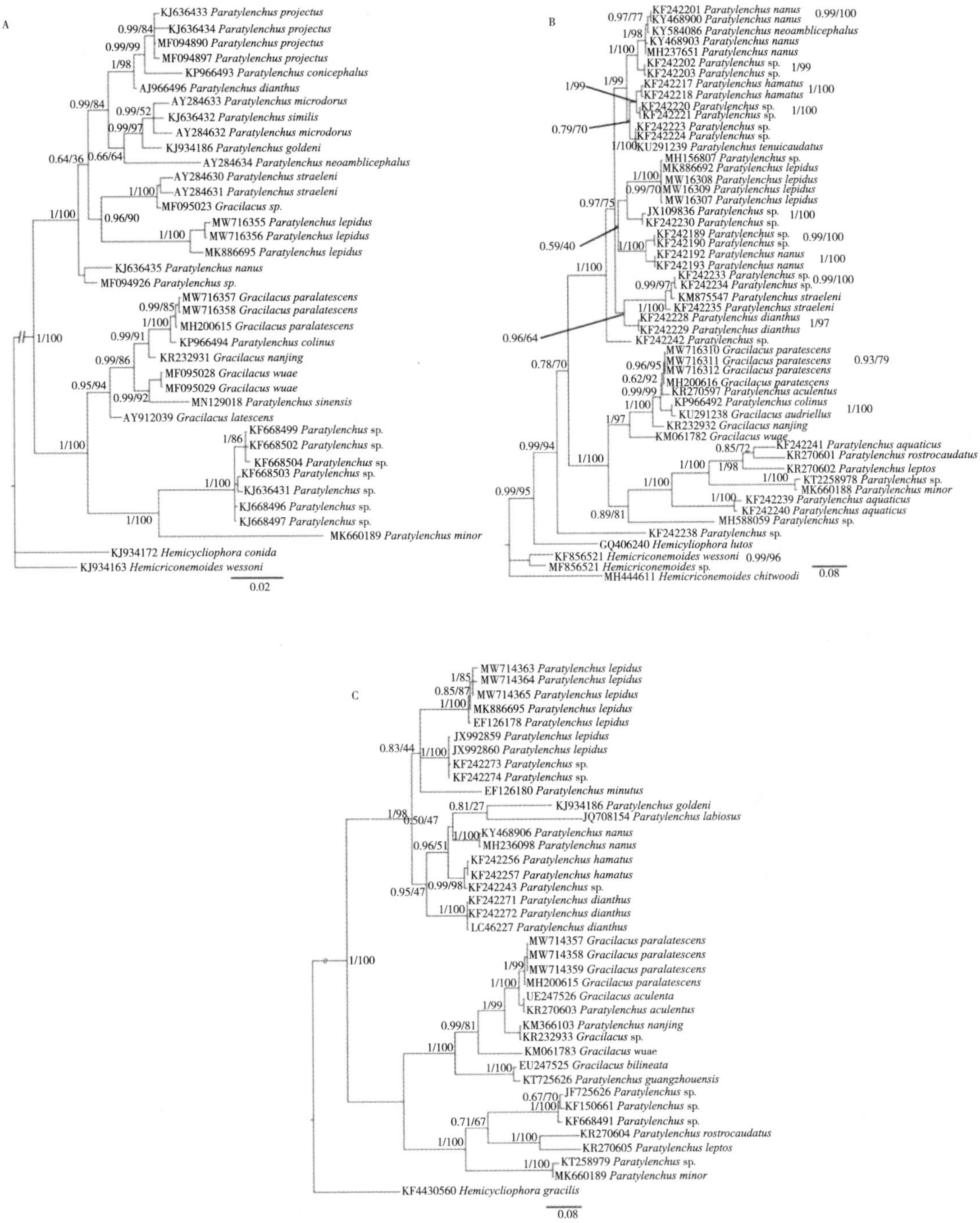

图2　拟隐细针线虫基于18S rDNA、28S D2-D3区、ITS基因以贝叶斯法和极大似然法整合建立系统发育树（分支数值PP/BS，新得到的序列加粗显示）

3　讨论

本次从苔藓下层土壤中分离到一种针亚科线虫，经形态与分子生物学鉴定为拟隐细针线虫。拟隐细针线虫最早是Maria等2018年从浙江省竹子根部发现并定名的一个新种[10]，本次发现为福建省首次报道。细针属线虫被认为具有长的口针，在根皮层细胞中取食。本次从苔藓下部土壤中分离到拟隐细针线虫，为首次从苔藓下部土壤中发现，但是否苔藓是其新寄主，尚需进一步确认。

细针属是Raski于1962年[11]，将原针属雌虫口针长度大于48μm的划出确定的新属，1976年又将细针属口针长度减到大于41μm[12]。但是线虫界对于是否将细针属从针属中独立出来长期以来一直存在争议[13]。本次从苔藓分离到的拟隐细针线虫，在18S、28S D2-D3区、rDNA-ITS基因序列一致性高，构建的系统发育树与原始描述种均处于同一分支且支持率高。从本次构建的系统发育树来分析，口针大于41μm的广义针属线虫均可归为一大分支，与文献[14-17]一致，支持针属与细针属是两个独立属，但需要更多2属分子信息来支撑。

参考文献

[1] 张绍升. 植物线虫病害诊断与防治[M]. 福州：福建科学技术出版社，1999.

[2] 谢辉. 植物线虫分类学[M]. 2版. 北京：高等教育出版社，2005.

[3] SEINHORST J W. A rapid method for the transfer of nematodes from fixative to anhydrous glycerin[J]. Nematologica，1959，4（1）：67-69.

[4] 王江岭，张建成，顾建锋. 单条线虫DNA提取方法[J]. 植物检疫，2011（2）：32-35.

[5] HOLTERMAN M，WURFF A V D，ELSEN S V D，*et al.* Phylum-wide analysis of SSU rDNA reveals deep phylogenetic relationships among nematodes and accelerated evolution toward crown Clades.[J]. Molecular biology and evolution，2006，23（9）：1792-1800.

[6] DE LEY P，DE LEY I T，Morris K，*et al.* An integrated approach to fast and informative morphological vouchering of nematodes for applications in molecular barcoding[J]. Philosophical transactions of the Royal Society of London. Series B，Biological sciences，2005（1462）：1945-1958.

[7] MAAFI Z T，SUBBOTIN S A，MOENS M. Molecular identification of cyst-forming nematodes（Heteroderidae）from Iran and a phylogeny based on ITS-rDNA sequences[J]. Nematology，2003，5（1）：99-111.

[8] RONQUIST F，TESLENKO M，MARK P V D，*et al.* Mrbayes 3.2：Efficient bayesian phylogenetic inference and model choice across a large model space[J]. Systematic Biology，2012，61（3）：539-542.

[9] STAMATAKIS A，HOOVER P，ROUGEMONT J. A rapid bootstrap algorithm for the RAxML web servers[J]. Systematic Biology，2008，57（5）：758-771.

[10] MARIA M，CAI R，YE W，*et al.* Description of *Gracilacus paralatescens* n. sp.（Nematoda：Paratylenchinae）found from the rhizosphere of Bamboo in Zhejiang，China[J]. Journal of Nematology，2018，50（4）：611-622.

[11] RASKI D J. Paratylenchidae n.fam. with descriptions of five new species of *Gracilacus* n.g. and an emendation of *Cacopaurus* Thorne，1943，*Paratylenchus* Micoletzky，1922 and *Criconematidae* Thorne，1943[J]. Proceedings of the Helminthological Society of Washington，1962，29（2）：189-207.

[12] RASKI D J. Revision of the genus *Paratylenchus* Micoletzky，1922 and descriptions of newspecies. Part III of Three parts-*Gracilacus*[J]. Journal of Nematology，1976，8（2）：97-115.

[13] GHADERI R，KASHI L，KAREGAR A. Contribution to the study of the genus *Paratylenchus* Micoletzky，1922 sensu lato（Nematoda：Tylenchulidae）[J]. Zootaxa，2014（2）：151-187.

[14] LÓPEZ M，ROBBINS R T，SZALANSKI A L. Taxonomic and molecular identification of *Hemicaloosia*,

Hemicycliophora，*Gracilacus* and *Paratylenchus* species（nematoda：Criconematidae）[J]. Journal of Nematology，2013，45（3）：145-171.

［15］VAN DEN BERG E，TIEDT L R，SUBBOTIN S A. Morphological and molecular characterisation of several *Paratylenchus* Micoletzky，1922（Tylenchida：Paratylenchidae）species from South Africa and USA，together with some taxonomic notes[J]. Nematology，2014（3）：323-358.

［16］WANG K，LI Y，XIE H，*et al.* Morphology and molecular analysis of *Paratylenchus guangzhouensis* n. sp.（Nematoda：Paratylenchinae）from the soil associated with *Bambusa multiplex* in China[J]. European Journal of Plant Pathology，2016（2）：255-264.

［17］WANG K，XIE H，LI Y，*et al.* Morphology and molecular analysis of *Paratylenchus nanjingensis* n. sp.（Nematoda：Paratylenchinae）from the rhizosphere soil of *Pinus massoniana* in China[J]. Journal of Helminthology，2016，90（2）：166-173.

中国线虫学研究（第八卷）Nematology Research in China（Vol.8）：20-25

甘薯上根结线虫的形态与分子鉴定*

范　文**，周　瑶，赵文诗，肖　顺，程　曦，刘国坤***
（福建农林大学生物农药与化学生物学教育部重点实验室，福建　福州，350002）

摘　要：福建省石狮地区的甘薯品种泉紫薯96发生严重的根结线虫病。作者对其为害症状进行了描述，通过形态学与分子生物学鉴定方法鉴定为象耳豆根结线虫（*Meloidogyne enterolobii*）。通过象耳豆根结线虫的特异性引物对不同薯地的根结线虫进行检测，均为象耳豆根结线虫。研究结果表明象耳豆根结线虫对甘薯的为害性应引起足够重视。

关键词：甘薯；象耳豆根结线虫；形态学；分子生物学；特异性引物

Morphological and Molecular Identification of Root-knot Nematode on Sweet Potato*

Fan Wen**，Zhou Yao，Zhao Wenshi，Xiao Shun，Cheng Xi，Liu Guokun***
（*Key Laboratory of Biopesticide and Chemical Biology*，*Ministry of Education*，*Fujian Agriculture and Forestry University*，*Fuzhou*，350002　*China*）

Abstract：The serious root knot nematodes has been found on sweet potatoes cultivar quanzishu in Shishi region，Fujian Province. The symptoms of the disease has been described，and the nematode was identified as *Meloidogyne enterolobii* based on morphometric and molecular characteristics. By using specific primers of *M.enterolobii*，the nematodes from sweet potatoes in different field were identified as *M. enterolobii*. The results showed the damage of *M. enterolobii* on sweet potato should been given enough attention .

Key words：*Ipomoea batatas*；*M.enterolobii*；Morphology；Molecular；Specific primers

甘薯（*Dioscorea esculenta*）在我国广泛种植，占世界甘薯种植面积60%以上，是一种重要的粮食、饲料和工业原料的重要来源。甘薯品种种类多，近年来发现一些甘薯品种具有良好的抗氧化、增强免疫力、调节肠道菌群、预防糖尿病等保健功能[1]，而备受市场欢迎，成为致富的重要经济作用。甘薯植物线虫是甘薯上重要的病原物，主要种类包括北方产区的腐烂茎线虫（*Ditylenchus destructor*）、南方产区的南方根结线虫（*Meloidogyne incognita*）[2]。福建省种甘薯历史悠久，各地均有种植，种植面积大，但总体而言，多年以来，根结线虫虽有报道发生，但是并未成为甘薯上的重要病害。但是近两年来，在福建省

* 基金项目：国家自然科学基金面上项目（NFSC 31171828）
** 作者简介：范文，硕士研究生，从事植物病原线虫研究。E-mail：fw1553214381@126.com
*** 通讯作者：刘国坤，教授，从事植物病原线虫研究。E-mail：liuguok@126.com

闽南一带沙质土壤中，常有基层反映一些品种上发生严重根结线虫病。2020年，经作者经现场调查，并采样鉴定，结果总结如下。

1 材料与方法

1.1 样本采集及线虫保存

2020年11月，采集位点为福建省石狮市蚶江镇（118.681774E，24.769235N），甘薯品种为泉紫薯96，为甘薯收获期。从田间采集受侵染的甘薯薯块，在体视显微镜下剖取单卵囊，接种于灭菌土内的番茄根部进行繁殖，繁殖的雌、雄虫、二龄幼虫（J2）进行形态与分子鉴定。

1.2 形态鉴定

自接种的番茄病根上挑取卵囊在无菌水中孵化收集2龄幼虫，雌虫直接剖离于根结，雄虫挑自根结卵囊胶质物。线虫的杀死、固定、会阴花纹的制作均参照张绍升[2]的方法。在Nikon显微镜（Eclipse Ni-U 931609，日本）下拍照，并根据De Man[2]公式测计线虫各虫态。每一虫态取20个样本。

1.3 分子生物学鉴定

1.3.1 DNA的提取与扩增

采用蛋白酶K[3]法提取单条线虫的DNA。25μL扩增体系：7.5μL ddH$_2$O，12.5μL Ex Premix TaqTM（TAKARA，大连宝生物公司），上下游引物各1μL，DNA模板3μL。

rDNA-ITS区扩增引物对为V5367/26S（5′-TTGATTACGTCCCTGCCCTTT-3′，5′-TTTCACTCGCCGTTACTAAGG-3′）[4]，PCR反应程序：94℃，4min；94℃，30s，55℃，30s，72℃，60s，35个循环；72℃，10min；4℃，保存。

28S D2-D3区扩增引物对为D2A/D3B（5′-ACAAGTACCGTGAGGGAAAGT-3′，5′-TCGGAAGGAACCAGCTACTA-3）[5]，PCR反应程序：94℃，4min；94℃，40s，51℃，40s，72℃，60s，35个循环；72℃，10min；4℃，保存。

将上述PCR产物用1%琼脂糖凝胶电泳检测确定目的条带。PCR产物送至上海生工生物公司进行双向测序，测出的序列进行BLAST相似性比对，以确定线虫种类。

1.3.2 象耳豆根结线虫特异性引物检测

为明确甘薯上的根结线虫种类，随机从12个薯块上分别挑取一雌虫进行象耳豆特异性引物Me-F/Me-R（5′-AACTTTTGT-GAAAGTGCCGCTG-3′，5′-TCAGTTCAGGCAGGATCAACC-3′）[6]扩增，PCR反应程序：94℃，4min；94℃，30s，62℃，30s，72℃，60s，38个循环；72℃，10min；4℃保存。PCR产物用1%琼脂糖凝胶电泳检测条带大小。

2 结果与分析

2.1 症状观察

田间调查中，畦块病薯发病率为65%～87%。病薯表面密布大小不等的微凸起，后期病斑中间往往变褐色或木栓化，且稍凹陷，呈火山状开口。多个坏死斑可连接成大斑（图1A）。切开薯块病斑可延至薯肉内2～3cm。解剖病斑组织可见雌虫与卵囊（图1B），最多一个大病斑处挑离出86只雌虫。卵囊上可附着有雄虫。受害严重的薯块因后期其他病原菌侵入而腐烂。严重受害薯块无经济价值。

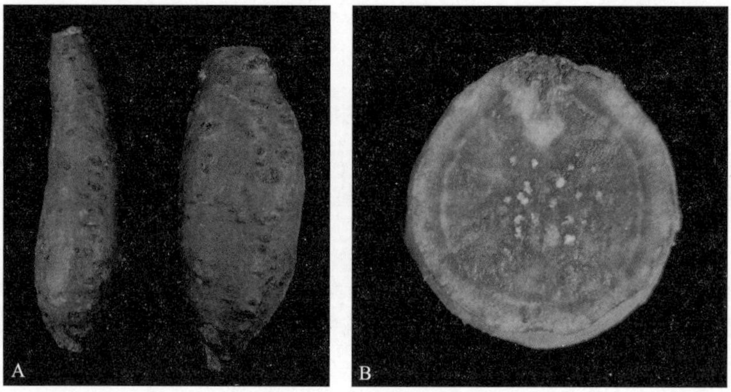

A. 受害薯块外观；B. 受害薯块横切面

图1　象耳豆根结线虫侵染甘薯症状特点

2.2　形态特征鉴定

雌虫会阴花纹呈卵形或近圆形，线纹细密、较平滑，背弓中等至高，近半圆形或方形，无侧线或不明显（图2A-C），侧器孔明显。雄虫蠕虫形，虫体长，体环明显，头冠高圆，略缢缩；口针粗壮，口针基部球大；中食道球明显，食道腺覆盖肠道于腹面；侧区有明显的7条侧线。2龄幼虫，蠕虫形，头部钝圆，口针细尖，基部球小；中食道球椭圆，食道腺覆盖肠于腹面；尾部细长有缢缩，有清晰的透明区，末端钝圆。

如表1所示，所测象耳豆根结线虫雌虫、雄虫和2龄幼虫的形态测量值均与耳豆根结线虫原始描述种[7]相符，因此形态初步鉴定该线虫为象耳豆根结线虫。

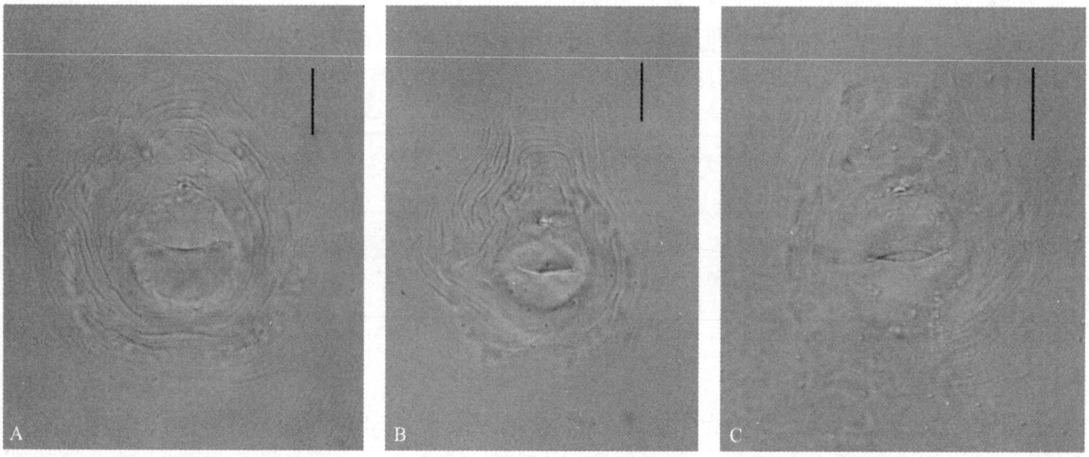

图2　光学显微镜下供试甘薯根结线虫会阴花纹（比例尺：20μm）

表1　甘薯上象耳豆根结线虫主要形态测量值（测量单位：μm，n=20）

形态指标	J2	雄虫	雌虫
L	480 ± 29.9（427 ~ 547）	1 652 ± 129（1 326 ~ 1 843）	750 ± 81.9（594 ~ 899）
a	27.3 ± 3.25（21.2 ~ 32.7）	38.7 ± 2.71（34.1 ~ 44.9）	1.57 ± 0.14（1.34 ~ 1.78）
b	4.85 ± 0.28（4.60 ~ 5.26）	11.2 ± 0.74（10.6 ~ 12.0）	
b’	3.95 ± 0.23（3.76 ~ 4.32）	7.70 ± 0.70（6.95 ~ 8.32）	
c	11.1 ± 1.27（8.25 ~ 12.3）	138 ± 24.6（110 ~ 182）	
c’	48.4 ± 8.04（43.4 ~ 57.6）	85.4 ± 4.15（80.7 ~ 93.6）	
Stylet	13.6 ± 0.49（12.9 ~ 14.8）	22.2 ± 0.56（21.2 ~ 23.4）	15.3 ± 1.2（13.2 ~ 17.2）
Stylet knob height	1.44 ± 0.15（1.3 ~ 1.75）	2.47 ± 0.16（2.17 ~ 2.78）	2.11 ± 0.19（1.91 ~ 2.58）
Stylet knob width	2.25 ± 0.12（2.02 ~ 2.39）	4.47 ± 0.3（3.95 ~ 4.97）	4.1 ± 0.29（3.61 ~ 4.46）
Lip region diam	5.36 ± 0.07（5.3 ~ 5.46）	12.2 ± 0.31（11.8 ~ 12.7）	
Lip region height	2.81 ± 0.07（2.75 ~ 2.92）	5.77 ± 0.19（5.55 ~ 6.14）	
DGO	3.63 ± 0.34（2.95 ~ 4.25）	4.53 ± 0.5（3.45 ~ 5.15）	4.8 ± 0.6（3.9 ~ 5.6）
Anterior end to Pharyngo-intestinal junction	101 ± 5.93（91.9 ~ 108）	152 ± 3.59（148 ~ 157）	
Anterior end to Posterior end pharyngeal gland	124 ± 5.34（117 ~ 132）	223 ± 11.4（207 ~ 235）	
Excretory pore	103 ± 13.9（80.9 ~ 125）	185 ± 15.8（161 ~ 211）	
Max body diam	17.8 ± 2.36（15.07 ~ 23.4）	42.8 ± 3.49（35.0 ~ 48.1）	
Anal body diam	9.81 ± 1.28（8.16 ~ 11.4）	20.0 ± 1.2（18.2 ~ 21.5）	482 ± 58.9（378 ~ 606）
Tail	42.7 ± 4.55（38.0 ~ 51.7）	12.6 ± 2.16（8.93 ~ 15.8）	
Spicule length		29.3 ± 1.21（27.8 ~ 31.85）	
H	15.1 ± 2.85（9.66 ~ 18.5）		
PH-PH			29.1 ± 4.86（22.5 ~ 41.1）
VSL			27.1 ± 2.28（23.8 ~ 30.6）
A-PH			8.02 ± 2.09（4.68 ~ 11.2）
V-A			21.7 ± 2.54（18.3 ~ 29.1）

2.3 分子鉴定

rDNA-ITS区序列扩增为765bp，上传获得GenBank序列号为MZ414226，在数据库中比对，与福建作物分离到象耳豆根结线虫序列（火龙果，MT209954，MT209955；雍菜，KX823382、KX823381；香蕉，KT354575）一致性最高，为99.22%；28S D2-D3区序列扩增为759bp（MZ427322），在数据库中比对，与福建作物上分离到的象耳豆根结线虫序列（火龙果，MT193448，MT193349，MT193450；辣椒，KX823404；雍菜，MT195677；姜，MF467276）一致性为100%。

利用特异性引物Me-F/Me-R扩增12个甘薯根结线虫DNA样本，得到236bp的目的条带（图3），阴性对照无条带，与文献[6]一致，确定该种群为单一种群，均为象耳豆根结线虫。

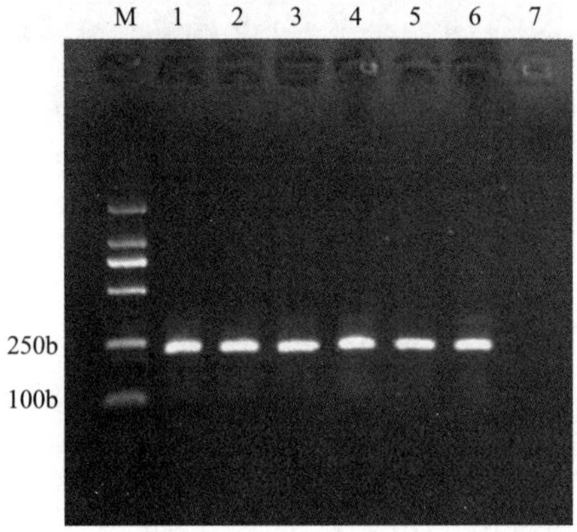

M：GL DNA Marker 2000；1～6：线虫DNA样本；7：不含DNA的阴性对照

图3 象耳豆根结线虫特异性引物Me-F/Me-R扩增结果

3 讨论

象耳豆根结线虫是1983年在我国海南象耳豆树上发现的一个新种[7]，但随后该线虫的为害性备受忽略，但近二十年来研究发现其已成为热带及亚热带地区上最重要的作物根结线虫种类之一。根结线虫是甘薯上重要病原线虫，南方根结线虫是最主要的病原线虫[2, 8]，其他的种类还包括北方根结线虫（*M.hapl*a）、花生根结线虫（*M.arenaria*）、爪哇根结线虫（*M.javanica*）等[8, 9]。象耳豆根结线虫在甘薯上的为害最早是2014年在广东省湛江甘薯上发现报道[10]，近期在福建泉州甘薯品种（湖南2号）的田块也有发现为害[11]。本次从泉薯96上发现的根结线虫经形态学与分子生物学鉴定为象耳豆根结线虫，作者实验室近几年调查中，发现在闽南地区的辣椒、香蕉、生姜、雍菜、胡萝卜等多种作物上均有象耳豆根结线虫为害，且为优势种群[12-15]，本次测定的rDAN-ITS、28S D2-D3序列与这些作物上分离到的象耳豆根结线虫同源性最高。但本次调查也发现，同一田块的其他10多个甘薯品种并不受根结线虫为害或为害轻微，表明了甘薯品种间可能抗性差异很大。进一步了解象耳豆根结线虫对甘薯的侵染特点及甘薯品种抗感性，对于甘薯产业发展具有重要意义。

参考文献

[1] 刘国强，赵海，李星，等. 甘薯的保健功能及药用价值研究进展[J]. 农产品加工，2021（4）：74-77.

[2] 张邵升. 植物线虫病害诊断与治理[M]. 福州：福建科学技术出版社，1999.

[3] 王江岭，张建成，顾建锋. 单条线虫DNA提取方法[J]. 植物检疫，2011，25（2）：32-35.

[4] VRAIN T，WAKARCHUK D，LAPLANTELEVESQUE A，*et al.* Intraspecific rDNA restriction fragment length polymorphism in the *Xiphinema americanum group*[J]. Fundamental and Applied Nematology，1992，15（6）：563-573.

[5] SUBBOTIN S A，STURHAN D，CHIZHOV V N，*et al.* Phylogenetic analysis of Tylenchida Thorne，1949 as inferred from D2 and D3 expansion fragments of the 28S rRNA gene sequences[J]. Nematology，2006，8（3）：455-474.

[6] LONG H，LIU H，XU J H. Development of a PCR diagnostic for the root-knot nematode *Meloidogyne enterolobii*[J]. Acta Phytopathologica Sinica，2006，36（2）：109-115.

[7] YANG B，EISENBACK J D. *Meloidogyne enterolobii* n. sp.（Meloidogynidae），a root-knot nematode parasitizing pacara earpod tree in China[J]. Journal of Nematology，1983，15（3）：381-391.

[8] 章淑玲. 甘薯线虫病害及线虫种类鉴定[D]. 福州：福建农林大学，2005.

[9] SCURRAH M I，NIERE B，BRIDGE J，*et al.* Nematode parasites of solanum and sweet potatoes//LUC M，SIKORA R A，BRIDGE J. Plant parasitic nematodes in subtropical and tropical agriculture[M]. 2nd ed. Wallingford，UK：CABI Publishing，2005：207-210.

[10] GAO B，WANG R Y，CHEN S L，*et al.* First Report of Root-Knot Nematode *Meloidogyne enterolobii* on Sweet Potato in China[J]. Plant Disease，2014，98（5）：702.

[11] 章淑玲，欧高政，陈美玲. 甘薯根结线虫病病原：象耳豆根结线虫的鉴定[J]. 福建农林大学学报（自然科学版），2021，50（1）：23-28.

[12] WANG Y F，XIAO S，HUANG Y K，*et al.* First Report of *Meloidogyne enterolobii* on Carrot in China[J]. Plant Disease，2014，98（7）：1019.

[13] ZHOU X，CHENG X，XIAO S，*et al.* First Report of *Meloidogyne enterolobii* on Banana in China[J]. Plant Disease，2016，100（4）：863.

[14] XIAO S，HOU X Y，CHENG M，*et al.* First Report of *Meloidogyne enterolobii* on Ginger（*Zingiber officinale*）in China[J]. Plant Disease，2018，102（3）：684.

[15] 陈淑君，肖顺，程敏，等. 福建省象耳豆根结线虫的鉴定及分子检测[J]. 福建农林大学学报（自然科学版），2017，46（2）：141-146.

中国线虫学研究（第八卷）Nematology Research in China（Vol.8）：26-33

分子拟态蛋白特异性检测松材线虫*

孟繁丽[1,2**]，理永霞[2]，张星耀[2]
（[1]北京林业大学林学院，北京 100083；[2]中国林业科学研究院林业新技术研究所，北京 100091）

摘 要：松材线虫病是世界最具危险性的森林病害，给我国松林生态系统造成了严重危害。分子拟态蛋白是病原物分泌的与寄主防御相关蛋白在结构或功能上相似的蛋白，其能干扰寄主的防御反应。松材线虫分子拟态蛋白可能通过分子模拟作用干扰了寄主正常的防御代谢，导致其代谢紊乱进而诱发空洞化。通过对松材线虫分子拟态蛋白*Bx-tlp-1*、*Bx-tlp-2*和*Bx-cpi*基因设计特异性PCR引物，对松材线虫DNA和天牛组织DNA进行特异性扩增发现，松材线虫有特异性片段，大小分别为755bp、241bp和202bp。由此说明，*Bx-tlp-1*、*Bx-tlp-2*和*Bx-cpi*基因不仅可用于特异性检测松材线虫，还可用于检测媒介天牛是否携带松材线虫。
关键词：松材线虫；分子拟态蛋白；特异性检测

Specific Detection of Pine Wood Nematode with Molecular Mimicry Proteins*

Meng Fanli[1,2**]，Li Yongxia[2]，Zhang Xingyao[2]
（[1]*College of Forestry*，*Beijing Forestry University*，*Beijing* 100083，*China*；
[2]*Research Institute of Forestry New Technology*，*Chinese Academy of Forestry*，*Beijing* 100091，*China*）

Abstract: The pine wood nematode *Bursaphelenchus xylophilus* is a destructive species affecting pine trees worldwide. Pathogens may secrete proteins that are structurally or functionally similar to host defense-related proteins，which are called molecular mimicry proteins. The molecular mimicry proteins of *B. xylophilus* may interfere with the normal defense metabolism and lead to the metabolic disorder in host plants. we designed the PCR primers of *Bx-tlp-1*，*Bx-tlp-2* and *Bx-cpi* genes to specifically amplify the DNA of *B. xylophilus* and *Monochamus alternatus* tissue. It was found that the sizes of fragments were 755 bp，241 bp and 202 bp，respectively. The results showed that the *Bx-tlp-1*，*Bx-tlp-2* and *Bx-cpi* genes can be used not only to specifically detect *B. xylophilus*，but also to detect *B. xylophilus* from *M. alternatus* in the field.
Key words: *Bursaphelenchus xylophilus*；Molecular mimicry proteins；Specific detection

松材线虫病，也称松树萎蔫病（Pine Wilt Disease，PWD），是由病原松材线虫（*Bursaphelenchus xylophilus*（Steiner & Buhrer）Nickle）（Nickle *et al.*，1981）引起的一种毁灭性松林病害。该病是以松材线虫（*B. xylophilus*）为病原，墨天牛属（*Monochamus* spp.）昆虫（Coleoptera：Cerambycidae）为主要传播媒介，综合人为参与、寄主松树

*基金项目：中央高校基本科研业务费专项资金资助（2021ZY03）
**第一作者&通信作者：孟繁丽，讲师，从事林木病理学和植物线虫学研究。E-mail：mengfanli@bjfu.edu.cn

（*Pinus* spp.）、相关伴生菌和环境因素构成的复杂病害系统（张星耀等，2003）。由于墨天牛属（*Monochamus* spp.）昆虫在整个生活周期会取食多棵松树嫩梢，松材线虫通过天牛的钻蛀孔进入松树体内（Morimoto and Iwasaki，1972；Ryss *et al.*，2005；蔡梦玲，2019）。一旦松树被松材线虫侵染，短时间内便会迅速枯萎死亡，目前还没有有效的防控手段。

鉴于松材线虫病疫情已侵入我国大部分区域，如亚热带、温带、暖温带；以及中国的大部分松科树种均可被松材线虫侵染，主要有马尾松（*Pinus massoniana*）、黑松（*P. thunbergii*）、油松（*P. tabuliformis*）、华山松（*P. armandii*）、红松（*P. koraiensis*）、樟子松（*P. sylvestris* var. *mongolica*）、华北落叶松（*Larix principis-rupprechtii*）、日本落叶松（*L. kaempferi*）、长白落叶松（*L. olgensis*）等（于海英等，2019；于海英等，2020）；松材线虫病已成为我国最具危险性和毁灭性的森林病害。

其中，松墨天牛是松材线虫病最重要的传播媒介，携带的是松材线虫幼虫，且携带的线虫有多种（徐福元，1994）。难以根据形态学特征来区分和鉴定松材线虫幼虫。准确诊断松墨天牛携带的松材线虫是监测松材线虫病发生蔓延过程中急需解决的难题。分子生物学技术的引入，克服了形态学的一些限制，实现快速鉴定。松墨天牛携带的松材线虫分子检测技术的开发对于及时发现早期疫点，有效地将松材线虫病控制在一定的范围内，缩小松材线虫病的发生，降低防治成本，具有重要的意义（朱孝伟，2007）。目前，松材线虫的检测与鉴定主要以分子生物学的方法为主（王明旭，2004；陈凤毛等，2012）。

研究发现，松材线虫致病过程中可能也会分泌一些致病因子干扰或模拟松树次生代谢，诱导松树体内超量积累萜烯等次生代谢产物，最后导致松树自杀式死亡。在这一过程中，线虫分泌的某些能干扰植物防御反应的功能因子也可能是致病相关因子之一。Shinya（2013）报道了松材线虫分子模拟分泌蛋白，在松材线虫分泌蛋白中鉴定出3条其他的植物寄生线虫中没有检测到的蛋白，包括2条类甜蛋白（thaumatin-like proteins，TLPs）、1条类半胱氨酸蛋白酶抑制剂。研究表明，松材线虫Bx-TLP-1、Bx-TLP-2和Bx-CPI蛋白序列与植物蛋白序列之间具有更高的序列相似性，表明它们之间可能具有相似的功能。经过基因突变和选择压力，寄生线虫的基因所编码的蛋白在结构和功能上可能与寄主蛋白越来越相似，说明Bx-TLP-1、Bx-TLP-2和Bx-CPI蛋白可能模拟寄主植物蛋白功能，干扰寄主防御反应（汪菊等，2014；Meng *et al.*，2017；Meng *et al.*，2020）。此外，经NCBI比对松材线虫和拟松材线虫的*Bx-tlp-1*、*Bx-tlp-2*和*Bx-cpi*基因片段，发现该段基因在松材线虫种内保守，与拟松材线虫种间差异极大。因此，松材线虫分子拟态蛋白*Bx-tlp-1*、*Bx-tlp-2*和*Bx-cpi*基因可以作为松材线虫特异性检测的新靶标基因，故本试验以松材线虫的*Bx-tlp-1*、*Bx-tlp-2*和*Bx-cpi*基因为靶标设计特异性引物，对松墨天牛携带的松材线虫进行PCR快速扩增。

1　材料与方法

1.1　试验材料

1.1.1　生物材料

2017—2019年野外采集的松墨天牛和云杉花墨天牛（表1）；实验室培养的松材线虫和拟松材线虫（表2）。

表1　野外采集的松墨天牛和云杉花墨天牛

采样时间	采样地点	寄主植物	媒介昆虫
2017年7月8日	福建省福州市连江县	马尾松（*Pinus massoniana*）	松墨天牛（*Monochamus alternatus*）
2017年11月9日	安徽省滁州市来安县	马尾松（*P. massoniana*）	松墨天牛（*M. alternatus*）
2017年12月11日	辽宁省丹东市凤城市	红松（*P. koraiensis*）	云杉花墨天牛（*M. saltuarius*）
2017年12月12日	辽宁省抚顺市南杂木镇	油松（*P. tabuliformis*）	云杉花墨天牛（*M. saltuarius*）
2017年12月12日	辽宁省抚顺市营盘村	油松（*P. tabuliformis*）	云杉花墨天牛（*M. saltuarius*）
2018年5月3日	天津市蓟州区	油松（*P. tabuliformis*）	云杉花墨天牛（*M. saltuarius*）
2018年6月1日	浙江省杭州市桐庐县	马尾松（*P. massoniana*）	松墨天牛（*M. alternatus*）
2018年7月20日	辽宁省抚顺市上马镇	油松（*P. tabuliformis*）	云杉花墨天牛（*M. saltuarius*）
2018年8月10日	山东省威海市	黑松（*P. thunbergii*）	松墨天牛（*M. alternatus*）
2019年3月31日	广东省惠州市惠东县	马尾松（*P. massoniana*）	松墨天牛（*M. alternatus*）

表2　实验室培养的松材线虫和拟松材线虫

编号	种名	来源	寄主
WH	松材线虫（*Bursaphelenchus xylophilus*）	山东省威海市	黑松（*Pinus.thunbergii*）
FS	松材线虫（*B. xylophilus*）	辽宁省抚顺市	油松（*P. tabuliformis*）
DD	松材线虫（*B. xylophilus*）	辽宁省丹东市	红松（*P. koraiensis*）
NJ	松材线虫（*B. xylophilus*）	江苏省南京市	马尾松（*P. massoniana*）
NB	松材线虫（*B. xylophilus*）	浙江省宁波市	马尾松（*P. massoniana*）
HZ	松材线虫（*B. xylophilus*）	广东省惠州市	马尾松（*P. massoniana*）
ZS	拟松材线虫（*B.mucronatus*）	浙江省舟山市	马尾松（*P. massoniana*）
SD	拟松材线虫（*B.mucronatus*）	湖南省邵东市	马尾松（*P. massoniana*）
GY	拟松材线虫（*B.mucronatus*）	四川省广元市	马尾松（*P. massoniana*）
ES	拟松材线虫（*B.mucronatus*）	湖北省恩施市	马尾松（*P. massoniana*）

1.1.2　化学试剂

液氮；TE buffer溶液；PrimeSTAR HS DNA（Premix）（TaKaRa，Japan）。

1.2　PCR扩增

1.2.1　PCR引物设计

以松材线虫*Bx-tlp-1*，*Bx-tlp-2*和*Bx-cpi*基因为靶基因，通过Primer 6.0设计松材线虫特异性引物（tlp1-j-F/tlp1-j-R，tlp2-j-F/tlp2-j-R和cpi-j-F/cpi-j-R），引物序列见表3。

表3　引物序列

引物	5′-3′
tlp1-j-F	TGTGGCTGACACTTATGG
tlp1-j-R	AGTCGTCGTTGTAGTTGATA
tlp2-j-F	TCACACTTGCCGAGTTCTCCTTC
tlp2-j-R	TCCGTGAGTCTTGCTATTGTCTCC
cpi-j-F	CACGGCAAGTGCTAGGTGGATT
cpi-j-R	TGAGCAGCGACAACTTGATGGAA

1.2.2　PCR反应体系的建立

反应体系（25μL）：PrimeSTAR HS DNA（Premix）（TaKaRa，Japan）12.5μL，正反向引物各1μL，DNA模板1μL，ddH_2O 9.5μL。反应程序：94℃ 3min；94℃ 30s，55℃ 30s，72℃ 1min，35个循环；72℃ 10min。琼脂糖凝胶电泳检测结果。

1.3　天牛组织DNA的提取

采用液氮冻融提取天牛组织DNA，参考张阜嘉方法（张阜嘉，2009）稍做改进，取松墨天牛成虫头部及胸部组织0.2g放入2mL EP管中，加入200μL TE buffer溶液，放入钢珠研磨仪研磨5min（60Hz）；$1.34\times10^4 g$离心1min；液氮冷冻1min，85℃保温1min，重复3次；$1.34\times10^4 g$离心1min，吸取上清液于1.5mL EP管中；液氮冷冻1min，85℃保温1min，重复3次；$1.34\times10^4 g$离心1min，吸取上清液用于PCR检测。PCR方法见1.2.2。

2　结果与分析

2.1　PCR引物设计

以松材线虫*Bx-tlp-1*，*Bx-tlp-2*和*Bx-cpi*基因为靶基因，设计PCR特异性引物，引物序列见表3。

2.2　PCR检测松材线虫和拟松材线虫

如图1所示，利用松材线虫*Bx-tlp-1*基因特异性引物扩增松材线虫和拟松材线虫DNA，发现松材线虫有特异性片段，片段大小为755bp；而拟松材线虫无特异性片段。如图2所示，利用松材线虫*Bx-tlp-2*基因特异性引物扩增松材线虫和拟松材线虫DNA，发现松材线虫有特异性片段，片段大小为241bp；而拟松材线虫无特异性片段。如图3所示，利用松材线虫*Bx-cpi*基因特异性引物扩增松材线虫和拟松材线虫DNA，发现松材线虫有特异性片段，片段大小为202bp；而拟松材线虫无特异性片段。

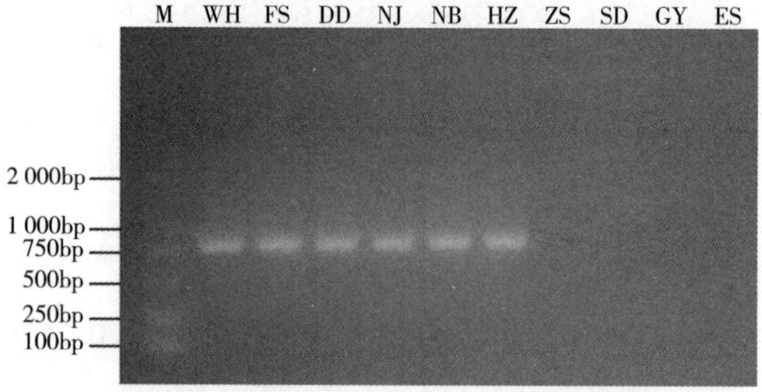

图1 *Bx-tlp-1*基因检测松材线虫和拟松材线虫

注：M：DNA Marker AL2000；WH、FS、DD、NJ、NB、HZ、ZS、SD、GY和ES分别代表实验室培养的松材线虫和拟松材线虫。

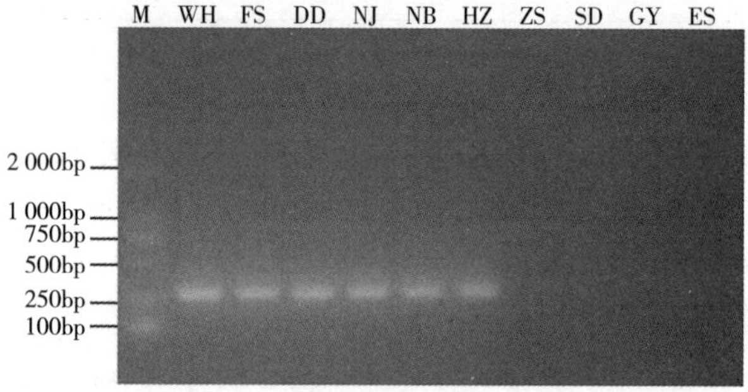

图2 *Bx-tlp-2*基因检测松材线虫和拟松材线虫

注：M：DNA Marker AL2000；WH、FS、DD、NJ、NB、HZ、ZS、SD、GY和ES分别代表实验室培养的松材线虫和拟松材线虫。

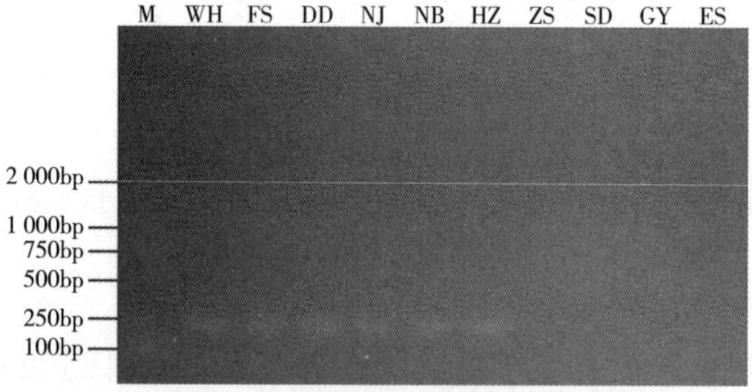

图3 *Bx-cpi*基因检测松材线虫和拟松材线虫

注：M：DNA Marker AL2000；WH、FS、DD、NJ、NB、HZ、ZS、SD、GY和ES分别代表实验室培养的松材线虫和拟松材线虫。

2.3 PCR检测天牛组织DNA

如图4所示，利用松材线虫*Bx-tlp-1*基因特异性引物扩增野外采集的媒介天牛组织DNA，扩增出松材线虫的特异性片段，片段大小为755bp。如图5所示，利用松材线虫*Bx-tlp-2*基因特异性引物扩增野外采集的媒介天牛组织DNA，扩增出松材线虫的特异性片段，片段大小为241bp。如图6所示，利用松材线虫*Bx-cpi*基因特异性引物扩增野外采集的媒介天牛组织DNA，扩增出松材线虫的特异性片段，片段大小为202bp。由此说明，松材线虫分子拟态蛋白（*Bx-tlp-1*，*Bx-tlp-2*和*Bx-cpi*）基因可用于检测媒介天牛是否携带松材线虫，并在野外对媒介天牛进行快速检测。

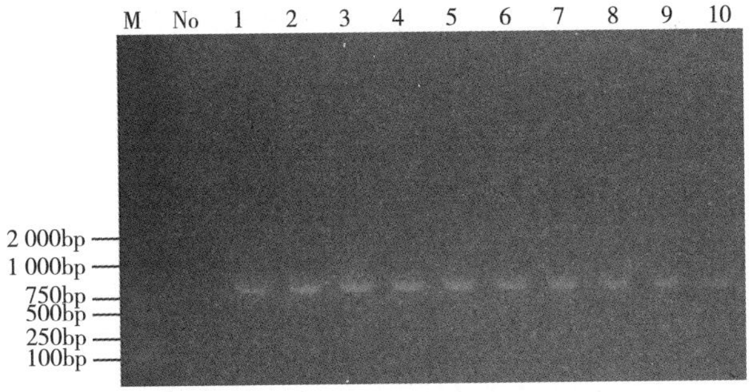

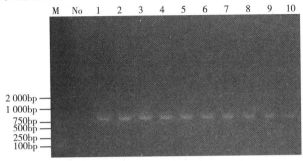

图4　*Bx-tlp-1*基因检测媒介天牛组织DNA

注：M：DNA Marker AL2000；No：代表不携带松材线虫的媒介天牛；1～10：代表野外采集的媒介天牛。

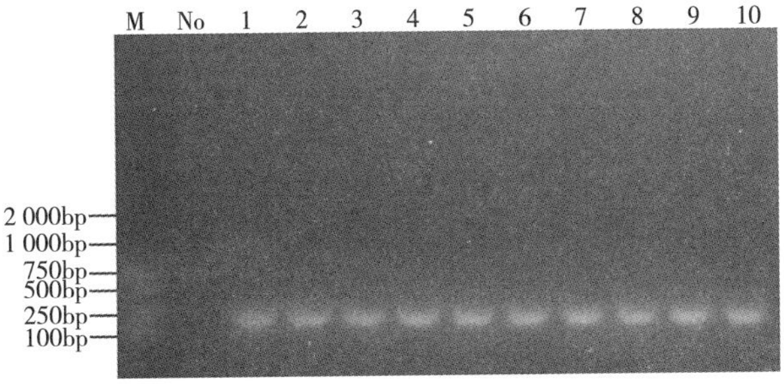

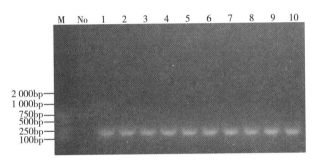

图5　*Bx-tlp-2*基因检测媒介天牛组织DNA

注：M：DNA Marker AL2000；No：代表不携带松材线虫的媒介天牛；1～10：代表野外采集的媒介天牛。

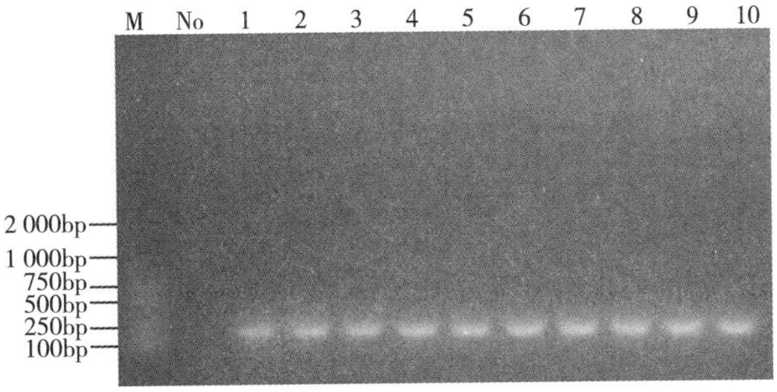

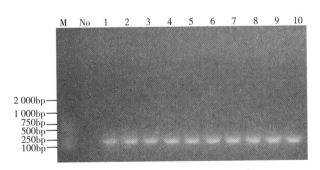

图6　*Bx-cpi*基因检测媒介天牛组织DNA

注：M：DNA Marker AL2000；No：代表不携带松材线虫的媒介天牛；1～10：代表野外采集的媒介天牛。

3　讨论

松墨天牛是松材线虫的主要媒介昆虫，天牛体内线虫的数量是松材线虫病传播扩散的重要因素，因此，高效快速地检测出松墨天牛携带的松材线虫，对于松材线虫病的监测预警意义重大（Hu *et al.*，2011；Cardoso *et al.*，2012）。由于松材线虫侵染松树后，松树发病死亡速度非常快，为此研发特异性的松材线虫病检测技术尤为重要。

在本研究中，我们针对松材线虫分子拟态蛋白（*Bx-tlp-1*、*Bx-tlp-2*和*Bx-cpi*）基因设计了特异性PCR引物。分别利用松材线虫*Bx-tlp-1*、*Bx-tlp-2*和*Bx-cpi*基因特异性引物扩增松材线虫和拟松材线虫DNA，发现松材线虫有特异性片段，片段大小分别为755bp、241bp和202bp，而拟松材线虫无特异性片段。由此说明，*Bx-tlp-1*、*Bx-tlp-2*和*Bx-cpi*基因不仅可用于特异性检测松材线虫，还可用于检测媒介天牛是否携带松材线虫，并在野外对媒介天牛进行快速检测。

综上所述，通过信息素在林间诱捕松墨天牛，针对松材线虫关键致病基因设计特异性引物，并通过PCR扩增技术对松墨天牛携带的松材线虫进行快速检测，不仅避免了根据形态学特征鉴定的难题，而且特异性高。通过对关键致病基因功能的深入研究，并利用其设计特异性引物对松材线虫或天牛携带的松材线虫实现快速准确检测，对松材线虫病的早期诊断等具有重要的意义。

参考文献：

［1］ MENG F L，LI Y X，LIU Z K，*et al.* Potential molecular mimicry proteins responsive to α-pinene in *Bursaphelenchus xylophilus*[J]. International Journal of Molecular Sciences，2020，21（3）：982.

［2］ MENG F L，WANG J，WANG X，*et al.* Expression analysis of thaumatin-like proteins from *Bursaphelenchus xylophilus* and *Pinus massoniana*[J]. Physiological & Molecular Plant Pathology，2017，100（C）：178-184.

［3］ MORIMOTO K，IWASAKI A. Role of *Monochamus alternatus*（Coleoptera：Cerambycidae）as a vector of *Bursaphelenchus lignicolus*（Nematoda：Aphelenchoididae）[J]. Journal of the Japanese Forestry Society，1972，54（6）：177-183.

［4］ NICKLE W R，GOLDEN A M，MAMIYA Y，*et al.* On the taxonomy and morphology of the pine wood nematode，*Bursaphelenchus xylophilus*（Steiner & Buhrer1934）Nickle 1970[J]. Journal of Nematology，1981，13：385-392.

［5］ RYSS A，VIEIRA P，MOTA M，*et al.* A synopsis of the genus *Bursaphelenchus* Fuchs，1937（Aphelenchida：Parasitaphelenchidae）with key to species[J]. Nematology，2005，7：393-458.

［6］ SHINYA R，MORISAKA H，KIKUCHI T，*et al.* Secretome analysis of the pine wood nematode *Bursaphelenchus xylophilus* reveals the tangled roots of parasitism and its potential for molecular mimicry[J]. Plos One，2013，8（6）：e67377.

［7］ 蔡梦玲. 松材线虫在树干中的分布与松墨天牛成虫历期影响因素分析[D]. 福州：福建农林大学，2019：24-36.

［8］ 陈凤毛，叶建仁，吴小芹，等. 松材线虫SCAR标记与检测技术[J]. 林业科学，2012，48（3）：88-94.

［9］ 王明旭. 松材线虫分子生物学检测技术研究进展[J]. 湖南林业科技，2004，31（2）：1-3.

［10］ 汪菊，韩珊，理永霞，等. 松材线虫类甜蛋白（TLP-1）基因克隆及蛋白质结构预测[J]. 四川农业大学学报，2014，32（3）：305-310.

［11］ 徐福元，席客，杨宝君，等. 南京地区松褐天牛成虫发生、补充营养和防治[J]. 林业科学研究，1994，2：215-218.

［12］ 于海英，吴昊，张旭东，等. 落叶松自然条件下感染松材线虫初报[J]. 中国森林病虫，2019，38

（4）：7-10.
[13] 于海英，吴昊，黄瑞芬，等. 辽宁抚顺樟子松松材线虫分离与鉴定[J]. 中国森林病虫，2020，39（2）：6-10.
[14] 张阜嘉. 林间松墨天牛的诱捕及其所携带松材线虫的快速检测和疑似病木的早期诊断[J]. 厦门：厦门大学，2009：25-36.
[15] 张星耀，骆有庆. 中国森林重大生物灾害[M]. 北京：中国林业出版社，2003：1-29.
[16] 朱孝伟. 松墨天牛携带的松材线虫分子检测技术[D]. 广州：华南农业大学，2007：56-67.

中国线虫学研究（第八卷）Nematology Research in China（Vol.8）：34-39

兰科植物寄生线虫调查鉴定初报*

王一椒[1]**，俞禄珍[2]，宋绍祎[2]***
（[1]上海辰山植物园，上海　201602；[2]上海海关动植物与食品检验检疫技术中心，上海　200135）

The Investigation and Identification of Plant-parasitic Nematodes on Orchid*

Wang Yijiao [1]**，Yu Luzhen [2]，Song Shaoyi [2]***
（[1] *Shanghai Chenshan Botanical Garden*，*Shanghai*　201602，*China*；
[2] *Shanghai Customs District*，*Shanghai*　200135，*China*）

摘　要：植物寄生线虫影响兰花生长，制约着兰花产业的发展。由于植物线虫病害症状较隐蔽，植物线虫对兰花的影响通常难以评估且容易被忽视。本文对近年来从国内其他省份和地区调入上海市的兰科植物寄生线虫进行了调查，初步鉴定出短体属、滑刃属、长尾属、针属、剑属、茎属、真滑刃属、垫刃属、丝尾垫刃属、螺旋属和突腔唇属共11属植物寄生线虫。其中，滑刃属、茎属、垫刃属、长尾属和螺旋属线虫寄生的兰花种类较多，分布较广泛，是兰花栽培和生产过程中值得关注的植物寄生线虫。

关键词：兰花；植物线虫；调查；鉴定

兰花是兰科（Orchidaceae）植物的总称，具有很高的观赏价值和经济价值，是我国传统的名贵花卉。近年来，人们对物质文化的需求日益提升，兰花在国内外的流通和贸易也日益频繁，与此同时，兰花携带有害生物随植物调运进行远距离传播扩散的风险也随之加大。植物线虫是植物侵染性病害的主要病原之一，其对植物的危害不仅表现在掠夺寄主植物营养以及取食活动所造成的机械损伤，更为重要的是其食道腺分泌物导致寄主植物发生一系列病理变化以及传播其他病原物或刺激和促进其他病原物的继发性侵染为害，常给农林业生产造成严重的经济损失[1]。目前，国内兰花寄生线虫的调查研究较少，在兰花的栽培生产和调运等环节，人们对植物寄生线虫的种类、分布和寄主缺乏足够的认识和重视。针对这种情况，本研究于2019—2021年对国内其他地区调入上海辰山植物园苗圃的兰花线虫进行了较全面、系统的调查，并对病原线虫进行了初步的鉴定，为今后兰花寄生线虫的监测和防治提供了科学依据。

---

*基金项目：上海市绿化和市容管理局科研专项（G202406）
**第一作者：王一椒，工程师，从事植物病虫害的调查和鉴定工作。E-mail: wangyijiao0104@126.com
***通信作者：宋绍祎，研究员，从事植物线虫的分类鉴定研究。E-mail：songshhg@126.com

1 材料与方法

1.1 兰花种类

白及属（*Bletilla*）、石萼兰属（*Camaridium*）、贝母兰属（*Coelogyne*）、盔花兰属（*Coryanthes*）、杜鹃兰属（*Cremastra*）、兰属（*Cymbidium*）、兜兰属（*Cypripedium*）、石斛属（*Dendrobium*）、足柱兰属（*Dendrochilum*）、小龙兰属（*Dracula*）、树兰属（*Epidendrum*）、美冠兰属（*Eulophia*）、宫美兰属（*Gomesa*）、克氏兰属（*kefersteinia*）、沼兰属（*Malaxis*）、三尖兰属（*Masdevallia*）、腋唇兰属（*Maxillaria*）、堇花兰属（*Miltonia*）、米尔特兰属（*Miltoniopsis*）、岩雪兰属（*Neobenthamia*）、花猫兰属（*Oda*）、文心兰属（*Oncidium*）、美文兰属（*Oncidopsis*）、鹤顶兰属（*Phaius*）、蝴蝶兰属（*Phalaenopsis*）、美洲兜兰属（*Phragmipedium*）、章鱼兰属（*Prosthechea*）、火焰兰属（*Renanthera*）、奇唇兰属（*Stanhopea*）、万代兰属（*Vanda*）、虫首兰属（*Zootrophion*）、轭瓣兰属（*Zygopetalums*），共计32属240份兰科植物样品（表1）。这些植物材料的来源地主要包括广东、海南、湖北、山东、江苏、上海、江西、贵州、云南等。

1.2 线虫分离

采集兰花地下部分根系及根际介质（介质主要有水苔、树皮和椰壳等）、地上部分叶片、花絮等，采用浅盘法进行线虫分离。次日，过500目网筛收集线虫，在体视显微镜下镜检。

1.3 形态学鉴定

挑取线虫制成临时玻片，在光学显微镜下进行形态观察、拍照及测量，并采用de Man公式对线虫进行测计[2]。根据线虫的形态特征测计值作分属鉴定。

2 鉴定结果

根据线虫的形态特征，共鉴定出11属植物寄生线虫，现分述如下。

2.1 滑刃线虫属*Aphelenchoides* Fuscher，1894

寄主植物：白及属（*Bletilla*）、石萼兰属（*Camaridium*）、贝母兰属（*Coelogyne*）、盔花兰属（*Coryanthes*）、杜鹃兰属（*Cremastra*）、兰属（*Cymbidium*）、石斛属（*Dendrobium*）、小龙兰属（*Dracula*）、美冠兰属（*Eulophia*）、宫美兰属（*Gomesa*）、克氏兰属（*kefersteinia*）、沼兰属（*Malaxis*）、三尖兰属（*Masdevallia*）、堇花兰属（*Miltonia*）、花猫兰属（*Oda*）、文心兰属（*Oncidium*）、美文兰属（*Oncidopsis*）、蝴蝶兰属（*Phalaenopsis*）、美洲兜兰属（*Phragmipedium*）、奇唇兰属（*Stanhopea*）、万代兰属（*Vanda*）、轭瓣兰属（*Zygopetalums*），共计22属95份兰花及其介质样品。

来源地：广东、海南、湖北、山东、江苏、上海、江西、贵州、云南。

2.2 茎线虫属*Ditylenchus* Filipjev，1936

寄主植物：白及属（*Bletilla*）、贝母兰属（*Coelogyne*）、盔花兰属（*Coryanthes*）、兰属（*Cymbidium*）、石斛属（*Dendrobium*）、克氏兰属（*kefersteinia*）、腋唇兰属

（*Maxillaria*）、米尔特兰属（*Miltoniopsis*）、花猫兰属（*Oda*）、文心兰属（*Oncidium*）、美文兰属（*Oncidopsis*）、蝴蝶兰属（*Phalaenopsis*）、章鱼兰属（*Prosthechea*）、万代兰属（*Vanda*）、虫首兰属（*Zootrophion*），共计15属31份兰花及其介质样品。

来源地：广东、山东、江苏、上海、贵州。

2.3 垫刃线虫属*Tylenchus* Bastian，1865

寄主植物：白及属（*Bletilla*）、杜鹃兰属（*Cremastra*）、兰属（*Cymbidium*）、石斛属（*Dendrobium*）、树兰属（*Epidendrum*）、三尖兰属（*Masdevallia*）、腋唇兰属（*Maxillaria*）、文心兰属（*Oncidium*）、蝴蝶兰属（*Phalaenopsis*）、美洲兜兰属（*Phragmipedium*）、奇唇兰属（*Stanhopea*）、万代兰属（*Vanda*）、虫首兰属（*Zootrophion*）、轭瓣兰属（*Zygopetalums*），共计14属36份兰花及其介质样品。

来源地：广东、海南、湖北、江苏、上海、贵州、云南。

2.4 长尾线虫属*Seinura* Fuchs，1931

寄主植物：白及属（*Bletilla*）、石斛属（*Dendrobium*）、小龙兰属（*Dracula*）、克氏兰属（*kefersteinia*）、腋唇兰属（*Maxillaria*）、文心兰属（*Oncidium*），共计6属9份兰花及其介质样品。

来源地：广东、海南、湖北、上海、贵州、云南。

2.5 螺旋线虫属*Heliocotylenchus* Steiner，1945

寄主植物：白及属（*Bletilla*）、盔花兰属（*Coryanthes*）、杜鹃兰属（*Cremastra*）、沼兰属（*Malaxis*）、美文兰属（*Oncidopsis*），共计5属15份兰花及其介质样品。

来源地：江苏、上海、江西。

2.6 真滑刃线虫属*Aphelenchus* Bastian，1865

寄主植物：白及属（*Bletilla*）、杜鹃兰属（*Cremastra*）、石斛属（*Dendrobium*）、宫美兰属（*Gomesa*）、三尖兰属（*Masdevallia*），共计5属29份兰花及其介质样品。

来源地：广东、海南。

2.7 突腔唇线虫属*Ecphyadophora* de Man，1921

寄主植物：白及属（*Bletilla*）、文心兰属（*Oncidium*）、章鱼兰属（*Prosthechea*）、奇唇兰属（*Stanhopea*），共计4属5份兰花及其介质样品。

来源地：广东、上海、贵州。

2.8 针线虫属*Paratylenchus* Micoletxky，1922

寄主植物：小龙兰属（*Dracula*）、宫美兰属（*Gomesa*）、三尖兰属（*Masdevallia*）、堇花兰属（*Miltonia*），共计4属6份兰花及其介质样品。

来源地：广东。

2.9 丝尾垫刃线虫属*Filenchus* Andrassy，1954

寄主植物：石斛属（*Dendrobium*）、堇花兰属（*Miltonia*）、米尔特兰属（*Miltoniopsis*），仅在3属各1份兰花及其介质样品中检出。

来源地：海南、广东。

2.10 剑线虫属*Xiphinema* Cobb，1913

寄主植物：白及属（*Bletilla*），仅在该属的3份样品中检出。

来源地：湖北。

2.11 短体线虫属*Pratylenchus* Filipjev，1936

寄主植物：小龙兰属（*Dracula*），仅在1份兰花及其介质样品中检出。

来源地：广东。

表1 兰科植物及其寄生线虫的类别、数量与来源地情况

序号	线虫类别	寄主植物类别（属/兰科）	寄主数量（属）	检出样品数量(份)	寄主植物来源地
1	滑刃线虫属 *Aphelenchoides*	白及属、石萼兰属、贝母兰属、盔花兰属、杜鹃兰属、兰属、石斛属、小龙兰属、美冠兰属、宫美兰属、克氏兰属、沼兰属、三尖兰属、堇花兰属、花猫兰属、文心兰属、美文兰属、蝴蝶兰属、美洲兜兰属、奇唇兰属、万代兰属、轭瓣兰属	22	95	广东、海南、湖北、山东、江苏、上海、江西、贵州、云南
2	茎线虫属 *Ditylenchus*	白及属、贝母兰属、盔花兰属、兰属、石斛属、克氏兰属、腋唇兰属、米尔特兰属、花猫兰属、文心兰属、美文兰属、蝴蝶兰属、章鱼兰属、万代兰属、虫首兰属	15	31	广东、山东、江苏、上海、贵州
3	垫刃线虫属 *Tylenchus*	白及属、杜鹃兰属、兰属、石斛属、树兰属、三尖兰属、腋唇兰属、文心兰属、蝴蝶兰属、美洲兜兰属、奇唇兰属、万代兰属、虫首兰属、轭瓣兰属	14	36	广东、海南、湖北、江苏、上海、贵州、云南
4	长尾线虫属 *Seinura*	白及属、石斛属、小龙兰属、克氏兰属、腋唇兰属、文心兰属	6	9	广东、海南、湖北、上海、贵州、云南
5	螺旋线虫属 *Heliocotylenchus*	白及属、盔花兰属、杜鹃兰属、沼兰属、美文兰属	5	15	江苏、上海、江西
6	真滑刃线虫属 *Aphelenchus*	白及属、杜鹃兰属、石斛属、宫美兰属、三尖兰属	5	29	广东、海南
7	突腔唇线虫属 *Ecphyadophora*	白及属、文心兰属、章鱼兰属、奇唇兰属	4	5	广东、上海、贵州
8	针线虫属 *Paratylenchus*	小龙兰属、宫美兰属、三尖兰属、堇花兰属	4	6	广东
9	丝尾垫刃线虫属 *Filenchus*	石斛属、堇花兰属、米尔特兰属	3	3	海南、广东
10	剑线虫属 *Xiphinema*	白及属	1	3	湖北
11	短体线虫属 *Pratylenchus*	小龙兰属	1	1	广东

3　小结与讨论

目前，针对兰花寄生线虫种类的调查研究较少，大多数据来源于国外或口岸截获信息。如美国夏威夷地区调查显示（1998年），在当地的万代兰、石斛上发现水稻干尖线虫（*Aphelenchoides bsseyie*）寄生为害，而寄生于文心兰的为草莓滑刃线虫（*A. fragariae*）[3]。口岸上针对进境的兰花也开展过一些研究。1989—1990年，上海从台湾地区引进的卡特兰、蝴蝶兰的气生根上分离到了水稻干尖线虫[4]；1997—1998年南京口岸从荷兰进口的长瓣兜兰根和根围土中检出双尾滑刃线虫（*A. bicaudatus*），从台湾引进的兰花芽、叶上检出滑刃属线虫，根部检出花生根结线虫（*Meloidogyne arenaria*）[5]；2001—2003年，大连口岸从进境的6个品种的兰花中共检出植物寄生线虫10个属（种），其中尤以文心兰气生根中分离到的水稻干尖线虫经济意义最为突出[6]；2007年，南京检验检疫局机场办从入境旅客非法携带的5批兰花中检出两种检疫性有害生物，分别是：1种长针线虫（传毒型）（*Longidorus* sp.）、1种短体线虫（非中国种）（*Pratylenchus* sp.）[7]；2009年，山东检验检疫局从韩国进口的大花蕙兰中截获长针属线虫（检疫性有害生物）、滑刃属线虫和小杆线虫（*Rhabditis* sp.）[7]；2013年，厦门海关在从台湾进境的春兰上截获最短尾短体线虫（*Pratylenchus brachyurus*）[8]。

本研究首次对国内兰科植物的寄生线虫进行了系统的调查研究，在源自国内9个省份和直辖市的32属240份兰科植物及其介质样品中，共分离鉴定出11属植物寄生线虫，初步查明了国内兰科植物寄生线虫的主要类群和分布。调查发现：①国内兰科植物寄生线虫种类多，分布广，其中滑刃线虫属、茎线虫属、垫刃线虫属、长尾线虫属和螺旋线虫属寄主种类较多，分布较广泛，是兰花栽培生产中值得关注的重要寄生线虫。②重要的病原线虫，如短体线虫是一类迁移性的植物内寄生线虫，能为害多种园林植物，直接取食根组织细胞，造成根成段变褐、变黑、坏死，被害植株地上部生长矮小、缓慢、叶色异常，结实少，甚至造成植株提早死亡。外寄生线虫如剑线虫，一方面可直接为害寄主植物，影响根系长势，造成根系肿大甚至坏死等症状；另一方面，还是一些植物病毒的传播介体。③调查中发现单株兰花及其介质所携带的线虫虫量一般不大，推测主要跟兰花种植和生长方式有关，很多兰花具有气生根，种植在水苔、树皮等介质中，根部几乎不带土壤。④一些病原线虫的寄主范围较广，能寄生多种园林植物和农作物，同时某些兰花类群在有传染源的情况下，会感染多种病原线虫，因此，对各地区兰花的线虫寄生状况进行调查具有十分重要的意义。⑤由于受到样品采集范围和数量的限制，国内一些有兰花分布或种植的区域，兰科植物寄生线虫的发生情况未知，今后将继续扩大调查和取样范围，以进一步完善国内兰科植物寄生线虫的种类和分布情况数据。

参考文献

［1］　谢辉，冯志新. 植物线虫的分类现状[J]. 植物病理学报，2000，30（1）：1-6.

［2］　谢辉. 植物线虫分类学[M]. 2版. 北京：高等教育出版社，2005：30.

［3］　JANICE Y U，BRENT S S. Foliar Nematodes on Orchids in Hawaii[J]. Plant Disaese，1998：1-7.

［4］　周国梁. 台湾兰花植物寄生线虫的鉴定[J]. 植物病理学报，1992，22（3）：235-239.

[5] 李红梅，沈培根，徐建华. 江苏省进出口园林植物寄生线虫的调查研究[J]. 南京农业大学学报，2000，23（1）：34-38.
[6] 姜丽，王秀芬，刘伟，等. 大连口岸进境兰花截获线虫概况[J]. 植物检疫，2004，18（4）：231.
[7] 吴大军. 进境兰花有害生物风险分析与检疫[J]. 广东农业科学，2011，18：54-58.
[8] 章淑玲，王宏毅，金亮. 寄生台湾春兰的短体线虫种类鉴定[J]. 热带作物学报，2013，34（12）：2463-2466.

中国线虫学研究（第八卷）Nematology Research in China（Vol.8）：40-47

山东省马铃薯茎线虫病的首次发现和病原鉴定*

王瑞恒**，迟胜起，梁　晨，张剑峰***，赵洪海***

（青岛农业大学植物医学学院，山东省植物病虫害防控重点实验室，青岛　266109）

摘　要：为初次探讨山东省马铃薯茎线虫病病原的种类，本文对采自田间马铃薯块茎中的茎线虫进行分离、形态学观测和分子生物学鉴定，并进行了症状描述和致病性测定。结果表明，分离得到的茎线虫胶州群体（JZ1）体环纹细弱，侧区具有6条侧线；口针细小，后食道腺从背面或侧面覆盖肠的前端；雌虫单卵巢，后阴子宫囊长度约为肛阴距的3/4；尾长圆锥形，尾长是肛门处体宽的3.7倍，末端钝尖。雄虫具有交合伞，延伸至尾部的3/4处。利用引物TW81和AB28对群体JZ1的核糖体ITS区扩增后，得到长度为907bp的片段；序列比较分析表明，JZ1与GenBank中已经登录的9个腐烂茎线虫群体序列相似性达99%；系统发育树显示，JZ1与B型群体聚为一支。结合形态学和分子生物学鉴定结果，确定山东省为害马铃薯的茎线虫为腐烂茎线虫（*Ditylenchus destructor*），该群体属于B型，这是腐烂茎线虫在山东省对马铃薯造成田间为害的首次报道。

关键词：马铃薯；腐烂茎线虫；田间为害；山东省

The First Discovery and Pathogen Identification of Potato Stem Nematode Disease in Shandong Province*

Wang Ruiheng**，Chi Shengqi，Liang Chen，Zhang Jianfeng***，Zhao Honghai***

（*College of Plant Health and Medicine*，*Qingdao Agricultural University*，*Key Laboratory of Integrated Crop Pest Management of Shandong Province*，*Qingdao*　266109，*China*）

Abstract：In order to explore the pathogen species of potato stem nematode disease firstly discovered in Shandong Province，the stem nematodes were extracted from the potato tuber sampled in one potato field，subsequently were identified by means of morphological observation and molecular biological technique，and the symptom was described，the pathogenicity was testified. The results showed that the extracted Jiaozhou population of stem nematode was characterized by the body annuli weakened，the lateral field with six lateral lines；the stylet tiny sized，the oesophageal glands dorsally or laterally overlapping the fore-end of intestine；female with single reproductive gland，the post uterine sac（PUS）being of the length of 3/4 anus-vulva distance；the tail elongatedly-conical shaped with the length 3.7 timed the body width at anus，tail end bluntly pointed. Male having bursa which extending to the location at posterior 3/4 region of tail. The rDNA-ITS amplified product of

*基金项目：山东现代农业产业技术体系薯类创新团队项目（SDAIT-16-06）；青岛市现代农业产业技术体系项目（6622316110）

**第一作者：王瑞恒，硕士研究生，主要从事马铃薯线虫病害调查研究

***通信作者：赵洪海，教授，博士，主要从事植物线虫学研究。E-mail：hhzhao@qau.edu.cn

张剑峰，教授，博士，主要从事马铃薯病害研究。E-mail：qauzjf@163.com

the population JZ1 was 907 bp in length by using the primers TW81 and AB28. The sequence analysis indicated that the population JZ1 was of the similarity of 99% with nine populations of *Ditylenchus destructor* logined in GenBank. Phylogenetic tree showed that the population ZJ1 was clustered to the haplotype B. With the combination of morphological and molecular biological identification results, it could be concluded that the stem nematode population damaging potato in Shandong was *Ditylenchus destructor*, and it belonged to type B. It was the first report that *Ditylenchus destructor* caused field damage to potato in Shandong Province.

Key words: *Solanum tuberosum*; *Ditylenchus destructor*; Field damage; Shangdong Province

马铃薯一直是全球最重要的主粮之一，在保障食物安全和营养中发挥着重要作用，我国目前正实施马铃薯主粮化战略，让其逐渐成为继小麦、玉米、水稻之后的第四大主粮[1-2]。山东省是中原地区马铃薯种植面积最大的省份之一，近年来种植面积稳步增长、单产水平逐步提升[3]。马铃薯茎线虫病是为害马铃薯块茎的重要病害，可导致块茎表皮褐色龟裂，内部出现点状空隙或呈糠心状，薯块重量减轻[4]。马铃薯茎线虫病的病原为腐烂茎线虫（*Ditylenchus destructor*），也称马铃薯腐烂线虫，是我国的全国农业植物检疫性有害生物[5]。腐烂茎线虫最初在马铃薯上被发现，被认为是起绒草茎线虫（*Ditylenchus dipsaci*）的一个株系或小种，于1945年由Thorne正式描述为新种—腐烂茎线虫[6]。该线虫在我国主要为害甘薯，在我国甘薯的主产区普遍发生，可引起减产30%～50%，严重时甚至绝收[7-10]。

我国对腐烂茎线虫田间为害马铃薯的报道相对较少。丁再福等（1982）在江苏省赣榆采集到马铃薯茎线虫病，将其病原鉴定为腐烂茎线虫[11]；刘先宝等（2006）和郭全新等（2010）分别在河北省的张北县和张家口市发现腐烂茎线虫为害马铃薯，并进行了形态学或/和分子生物学鉴定[12-13]；李慧霞等（2016）在甘肃省定西发现腐烂茎线虫侵染马铃薯，并进行了形态鉴定和分子鉴定[14]。迄今在山东省未见腐烂茎线虫田间为害马铃薯的报道。2016年，本项目组在山东省马铃薯收获季的薯田发现大量马铃薯薯块表皮出现坏死、龟裂，酷似腐烂茎线虫为害状。故此，项目组着手开展线虫的分离和鉴定工作，以明确该马铃薯茎线虫病病原的分类地位，为病害防控奠定基础。

1 材料与方法

1.1 病薯采集

马铃薯病薯于2016年7月7日采自山东省某一马铃薯田块，田块面积约2 500m^2，病薯率接近50%，马铃薯品种为荷兰15。病薯带回实验室后4℃冰箱保存备用。

1.2 线虫分离

将病薯切成小块，放在盆中用清水浸泡12h，获得线虫悬浮液。通过过筛-贝曼漏斗法分离悬浮液中的线虫，采用温和热杀死法杀死线虫，将杀死的线虫用福尔马林固定液固定[15]，制成瓶装标本，待用。

1.3 线虫形态学鉴定

使用挑针在Zeiss Stemi 305解剖镜下挑取固定好的线虫，用水作浮载剂制成临时玻片，在Olympus BX 53显微镜下进行线虫的形态观察、测量和拍照。

1.4 DNA序列测定

将未经热杀死的线虫放入ddH_2O中清洗，挑取10条放入200μL PCR管中（含ddH_2O 5μL），放入液氮中进行冷冻处理。之后用灭菌的自制的塑料棒细头把线虫捣碎，再加入8μL的裂解液和2μL蛋白酶K溶液，于-20℃下冷冻30min以上，65℃温育90min，95℃保温10min，使蛋白酶失活，制得线虫DNA粗提上清液直接用于PCR扩增或者置-20℃冰箱中保存备用。选用通用引物TW81：5′-GTTTCCGTAGGTGAACCTGC-3和AB28：5′-ATATGCTTAAGTTCAGCG GGT-3′对线虫的ITS区进行PCR扩增[16]。PCR反应体系为2.5μL 10×PCR buffer（含Mg^{2+}），2μL dNTP（10mmol/L），2条引物各1μL，0.5μL Taq酶和4μL DNA粗提上清液，最后加ddH_2O补足25μL。PCR扩增条件为：95℃预变性4min，94℃变性45s，50℃退火30s，72℃延伸2min，35个循环；然后72℃保温10min，于4℃保存。取5μL扩增产物，加1μL 6×loading buffer在1.0%琼脂糖凝胶上电泳，PCR扩增产物直接送上海生工生物公司测序。

1.5 线虫致病性测定

将分离得到的活线虫用挑针挑至0.5%的次氯酸钠溶液中消毒2min，再用灭菌的挑针将线虫挑到无菌水中清洗3遍，最后挑取50条线虫置于200μL无菌水的离心管中，制得无菌线虫悬浮液，直接接种或放在4℃冰箱中备用。取新鲜、健康的马铃薯薯块用75%的酒精进行表面消毒，用灭菌的打孔器在薯块上打深3～5cm的孔，将含有50条线虫的无菌线虫悬浮液注入孔内，将接种孔口用蜡封好。将接种后的薯块放在消毒塑料盒中用保鲜膜密封，最后置恒温培养箱中在25℃和黑暗条件下培养[17-18]，40d后观察侵染结果。

2 结果与分析

2.1 马铃薯茎线虫病田间观察

马铃薯茎线虫病在整个马铃薯地块均有较为严重的发生。地上部症状表现不明显。块茎出现大小不一的青褐色坏死斑块，初生病斑似压挤伤，后期病斑常常出现缝纹状、星纹状开裂或孔洞，严重的出现黑色腐烂。切开轻病薯块病部，可见表皮下组织出现褐色坏死，有明显的孔洞，呈糠心状、白垩状干腐，后颜色变深。所考察病田部分植株的块茎发病率达100%，因受其他霉菌的二次侵染，个别薯块在收获时已出现严重的腐烂（图1）。

图1　山东省马铃薯茎线虫病的症状

2.2 形态学特征

2.2.1 形态描述

雌虫热杀死后虫体呈“C”形，虫体角质层具有细弱体环纹，体中部的侧区具有6条明显的侧线。线虫的唇区低平，唇区与体区之间具有轻微的缢缩。口针细小，平均约12μm，口针基部球小，圆形。垫刃型食道，中食道球卵圆形，狭部窄，后食道腺从背面或侧面覆盖肠的前端。排泄孔位于肠与食道连接处的前方。单卵巢，阴门较虫体稍微凹陷，位于虫体后部大约3/4处；后阴子宫囊较长，约占肛阴距的3/4。尾细长，长圆锥形，向腹面弯曲，长度约为肛门处体宽的3.7倍，末端钝尖。

雄虫虫体的前端与雌虫的形态相似，尾部略比雌虫的窄。交合刺向腹面弯曲，引带短，交合伞始于交合刺的前端，往后延伸至尾部的3/4处（图2）。

该茎线虫的形态特征与腐烂茎线虫（*Ditylenchus destructor*）的基本一致。

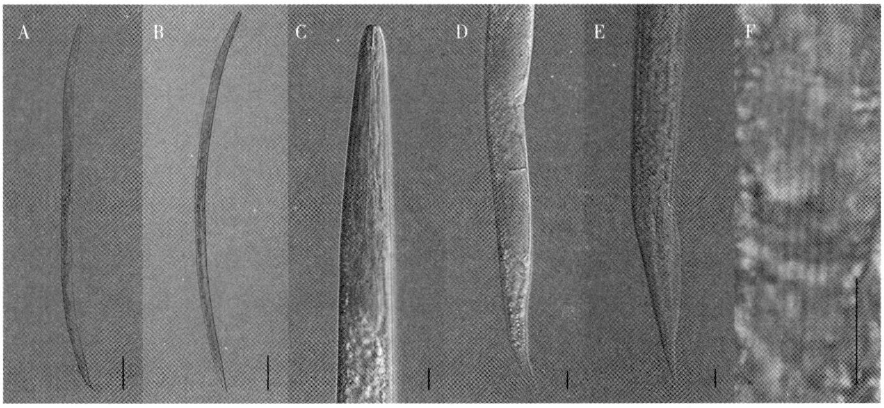

A. 雌成虫；B. 雄成虫；C. 雌虫前部；D. 雌虫尾部；E. 雄虫尾部；F. 侧线
（比例尺：A和B为100μm；C～F为10μm）

图2 山东省马铃薯茎线虫病病原的形态特征

2.2.2 测量数据

山东省马铃薯茎线虫病病原线虫的测量数据见表1。通过比对，该茎线虫群体的测量值与腐烂线虫的特征值基本一致。

表1 马铃薯腐烂线虫山东马铃薯群体测量数据（*n*=20）

形态指标	雌虫（♀♀）	雄虫（♂♂）
体长/L	1 272.5 ± 101.2（1 116.1 ~ 1 430.1）	1 144.6 ± 91.5（1 017.5 ~ 1 218.4）
尾长/Tail	85.1 ± 13.1（55.8 ~ 108.4）	106.7 ± 17.9（83.5 ~ 130.2）
口针长/St. L	12.3 ± 1.7（7.4 ~ 13.6）	12.4 ± 1.2（10.1 ~ 13.4）
背食道腺开口到口针基球距离/DGO	1.5 ± 0.3（0.9 ~ 1.8）	1.5 ± 0.5（0.8 ~ 1.9）

（续表）

形态指标	雌虫（♀♀）	雄虫（♂♂）
交合刺长/Spi. L	—	26.1 ± 4.5（19 ~ 30）
交合伞长/Bur.	—	69.8 ± 8.3（53 ~ 79）
后阴子宫囊长/PUS	99.4 ± 10.5（79.5 ~ 119.8）	—
a	31.8 ± 2.7（25.9 ~ 35.1）	32.3 ± 1.7（29.1 ~ 34.6）
b	9.6 ± 1.8（6.6 ~ 12.6）	8.3 ± 1.1（6.7 ~ 10.1）
c	15.3 ± 2.4（12.1 ~ 20.0）	11.0 ± 2.2（7.8 ~ 14.6）
c'	3.7 ± 0.7（2.4 ~ 5.3）	4.8 ± 1.0（3.7 ~ 6.4）
V	81.9 ± 1.6（78.2 ~ 85.1）	—

因此，从形态学上可将山东省马铃薯茎线虫病的病原初步鉴定为腐烂线虫（*Ditylenchus destructor* Thorne，1945）。在本文中，将该群体称为腐烂茎线虫山东马铃薯群体［*Ditylenchus destructor*（SD-Potato）］。

2.3 DNA序列分析

将引物TW81和AB28扩增的腐烂茎线虫山东马铃薯群体ITS区片段的PCR产物进行测序，结果得到了一条长度为907bp的序列。与GenBank中已经登录的9条腐烂茎线虫序列相似性达99%。分子生物学特征进一步确认该茎线虫群体为腐烂茎线虫。

将山东马铃薯的腐烂茎线虫群体（SD-Potato）与Genbank中下载的12个线虫群体rDNA-ITS序列使用Mega5.0构建系统发育树（图3）。13个序列聚成4支，其中SD-Potato群体的序列与腐烂茎线虫B型群体KX181647、KX181648、KX181649、FJ911511、EF062572聚为一支。根据形态学特征和rDNA-ITS序列分析结果进一步确定山东省马铃薯茎线虫病的病原为腐烂茎线虫（*Ditylenchus destructor*），该群体属于B型。

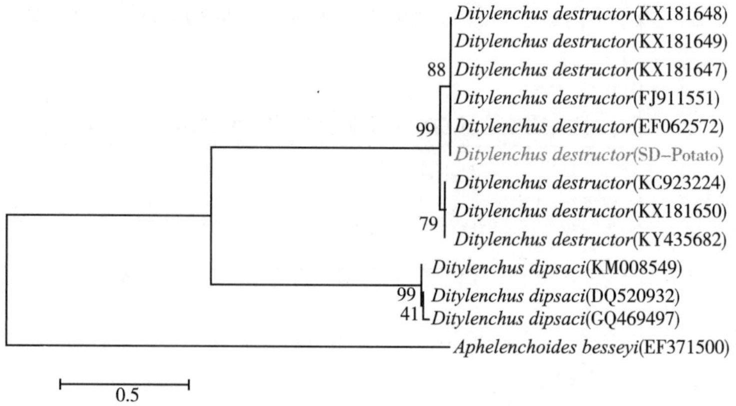

图3　腐烂茎线虫山东马铃薯群体系统发育树

2.4 致病性测定结果

将培养40d后的薯块剖开，发现受线虫侵染的组织呈现糠心状干腐的症状，干腐由内到外蔓延（图4）。将薯块病组织用贝曼漏斗法分离线虫，发现得到的线虫与原接种线虫形态特征完全一致，每个发病薯块线虫数量在10 000条以上。

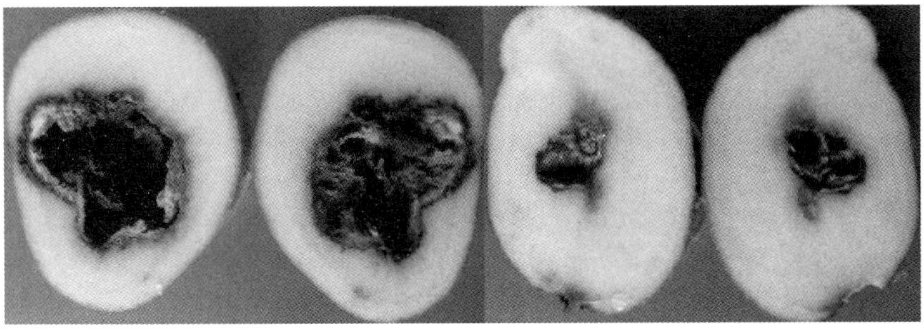

图4　接种腐烂茎线虫后马铃薯薯块症状

3 讨论

本研究利用形态学和分子生物学相结合的方法对山东省马铃薯茎线虫病的病原线虫进行了鉴定，将其鉴定为腐烂茎线虫（*Ditylenchus destructor*），系腐烂茎线虫在山东省田间为害马铃薯的首次报道。该线虫群体的形态特征和测量数据与郭全新等[13]和李慧霞等[14]分别在河北省张家口市和甘肃省定西地区发现的马铃薯线虫群体基本一致。其中，除尾长和雄虫的c值与刘维志等和郭全新等的测量结果有一定差异外，其余的测量数据与刘维志等[19]、郭全新等[13]、李慧霞等[14]、Thorne[6]、Goodey[20]和Brzeski[21]等报道的基本一致，而测量数据的差异则有可能由寄主类型、地理环境的不同而造成。

据报道，腐烂茎线虫的寄主多达90～120种，来自不同寄主或地理来源的腐烂茎线虫群体的寄主和环境适应性可能存在差异[22]。刘先宝等认为，腐烂茎线虫不同群体的ITS区序列具有较大差异，存在种内变异性[12]。刘先宝等对腐烂茎线虫的ITS区进行序列分析，将7个种群分为两大群体[23]。黄健等根据PCR扩增产物长度、序列比对以及ITS1-PCR-RFLP图谱分析，将13个腐烂茎线虫种群分为A和B两种基因型[24]。苑菲等对我国21个腐烂茎线虫甘薯群体和1个韩国腐烂茎线虫群体的rDNA-ITS区进行比对后，发现不同地理群体间出现了一定的分子变异，所有群体可以明显划分为A型或B型[25]。于海英等通过对腐烂茎线虫的22个群体D2/D3区多序列比较，构建的系统发育树反映了腐烂茎线虫种群内的遗传发育关系，这2个支系内部群体间的遗传距离很小，但2个支系之间还是有一定的距离，可以明显区分腐烂茎线虫的A、B群体[26]。Subbotin等将所研究的78个腐烂茎线虫群体分为7个单倍型[27]。李慧霞等利用rDNA-ITS序列分析来自甘肃省定西市马铃薯的3个腐烂茎线虫群体属于B型，1个线虫群体属于C型[14]。本研究利用rDNA-ITS序列分析来自山东省为害马铃薯的1个茎线虫群体，结果显示该群体属于马铃薯腐烂茎线虫B型，进一步证实了腐烂线虫在我国对马铃薯生产的为害。本文发现的该腐烂茎线虫群体是本土的还是其他地区传入的，马铃薯茎线虫病在山东省其他马铃薯产区是否存在，均有待于进一步调查研究。

尽管腐烂茎线虫为害马铃薯只在我国局部马铃薯产区有所发生，但整体上呈现出扩大趋势。随着马铃薯种薯大量的异地调运、种植面积的扩大以及与易感易携带线虫作物的接茬种植的增多，马铃薯茎线虫病有可能对我国的马铃薯产业构成较大威胁，必须引起高度警惕和重视。

参考文献

[1] 卢肖平，谢云开. 国际马铃薯中心在中国[M]. 北京：中国农业科学技术出版社，2014.

[2] 李文娟，秦军红，谷建苗，等. 从世界马铃薯产业发展谈中国马铃薯的主粮化[J]. 中国食物与营养，2015，21（7）：5-9.

[3] 李树超，吴龙华，李亚俊，等. 山东省马铃薯产业发展现状及推进对策研究[J]. 中国农学通报，2015，31（8）：280-285.

[4] 全国农业技术推广服务中心. 中国植保手册：马铃薯病虫防治分册[M]. 北京：中国农业出版社，2010，28-29.

[5] 刘刚. 新的《全国农业植物检疫性有害生物名单》和《应施检疫的植物及植物产品名单》发布施行[J]. 农药市场信息，2009，14：43.

[6] THORNE G. *Ditylenchus destructor* sp. n.，the potato rot nematode，and *Ditylenchus dipsaci*（Kuhn，1857）Filipjev，1936，the teasel nematode（Nematode：Tylenchidae）[J]. Proc. Helmin. Soc. Wash，1945，12（2）：27-33.

[7] 尹光德，张云美. 甘薯茎线虫病病原线虫的订正[J]. 山东大学学报（自然科学版），1983（4）：117-127.

[8] 林茂松，文玲，方中达. 马铃薯腐烂线虫与甘薯茎线虫病[J]. 江苏农业学报，1999，15（3）：186-190.

[9] 周忠，马代夫. 甘薯茎线虫病的研究现状和展望[J]. 杂粮作物，2003，23（5）：288-290.

[10] 中国农业科学院植物保护研究所，中国植物保护学会. 中国农作物病虫害（上册）[M]. 3版. 北京：中国农业出版社，2014，853-856.

[11] 丁再福，林茂松. 甘薯、马铃薯和薄荷上的茎线虫的鉴定[J]. 植物保护学报，1982，9（3）：27-30，77.

[12] 刘先宝，葛建军，谭志琼，等. 马铃薯腐烂茎线虫在国内为害马铃薯的首次报道[J]. 植物保护，2006，32（6）：157-158.

[13] 郭全新，简恒. 为害马铃薯的茎线虫分离鉴定[J]. 植物保护，2010，36（3）：117-120.

[14] 李慧霞，徐鹏刚，李建荣，等. 甘肃定西地区马铃薯线虫病病原的分离鉴定[J]. 植物保护，2016，43（4）：580-587.

[15] 段玉玺. 植物线虫学[M]. 北京：科学出版社，2011：199-213.

[16] 刘斌，梅圆圆，郑经武. 腐烂茎线虫种内群体特异性检测研究[J]. 浙江大学学报（农业与生命科学版），2007，33（5）：490-496.

[17] 林茂松. 室内人工接种测定甘薯品种对马铃薯腐烂线虫的抗性[J]. 南京农业大学学报，1989，12（3）：44-47.

[18] 王宏宝，刘伟中，郭小山，等. 腐烂茎线虫对马铃薯块茎危害症状及其线虫分布研究[J]. 长江大学学报（自然科学版），2013，10（35）：1-3.

[19] 刘维志，刘清利，尼秀媚. 马铃薯茎线虫*Ditylenchus destructor* Thorne，1945的描述[J]. 莱阳农学院学报，2003，20（1）：1-3.

[20] GOODEY J B. The influence of the host on the dimensions of the plant parasitic nematode，*Ditylenchus*

destructor[J]. Ann. Appl. Biol，1952，39（4）：468-474.

［21］ BRZESKI W M. Review of the genus *Ditylenchus* Filipjev，1936（Nematoda：Anguinidae）[J]. Revue de Nematologie，1991，14（1）：9-59.

［22］ EFSA PANEL ON PLANT HEALTH. Risk to plant health of *Ditylenchus destructor* for the EU territory[J]. EFSA Journal，2016，14（12）：e4602. Doi：10. 2903/j. efsa. 2016. 4602.

［23］ 刘先宝，谭志琼，葛建军. 腐烂茎线虫rDNA-ITS序列分析[J]. 热带作物学报，2008，29（3）：385-389.

［24］ 黄健，戚龙君，王金成，等. 腐烂茎线虫种内不同群体形态及遗传分析[J]. 植物病理学报，2009，39（2）：125-131.

［25］ 宛非，彭德良，杨玉文，等. 马铃薯腐烂茎线虫特异性分子检测技术研究[J]. 植物病理学报，2008，38（3）：263-270.

［26］ 于海英，彭德良，胡先奇，等. 马铃薯腐烂茎线虫28S rDNA-D2/D3区序列分析[J]. 植物病理学报，2009，39（3）：254-261.

［27］ SUBBOTIN S A，MOHAMMAD D A，ZHENG J W，*et al.* Length variation and repetitive sequences of internal transcribed spacer of ribosomal RNA gene，diagnostics and relationships of populations of potato rot nematode，*Ditylenchus destructor* Thorne，1945（Tylenchida：Anguinidae）[J]. Nematology，2011，13（7）：773-785.

中国线虫学研究（第八卷）Nematology Research in China（Vol.8）：48-52

无菌香蕉穿孔线虫的培养*

丁　莎[1,2**]，杨思华[1]，谢　辉[1]，徐春玲[1***]
（[1]华南农业大学植物线虫研究室/植物检疫线虫检测与防疫研究中心，广州　510642；
[2]惠州港海关综合技术服务中心，惠州　516080）

摘　要：香蕉穿孔线虫［*Radopholus similis*（Cobb，1893）Thorne，1949］是一类土传植物病原线虫，体表携带的细菌种类繁多。本研究利用添加植物激素的MS培养基诱导培养苜蓿愈伤组织，采用0.001%洗必泰浸泡1h+0.001%氯化汞浸泡7min的方法对3个不同寄主来源的香蕉穿孔线虫种群进行表面消毒后，接种到苜蓿愈伤组织上，培养获得了无菌香蕉穿孔线虫。本研究对研究香蕉穿孔线虫与其携带细菌之间以及香蕉穿孔线虫及其携带细菌与寄主植物之间的复杂关系具有重要的应用价值。

关键词：香蕉穿孔线虫；苜蓿；无菌线虫；培养

Aseptic Cultivation of *Radopholus similis**

Ding Sha[1,2**]，Yang Sihua[1]，Xie Hui[1]，Xu Chunling[1***]
（[1]*Lab of Plant Nematology*，*Research Center of Nematodes of Plant Quarantine*，*South China Agriculture University*，*Guangzhou*　510642，*China*；[2]*Comprehensive Technology and Service Center of Huizhou Port Customs*，*Huizhou*　516080，*China*）

Abstract：*Radopholus similis*［（Cobb，1893）Thorne，1949］is a class of soil-borne pathogenic nematodes that carry a wide variety of bacterial species. In this study，The *Alfalfa* callus was cultured on MS medium supplemented with phytohormone. After sterilizing with 0.001% chlorhexidine for 1 h combined with 0.001% mercuric chloride for 7 min，the three different host-derived populations of *R. similis* were inoculated on the *Alfalfa* callus and aseptic *R. similis* were obtained after certain days. This study has important application value for the study of the interaction among *R. similis* and its carrying bacteria and host plants.

Key words：*R. similis*；*Alfalfa*；Aseptic nematode；Culture

1　前言

香蕉穿孔线虫［*Radopholus similis*（Cobb，1893）Thorne，1949］隶属于线虫门（Nematoda）、侧尾腺纲（Secernentea）、垫刃目（Tylenchida）、垫刃亚目

* 项目基金：国家青年科学基金（31000068）；教育部"高等学校博士点学科点专项科研基金"新教师类联合资助项目（20104404120023）

** 第一作者：丁莎，硕士研究生，从事植物线虫研究
*** 通信作者：徐春玲，副研究员，从事植物线虫研究。E-mail：xuchunling@scau.edu.cn

（Tylenchina）、垫刃总科（Tylenchoidea）、短体科（Pratylenchidae）、穿孔属（*Radopholus*）[1]。该线虫是一种毁灭性的植物病原线虫，是我国禁止进境植物检疫危险性有害生物[2]。香蕉穿孔线虫地理分布和寄主范围非常广泛，对农作物为害严重对发生区种植业造成巨大经济损失[3]。

香蕉穿孔线虫体表携带的细菌种类繁多，为了准确研究香蕉穿孔线虫与其携带细菌之间以及香蕉穿孔线虫及其携带细菌与寄主植物之间的复杂关系，需要使用不携带细菌的无菌香蕉穿孔线虫。对线虫及其卵进行彻底的表面消毒是获得无菌线虫的一种重要方法。目前，已有不少关于松材线虫无菌消毒处理方法的报道[4-6]，这些方法主要通过使用几种试剂对线虫进行反复处理达到杀菌的目的。另外，朱丽华等[7]报道了一种通过用H_2O_2处理松材线虫卵从而获得无菌松材线虫的方法。丁莎等[8]通过比较不同消毒方法对香蕉穿孔线虫的消毒效果，筛选得出0.001%洗必泰浸泡1h+0.001%氯化汞浸泡7min的处理方法最适合应用于对相似穿孔线虫消毒处理进行无菌培养。但是关于培养无菌香蕉穿孔线虫无菌虫方法的报道则较少。Elsen等[9]报道了一种通过对香蕉穿孔线虫进行表面消毒后接种苜蓿愈伤组织从而建立香蕉穿孔线虫无菌培养系统的方法，并且研究发现在紫花苜蓿愈伤组织上和在胡萝卜愈伤组织上培养的香蕉穿孔线虫虽然在繁殖力上存在显著差异但在致病性方面无明显差异。本论文采用不同于Elsen等[9]的表面消毒方法和苜蓿愈伤组织诱导方法，培养获得了无菌香蕉穿孔线虫。

2 材料与方法

2.1 供试线虫及植物材料

供试植物材料为紫花苜蓿（*Medicago sativa* L.），种子购自春茵网。供试香蕉穿孔线虫种群（表1）均由华南农业大学植物线虫研究室分离和鉴定并保存在胡萝卜愈伤组织上。

表1 供试香蕉穿孔线虫种群

序号	种群编号	寄主植物
1	bxj	巴西蕉 *Musa* AAA Giant Cavendish cv. Baxi
2	dbsr	大巴水榕 *Anubias barteri*
3	hz	红掌 *Anthurium andraeanum*

2.2 苜蓿愈伤组织的诱导

2.2.1 MS培养基的配制

配制1L 10倍大量元素母液：分别称取16 500mg NH_4NO_3、19 000mg KNO_3、1 700mg KH_2PO_4、3 700mg $MgSO_4 \cdot 7H_2O$和4 400mg $CaCl_2 \cdot 2H_2O$，然后将它们溶于1L的蒸馏水中。

配制500mL 10倍铁盐母液：分别称取139mg $FeSO_4 \cdot 7H_2O$和186.5mg Na_2EDTA，将它们溶于500mL的蒸馏水中。

配制500mL 100倍微量元素母液：分别称取41.5mg KI、12.5mg $Na_2MoO_4 \cdot 2H_2O$、1.25mg $CuSO_4 \cdot 5H_2O$、1.25mg $CoCl_2 \cdot 6H_2O$、1 115mg $MnSO_4 \cdot 4H_2O$、430mg $ZnSO_4 \cdot 7H_2O$

和310mg H_3BO_3，将它们溶于500mL蒸馏水中（注：其中$CuSO_4 \cdot 5H_2O$和$CoCl_2 \cdot 6H_2O$要先称量先溶解后再加其他物质进去）。

配制500mL 100倍有机物母液：分别称取100mg甘氨酸、5mg VB_1、25mg VB_6、25mg烟酸、5 000mg肌醇，将它们溶于500mL的蒸馏水中。

MS培养基的配制：用量筒或移液枪取已经配好的母液大量元素60mL、微量元素6mL、铁盐60mL、有机物6mL，称取蔗糖18g，把它们加入装有400mL蒸馏水的1 000mL烧杯中，搅匀使蔗糖溶解，加水到600mL，用1mol/L NaOH及1mol/L HCl调pH值到5.8 ~ 6.0。称取植物凝胶4.8g，混匀分装至组培瓶中，封口。121℃ 30min高温灭菌，备用。

2.2.2　苜蓿愈伤组织诱导培养基的配制

配制100mL 100倍NAA母液：称100mg，然后用1mol/L NaOH溶解后用蒸馏水定容到100mL。

配100mL 100倍6-BA母液：称100mg，用95%酒精溶解后用蒸馏水定容到100mL。配好的母液放到冰箱冷藏室保存。

苜蓿愈伤组织诱导培养基的配制：用量筒或移液管分别取大量元素母液100mL、铁盐母液100mL、微量元素母液10mL、有机物母液10mL，再添加4mL NAA母液和5mL 6-BA母液，蔗糖30g，加蒸馏水定容到1 000mL，用1mol/L NaOH及1mol/L HCl调节pH值到5.8 ~ 6.0，然后加植物凝胶8.0g，混匀分装至锥形瓶中，121℃ 30min高温灭菌，备用。

2.2.3　苜蓿种子消毒

将饱满的紫花苜蓿种子用无菌水清洗3 ~ 5次，每次30s，再用75%的酒精处理1min后用0.1% $HgCl_2$消毒7min，然后用无菌水冲洗3 ~ 5次，每次30s。最后用无菌镊子取消毒的种子接种到MS培养基上，尽量把种子排开。每个组培瓶接种约20颗种子，然后把接种种子的组培瓶放到25℃恒温培养箱中，黑暗培养使其发芽生长5d。

2.2.4　苜蓿愈伤组织的诱导

种子萌发5d后，待子叶完全展开、真叶尚未长出时，在超净台内，切取无菌的种子幼苗下胚轴，将下胚轴横切成5mm左右的切断，作为外植体接种到苜蓿愈伤组织诱导培养基上进行培养。每个培养皿（直径8cm）接种8个外植体。温度28℃，光周期16h/d，光照强度1 200lx培养，约4周后转移至装有相同培养基的小培养皿（直径6cm）中，每皿一个愈伤组织，继续培养2周备用。

2.3　无菌线虫的培养

在超净台内，将先前培养于胡萝卜愈伤组织上的来自巴西蕉、红掌和大巴水榕的香蕉穿孔线虫分别收集至1.5mL离心管中，用无菌水冲洗3次，然后用0.001%洗必泰浸泡处理1h后再用0.001% $HgCl_2$浸泡处理7min的表面消毒方法处理线虫，再用无菌水冲洗3次。在解剖镜下每个种群分别挑取30条雌虫接种于苜蓿愈伤组织上，用封口膜包好，设置10个重复，温度28℃，光周期16h/d，光照强度1 200lx培养50d。

50d后，在超净台内，将接种线虫后无污染的苜蓿愈伤组织和培养基切碎，放到一个垫有无菌面巾纸的筛网上，筛网放置在装有无菌水的灭菌培养皿上。常温，无菌条件下放置24h后，活动的线虫游动到培养皿底，从而可以达到分离和收集线虫的目的。同时分别吸取200μL上清液涂布NA和PDA平板，重复3次，设置无菌水空白对照处理。将以上处理的NA

和PDA平板倒置放入25℃恒温培养箱中黑暗培养72h，观察平板长菌状况。

将分离得到的线虫悬浮液用无菌水定容至45mL，每次取1mL对线虫进行计数，重复3次，以3次的平均值乘以45作为从每个苜蓿愈伤组织中分离获得的虫量。

2.4 数据分析

采用SAS软件（The SAS System for Windows 9.0）对所得试验数据，进行方差分析，用DMRT法在显著水平P=0.05上进行多重比较，计算标准误。

3 结果与分析

本试验以苜蓿下胚轴为外植体，在添加植物激素的MS培养基中对其进行诱导，培养6周后，长出质地较紧实，有绿色突起颗粒的苜蓿愈伤组织（图1）。

图1 28℃下A4培养基诱导6周后培养出的紫花苜蓿愈伤组织

香蕉穿孔线虫巴西蕉、大巴水榕和红掌种群的雌虫经表面消毒后接种于苜蓿愈伤组织上，在28℃光照16h/黑暗8h条件下培养50d后，每个种群接种处理的苜蓿愈伤组织上，有3～4皿没有被污染，其他重复则出现不同程度的污染。在无菌条件下对没有被污染的皿中的培养基和苜蓿愈伤组织进行线虫分离、计数，结果表明供试的香蕉穿孔线虫3个种群在苜蓿愈伤组织上均能繁殖（表2），培养繁殖的线虫通过NA平板和PDA平板检测显示无菌污染。

表2 香蕉穿孔线虫30条雌虫在苜蓿愈伤组织上于28℃下培养50d后的繁殖量

项目	bxj	dbsr	hz
虫量（条）	5 613 ± 64.33a	4 634 ± 32.56a	4 070 ± 49.05a

注：表中数据为3次重复的平均值，同行数据后小写字母相同者表示在P=0.05水平上差异不显著（DMRT法）。

4 结论与讨论

本研究通过将表面消毒后的香蕉穿孔线虫接种苜蓿愈伤组织获得了无菌线虫，这与Elsen等（2001）的研究结果一致。但是本试验使用了不同的表面消毒方法和苜蓿愈伤组织诱导培养基，并且测试了3个不同寄主和来源的香蕉穿孔线虫种群在苜蓿愈伤组织的繁殖情况。虽然本试验所采取的消毒方法处理的香蕉穿孔线虫在苜蓿愈伤组织上无菌培养过程中，污染率较高，但是各处理中未发生污染的苜蓿愈伤组织培养出的香蕉穿孔线虫经检测证实不带菌，表明利用本试验的方法能够培养获得无菌香蕉穿孔线虫，而培养过程中污染率高的原因尚有待进一步研究，优化培养条件和程序，降低污染率，提高无菌线虫培养效率。本研究建立的培养获得无菌线虫的方法，对香蕉穿孔线虫的生物学、病理学以及与微生物互作等方面的研究具有重要的参考意义和应用价值。

参考文献：

[1] 谢辉. 植物线虫分类学[M]. 2版. 北京：高等教育出版社，2005.

[2] 中华人民共和国农业部. 中华人民共和国进境植物检疫性有害生物名录[M]. 中华人民共和国农业部公告第862号，2007.

[3] TSANG M C，HARA A H，SIPES B S. Efficacy of hot water drenches of Anthurium andraeanum plants against the burrowing nematode *Radopholus similis* and plant thermotolerance[J]. Annals of Applied Biology，2015，145（3）：309-316.

[4] KAWAZU K，KANEKO N. Asepsis of the pine wood nematode isolate OKD-3 causes it to lose its pathogenicity[J]. Japanese Journal of Nematology，1997，27：76-80.

[5] 郭道森，丛培江，李丽，等. 松材线虫携带细菌数量的测定及无菌松材线虫的培养[J]. 青岛大学学报，2002，15（4）：29-31.

[6] 贲爱玲，韩正敏，韩旭，等. 无菌松材线虫的获得及培养方法研究[J]. 南京林业大学学报：自然科学版，2008，32（3）：99-102.

[7] 朱丽华，季锦衣，吴小芹，等. 一种制备无菌松材线虫的方法[J]. 东北林业大学学报，2011，39（6）：65-67.

[8] 丁莎，徐春玲，谢辉，等. 相似穿孔线虫消毒方法筛选及其对线虫繁殖量的影响[J]. 西南大学学报（自然科学版），2014，36（9）：37-43.

[9] ELSEN A，LENS K，NGUYET D T M，*et al.* Aseptic culture systems of *Radopholus similis* for in vitro assays on *Musa* spp. and *Arabidopsis thaliana*[J]. Journal of Nematology，2001，33（2-3）：147-151.

中国线虫学研究（第八卷）Nematology Research in China（Vol.8）：53-58

西藏农作物根际2种垫刃总科线虫的种类鉴定和描述*

丁善文[1**]，金惺惺[1,2]，于　焦[1]，徐春玲[1]，谢　辉[1***]
（[1]华南农业大学植物线虫研究室/植物检疫线虫检测与防疫研究中心，广州　510642；
[2]深圳市南山区园林绿化管理所，深圳　518052）

摘　要：垫刃总科（Tylenchoidea）线虫分布范围广，常见于多种植物的根际土壤中，寄主种类多样。在对西藏林芝的植物线虫种类进行调查期间，采集了多种作物的根系组织和根际土壤样品，并采用改良贝曼漏斗法对样品中的线虫进行分离。根据形态学特征，从这些样品中鉴定出了2种垫刃总科线虫，分别为优美垫刃线虫（*Tylenchus elegans* de Man，1876）和肥壮茎线虫（*Ditylenchus obesus* Thorne & Malek，1968），其主要形态特征和测量值分别与文献记述基本一致，仅部分测量数据与文献记述略有差异，但数值范围均有重叠，这个差异可能是种内不同地理种群间的差异，本文对其进行了描述。这两种线虫均为西藏地区首次记录和报道。

关键词：西藏；作物；优美垫刃线虫；肥壮茎线虫；形态鉴定

Identification and Description of Two Species of Families Tylenchoidea from Crop in Tibet*

Ding Shanwen[1**]，Jin Xingxing[1,2]，Yu Jiao[1]，Xu Chunling[1]，Xie Hui[1***]
（1 *Lab of Plant Nematology and Research Center of Nematodes of Plant Quarantine*，*South China Agricultural University*，*Guangzhou*，510642，*China*；2. *Landscaping Management Office of Shenzhen Nanshan District*，*Shenzhen*　518052，*China*）

Abstract：The superfamily Tylenchoidea is widely distributed in the rhizosphere of various plants. Soil and root samples were collected from different crop during the survey of plant parasitic nematodes in the main cultivation area in Tibet. Plant nematodes populations were extracted from these samples by using the modified Baermann funnel method. According to morphological features，two species of Tylenchoidea among these nematode populations，*Tylenchus elegans* de Man，1876 and *Ditylenchus obesus* Thorne & Malek，1968 were identified and described. The main morphological features and measured values are basically the same as those described in the literature. Only some of the measured data are slightly different from the literature descriptions，but these numerical ranges overlap. This difference may be due to geographical reasons. And this is the first record of these two nematodes in Tibet.

Key words：Tibet；Crop；*Tylenchus elegans*；*Ditylenchus obesus*；Identification

* 基金项目：科技部科技基础性工作专项“线虫门侧尾腺纲垫刃目垫刃亚目（一）的编研（2006FY120100）”；农业部“农作物病虫鼠害疫情监测与防治项目（10162130108235047）”

** 第一作者：丁善文，博士，研究方向：植物线虫学。E-mail：dingshanwen@foxmail. com
*** 通信作者：谢辉，教授，研究方向：植物线虫学。E-mail：xiehui@scau.edu.cn

垫刃总科（Tylenchoidea Örley，1880）隶属于垫刃目（Tylenchida Thorne，1949）、垫刃亚目（Tylenchina Chitwood，1950），是一类比较普遍的植物寄生线虫，通常分布于植物的根际土壤中。在对西藏林芝市的植物线虫种类进行调查期间，采集了多种植物的根系组织和根际土壤样品，并采用改良贝曼漏斗法对样品中的线虫进行分离，根据形态学特征，从分离的线虫中鉴定出了该总科线虫的2个种，分别是优美垫刃线虫（*Tylenchus elegans* de Man，1876）和肥壮茎线虫（*Ditylenchus obesus* Thorne & Malek，1968），本文对这2个种类进行了描述。

1　材料与方法

1.1　样品的采集

在西藏林芝的小麦（*Triticum aestivum* L.）和甘蓝（*Brassica oleracea* L.）等作物种植地中选取长势较弱、植株矮小或叶片黄化的植株，采集其根系组织和根际的土壤，装入自封袋并记录采样时间、地点和植物种类，带回实验室进行线虫的分离。

1.2　线虫的分离和标本制备

将植物的根系组织剪成1cm小段后与根际土壤混匀，采用改良贝曼漏斗法进行线虫的分离[1]。将分离所得的线虫转移至1.5mL离心管中并置于62℃水浴锅中处理3min进行热杀死；杀死的线虫用4%的FG固定液（40%甲醛：甘油：蒸馏水=10：1：89）进行固定，然后用甘油—乙醇脱水法进行脱水并制成永久玻片以备观察[1]。

1.3　线虫的鉴定

将制作好的线虫永久玻片标本在光学显微镜下进行观察、测量、描述、鉴定和绘图，然后与已有的报道文献进行对比分析。形态特征的测计采用de Man公式[2]，分类鉴定系统主要参照谢辉分类系统[1]。

本研究中形态测计和描述所采用的英文及缩略词如下：a—体长/最大体宽；AEGL—体前端至食道腺末端的距离；AVL—体前端至阴门处的距离；b—体长/体前端至食道与肠连接处的距离；c—体长/尾长；c'—尾长/肛门处体宽；Ex.P.—体前端至排泄孔的距离；Ex.P.%L—体前端至排泄孔的距离×100/体长；Ex.P.%Oes.—体前端至排泄孔的距离×100/食道长；L—体长；MB—体前端至中食道球中间的距离×100/食道长；n—测量的线虫标本数；Oes.—食道腺长；PUS—后阴子宫囊长度；Stylet—口针长度；Tail—尾长；V—体前端至阴门的距离×100/体长；V'—体前端至阴门的距离×100/体前端至肛门的距离；VA—阴门至肛门的距离；VBW—阴门处体宽；W—最大体宽。

2　鉴定结果

2.1　优美垫刃线虫*Tylenchus elegans* de Man，1876（图1）

测量值及与文献记述的比较见表1。

雌虫：虫体中等大小，温热杀死后虫体向腹面弯曲；体表环纹清晰，体中部环纹宽约1.5μm；侧线4条。头部无明显缢缩，前端平圆，具环纹，唇高略大于唇基环直径的1/2。口针基部球小，锥体部约等于杆部长。中食道球纺锤形，具食道球瓣，距体前端45.0μm；后食道腺梨形，不覆盖肠，与肠交界清楚。神经环位于峡部中间；排泄孔紧接半月体后，位于后食道球前端水平处。阴门横裂，位于虫体中后部，阴道与体中轴线垂直；单卵巢，前伸，受精囊圆，缢缩，具有精子；后阴子宫囊短。肛阴距长约为尾长的1.3倍。尾圆锥形，向腹面弯曲，末端呈指状。

雄虫：未发现。

该种群的形态描述和测量值与Brzeski（1996）[3]对优美垫刃线虫的描述基本一致，故定为该种。

分布与寄主植物：林芝市林芝镇嘎啦村小麦（*Triticum aestivum* L.）。

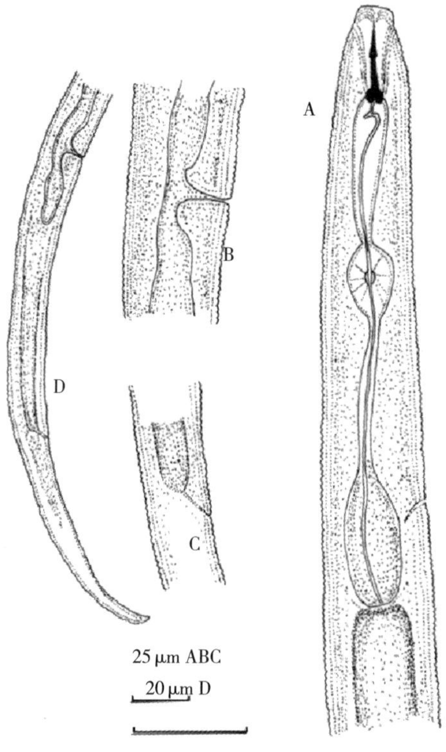

雌虫：A.体前部；B.阴门区；C.肛门区；D.阴门区及尾部

图1　优美垫刃线虫 *Tylenchus elegans*

表1　优美垫刃线虫西藏林芝市种群测量值与文献记述的比较　　（单位：μm）

形态指标	西藏林芝种群（♀）	Brzeski（1996）
L	654.5	747.0 ± 72.7（601.0 ~ 885.0）
W	19.0	
AEGL	97.5	

（续表）

形态指标	西藏林芝种群（♀）	Brzeski（1996）
Oes.	83.5	120.0 ± 6.1（110.0 ~ 127.0）
AVL	427.5	
Tail	97.0	127.0 ± 19.4（85.0 ~ 148.0）
PUS	10.0	
VA	130.0	
VBW	18.0	
Stylet	14.0	15.2 ± 1.0（14.6 ~ 15.9）
Ex.P.	83.6	
a	34.4	29.7 ± 2.5（24.7 ~ 31.2）
b	6.7	6.2 ± 0.5（5.1 ~ 7.0）
c	6.7	6.0 ± 0.7（4.9 ~ 7.1）
c’	7.6	8.6 ± 1.3（6.1 ~ 10.7）
V	65.3	62.9 ± 2.3（58.6 ~ 65.7）
V’	76.7	75.8 ± 1.2（73.6 ~ 76.7）
Ex.P.%L	12.8	13.8 ± 1.0（12.8 ~ 16.1）
Ex.P.%Oes.	100.1	84.9 ± 3.6（80.5 ~ 90.1）

2.2 肥壮茎线虫*Ditylenchus obesus* Thorne & Malek，1968（图2）

测量值及与文献记述的比较见表2。

雌虫：热杀死后，体前部直线形，尾部略向腹面弯曲。虫体大，体环纹较细，宽约1.0μm。侧线4条，占体宽1/4。唇环不明显，唇区低平，与体连续。头架骨化程度低，头部高2.0 ~ 2.1μm，宽6.0 ~ 7.2μm。口针弱，锥体部略短于杆部，基部球小、圆形。食道前体部圆柱形；中食道球不发达，纺锤状，距体前端46.5 ~ 50.0μm；峡部细长，神经环位于峡部中间；后食道腺梨形，与肠交界清楚。排泄孔明显，位于峡部和后食道腺交界处，距体前端93.0 ~ 101.0μm；半月体发达，占3 ~ 4个体环，位于排泄孔前2 ~ 3个体环处。阴门横裂，阴门唇略突起，阴道垂直于体中轴；单生殖腺，前伸，生殖腺较长，但未达食道区；后阴子宫囊长，为阴门处体宽的1.1 ~ 2.3倍，为肛阴距的20% ~ 60%。尾圆锥形，向腹面弯曲，在尾中部急剧变细，末端钝圆。

雄虫：未发现。

该种群的形态特征与测量值与Sakwe & Geraert（1993）[4]对肥壮茎线虫的描述基本一致，故定为该种。

分布与寄主植物：林芝市鲁郎镇小麦（*Triticum aestivum* L.），林芝市林芝镇嘎啦村甘蓝（*Brassica oleracea* L.）。

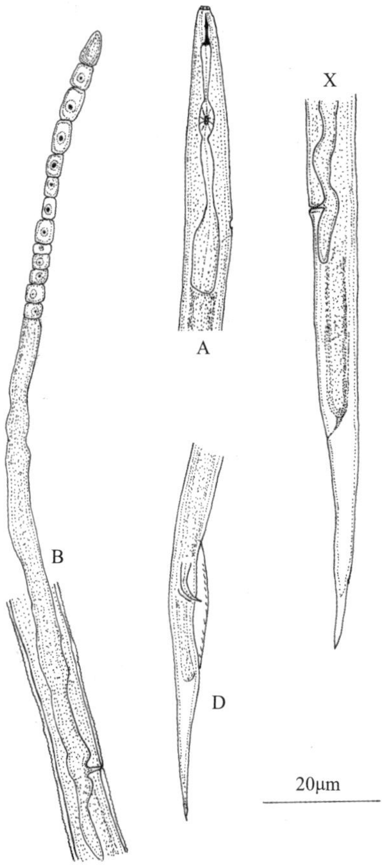

雌虫：A.体前部；B.生殖腺；C.阴门区及尾部；雄虫：D.尾部

图2　肥壮茎线虫 *Ditylenchus obesus*

表2　肥壮茎线虫西藏林芝种群的测量值及与文献记述的比较　　（单位：μm）

形态指标	西藏林芝种群（♀）	Sakwe & Geraert（1993）
n	4	16
L	797.6 ± 107.8（695.0 ~ 947.5）	780.0 ± 35.2（750.0 ~ 830.0）
Tail	63.1 ± 15.2（50.0 ~ 85.0）	61.5 ± 4.8（53.0 ~ 70.0）
PUS	35.6 ± 9.0（22.5 ~ 42.5）	36.3 ± 2.6（9.2 ~ 115.0）
VA	83.1 ± 12.6（72.5 ~ 97.5）	103.8 ± 7.3（92.0 ~ 115.0）
VBW	20.0 ± 2.7（17.5 ~ 23.8）	
Stylet	7.5 ± 0.6（7.0 ~ 8.0）	7.5 ± 0.4（7.5 ~ 8.0）

（续表）

形态指标	西藏林芝种群（♀）	Sakwe & Geraert（1993）
Ex.P.	98.3 ± 3.6（93.0 ~ 101.0）	101.1 ± 4.8（93.0 ~ 108.0）
a	39.8 ± 3.6（34.8 ~ 43.1）	27.6 ± 1.8（24.2 ~ 30.7）
b	6.3 ± 0.9（5.6 ~ 7.6）	6.2 ± 0.3（5.8 ~ 6.8）
c	12.9 ± 2.1（11.1 ~ 15.9）	12.7 ± 0.9（11.3 ~ 14.5）
c’	5.0 ± 1.2（3.9 ~ 6.8）	4.1 ± 0.3（3.5 ~ 4.7）
V	81.7 ± 1.0（80.7 ~ 82.8）	77.5 ± 1.6（74.0 ~ 80.0）
PUS/VW	1.8 ± 0.5（1.1 ~ 2.3）	1.3 ± 0.1（1.1 ~ 1.5）
PUS/VA	0.4 ± 0.1（0.2 ~ 0.6）	0.35 ± 3.3（0.30 ~ 0.41）
VA/Tail	1.4 ± 0.3（1.1 ~ 1.8）	1.7 ± 0.1（1.5 ~ 1.9）
Oes.	117.3 ± 4.5（115.0 ~ 124.0）	125.5 ± 4.9（115.0 ~ 132.0）
MB	40.9 ± 2.1（38.3 ~ 43.5）	43.1 ± 1.3（40.0 ~ 45.0）
AEGL	127.8 ± 4.8（125.0 ~ 135.0）	

3 讨论

本文所描述的优美垫刃线虫西藏林芝种群和肥壮茎线虫西藏林芝种群的主要形态特征和测量值分别与文献记述[3,4]的基本一致，仅部分测量数据与文献记述略有差异，但数值范围均有重叠，这个差异可能是种内不同地理种群间的差异。这2种线虫均为西藏地区首次记录和报道。

参考文献

［1］ 谢辉. 植物线虫分类学[M]. 2版. 北京：高等教育出版社，2005.

［2］ REDDY P P. Plant Nematology[M]. New Delhi：Pratibha Printing Press，1983：287.

［3］ BRZESKI M W. Comments on some known species of the genus *Tylenchus* and description of *Tylenchus stachis* sp. n.（Nematoda：Tylenchidae）[J]. Nematologica，1996，42（4）：387-407.

［4］ SAKWE P N，GERAERT E. The genus *Ditylenchus* Filip’ev，1936 from Cameroon（Nematoda：Anguinidae）[J]. Fundamental and applied nematology，1993，16（4）：339-353.

中国线虫学研究（第八卷）Nematology Research in China（Vol.8）：59-65

修长蠊螨对植物线虫的捕食行为和在植物与土壤中的垂直分布*

杨思华**，陈勇良，王 丹，徐春玲，谢 辉***

（华南农业大学植物线虫研究室/植物检疫线虫检测与防疫研究中心，广州 510642）

摘 要：植物寄生线虫是重要的植物病原物，能造成严重经济损失。使用高毒高残留的杀线剂的化学防治法仍是当前防治线虫病害的主要手段，但该方法严重危害人类健康并破坏生态环境，发展植物线虫的生物防治方法迫在眉睫。蠊螨（*Blattisocius*）具有植物线虫生物防治的应用潜力和价值，修长蠊螨（*B. dolichu*）是发现于中国的一种捕食螨，其捕食特性有待研究，防治植物线虫的潜能有待开发。本研究观察到修长蠊螨具有主动捕食植物线虫的行为，对于活体的植物线虫有明显的捕食选择性；修长蠊螨在植株与根际的垂直分布中主要分布于土壤表层。本研究明确了修长蠊螨与植物寄生线虫具有相同的栖息环境且对植物线虫具有主动捕食行为，表明其具有作为植物寄生线虫生防资源的潜在应用价值，为进一步研究该螨在植物线虫防治方面的应用提供了科学依据。

关键词：修长蠊螨；植物线虫；捕食行为；食物选择性；垂直分布

Predatory Behavior of *Blattisocius Dolichus*（Acari：Blattisociidae）on Plant Nematodes and Its Distribution in Plant and Soil*

Yang Sihua**，Chen Yongliang，Wang Dan，Xu Chunling，Xie Hui***

（*Lab. of Plant Nematology/Research Center of Nematodes of Plant Quarantine*，*South China Agriculture University*，*Guangzhou* 510642，*China*）

Abstract：Plant nematodes are one of the most important plant pathogens and cause serious economic losses. At present，applying nematicides of high toxic and high residue are the main chemical control methods for the nematode diseases. And it seriously endangers human health and destroys the ecological environment. Therefore，it is imminent to develop bio-control method of plant nematode diseases. *Blattisocius* is a kind of predatory mites and has the potential value of biological control of plant nematodes. *Blattisocius dolichu* was discovered in China and its predatory features and bio-control potential were to be developed. In this study，*B. dolichu* was observed that it had the self-induced behavior to predating plant nematodes and had an obvious predatory selectivity for living nematodes，and was mainly distributed in the surface of soil. The research result showed that *B. dolichu* has the same habitat as plant parasitic nematodes dose，so it had potential value as the biocontrol use of plant nematodes. This study provided a scientific basis for further research on the application of this predatory mite for plant nematodes control.

Key words：*Blattisocius dolichu*；Plant nematodes；Predatory behavior；Food selectivity；Vertical distribution

---

*基金项目：国家重点研发计划项目（2017YFD0201000）

**第一作者：杨思华，博士研究生，从事植物线虫学研究。E-mail：724743763@qq.com

***通讯作者：谢辉，教授，从事植物线虫学研究。E-mail：xiehui@scau.edu.cn

1 前言

植物寄生线虫是一类重要的植物病原物，可以寄生在植物的各个组织器官内，具有主动侵袭寄生和自行转移为害等特点，能够破坏植物的正常代谢，影响其生长发育，使农作物的产量减少，品质下降，甚至绝产绝收[1]。相似穿孔线虫（*Radopholus similis*）是内寄生的植物病原线虫，广泛分布于热带和亚热带地区，严重为害香蕉、柑橘、甘蔗、生姜和观赏植物等重要经济植物，造成极为严重的经济损失[2]。根结线虫是寄主范围最广泛的一类植物寄生线虫，寄主植物包括果树、蔬菜、观赏植物等3 000余种，并且根结线虫分布广泛，发生频繁，一旦发生，一般减产为10%～20%，严重可以达到75%以上[3]。

国内外对植物病原线虫的防治措施主要有生物防治、农业防治和化学防治措施。当前化学防治仍是防治线虫病害的主要手段[4]，但生产使用的杀线剂几乎均为高毒高残留品种。这些杀线剂的使用已严重危害人类健康并破坏生态环境，发展绿色的植物线虫防治方法迫在眉睫。植物线虫生物防治是指利用在自然界的天敌生物，对植物线虫进行寄生或捕食，削弱植物线虫的寄生或生存能力，从而对植物进行保护。植物线虫的天敌生物中，研究最多的是食线虫真菌，其次是穿刺巴氏杆菌和根际细菌，对天敌捕食螨的研究了解甚少。在研究利用捕食螨防治植物寄生线虫方面，Linford等（1938）最早报道螨类对植物线虫的捕食作用[5]。后来不少研究表明捕食性螨类可以捕食或杀死植物寄生线虫，如：*Pergalumna* sp.对咖啡短体线虫（*Pratylenchus coffeae*）和爪哇根结线虫（*Meloidogyne javanica*）二龄幼虫的捕食[6]；梭形毛绥螨（*Lasioseius scapulatus*）对燕麦真滑刃线虫（*Aphelenchus avenae*）等8种线虫均有捕食作用[7]；*Hypoaspis calcuttaensis*捕食南方根结线虫二龄幼虫（*Meloidogyne incognita*）和水稻浅根线虫（*Hirschmanniella oryzae*）等线虫[8-10]。

蠊螨（*Blattisocius*）是一类捕食性螨，生活在仓库贮藏物、土壤和植物根系附近。据报道，该螨中的*Blattisocius tarsalis*具有贪婪的捕食能力，在防治地中海粉螟（*Ephestia kuehniella*）和粗脚粉螨（*Acarus siro*）具有应用潜力和价值[11]。修长蠊螨（*Blattisocius dolichu*）是马立名等（2006）报道的采自中国江西庐山林树根际土壤中的一个新种[12]，有关该螨的捕食特性和防治植物线虫的潜能有待开发。

本论文利用特制观察皿观察和测定修长蠊螨对线虫的捕食行为，并利用盆栽试验观察螨虫在植株与根际的垂直分布，为进一步研究和利用修长蠊螨防治植物寄生线虫提供科学依据。

2 材料与方法

2.1 供试线虫

用于实验的植物线虫包括相似穿孔线虫（*Radopholus similis*）采集于进口观赏植物红掌（*Anthurium andraeanum*），由本实验室分离、鉴定，并在胡萝卜愈伤组织上培养保存。供试的秀丽小杆线虫（*Caenorhabditis elegans*）由中国农业科学院植物保护研究所提供。线虫的分离和收集采用已描述的方法[13,14]。

2.2 供试螨虫

试验用修长蠊螨（*B. dolichus*）和腐食酪螨（*Tyrophagus putrescentiae*）均来源于中国农业科学院植物保护研究所。其中腐食酪螨采用酵母粉饲喂；修长蠊螨采用腐食酪螨饲喂。

螨虫的分离和收集采用已描述的方法[14]。

2.3 供试幼苗的培养

供试的空心菜（*Ipomoea aquatica*）种子为泰国白骨柳叶空心菜，购于泰王国蔡荣成种子有限公司。用纱布包裹空心菜种子，放于50℃水中加热5min催芽和消毒处理。取出后播种于已灭菌介质土中与光照培养箱中育苗（光照16h，黑暗8h）。15d后将长出的空心菜苗转移到装有0.8L的灭菌介质土的花盆中备用。

2.4 观察皿的制作

将5%的琼脂倒入直径35mm的培养皿中约1/3处，待凝固后，将供试螨虫和（或）线虫移到平板培养基上，盖上培养皿，用封口膜密封后，在体视显微镜下观察。

2.5 修长蠊螨捕食线虫的过程

将100条香蕉穿孔线虫加入观察皿的胶板上，再分别将雄螨和雌螨各一头用挑针移至胶板上，迅速用封口膜密封，用体视镜观察其捕食姿态。设5个重复。

2.6 修长蠊螨对线虫捕食的选择性

将5%的琼脂倒入直径100mm的培养皿中约1/3处，冷凉凝固后用打孔器在观察皿内胶板上打4个均匀分布直径5mm的小孔。将200条活体香蕉穿孔线虫、200条死亡香蕉穿孔线虫、200条秀丽小杆线虫、在24h内产下的腐食酪螨虫卵20粒置入同一个培养皿中的不同小孔中，并将5头雄螨和5头雌螨移入此培养皿中，用封口膜密封，置于25℃ ± 1℃的黑暗培养箱内，24h后记录剩余的线虫数量、腐食酪螨虫卵数量。设5个重复。

2.7 修长蠊螨在植株与根际的垂直分布

将培育好的空心菜苗移栽到预先准备好的花盆中，定植7d后，将修长蠊螨200头释放至空心菜根结土壤中，用培养皿深埋方式和直接撒施的方式分别释放，分别在释放捕食螨10d、20d和30d后分离和统计各处理植物地上部分、表层土壤和土壤中的螨数量，每个处理设5个重复。

2.8 修长蠊螨的分离与统计

植物地上部分螨的统计方法：将空心菜从茎基部剪断放入封口袋，贴上标签，注明采集时间和编号，带回实验室清点螨虫量。将带回实验室的封口袋中的捕食螨用毛笔全部扫入放有酒精的培养皿中，计数。表层土壤（2cm）和根际土壤中的捕食螨的分离采用杜匀氏漏斗法[15]。具体过程如下：将空心菜地上部分剪掉，将根系连同300mL根系附近土壤适度揉松后放入孔径为0.45mm的标准筛内，筛网下面放一个大小合适的圆盘，圆盘内装满75%乙醇溶液。在黑暗状态下用60W的电灯连续近距离照射筛网内的土壤8h后，记录盘中螨虫数量。

2.9 数据分析

试验数据采用SPSS.22.0软件进行处理，并在P=0.05水平上进行差异显著水平分析，用Duncan法进行多重比较。

3 结果与分析

3.1 修长蠊螨对相似穿孔线虫的捕食行为

根据观察，修长蠊螨在观察皿中四处走动以搜寻猎物，当其发现并准备捕食线虫时，首先有静息并试探的行为，之后开始捕食（图1A）。其先用螯肢钳住线虫，然后将其送入口中。捕食一条相似穿孔线虫需要1min左右。但被捕猎到的线虫只有部分被整条吞食（图1B），有一部分则不会被整条吞食。捕食行为结束时，会有用I肢帮助清理螯肢的动作。之后继续四处走动，准备捕食下一条线虫。因此修长蠊螨具有主动捕食线虫的特性。

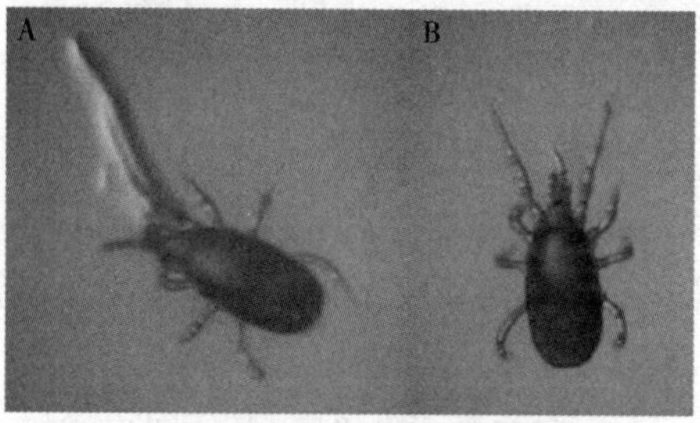

A. 捕食初期；B. 捕食结束期

图1　修长蠊螨捕食相似穿孔线虫

3.2　食物选择性试验

食物选择性试验表明（图2），修长蠊螨对于活体的线虫，有明显的捕食选择性。而且其对活体相似穿孔线虫的捕食量显著大于秀丽小杆线虫，而对死亡相似穿孔线虫和腐食酪螨虫卵的捕食量较低。

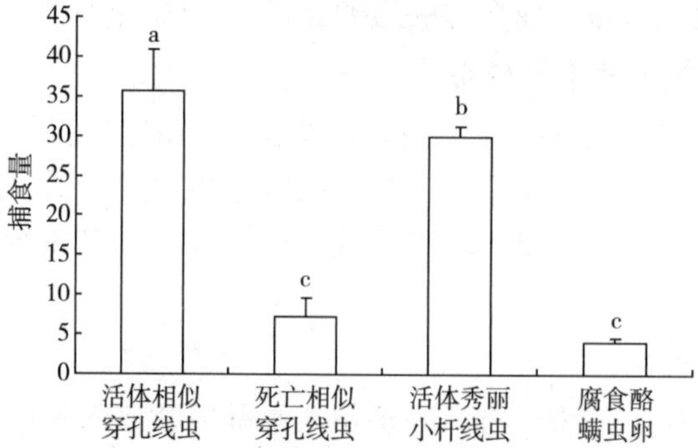

图2　修长蠊螨对不同食物的选择性

注：图中数据为5次重复的平均值±标准误（S.E）；图中相同的小写字母表示在*P*=0.05水平上差异不显著（DMRT法）。

3.3　修长蠊螨在植株与根际的垂直分布

在盆栽空心菜根际释放修长蠊螨10d、20d和30d后，随着时间延长，修长蠊螨在空心菜上的数量逐渐减少。释放捕食螨10d后的实验结果表明（图3A），以培养皿深埋和撒施2种方法释放，表层2cm土壤中的螨虫数量显著大于地上部分和根际土壤中的螨虫数量（$P<0.05$）；在土表中，以培养皿深埋方法释放的螨虫数量显著大于以撒施方法释放处理的螨虫数量（$P<0.05$）。释放捕食螨20d和30d后的实验结果表明（图3B、3C），以培养皿深埋方法释放的修长蠊螨在表层2cm土壤中螨数量最多，且该处理的螨虫数量均显著大于

其余处理（$P<0.05$）。以上结果表明，修长蠊螨在表层2cm土壤中的分布最多，并且仅在表层2cm土壤中，以培养皿深埋方法释放后的螨虫数量显著大于以撒施方法释放后的螨虫数量（$P<0.05$），在植株及其根际土壤中螨的分布无显著差异。

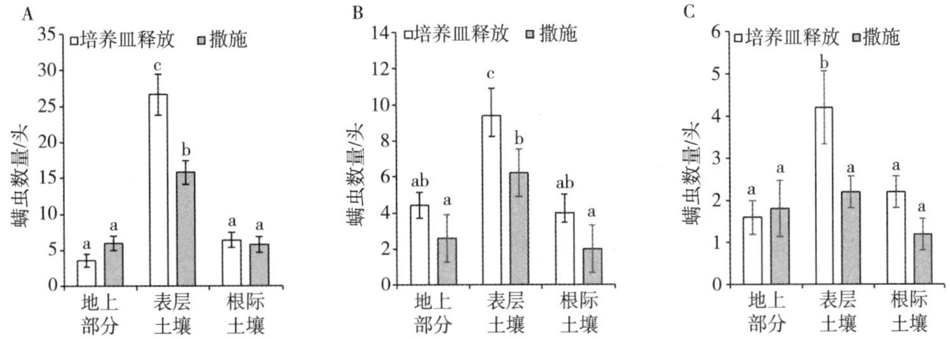

图3　修长蠊螨在空心菜盆栽中的垂直分布

注：图中数据为5次重复的平均值±标准误（S.E）；A：释放修长蠊螨10d后螨在空心菜盆栽中的地上部分、表层2cm土壤和根际土壤中的数量；B：释放修长蠊螨20d后螨在空心菜盆栽中的地上部分、表层2cm土壤和根际土壤中的数量；C：释放修长蠊螨30d后螨在空心菜盆栽中的地上部分、表层2cm土壤和根际土壤中的数量；图中相同的小写字母表示在P=0.05水平上螨虫数量差异显著（DMRT法）。

4　结论与讨论

本研究测定并明确了修长蠊螨具有捕食线虫的能力。修长蠊螨对相似穿孔线虫的捕食行为分为静息试探，螯肢固定线虫后进食，清理螯肢3个步骤。这与先前报道中所观察到的*H. calcuttaensis*对线虫的捕食行为基本一致[14,16]。但是修长蠊螨将捕猎到的部分线虫整条吞食，有一部分被猎到的线虫则不是被整条吞食，而先前报道中*H. calcuttaensis*，*Pergalumna* sp.和*Tyrophagus* sp.则为将所有捕猎到的线虫整条吞食[6,8,9,16]，这与本实验的观察结果有一定的差异。

修长蠊螨对活体相似穿孔线虫的捕食偏好显著大于对活体秀丽小杆线虫、死亡相似穿孔线虫以及腐食酪螨虫卵的捕食。这可能是由于秀丽小杆线虫的扭动比相似穿孔线虫更剧烈而具有较强的拒食能力，同时，秀丽小杆线虫的体长（1.5mm）大于相似穿孔线虫（0.5 ~ 0.9mm）[17,18]也可能造成捕食困难；而腐食酪螨虫卵和死亡相似穿孔线虫是静止的不易引起螨的注意，或者还存在其他生理、生化和行为等因素尚有待研究。有报道发现，*H. calcuttaensis*对不同虫体大小的线虫的捕食量具有一定选择性，但也并不是完全相关[8,18-20]。由于有些捕食螨对一些体形较大的线虫捕食量明显大于体形较小的线虫[8,9]，有的捕食螨对体形大小相似的不同种线虫的捕食量也表现显著差异，并且对活动性强的腐食性线虫的捕食量明显大于活动性较弱的植物线虫[8]。因此，捕食螨对不同线虫的捕食偏好可能与线虫的大小、活动性以及其他生理、生化和行为特征等多种因素有关。

从修长蠊螨在盆栽空心菜上的分布结果得出，修长蠊螨主要分布于土壤表层，这与马立名[12]报道的修长蠊螨发现于树木根际的腐殖层中相一致。说明修长蠊螨与植物寄生线虫具有相似的栖息环境，为其防治植物寄生线虫提供了依据。比较以培养皿深埋的释放方法与直接撒施的释放方式结果得出，以培养皿深埋的释放方法优于直接撒施的释放方法，但是无论采用哪种释放方法，随着释放时间的延长，盆栽空心菜上捕食螨的数量均逐渐减少。

参考文献：

［1］ 冯志新. 植物线虫学[M]. 北京：中国农业出版社，2001：1-2.

［2］ GOWEN S R，QUÉNÉHERVÉ P. Nematode parasites of bananas，plantations and abaca[M]. Plant Parasitic Nematodes in Subtropical & Tropical Agriculture，1990：431-460.

［3］ SASSER J N. The International Meloidogyne Project-Its Goals and Accomplishments[J]. Annual review phytopathology，1983（21）：271-288.

［4］ 杨新玲，张利兰. 植物寄生线虫防治的新策略[J]. 世界农药，2001，23（5）：26-27.

［5］ LINFORD M B，OLIVEIRA J M. Potential agents of biological control of plant-parasitic nematodes[J]. Phytopathology，1938，28，14.

［6］ OLIVEIRA A R，MORAES G J. Consumption rate of phytonematodes by *Pergalumna* sp.（Acari：Oribatida：Galumnidae）under laboratory conditions determined by a new method[J]. Exp Appl Acarol，2007，41：183-189.

［7］ IMBRIANI I，MANKAU R. Studies on *Lasioseius scapulatus*，a mesostigmatid mite predaceous on nematodes[J]. J Nematol，1983，15（4）：523-528.

［8］ BILGRAMI A L. Evaluation of the predation abilities of the mite *Hypoaspis calcuttaensis*，predaceous on plant and soil nematodes[J]. Fundam Appl Nematol，1997，20：96-98.

［9］ WALIA K K，MATHUR S. Predatory behavior of two nematophagous mites，*Tyrophagus putrescentiae* and *Hypoaspis calcuttaensis*，on root-knot nematodes，*Meloidogyne javanica*[J]. Nematol Medit，1995，23：255-261.

［10］ SHARMA R D. Studies on the plant parasitic nematode *Tylenchorhynchus dubius*[M]. Meded. Landbouw. Wageningen，1971，71：98-104.

［11］ NIELSEN P S，ADLER C，SCHOELLER M. *Blattisocius tarsalis*（Berlese），would this predatory mite be effective against moth eggs in Scandinavian flour mills[J]. Bulletin Oilb/srop，1998，13（5）：603-606.

［12］ MA L M. Three new species of the family *Aceosejidae*（Acari：Gamasina）from China[J]. Acta Arachnol Sin，2006，15（2）：70-74.

［13］ CHEN Y L，XU C L，XU X N，*et al.* Evaluation of predation abilities of *Blattisocius dolichus*（Acari：Blattisociidae）on a plant-parasitic nematode，*Radopholus similis*（Tylenchida：Pratylenchidae）[J]. Exp Appl Acarol，2013，60：289-298.

［14］ XU C L，CHEN Y L，XU X N，*et al.* Evaluation of *Blattisocius dolichus*（Acari：Blattisociidae）for biocontrol of root-knot nematode，*Meloidogyne incognita*（Tylenchida：Heteroderidae）[J]. BioControl，2014，59：617-624.

［15］ CROSSLEY JR D A，BLAIR J M. A high-efficiency，“low-technology” Tullgren-type extractor for soil microarthropods[J]. Agriculture，Ecosystems & Environment，1991，34（1）：187-192.

［16］ WALTER D. Consumption of nematodes by fungivorous mites *Tyrophagus* spp.（Acarina：Astigmata：Acridae）[J]. Oecologia，1986，70：357-361.

[17] RIDDLE D L. Introduction to *C. elegans*[M]//Riddle D L，Blumenthal T，Meyer B J，*et al.* elegans II. New York：Cold Spring Harbor Laboratory Press，1998：1-2.

[18] WILLIAMS K J O. *Meloidogyne incognita.* CIH. Descriptions of plant-parasitic nematodes[M]. Set 2，No. 18. UK：Commonwealth Agricultural Bureaux，Farnham Royal，1973：4.

[19] SIDDIQI M R. *Hirschimanniella oryzae.* C. I. H. Descriptions of plant-parasitic nematodes[M]. Set 2，No. 26. UK：Commonwealth Agricultural Bureaux，Farnham Royal，1973：3.

[20] LOOF P A. The family Pratylenchidae Thorne，1949[M]//Nickle WD. Manual of agriculture nematology. New York，Marcel Dekker Inc，1991：363-422.

中国线虫学研究（第八卷）Nematology Research in China（Vol.8）：66

4种化学杀线剂对象耳豆根结线虫的室内毒力测定*

陈 园**，孙燕芳，裴月令，冯推紫，龙海波***
（中国热带农业科学院环境与植物保护研究所，海口 571101）

The Toxicity of Four Chemical Nematicides Against *Meloidogyne enterolobii* Under Laboratory Conditions*

Chen Yuan**，Sun Yanfang，Pei Yueling，Feng Tuizi，Long Haibo***
（*Institute of Environment and Plant Protection*，*Chinese Academy of Tropical Agricultural Sciences*，*Haikou* 571101，*China*）

摘　要： 象耳豆根结线虫（*Meloidogyne enterolobii*）被认为是极具危害性的植物病原根结线虫之一。近年来，象耳豆根结线虫的为害区域不断扩张，除了在典型的热带地区发现该线虫，在我国亚热带和温带地区、地中海区域和欧洲南部等温带地区也鉴定出该线虫的侵染。目前对于象耳豆根结线虫病害的防治仍主要依赖于化学农药，为了探究市场现有杀线剂对象耳豆根结线虫的活性，本研究检测了4种主流杀线剂对象耳豆根结线虫2龄幼虫的室内毒力。结果表明：1.8%阿维菌素乳油（北京中农大生物技术股份有限公司）对象耳豆根结线虫2龄幼虫的毒杀效果最好，LC_{50}值为0.369 3mg/L；其次分别为41.7%氟吡菌酰胺悬浮剂（拜耳股份有限公司）和40%氟烯线砜乳油（安道麦股份有限公司）；LC_{50}值分别为9.406 3mg/L和48.689 6mg/L；5%噻唑膦乳油（河北三农农用化工有限公司）对象耳豆根结线虫的毒杀效果较差，LC_{50}值为132.186 3mg/L。本研究结果可为象耳豆根结线虫病害的田间有效防控提供理论指导。

关键词： 象耳豆根结线虫；毒力测定；化学杀线剂；杀虫活性

---

* 基金项目：中国热带农业科学院基本科研业务费专项资金（1630042017024；1630042019035）
** 第一作者：陈园，助理研究员，从事植物寄生线虫致病机理研究。E-mail：ychen0606@126.com
*** 通信作者：龙海波，副研究员，从事植物寄生线虫综合防控研究。E-mail：longhb@catas.cn

中国线虫学研究（第八卷）Nematology Research in China（Vol.8）：67

3种植物寄生线虫电压门控钙离子通道$\alpha_2\delta$亚基全长cDNAs的克隆与序列分析*

陈雪伶**，周建宇，叶　姗，丁　中***
（湖南农业大学植物保护学院，长沙　410128）

Cloning and Sequence Analysis of Full-length cDNAs of the $\alpha_2\delta$ Subunit of Voltage-gated Calcium Channels of Three Plant Parasitic Nematodes*

Chen Xueling**，Zhou Jianyu，Ye Shan，Ding Zhong***
（*College of Plant Protection*，*Hunan Agricultural University*，*Changsha*　410128，*China*）

摘　要：电压门控钙离子通道（voltage-taged calcium calcium，VGCC）是镶嵌于细胞膜上的大分子蛋白，控制着细胞内外的钙离子浓度，在神经元、神经分泌细胞、肌肉细胞等发挥重要作用，其主要由成孔性α_1亚基和β、$\alpha_2\delta$、γ等辅助亚基组成。辅助亚基$\alpha_2\delta$可以影响Ca_v1和Ca_v2通道的转运，从而增加这些钙离子通道在质膜中的密度并增强它们的功能。本研究利用RT-PCR和RACE技术克隆了马铃薯腐烂茎线虫（*Ditylenchus destructor*）、旱稻孢囊线虫（*Heterodera elachista*）、拟禾本科根结线虫（*Meloidogyne graminicola*）电压门控钙离子通道$\alpha_2\delta$亚基cDNAs序列全长，分别命名为$DdCa_v\alpha_2\delta$（GenBank登陆号MW267435）、$HeCa_v\alpha_2\delta$（GenBank登录号MW218146）、$MgCa_v\alpha_2\delta$（GenBank登录号MT218395）。其中$DdCa_v\alpha_2\delta$基因cDNA全长为4 772bp，包含一个3 825bp的开放阅读框，编码1 275个氨基酸；$HeCa_v\alpha_2\delta$基因cDNA全长为4 249bp，包含一个3 768bp的开放阅读框，编码1 256个氨基酸；$MgCa_v\alpha_2\delta$基因cDNA全长为3 806bp，包含一个3 600bp的开放阅读框，编码1 200个氨基酸。序列比对分析结果表明，$DdCa_v\alpha_2\delta$、$HeCa_v\alpha_2\delta$和$MgCa_v\alpha_2\delta$均含有Willebrand Factor-A（VWA）功能结构域，属于VWFA家族成员。系统进化树分析表明，$DdCa_v\alpha_2\delta$、$HeCa_v\alpha_2\delta$基因编码的氨基酸序列与秀丽隐杆线虫（*Caenorhabditis elegans*）unc-36的氨基酸序列同源性分别为37.29%、44.34%，而$MgCa_v\alpha_2\delta$基因编码的氨基酸序列与unc-36的氨基酸序列同源性仅为14.05%，它与秀丽隐杆线虫tag-180基因的氨基酸序列的同源性为22.24%。研究结果为深入研究植物线虫电压门控钙离子通道的结构以及在信号传导过程中的作用奠定了基础。

关键词：植物寄生线虫；$\alpha_2\delta$亚基；cDNA克隆；结构分析

---

*基金项目：国家自然科学基金（31872038）
**第一作者：陈雪伶，硕士研究生。E-mail：1364943213@qq.com
***通信作者：丁中，教授，从事植物线虫化学防治研究。E-mail：dingzh@hunau.net

中国线虫学研究（第八卷）Nematology Research in China（Vol.8）：68

20份葡萄品种对葡萄根结线虫的抗性鉴定

杨艳梅*，东 晔，李云霞，杜 霞，胡先奇**
（云南农业大学省部共建云南生物资源保护与利用国家重点实验室，昆明 650201）

Evolution of Grape Varieties Resistant to the Root Knot Nematode *Meloidogyne vitis*

Yang Yanmei*，Dong Ye，Li Yunxia，Du Xia，Hu Xianqi**
（[1]*State Key Laboratory for Conservation and Utilization of Bio-Resources in Yunnan*，*Yunnan Agricultural University*，*Kunming* 650201，*China*）

摘　要：根结线虫（*Meloidogyne* spp.）是一类种类多、寄主范围广、发生为害面积大、经济损失严重的植物病原物。葡萄根结线虫（*Meloidogyne vitis*）是Yang等（2021）发现寄生于葡萄的根结线虫新种，已对葡萄造成严重损害。利用抗性种质选育抗根结线虫的品种是根结线虫防治较为经济有效的方法。

本研究以筛选抗葡萄根结线虫的葡萄资源为目的，采用扦插幼苗人工接种方法，测定了葡萄根结线虫侵染后20份葡萄幼苗抗性指标的变化，并采用聚类分析和隶属函数分析方法相结合，对20份葡萄材料抗葡萄根结线虫能力进行了鉴定。结果表明：20份葡萄材料均受葡萄根结线虫为害，受害严重葡萄植株细弱，新梢黄化，叶片布满紫红色斑点状褪绿现象，叶片易脱落。受害根系形成密度、大小不均一的念珠状根结；不同品种葡萄受葡萄根结线虫为害后，其根结指数、卵粒指数、病情指数和繁殖系数分别为2.95～17.94、0.77～10.50、46.70～100.00和0.06～1.25，红地球、沙巴珍珠、黑比诺4项抗病指标均较高，为高感品种，其余品种不同抗病指标变化趋势不一致。

以4项抗病指标为参数，采用系统聚类和隶属函数分析综合评价的方法，可将20份葡萄材料对葡萄根结线虫的抗性水平分为3类，金手指、藤稔、黄金玫瑰、红宝石、美人指、美丽无核、女巫指、康能、玫瑰香、夏黑、希姆劳特为低抗材料；龙眼、紫甜无核、克伦生、奇妙、巨峰、维多利亚为感病材料；红地球、沙巴珍珠、黑比诺为高感材料。抗性最强的是希姆劳特，抗性最弱的是红地球。

关键词：葡萄；资源；葡萄根结线虫；抗性鉴定

* 第一作者：杨艳梅，博士研究生，从事植物线虫病害研究。E-mail：yym_yunnong@163.com
** 通信作者：胡先奇，教授，从事植物线虫病害研究。E-mail：xqhoo@126.com

中国线虫学研究（第八卷）Nematology Research in China（Vol.8）：69

213种植物提取物对南方根结线虫的毒杀活性筛选*

王莹莹[1**]，马依靖[1]，黄　柯[1]，王　勇[1,2]，吴　华[1,2]，冯俊涛[1,2,3***]
（[1]西北农林科技大学植物保护学院，杨凌　712100；[2]陕西省生物农药工程技术研究中心，杨凌　712100；
[3]陕西省植物线虫学重点实验室，杨凌　712100）

Screening of Nematicidal Activity of Extracts from 213 Plants*

Wang Yingying [1**]，Ma Yijing [1]，Huang Ke [1]，Wang Yong[1,2]，Wu Hua [1,2]，Feng Juntao [1,2,3***]
（[1] *College of Plant Protection*，*Northwest Agriculture and Forestry University*，*Yangling*　712100，*China*；
[2] *Engineering and Technology Centers of Biopesticide of Shaanxi province*，*Yangling*　712100，*China*；
[3] *Shaanxi Key Laboratory of Plant Nematology*，*Yangling*　710043，*China*）

摘　要：研究213种植物甲醇提取物的杀线虫活性，从中筛选到具有开发潜力的植物源杀线虫剂。以南方根结线虫（*Meloidogyne incognita*）2龄幼虫为供试线虫，采用药液浸泡法测定供试植物甲醇提取物的杀线虫活性，选择48h校正死亡率超过90%的植物提取物进行毒力测定，对其中杀线虫活性较好的植物样品进一步采用植物干粉拌土法和提取物灌根法进行盆栽药效试验。药液浸泡法测定表明，0.2g（植物干样）/mL剂量下，野八角（*Illicium simonsii*）、六耳铃（*Blumea laciniata*）等85种植物甲醇提取物处理对南方根结线虫2龄幼虫48h校正死亡率超过50%，其中山胡椒（*Lindera glauca*）、长萼堇菜（*Viola inconspicua*）等21种供试植物样品48h校正死亡率超过90%；毒力测定结果表明，紫茉莉（*Mirabilis jalapa*）、肾茶（*Clerodendranthus spicatus*）等10种供试植物样品48h对南方根结线虫2龄幼虫LC_{50}在70～103mg/mL，野八角、卫矛（*Euonymus alatus*）等5种供试植物样品48h LC_{50}在50～70mg/mL，山胡椒、长萼堇菜等6种供试植物样品48h LC_{50}均低于50mg/mL，其中山胡椒（*L. glauca*）的活性最好，其48h的LC_{50}为18.675mg/mL；盆栽药效试验结果表明，10g植物干粉/kg（土）剂量下，在2种施药方式中，山胡椒、长萼堇菜、六耳铃和榼藤（*Entada phaseoloides*）对南方根结线虫的防效均在80%以上。山胡椒具有开发为植物源杀线虫剂的潜力，长萼堇菜、榼藤等植物的杀线虫活性值得进一步研究。

关键词：南方根结线虫；山胡椒；活性筛选；植物源杀线虫剂

---

*基金项目：陕西省重点研发项目“新型植物源农药研究与开发”（2020ZDLNY07-01）
**第一作者：王莹莹，硕士研究生，从事植物源农药研究。E-mail：18763893761@163.com
***通信作者：冯俊涛，教授，从事植物源农药研究。E-mail：fengjt@nwsuaf.edu.cn

中国线虫学研究（第八卷）Nematology Research in China（Vol.8）：70

A *Meloidogyne incognita* C-Type Lectin Effector Targets Plant Catalases to Promote Parasitism*

Zhao Jianlong**，Sun Qinghua，Ling Jian，Li Yan，
Yang Yuhong，Mao Zhenchuan***，Xie Bingyan***
（*Institute of Vegetables and Flowers*，*Chinese Academy of Agricultural Sciences*，*Beijing* 100081）

Abstract：Root-knot nematodes（RKNs），*Meloidogyne* spp.，establish a parasitic relationship with plant hosts by secreting effectors to modulate plant immune responses and developmental processes. Catalases are key regulators of reactive oxygen species homeostasis in plant cells，which is central to plant physiology and immunity. Here，we characterised a *Meloidogyne incognita* C-type lectin-like effector MiCTL1a that targets plant catalases and facilitates nematode parasitism.

In situ hybridization and *in planta* immunolocalisation showed MiCTL1 was expressed in the subventral glands and was secreted during *M. incognita* parasitism. Virus-induced gene silencing of the MiCTL1 largely reduced nematode infection ability in *Nicotiana benthamiana*. MiCTL1a ectopic expression in Arabidopsis not only increased susceptibility to *M. incognita*，but also promoted root growth.

Yeast two-hybrid assays and Co-IP confirmed that MiCTL1a interacted with Arabidopsis catalases，which play essential roles in H_2O_2 homeostasis. Catalase knockout mutants or overexpression modified *M. incognita* infection. Moreover，MiCTL1a expression in Arabidopsis reduced catalase activity and modulate stress-related gene expression.

Our data suggest that MiCTL1a effector interacts with plant catalases to interfere with catalase activity，allowing *M. incognita* to establish a parasitic relationship with its host by fine-tuning ROS-mediated responses.

* 基金项目：国家自然科学基金（32001878；31672010；31871942）

** 第一作者：赵建龙，助理研究员，从事植物寄生线虫与宿主互作分子机制研究。E-mail：zhaojianlong@caas.cn
*** 通信作者：茆振川，研究员，从事植物寄生线虫与宿主互作分子机制研究。E-mail：maozhenchuan@caas.cn
谢丙炎，研究员，从事植物寄生线虫与宿主互作分子机制研究。E-mail：xiebingyan@caas.cn

中国线虫学研究（第八卷）Nematology Research in China（Vol.8）：71

Analysis of *GmPUB* Genes Expression of Different Soybeans Cultivars under Soybean Cyst Nematode Infection*

Qi Nawei [1**]，Wang Yuanyuan [1,3]，Zhu Xiaofeng [1,2]，Xuan Yuanhu [2]，
Liu Xiaoyu [1,4]，Fan Haiyan [1,2]，Chen Lijie [1,2]，Duan Yuxi [1,2***]

（[1] *Nematology Institute of Northern China，Shenyang Agricultural University，Shenyang，China*
[2] *College of Plant Protection，Shenyang Agricultural University，Shenyang，China*
[3] *College of Biological Science and Technology，Shenyang Agricultural University，Shenyang，China.*
[4] *College of Sciences，Shenyang Agricultural University，Shenyang，China*）

Abstract： Soybean cyst nematode disease is an important plant disease worldwide and has become one of the significant factors that severely restrict the safety of soybean production. The Plant U-Box（PUB）protein regulates diverse processes of plant growth，development and stress response，including numerous biotic and abiotic stress，fertility and hormone signaling pathways. However，the expression patterns and function of the PUBs in soybeans interact with Soybean cyst nematode are largely unknown. To investigate the expression status of soybean *PUB* genes（*GmPUBs*）of different soybean cultivars under the soybean cyst nematode infection，quantitative real time PCR（qRT-PCR）was performed. Totally，64 *GmPUBs* genes' relative expression patterns in susceptible cultivar William82 and resistant cultivar HPZ were detected at 1 day post inoculation（dpi），5 dpi，10 dpi and 15 dpi. The results demonstrated that all 64 *GmPUBs* genes changed dramatically at four different time points，and there were seven genes vary significantly in expression in both W82 and HPZ. For instance，*Gm01g131800*，*Gm07g106000*，*Gm03g088400*，*Glyma15g038600*，*Gm18g019600*，*Gm02g195900* and *Gm12g188900*. Among these differently expressed genes，*Gm01g131800* and *Gm12g188900* after infection was increased at 1 dpi，5 dpi and then decreasing at 10 dpi，15 dpi. It reached the peak at the 5 dpi among the four time points. *Gm18g019600* was dramatically increased at 15 dpi. Moreover，*Gm07g106000* and *Gm02g195900* have the same trend and both increased，while the trends of the relative gene expressions of the *Gm03g088400* and *Glyma15g038600* were the same and both have a downward trend. In summary，our results indicated *GmPUBs* responded to the infection of soybean cyst nematode，the differential gene expressions of these seven genes at different time points imply that they may play roles in the interaction of soybean and SCN.
Key words: Soybean cyst nematode; Soybean *PUB* genes; Relative gene expression; Different expression

* Funding：Ministry of Finance of the People's Republic of China and Ministry of Agriculture and Rural Affairs of the People's Republic of China："China Agriculture Research System"（CARS-04-PS13）；National Parasitic Resources Center（NPRC-2019-194-30）

** First author：Qi Nawei；E-mail：811234919@qq.com

*** Corresponding author：Duan Yuxi；E-mail：duanyx6407@163.com

中国线虫学研究（第八卷）Nematology Research in China（Vol.8）：72

Arabidopsis *AtSWEET1* is a Host Susceptibility Gene for the Root-knot Nematode *Meloidogyne incognita**

Zhou Yuan[1**]，Zhao Dan[4**]，Duan Yuxi[1]，Chen Lijie[1]，Wang Yuanyuan[2]，
Liu Xiaoyu[3]，Fan Haiyan[1]，Xuan Yuanhu[1]，Zhu Xiaofeng[1***]
（[1] *College of Plant Protection*，*Shenyang Agricultural University*，*Shenyang* 110866，*China*；
[2] *College of bioscience and biotechnology*，*Shenyang Agricultural University*，*Shenyang* 110866，*China*；
[3] *College of science*，*Shenyang Agricultural University*，*Shenyang* 110866，*China*；
[4] *College of Plant Protection*，*Jilin Agricultural University*，*Changchun* 130118，*China*）

Abstract：*Meloidogyne incognita* is a plant pathogenic pest worldwide，causing severe economic losses to agricultural production. During the parasitism of *M. incognita*，giant cells are formed as nutrients source. SWEET sugar transporters are type of sugar transporters that transport glucose，sucrose and fructose，and participates in the interaction between pathogenic microorganisms and host plants. AtSWEET1 protein has been reported that transported glucose in previous studies. Our present study confirmed that expression of *AtSWEET1* was induced during the process of *M. incognita* infecting *Arabidopsis thaliana* through the qRT-PCR experiments. GUS staining assay showed that the activity of *AtSWEET1* gene's promoter was significantly up-regulated at the feeding site. Meanwhile，development of *M. incognita* was affected significantly in *atsweet1 mutant* plants. *In silico* analysis predicted that there were cis-acting elements related to defense and stress related and defense hormones in the promoter region of the *AtSWEET1*，besides，through the yeast one-hybrid assay，annexin was also found that interacts with the promoter of the *AtSWEET1*. In summary，our present study indicated that *AtSWEET1* involved in the interaction between *M. incognita* and *A. thaliana* and provided a deep insight to illustrate the roles of SWEET sugar transporters in the response of Arabidopsis to *M. incognita*.

Key words：Sugar transporters；AtSWEET1；*Meloidogyne incognita*；*Arabidopsis thaliana*

---

[*] Funding：Ministry of Finance of the People's Republic of China and Ministry of Agriculture and Rural Affairs of the People's Republic of China：" China Agriculture Research System（CARS-04-PS13）；National Parasitic Resources Center（NPRC-2019-194-30）

[**] First author：Zhou Yuan，Ph.D. student，Major in nematology research. E-mail：zy648794@163.com；Dan Zhao，E-mail：zhaodan1201@jlau.edu.cn

[***] Corresponding author：Zhu Xiaofeng，Associate Professor，Major in nematology research. E-mail：syxf2000@syau.edu.cn

中国线虫学研究（第八卷）Nematology Research in China（Vol.8）：73

Fine-tuning Roles of gma-miR159-*GAMYB* Regulatory Module in Soybean Immunity Against *Heterodera glycines*[*]

Lei Piao[1,2**]，Wang Yuanyuan [1,3]，Zhu Xiaofeng [1,2]，Xuan Yuanhu [2]，
Liu Xiaoyu[1,4]，Fan Haiyan[1,2]，Chen Lijie [1,2]，Duan Yuxi [1,2***]

（[1]*Nematology Institute of Northern China*，*Shenyang Agricultural University*，*Shenyang* 110866，*China*；
[2] *College of Plant Protection*，*Shenyang Agricultural University*，*Shenyang* 110866，*China*；
[3]*College of Biological Science and Technology*，*Shenyang Agricultural University*，*Shenyang* 110866，*China*；
[4]*College of Sciences*，*Shenyang Agricultural University*，*Shenyang* 110866，*China*）

Abstract： Soybean cyst nematode（SCN，*Heterodera glycines*）is a sedentary obligate biotroph and causes more than $1.2 billion and $120 million in annual yield losses in the United States and China respectively，making it the most harmful pathogen of soybean. Plant small RNAs（sRNAs）are a class of short regulatory RNAs that length in 20-24 nucleotides that regulate diverse biological processes in growth regulation，biotic and environmental stress response. Owing to the advances in accuracy in deep sequencing，various miRNAs changed in expression patterns were found in response to the soybean cyst nematode infection，However，these researches only offered limited microRNAs profiles，most of miRNAs and their target genes responded to soybean cyst nematode infection have not been experimentally confirmed. miR159-*GAMYB* module has been reported played major roles in various biological processes，our previous study has found gma-miR159 family members differently expressed at early stages of the SCN parasitism. In present study，we applied different concentrate GA on soybean seedlings to investigate its effect on soybean's resistance to *Heterodera glycines*，as well as the relation between GA and miR159 family members and *GAMYB* genes. Further，to get a deep insight of miR159-*GAMYB* module in the soybean-SCN interaction，we constructed silencing and overexpressing soybean hairy root of miR159 and its target *GAMYB* genes by using the *Agrobacterium rhizogenes*（K599）. Our results indicated that the miR159-GAMYB regulatory network played an essential role during the soybean cyst nematode parasite on soybean.

Key words： Soybean；*Heterodera glycines*；miR159；*GAMYB* genes；Gibberellin

---

[*]基金项目：财政部和农业农村部：国家现代农业产业技术体系资助（CARS-04-PS13）；国家寄生虫资源库（NPRC-2019-194-30）

[**]第一作者：雷飘，博士研究生，植物线虫学研究。E-mail：piaolei9411@163.com
[***]通信作者：段玉玺，教授，从事植物线虫学研究。E-mail：duanyx6407@163.com

中国线虫学研究（第八卷）Nematology Research in China（Vol.8）：74

Function Analysis of miR482c in the Interaction between Tomato and *Meloidogyne hapla*[*]

Zhao Xuebing[1,2**]，Wang Yuanyuan[1,3]，Zhu Xiaofeng[1,2]，Xuan Yuanhu[2]，
Liu Xiaoyu[1,4]，Fan Haiyan[1,2]，Chen Lijie[1,2]，Duan Yuxi[1,2***]

（[1]*Nematology Institute of Northern China*，*Shenyang Agricultural University*，*Shenyang* 110866，*China*；
[2] *College of Plant Protection*，*Shenyang Agricultural University*，*Shenyang* 110866，*China*；
[3]*College of Biological Science and Technology*，*Shenyang Agricultural University*，*Shenyang* 110866，*China*；
[4]*College of Sciences*，*Shenyang Agricultural University*，*Shenyang* 110866，*China*）

Abstract： The northern root-knot nematodes（*Meloidogyne hapla*）is widely distributed all over the world with a wide range of hosts. It seriously affects the crop yield and quality and causes serious economic losses each year. The miR482 is an ancient and conserved miRNA family that targets the NBS-LRR genes to regulate various biological processes. Typically，the expression of miR482 in the Solanaceae is higher than in other plant species. In this study，we used quantitative real-time PCR（qRT-PCR）analysis to investigate the expression pattern of miR482c and its target genes in a susceptible tomato infected by *M. hapla* cultivar at 1 day post inoculation（dpi），3 dpi，5 dpi，10 dpi，14 dpi. The results showed that the relative expression of miR482c was up-regulated at all time points. A reverse expression pattern of target genes of miR482c was observed. The *Solyc12g017800.1.1*，*Solyc12g016220.1.1*，and *Solyc11g006530.1.1*. were down-regulated in response to *M. hapla* infection. In conclusion，the finding suggests that miR482c might be a necessary regulator in tomato resistance to RKN. The specific role of miR482c and its target NBS-LRR genes in regulating the interaction between tomato and RKN need further investigation.

Key words： Northern root-knot nematodes；*Meloidogyne hapla*；miR482；NBS-LRR genes；Tomato

---

[*]基金项目：财政部和农业农村部国家现代农业产业技术体系资助（CARS-04-PS13）；国家寄生虫资源（NPRC-2019-194-30）

[**]第一作者：赵雪冰，硕士研究生，植物线虫学研究。E-mail：zhaoxuebing0412@163.com
[***]通信作者：段玉玺，教授，从事植物线虫学研究。E-mail：duanyx6407@163.com

中国线虫学研究（第八卷）Nematology Research in China（Vol.8）：75

Genetic Diversity of Cyst Nematodes Using the 3500xL Genetic Analyzer for SSR Analysis*

Jiang Ru**，Peng Huan，Huang Wenkun，Liu Shiming，Kong Ling'an，Peng Deliang***

（*State Key laboratory for Biology of Plant Disease and Insect Pests*，*Institute of Plant Protection*，*Chinese Academy of Agricultural Sciences*，*Beijing* 100193，*China*）

Abstract: Cyst nematodes are of enormous economic importance worldwide，with various species infect all of the world's most important crops. The study of genetic diversity and further determining the origin of an introduction pest constitutes a cornerstone in the development of effective control methods. Genotyping with simple repeated sequence（SSR）markers is now widely used for the study of genetic diversity. Capillary electrophoresis（CE）instruments，such as the 3500xL Genetic Analyzer（Applied Biosystems），are the method of choice for many laboratories performing SSR analysis. In addition to multiple Sanger sequencing-based applications，capillary electrophoresis is used in fragment sizing and quantification-based applications，such as SSR，AFLP，SNP，SSCP，replaced the traditional polyacrylamide gel electrophoresis for DNA sequence analysis. The cumbersome filling and loading process is completed by pump and autosampler，which realized automatic filling，injection and data collection. This review gives a brief introduction to the principle and operation method of the instrument and discusses issues surrounding DNA sample preparation and then processed for microsatellite PCR amplification and genotyping，injection，separation，detection，and interpretation of SSR results using CE systems. The results enable to characterize genetic links between the populations，reveal the history of introduction and dispersal，and contributed to the control of the cyst nematodes and the development of quarantine measures.

*基金项目：国家自然科学基金（32072398）；公益性行业农业科研专项（201503114）

**第一作者：江如，硕士研究生，从事植物病原线虫研究。E-mail：jiangruby@126.com

***通信作者：彭德良，研究员，从事植物线虫研究。E-mail：pengdeliang@caas.cn

中国线虫学研究（第八卷）Nematology Research in China（Vol.8）：76

Identification and Expression of MicroRNAs Involved in Resistance to *Meloidogyne incognita* in *Cucumis metuliferus*[*]

Ye Deyou[1**]，Qi Yonghong[2]，Zhang Huasheng[1]

（[1]*Institute of Vegetables*，*Gansu Academy of Agricultural Sciences*，*Lanzhou* 730070，*China*；
[2]*Institute of Plant Protection*，*Gansu Academy of Agricultural Sciences*，*Lanzhou* 730070，*China*）

Abstracts： MicroRNAs（miRNAs）are transcriptional and post-transcriptional non-coding regulatory small RNA（sRNA）of gene expression that play crucial roles in plant-nematodes interactions. To elucidate the regulation mechanism of plant endogenous miRNAs in the interaction between *Cucumis metuliferus* and the root knot nematode，*Meloidogyne incognita*，sRNAs libraries with compatible and incompatible interactions between *C. metuliferus* and *M. incognita* were constructed in the study. In order to identify miRNAs closely related to *M. incognita* resistance，and investigate the expression patterns of miRNAs and their target genes，sRNAs libraries were subjected to Solexa sequencing followed by real-time quantitative expression（qRT-PCR）and bioinformatics analysis. The results showed that the number of unique reads obtained from 18 samples ranged from 808262 to 3926308，the highest abundance was observed in 24 nt sRNA in length. The miRNAs accounted for only 0.3%-0.5% of all sRNA，including 565 known miRNAs，belonging to 75 miRNAs families，of which miR156 contained the largest number of family members. Ten miRNAs with four different expression patterns were screened out at the late stage of *M. incognita* infection through differential expression analysis of sequencing data of miRNAs. Target Finder software was used to predict miRNAs targets and the results showed that one miRNA can regulate multiple target genes，and the target genes of the same miRNA had high homology. The functions of miRNAs target genes are mainly involved in transcriptional activation，participating in plant growth and development and regulation，and encoding proteins related to signal transduction and cell metabolism. The expression of miRNAs and their targets was analyzed by qRT-PCR，and the results showed that four miRNAs，i.e. miR156，miR390，miR159 and miR827，negatively regulated the expression of their target genes，respectively. These results laid a foundation for further functional identification of miRNAs and their target genes closely related to *M. incognita* resistance in *C. metuliferus*.

Key words： *Cucumis metuliferus*；*Meloidogyne incognita*；resistance；miRNAs；identification；expression

---

[*] Funding：National Natural Science Foundation of China（No. 31560506 and 31760508）

[**] First author：Ye Deyou. E-mail：ydy287@163.com

中国线虫学研究（第八卷）Nematology Research in China（Vol.8）：77

Nematocidal Activity of Cyclic Dipeptides against Soybean Cyst Nematode（*Heterodera glycines*）*

Zhang Xiaoyu[1,2**], Wang Yuanyuan [1,3], Zhu Xiaofeng [1,2], Xuan Yuanhu [2],
Liu Xiaoyu[1,4], Fan Haiyan[1,2], Chen Lijie [1,2], Duan Yuxi [1,2***]

（[1]*Nematology Institute of Northern China*, *Shenyang Agricultural University*, *Shenyang* 110866, *China*;
[2] *College of Plant Protection*, *Shenyang Agricultural University*, *Shenyang*, *China*;
[3]*College of Biological Science and Technology*, *Shenyang Agricultural University*, *Shenyang* 110866, *China*;
[4]*College of Sciences*, *Shenyang Agricultural University*, *Shenyang* 110866, *China*）

Abstract: *Heterodera glycines*（Soybean cyst nematode, SCN）, is one of the most devastating pathogens of soybean and causes severe yield losses worldwide annually. Cyclic dipeptides consist of a large class of small molecules that synthesized by micro-organisms with diverse and noteworthy activities, possessing antitumor, antibacterial, antifungal, antiviral, and immunosuppressive properties. It has been proved that soybean seeds treated with cyclo（Tyr-Pro）can induce resistance of the soybean root system to soybean cyst nematode. However, it is not clear whether cyclo（Tyr-Pro）has a toxic effect on soybean cyst nematodes. In this study, cyclo（Tyr-Pro）was isolated from *Bacillus simplex* Sneb545 and used to assay its nematocidal activity with 0.1 μM, 1 μM, 10 μM, 100 μM, 1 000 μM, 2 000 μM concentration gradients by treating second-stage juveniles（J2）of *H. glycines*. There was a significant difference in nematicidal activity in these six concentration gradients. *H. glycines* were more susceptible to 1 000 μM and 2 000 μM at 24 h and 48 h. The results showed that the corrected mortality of *H. glycines* treated with 1 000 μM was 35.89% at 48 h. Besides, 2 000 μM cyclo（Tyr-Pro）exhibited strong nematicidal activity at 48 h, the corrected mortality was 44.22%. Whereas the remaining concentrations showed moderate or no activity compared with the control group. The results indicated that cyclo（Tyr-Pro）may serve as a potential bacterial-derived nematocidal chemical against SCN.

Key words: Soybean Cyst Nematode; *Bacillus simplex* Sneb545; Cyclic Dipeptides; Nematocidal Activity

---

* Funding: Ministry of Finance of the People's Republic of China and Ministry of Agriculture and Rural Affairs of the People's Republic of China: China Agriculture Research System（CARS-04-PS13）; National Parasitic Resources Center（NPRC-2019-194-30）

** First author: Zhang Xiaoyu, Ph.D. student, Major in nematology research. E-mail: yuerlook@126.com

*** Corresponding author: Duan Yuxi, Professor, Major in nematology research. E-mail: duanyx6407@163.com

中国线虫学研究（第八卷）Nematology Research in China（Vol.8）：78

PO酶抑制剂加速昆虫病原线虫侵染寄主的研究*

李星月[1,2**]，曹坳程[2]，易　军[1]，符慧娟[1]，李其勇[1]，张　鸿[1]，刘奇志[3***]
（[1]四川省农业科学院植物保护研究所，成都　610066；[2]中国农业科学院植物保护研究所，北京　100193；
[3]中国农业大学植物保护学院，北京 100193）

Polyphenoloxidase Inhibitors Accelerate the Host's Infection of Entomopathogenic Nematodes*

Li Xingyue[1,2**]，Cao Aocheng[2]，Yi Jun[1]，Fu Huijuan[1]，
Li Qiyong[1]，Zhang Hong[1]，Liu Qizhi[3***]
（[1] *Institute of Plant Protection*，*Sichuan Academy of Agricultural Sciences*，*Chengdu*　610066；
[2] *Institute of Plant Protection*，*Chinese Academy of Agricultural Sciences*，*Beijing*　100193；
[3] *Collage of Plant protection*，*China Agricultural University*，*Beijing*　100193）

摘　要：害虫防治一直是人们提高农作物产量的途径之一，但化学农药的大量使用，加重了农药残留与农田面源污染、加速了害虫抗药性发展与害虫再猖獗等。为此，本研究利用“生物合理设计”，筛选到低毒高生物活性的PO（多酚氧化酶）抑制剂作为昆虫病原线虫EPN助剂，通过调控昆虫免疫、加速EPN侵染致死昆虫寄主，加速昆虫病原线虫EPN快速侵染致死昆虫寄主，提高了昆虫病原线虫EPN在实际的农业生产中速效性。研究发现，PO化学抑制剂在有效抑制大蜡螟（*Galleria mellonella*）PO剂量下对EPN存活率无影响，但显著抑制了大蜡螟体内PO酶活性，提高了EPN的侵染致死率且延迟大蜡螟虫体黑化反应。本研究证实可以通过调控EPN侵染大蜡螟过程中PO介导的昆虫体液免疫，提高EPN的生防效率。该研究为综合利用PO抑制剂和EPN奠定了理论基础，并进一步探讨了干扰昆虫PO功能在人为调控昆虫免疫、提高害虫生防成效的应用价值。

关键词：多酚氧化酶；大蜡螟；EPN；体液免疫

*基金项目：国家重点研发计划（2019YFE0120400）；中国博士后科学基金会—博士后国际交流计划（20190047）；四川省农业科学院前沿学科研究基金（2019QYXK027）

**第一作者：李星月，博士，副研究员，从事线虫学与害虫生物防治研究。E-mail：michelle0919lee@126.com
***通信作者：刘奇志，博士，教授，从事害虫综合治理研究。E-mail：lqzzyx163@163.com

中国线虫学研究（第八卷）Nematology Research in China（Vol.8）：79-80

Regulation Mechanism of Exogenous Salicylic Acid and Jasmonic Acid for Resistance to *Meloidogyne incognita* in *Cucumis metuliferus*[*]

Ye Deyou[1**], Qi Yonghong[2], Zhang Huasheng[1]

（[1]*Institute of Vegetables*, *Gansu Academy of Agricultural Sciences*, *Lanzhou* 730070, *China*;
[2]*Institute of Plant Protection*, *Gansu Academy of Agricultural Sciences*, *Lanzhou* 730070, *China*）

Abstracts: Salicylic acid（SA）and jasmonic acid（JA）are important resistance signaling molecules and WRKY transcription factors play an important role in SA/JA signaling network system. The study on the role of SA and JA for resistance to root-knot nematode can provide an effective molecular mechanism for fine regulation of RKN resistance in cucumber. In recent years, we have carried out a series of experiments on the resistance effect of exogenous SA and JA to the root-knot nematode *Meloidogyne incognita*, and the results indicated that exogenous SA and JA could synergistically enhance the expression of defense genes such as *NPR1*, *AOS* and *PAL*, thus improving the resistance to *M. incognita* in *Cucumis metuliferus*. By constructing gene expression profile related to *M. incognita* resistance, we have confirmed that SA and JA had both synergistic and antagonistic effects on *M. incognita* resistance in *C. metuliferus*, and the threshold of synergistic and antagonistic effects was determined to be SA（0.5 mM）and JA（0.1 mM）. The transcription factor CmWRKY20, which is closely related to *M. incognita* resistance, was cloned from *C. metuliferus* and the full cDNA sequence of CmWRKY20 was 1 603 bp in length, with an open reading frame of 1 017 bp in length encoding a protein of 338 amino acids. CmWRKY20 was deposited in GenBank with accession No. MN365875. DNAStar and DNAMAN software were then used for amino acid sequence and phylogenetic analysis, and the results showed that CmWRKY20 has a conserved WRKY domain with a nuclear localization signal and a zinc finger motif of C_2H_2, belonging to the WRKY subgroup Ⅱ. The amino acid sequence of CmWRKY20 was highly homologous and closely related to cucumber and melon, indicating their closer genetic relationship. The expression of CmWRKY20 was determined that the resistant line CmR07 was higher than the susceptible line CmS12, and the root and stem were higher than the leaf by using technology of RT-PCR and qRT-PCR. We concluded that CmWRKY20 was related to the basic resistance to *M. incognita*, and its expression was rapidly induced by *M. incognita* infection. SA and JA can synergistically enhance the up-regulated expression of the gene. CmWRKY20 regulated RKN resistance in *C. metuliferus* by participating in SA/JA signaling pathway. Moreover, the fusion protein of GFP: CmWRKY20 was constructed and

[*]Funding: National Natural Science Foundation of China（31560506; 31760508）

[**]First author: Ye Deyou. E-mail: ydy287@163.com

the CmWRKY20 protein was localized on the cell membrane by using Agrobacterium-mediated transformation of tobacco leaf cells. The recombinant plasmid pGBKT7-CmWRKY20 was constructed and its transcriptional activity was determined. The transcription factor CmWRKY20 was cloned in the study，which provided gene resource resistant to *M. incognita* for cultivated cucumber transgenic breeding. Furthermore，the technology system of the subcellular localization and transcriptional activation was developed for CmWRKY20 protein and it provides technical support for further revealing the gene function of CmWRKY20.

Key words：*Cucumis metuliferus*；*Meloidogyne incognita*；Resistance；Salicylic acid；Jasmonic acid；Regulation

中国线虫学研究（第八卷）Nematology Research in China（Vol.8）：81-83

Scopoletin: a Powerful Tool for Plant Growth-promoting Microorganism (PGPM) to Control Plant-parasitic Nematodes (PPN)*

Yan Jichen[1,2**], Wang Yuanyuan[1,3], Zhu Xiaofeng[1,2], Xuan Yuanhu[2], Liu Xiaoyu[1,4], Fan Haiyan[1,2], Chen Lijie[1,2], Duan Yuxi[1,2***]

([1]*Nematology Institute of Northern China, Shenyang Agricultural University, Shenyang* 110886, *China*; [2] *College of Plant Protection, Shenyang Agricultural University, Shenyang* 110886, *China*; [3]*College of Biological Science and Technology, Shenyang Agricultural University, Shenyang* 110886, *China*; [4]*College of Sciences, Shenyang Agricultural University, Shenyang* 110886, *China*)

Abstract: Plant-parasitic nematodes (PPN) are among the most economically and ecologically damaging pests, causing severe losses of crop production worldwide. Chemical-based nematicides have been widely used, but these may have adverse effects on human health and the environment. Hence, biological control agents (BCAs) have become an alternative option for controlling PPN, since they are environmentally friendly and cost effective. Lately, a major effort has been made to evaluate the potential of a commercial grade strain of plant growth-promoting microorganism (PGPM) as BCAs, because emerging evidence has shown that PGPR can reduce PPN in infested plants through direct and/or indirect antagonistic mechanisms. Scopoletin is a phytoalexin, although it exists in more than 110 000 plants in many families, but its role is not well known in microorganisms. In this study, through the separation, purification and structural identification of the effective active substance in the fermentation broth of Snef1650. It was found that scopoletin not only has nematicide activity, but also has the effect of stimulating the resistance of susceptible varieties of soybean to PPN. Through the high performance liquid chromatography (HPLC) content detection of the PGPM metabolites that have direct and/or indirect antagonistic mechanisms. The results showed that scopoletin is widely present in the metabolites of PGPM, and the content in plant growth-promoting fungi (PGPF) is higher than that in plant growth-promoting rhizobacteria (PGPR). The content of scopoletin gradually decreased in *Aspergillus*, *Trichoderma* and *Penicillium* (Table 1).

Key words: Plant-parasitic nematodes (PPN); Scopoletin; Plant growth-promoting

* 基金项目：财政部和农业农村部：国家现代农业产业技术体系资助（CARS-04-PS13）；国家寄生虫资源（NPRC-2019-194-30）

** 第一作者：闫继辰，博士研究生，植物线虫学研究。E-mail：yjc891013@163.com

*** 通信作者：段玉玺，教授，从事植物线虫学研究。E-mail：duanyx6407@163.com

microorganism（PGPM）；Plant growth-promoting rhizobacteria（PGPR）；Plant growth-promoting fungi（PGPF）；High performance liquid chromatography（HPLC）

Table 1　A list of PGPM conferring antagonisms against PPN.

Content of scopoletin (descending order)	PGPM	Target PPN	Applications
Snef 345 Snef2210 Snef009	*Aspergillus niger*	*Meloidogyne incognita*	Seed treatment Nematodes in tomato and soybean
Snef 210	*A. sydowii*	*Meloidogyne incognita*	Nematodes in tomato
Snef1918 Snef1910	*Trichoderma citrinoviride*	*Meloidogyne incognita*	Nematodes in tomato
SnefX4	*T.pesudokoningii*	*Heterodera glycine*	Seed treatment
Snef1883 Snef85	*T. harzianum*	*Meloidogyne incognita* *Aphelenchoides besseyi* *Heterodera glycines* *Ditylenchus destructor* *Caenarhabditis* spp.	Nematodes in tomato Inhibit a broad range of nematodes
SnefX10	*T.longipile*	*Heterodera glycine*	Seed treatment
Snef622	*T. atroviridis*	*Meloidogyne incognita*	Nematodes in tomato
SnefX1	*T. viride*	*Heterodera glycine* *Meloidogyne incognita*	Seed treatment Nematodes in soybean
Snef2382	*T. koningiopsis*	*Meloidogyne incognita*	Nematodes in tomato
Snef1650	*Penicillium janthinellum*	*Heterodera glycine* *Meloidogyne incognita*	Seed treatment Nematodes in tomato and soybean
Snef805 Snef1216 Snef2367	*P. chrysogenum*	*Heterodera glycine* *Meloidogyne incognita*	Seed treatment Nematodes in tomato，cucumber and soybean Available also as premix with other PGPM
Snef1851	*P. commune*	*Meloidogyne incognita*	Nematodes in tomato
Sneb545	*Bacillus simplex*	*Heterodera glycine*	Seed treatment，Nematodes in soybean
Snef66	*P. oxalicum*	*Heterodera glycine*	Seed treatment Nematodes in tomato and soybean Available also as premix with other PGPM
Snef2281	*P. crustosum*	*Meloidogyne incognita*	Nematodes in tomato
SnebYK	*Klebsiella Pneumoniae*	*Heterodera glycine*	Seed treatment Nematodes in tomato and soybean Available also as premix with other PGPM

(continuted)

Content of scopoletin (descending order)	PGPM	Target PPN	Applications
Sneb572	*Enterobacter cloacae*	*Heterodera glycine*	Seed treatment Nematodes in soybean
Sneb1076	*B. thuringiensis*	*Heterodera glycine*	Seed treatment Nematodes in soybean
Sneb246 Sneb 560 Sneb13	*Pseudomonas fluorescens*	*Meloidogyne incognita*	Seed treatment Nematodes in tomato
Sneb709	*B. cereus*	*Heterodera glycine*	Seed treatment
Sneb 821	*B.amyloliquefaciens*	*Meloidogyne incognita*	Nematodes in tomato
Sneb 851	*P. putida*	*Meloidogyne incognita*	Nematodes in tomato
Sneb16	*Serratia proteamaculans*	*Meloidogyne incognita*	Nematodes in tomato
Sneb179	*S. plymuthica*	*Heterodera glycine*	Seed treatment
Sneb207 Sneb69 Sneb482	*B. megaterium*	*Heterodera glycine*	Seed treatment Nematodes in soybean Available also as premix with other PGPM
Sneb159	*Microbacterium maritypicum*	*Heterodera glycine*	Seed treatment Nematodes in soybean
Sneb517	*B. aryabhattai*	*Heterodera glycine*	Seed treatment Nematodes in soybean
Sneb183	*Sinarhizobium fredii*	*Heterodera glycine*	Seed treatment Nematodes in soybean Available also as premix with other PGPM

中国线虫学研究（第八卷）Nematology Research in China（Vol.8）：84

The Function of MgERL from *Meloidogyne graminicola* in Suppressing Host Immune Response*

Wei Ying[1,2**]，Peng Huan[2]，Peng Deliang[2]，Liu Jing[1***]

（[1] *College of Plant Protection*，*Hunan Agriculture*，*Changsha*，*Hunan* 410128，*China*；
[2] *Institute of Plant Protection*，*Chinese Academy of Agricultural Sciences*，*Beijing* 100193，*China*）

Abstract： Root knot nematodes（*Meloidogyne* spp.）are one of the most economically important groups of plant-parasitic nematodes. As obligate sedentary endo-parasitic nematodes，they use the stylets to deliver effectors into the host plant tissue or cells to initiate and maintain the development of multinucleate feeding sites. To understand the function of nematode effectors in *M. graminicola*，we identified a potential effector protein MgERL，which could suppress the cell death induced by Bax when expressed in *Nicotiana benthamiana*. MgERL is synthetized in the subventral gland cells of pre-parasitic second-stage nematodes. Real-time PCR assays indicated that the expression of MgERL was highest in the female juveniles. The infection experiment showed OX-MgERL-transgenic rice were more susceptible than wild-type plants to *M. graminicola*. The induction of defense-related genes，*PAL*，*NPR1*，*Ks4*，and *NAC4* after treatment with flg22 was suppressed in OX-MgERL-transgenic plants. In order to identify the interacted protein of MgERL in rice，yeast two-hybrid was performed with MgERL as the bait protein. The candidate interaction proteins OsCIP13 were obtained. The yeast two-hybrid was used to verify that OsCIP13 can interact with MgERL. Meanwhile，the bimolecular fluorescence complementation（BiFC）was used to prove the interaction between MgERL and OsCIP13. It was speculated that MgCRT1 acted on OsCIP13 to regulate the host immunity.

Key words： *Meloidogyne graminicola*；MgERL；Effector；Interaction；Plant immunity

---

* Funding：National Natural Science Foundation of China（31801716），Natural Science Foundation of Hunan（2019JJ50273），Scientific Research Project of Hunan Provincial Department of Education（19B259）

** First author：Wei Ying，Master student，mainly engaged in plant nematode and host interaction

*** Corresponding author：Liu Jing，Ph.D.，Lecturer，mainly engaged in the research of plant nematode and host interaction. E-mail：liujing3878@sina.com

中国线虫学研究（第八卷）Nematology Research in China（Vol.8）：85

The Mechanism of Soybean PI437654 in Responseto Infection of *Heterodera glycines* Race 3 and Race 4*

Shao Hudie**, Huang Wenkun[1], Kong Ling'an[1], Li Chuanren[2], Peng Deliang[1***], Peng Huan[1***]
([1]*Institute of Plant Protection, Chinese Academy of Agricultural Sciences, Beijing* 100193, *China*;
[2]*College of Agriculture, Yangtze University, Jingzhou, Hubei* 434025, *China*)

Abstract: Soybean cyst nematode (*Heterodera glycines*, SCN) disease is one of the most devastating diseases in soybean production. To study the mechanism of soybean response to SCN is the found of breeding resistant soybean. There are significant differences in the developmental process of PI 437654 in response to different races of SCN. Race 3 had the properties of significantly higher number and faster development process than race 4. However, race 4 played a role in greater toxicity than race 3. The activities of SOD, POD, PAL and PPO during race 3 and race 4 infection in soybean PI 437654 were determined. The results showed that the activities of four main defense enzymes were higher compared to the uninoculated control. There are significant differences between the activities of these four enzymes at 18 d which infected by race 3 in PI 437654 roots were higher than race 4. The transcriptome sequencing results showed that there are differentially expressed genes (DEGs) after PI 437654 infected with *H. glycines* race 3 and race 4 respectively at 5 different time (1 d, 4 d, 8 d, 12 d, 18 d). The most DEGs were 1290, 1201 and 791 respectively at 1 dpi, 4 dpi and 8 dpi. GO functional annotation showed that these DEGs were mainly involved in oxidation-reduction and catalytic activity. The expression levels of the three genes (GmSNAP18, Glyma18g02580, GmSHMT) and 4 reported syncytium formation and maintenance related genes (Glyma13g38040, Glyma17g13550, Glyma15g18210, and Glyma05g17470) were verified. The results showed that the sequencing results were reliable. The results of this study will provide new ideas for the analysis of the molecular mechanism of soybean response to different races of SCN.

Key words: PI 437654; *Heterodera glycines*; Developmental process; Defense enzymes; Resistance mechanism

* Funding: National Natural Science Foundation of China (31972247, 31672012); Science and Technology Communication Project of Chinese Academy of Agricultural Sciences (2060302-51)

** First author: Shao Hudie, Ph.D., mainly engaged in genetic diversity research of plant nematodes

*** Corresponding authors: Huan Peng, Ph.D., Associate Researcher, mainly engaged in the research of plant nematode molecular biology and nematode disease management. E-mail: hpeng83@126.com; Peng Deliang, PhD, Researcher, mainly engaged in plant nematode classification and Research on the treatment of nematode diseases. E-mail: pengdeliang@caas.cn

中国线虫学研究（第八卷）Nematology Research in China（Vol.8）：86

安徽省菲利普孢囊线虫病的发生与分布*

叶梦迪[1,2**]，迟元凯[1]，赵　伟[1]，汪　涛[1]，戚仁德[1***]
（[1]安徽省农业科学院植物保护与农产品质量安全研究所，合肥　230031；
[2]安徽农业大学植物保护学院，合肥　230036）

Occurrence and Distribution of *Heterodera filipjevi* in Anhui Province*

Ye Mengdi[1,2**]，Chi Yuankai[1]，Zhao Wei[1]，Wang Tao[1]，Qi Rende[1***]
（[1]*Institute of Plant Protection and Agro-products Safety*，*Anhui Academy of Agricultural Sciences*，*Hefei* 230031，*China*；[2]*College of Plant Protection*，*Anhui Agricultural University*，*Hefei* 230036，*China*）

摘　要：由麦类孢囊线虫（cereal cyst nematode，CCN）引起的孢囊线虫严重为害小麦等麦类作物。禾谷孢囊线虫是我国小麦孢囊线虫病的主要致病群体，而近年来，菲利普孢囊线虫的分布面积逐渐扩大。安徽省于2015年在宿州市首次发现菲利普孢囊线虫。2018—2019年，调查了安徽省皖北地区的宿州市、阜阳市、蚌埠市等6个市的14个县、区的小麦孢囊线虫病发生情况。结果表明，59个采样点中，有31个采样点的土壤中分离到小麦孢囊线虫，检出率52.5%；采集自颍上县、太和县、涡阳县、宿州市埇桥区和萧县的共9份土壤样本中检测到了菲利普孢囊线虫，其中，颍上县和太和县分别有1份土壤样本为菲利普孢囊线虫群体，其他7样本为禾谷孢囊线虫和菲利普孢囊线虫复合发生。监测菲利普孢囊线虫在安徽省的发生规律，菲利普孢囊线虫在小麦播种后1个月即可侵染小麦根系，12月底根内存在大量2～3龄幼虫，但冬季低温时不继续发育，翌年3月底至4月初根部即出现肉眼可见的白雌虫。以上结果表明，随着农用机械跨区作业，菲利普孢囊线虫在安徽省分布呈现快速蔓延的趋势，由于该线虫侵染期早、为害程度大，因而其发生动态应引起高度重视，尽早制定科学防控策略。

关键词：菲利普孢囊线虫；发生；分布

*基金项目：国家重点研发计划（2017YFD0201708）
**第一作者：叶梦迪，硕士研究生，从事植物线虫学研究。E-mail：1548154218@qq.com
***通信作者：戚仁德，研究员，从事土传病害综合防控技术研究。E-mail：rende7@126.com

中国线虫学研究（第八卷）Nematology Research in China（Vol.8）：87-88

安徽省水稻根结线虫病的调查与病原鉴定*

吴　迅**，方　圆，胡　敏，王海燕，鞠玉亮，吴慧平***
（安徽农业大学，合肥　230036）

Investigation and Pathogen Identification of Rice Root-Knot Nematode Disease From Rice in Anhui Province*

Wu Xun**，Fang Yuan，Hu Min，Wang Haiyan，Ju Yuliang，Wu Huiping***
（*Anhui Agricultural University*，*Hefei*　230036，*China*）

摘　要：拟禾本科根结线虫（*Meloidogyne graminicola*）俗称水稻根结线虫（rice root knot nematode），被认为对水稻产量影响最严重的植物寄生性线虫。拟禾本科根结线虫广泛分布于热带和亚热带地区，在水稻、旱稻、直播稻和育秧田均可为害，造成的水稻产量损失最高可达80%以上。拟禾本科根结线虫侵染水稻根部，植株地上部仅表现株矮，叶黄，生势衰弱等症状，根部有大量根结出现导致秧苗无法进一步形成须根。在我国，最早在海南省发现拟禾本科根结线虫。随后在广东、广西、江西、江苏、湖南、湖北、四川、浙江、云南、福建等水稻产区相继发生。

2020年，安徽省潜山市和南陵县部分田块直播水稻表现株矮、叶黄、长势衰弱等症状，且根部有大量根结出现，根尖呈典型的钩状。在根结内发现根结线虫的雌虫和卵块，在土壤和根中均发现雄虫。雌虫、雄虫与二龄幼虫的de-Man形态学特征与已报道的拟禾本科根结线虫（*M. graminicola*）一致。雌虫（*n*=20）体长（543.0μm ± 66.0μm，448.0 ~ 629.0μm）、口针（11.6μm ± 1.9μm，7.9 ~ 14.2μm）、背食道腺开口至口针基部的距离（4.0μm ± 0.4μm，3.4 ~ 4.7μm）、阴门裂长（24.1μm ± 4.9μm，14.8 ~ 32.8μm）、肛门至阴门中心距离（16.1μm ± 4.9μm，14.8 ~ 32.8μm）。雌虫会阴花纹呈上下长的卵圆形，背弓低而圆，侧区不明显，线纹大多光滑，偶有短而不规则的断裂。雄虫体长（1 673.0μm ± 125μm，1 346.0 ~ 1 822.0μm）、口针（15.5μm ± 0.8μm，14.0 ~ 17.1μm）、背食道腺开口至口针基部的距离（3.7μm ± 0.5μm，2.9 ~ 5.5μm）、交合刺长度（30.7μm ± 2.5μm，23.4 ~ 34.6μm）。二龄幼虫体长（452.0μm ± 33.0μm，391.0 ~ 511.0μm）、口针（13.4μm ± 0.8μm，12.0 ~ 15.2μm）、尾长（72.1μm ± 5.2μm，59.8 ~ 84.8μm）、透明尾长（21.7μm ± 2.5μm，18.0 ~ 29.7μm）。随机挑取10个雌虫用于分子鉴定，引物D2A/D3B扩增28S RNA的D2/D3区

* 基金项目：国家自然科学基金（31801714）
** 第一作者：吴迅，硕士研究生，从事植物线虫研究。E-mail：wuxun19940205@163.com
*** 通信作者：吴慧平，副教授，从事植物线虫研究。E-mail：huiping.whp@163.com

为766bp，引物AB28/TW81扩增ITS区为579bp，序列相似性与GenBank中已有的拟禾本科根结线虫的同源性高于99%。进一步采用Htay等设计的拟禾本科根结线虫特异性引物Mg-F3/Mg-R2对上述10个样品DNA进行PCR检测，均扩增出长度为369bp的片段。因此，确定安徽省潜山市和南陵县水稻根结线虫病的病原为拟禾本科根结线虫。

中国线虫学研究（第八卷）Nematology Research in China（Vol.8）：89

安徽省沿淮稻麦轮作区小麦孢囊线虫病发生情况与防治指标研究*

叶梦迪[1,2**]，迟元凯[1]，赵　伟[1]，汪　涛[1]，戚仁德[1***]

（[1]安徽省农业科学院植物保护与农产品质量安全研究所，合肥　230031；

[2]安徽农业大学植物保护学院，合肥　230036）

Occurrence and Control Indices of Cereal Cyst Nematode in Rice-Wheat Rotation Area Along the Huaihe River in Anhui Province*

Ye Mengdi[1,2]，Chi Yuankai[1]，Zhao Wei[1]，Wang Tao[1]，Qi Rende[1***]

（1*Institute of Plant Protection and Agro-products Safety*，*Anhui Academy of Agricultural Sciences*，*Hefei*　230031，*China*；[2] *College of Plant Protection*，*Anhui Agricultural University*，*Hefei*　230036，*China*）

摘　要：为了明确安徽省沿淮稻麦轮作区小麦孢囊线虫病的发生情况与防治指标，对安徽省怀远县、凤阳县、颍上县等6个县的稻麦轮作田小麦孢囊线虫病发生情况进行了调查，结果发现，安徽省沿淮地区的稻麦轮作田小麦孢囊线虫发生程度较轻，小麦孢囊检出率为15.4%，发生田块孢囊密度为平均每100mL土3.4～9.1个，卵量平均密度为每100mL土1.2～4.3个。在安徽省蚌埠市怀远县龙亢农场的稻麦轮作田内，利用盆栽接种的方法，研究禾谷孢囊线虫*Heterodera avenae*不同接种量下对小麦生长情况和产量的影响。试验地块常年实行稻麦轮作，土质为砂姜黑土，且无小麦孢囊线虫病发生，线虫接种量为平均每毫升土壤含禾谷孢囊线虫卵0个、0.5个、1个、2个、4个、8个、16个、32个和64个。在小麦收获期调查不同处理小麦的株高、地上部干重、穗粒数、千粒重以及盆内的孢囊数量，结果表明，随初始群体密度的增加，小麦株高、地上部干重、穗粒数和千粒重表现下降趋势。每毫升土壤中禾谷孢囊线虫卵量小于或等于8个时，小麦的株高、地上部干重、穗粒数和千粒重与不接种的空白对照相比均无显著差异；每毫升土壤初始卵量大于等于16个时，小麦株高、地上部干重、穗粒数和千粒重相比空白对照均显著下降，其中收获期接种处理的小麦平均穗粒数为26.7～31.6粒，相比对照减少7.9%～21.6%，千粒重为31.1～32.3g，相比对照减少11.2%～14.5%，因此，当田间每毫升土壤中禾谷孢囊现场卵量大于16个时，将导致小麦产量显著下降，应及时采取防治措施。结合田间调查结果，目前安徽省沿淮稻麦轮作田小麦孢囊线虫病发生较轻，土壤中卵量尚未达到防治指标，因此，应采取监测病害流行和控制传播扩散为重点的防治策略。

关键词：稻麦轮作；小麦孢囊线虫病；防治指标

---

*基金项目：国家重点研发计划（2016YFD0300706）

**第一作者：叶梦迪，硕士研究生，从事植物线虫学研究。E-mail：1548154218@qq.com

***通信作者：戚仁德，研究员，从事土传病害综合防控技术研究。E-mail：rende7@126.com

中国线虫学研究（第八卷）Nematology Research in China（Vol.8）：90

百岁兰曲霉生防真菌对水稻干尖线虫的作用研究*

贾建平[1,2**]，于敬文[2]，彭德良[2]，李惠霞[1**]，黄文坤[2***]，廖珍伟[2,3]
（[1]甘肃农业大学植物保护学院，兰州　730070；[2]中国农业科学院植物保护研究所，植物病虫害生物学国家重点实验室，北京　100193；[3]湖南农业大学植物保护学院，长沙　410128）

Research on the Nematicidal Effect of *Aspergillus welwitschiae* against the *Aphelenchoides besseyi* in Rice*

Jia Jianping[1,2**]，Yu Jingwen[2]，Peng Deliang[2]，Li Huixia[1]，Huang Wenkun[2***]，Liao Zhenwei[2,3]
（[1]*College of Plant Protection*，*Gansu Agricultural University*，*Lanzhou*　730070，*China*；[2]*State Key Laboratory for Biology of Plant Diseases and Insect Pests*，*Institute of Plant Protection*，*Chinese Academy of Agricultural Sciences*，*Beijing*　100193，*China*；[3]*College of Plant Protection*，*Hunan Agricultural University*，*Changsha*　410128，*China*）

摘　要：水稻干尖线虫（*Aphelenchoides besseyi*）是严重为害水稻的植物寄生线虫之一，通常使水稻减产10%～20%，严重情况下减产30%以上。该线虫引起水稻叶片尖部呈灰白色干枯，扭曲成干尖，植株矮化，每穗实粒数减少，千粒重下降等。目前水稻抗干尖线虫病的品种较少，主要通过化学药剂拌种进行防治。百岁兰曲霉（*Aspergillus welwitschiae*）生防真菌代谢物对水稻根结线虫、大豆孢囊线虫等均有较好的毒杀效果。通过室内生物测定，初步评价了百岁兰曲霉孢子悬浮液对水稻干尖线虫的作用效果，将百岁兰曲霉孢子悬浮液分别稀释2～16倍，水稻干尖线虫的死亡率在60%以上，表明百岁兰曲霉代谢产物对水稻干尖线虫有良好的毒杀作用，可以用于该线虫的防治，具有良好的应用前景。

关键词：水稻干尖线虫；百岁兰曲霉；生物测定；代谢产物；生防真菌

*基金项目：国家自然科学基金（31772142，31972248）
**第一作者：贾建平，硕士生，从事水稻干尖线虫防治技术研究。E-mail：jjianping97@163.com
***通信作者：李惠霞，教授，从事植物线虫及真菌学研究。E-mail：lihx@gsau.edu.cn；
黄文坤，研究员，从事植物线虫综合防治技术及致病机理研究。E-mail：wkhuang2002@163.com

中国线虫学研究（第八卷）Nematology Research in China（Vol.8）：91-95

贝莱斯芽孢杆菌A-27的稳定性研究*

姚亚楠[1**]，耿晶晶[1]，徐玉梅[1***]，赵增旗[1,2]，王建明[1]

（[1]山西农业大学植物保护学院，晋中　030801；[2]新西兰土地环境保护研究所，新西兰奥克兰　1072）

摘　要：本试验以前期筛选的对南方根结线虫具有较好生防效果的贝莱斯芽孢杆菌A-27为研究对象，评估光照、温度、pH值和紫外光等因素对其生长稳定性的影响。试验结果表明，A-27菌株发酵液的最大吸收波长为400nm，A-27菌株在光照或黑暗、50～100℃、pH值为4.0～8.0及紫外照射条件下，生长状况良好，说明该菌株的抗逆性较强，为其将来的田间推广提供理论依据。

关键词：贝莱斯芽孢杆菌；稳定性；吸光度

Study on the Stability of *Bacillus velezensis* Strain A-27*

Yao Ya'nan[1**]，Geng Jingjing[1]，Xu Yumei[1***]，Zhao Zengqi[1,2]，Wang Jianming[1]

（[1]*College of Plant Protection*，*Shanxi Agricultural University*，*Jinzhong*　030801，*China*；

[2]*Manaaki Whenua - Landcare Research*，*Auckland*　1072，*New Zealand*）

Abstract：*Bacillus velezensis* A-27 had a great efficacy for biological control of the southern root-knot nematode in previous studies. In this study，the growth stability of fermentation broth of *B. velezensis* strain A-27 was evaluated under the conditions of controlled light，temperature，pH and UV irradiation. As a result，the maximum absorption wavelength of the fermentation broth of strain A-27 was 400 nm；the fermentation broth of strain A-27 was growing well in light or dark，from 50 to 100 degree，pH value from 4.0 to 8.0 and under UV irradiation. The result implicated that the stability of *B. velezensis* strain A-27 is strong，which provides a theoretical basis for its future field application.

Key words：*Bacillus velezensis*；Stability；Absorbance

根结线虫（Root-knot nematode）是一种重要的植物病原线虫，繁殖能力和致病性强，寄主范围广泛，可侵染5 500多种植物[1-2]，造成全球粮食损失的5%[3]。目前防治根结线虫的仍以化学药剂防治为主，但其毒性大、污染环境，对人畜健康构成威胁，使得许多常用的化学杀线剂被禁用或限用[4]。相对于传统防治手段，根际土壤中存在着大量的有益拮抗微生物[5]，从根际土壤中筛选和挖掘能够有效拮抗根结线虫的生防菌是寻求或开拓新的生防细菌

---

*基金项目：国家自然科学基金（31801958）；山西省高等学校优秀成果培育项目（2019KJ021）；山西省回国留学人员科研项目（HGKY2019043）；山西省现代农业产业技术体系建设专项资金资助（2020-04）

**第一作者：姚亚楠，硕士研究生，从事植物线虫学研究。E-mail：yqyao0811@163.com

***通信作者：徐玉梅，教授，从事植物线虫学研究。E-mail：ymxu@sxau.edu.cn

的有效途径。

本试验以实验室保存的对南方根结线虫具有较好防效的贝莱斯芽孢杆菌A-27为研究对象，测量该菌株发酵液的最大吸收波长，明确温度、pH值、有无光照、紫外照射时长等因素对该菌株的生长稳定性影响，为该菌株将来的开发应用提供理论基础。

1 材料与方法

1.1 菌种及母液的制备

供试菌株：实验室保存的贝莱斯芽孢杆菌A-27。

母液制备：A-27接种于固体NA培养基上，于28℃培养24h，取6mm菌饼接种于NA液体培养基中，180r/min 28℃恒温震荡培养24h，获得母液。

1.2 A-27最大吸收波长的确定

A-27菌株接种于液体NB培养基中，180r/min 28℃恒温震荡培养24h，测定发酵液原液、5倍液和10倍液在波长600nm的吸收值，确定最佳测量倍数。在最佳稀释倍数下，于可见光波长范围内每隔50nm测量吸光度值，确定最大吸收波长。

1.3 贝莱斯芽孢杆菌A-27的稳定性测定

1.3.1 A-27菌株的光稳定性

将A-27菌株母液接种于NA培养液中，分别置于光照和黑暗条件下，180r/min 28℃恒温震荡培养24h，测定吸光度值，设3次重复。

1.3.2 A-27菌株的热稳定性

将A-27菌株母液分别在50℃、60℃、70℃、80℃、90℃、100℃恒温处理0.5h、1h、2h、4h、6h后，分别接种于NA培养液中，180r/min 28℃恒温震荡黑暗培养24h，测定吸光度值，设3次重复。

1.3.3 A-27菌株的酸碱稳定性

将A-27菌株母液接种于NA培养液中，用1mol/L的HCl和NaOH溶液将pH值分别调整至4r/min、5r/min、6r/min、7r/min、8r/min、9r/min、10r/min，180r/min 28℃恒温震荡黑暗培养24h，测定吸光度值，设3次重复。

1.3.4 A-27菌株的紫外稳定性

将A-27母液置于波长253.7nm紫外灯下，分别照射0.5h、1h、1.5h、2h，以未经紫外线处理的A-27菌株为对照，分别将处理后的母液接种于NA培养液中，180r/min 28℃恒温震荡黑暗培养24h，测定吸光度值，设3次重复。

2 结果与分析

2.1 A-27菌株最大吸收波长的确定

试验结果如图1所示，A-27菌株的发酵液在可见光波长范围内于λ=400nm处的吸光度值最大，为0.466A，因此A-27菌株的最大吸收波长为400nm。

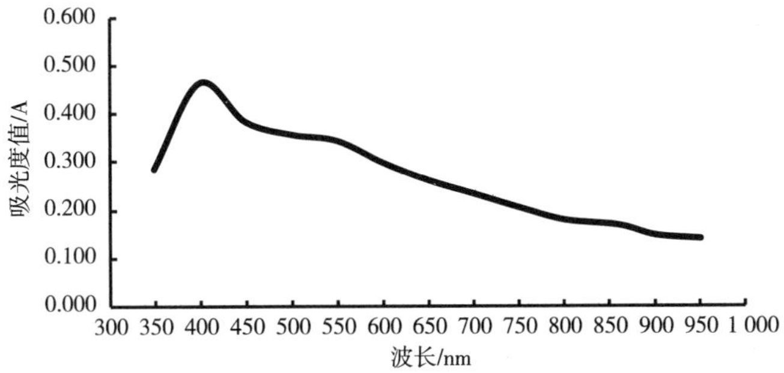

图1　A-27菌株发酵液的最大吸收波长

2.2　贝莱斯芽孢杆菌A-27的稳定性

2.2.1　A-27菌株的光稳定性

试验结果如图2所示，A-27菌株在光照、黑暗条件下的吸光度值分别为2.233A、2.230A，两者之间无显著性差异，说明有无光照对A-27菌株的生长稳定性基本无影响。

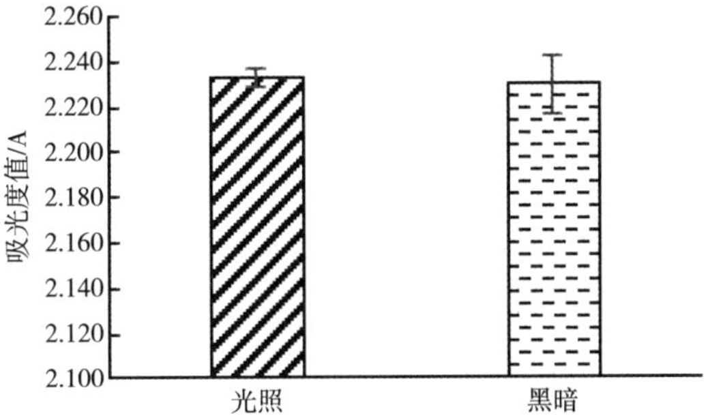

图2　A-27菌株的光稳定性

2.2.2　A-27菌株的热稳定性

A-27菌株的热稳定性（图3）表明，A-27菌株在50～100℃的生长趋势基本稳定。其中在50℃、60℃条件下随着时间的延长，A-27菌株培养液的吸光度值基本稳定在1.600A左右，变化幅度很小，而在70℃、80℃、90℃、100℃条件下随着处理时间的延长，其吸光度值基本呈降低趋势，其中在100℃处理4h延长至6h后，其吸光值增幅21.56%。

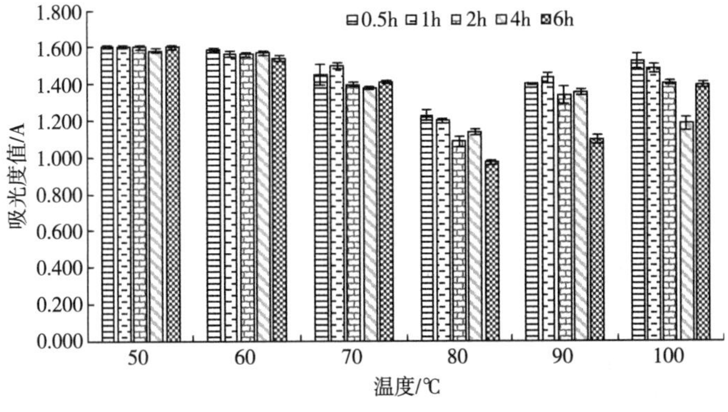

图3　A-27菌株的热稳定性

2.2.3 A-27菌株的酸碱稳定性

A-27菌株的酸碱稳定性（图4、图5）表明，A-27菌株在pH值4～8范围内生长稳定，其吸光度值范围为2.119～2.216A，无明显差异，当pH值9时，吸光度值有所下降，但降幅不大，当pH值10时，吸光度值显著降低至0.163A。表明A-27菌株的适宜pH值为4～8。

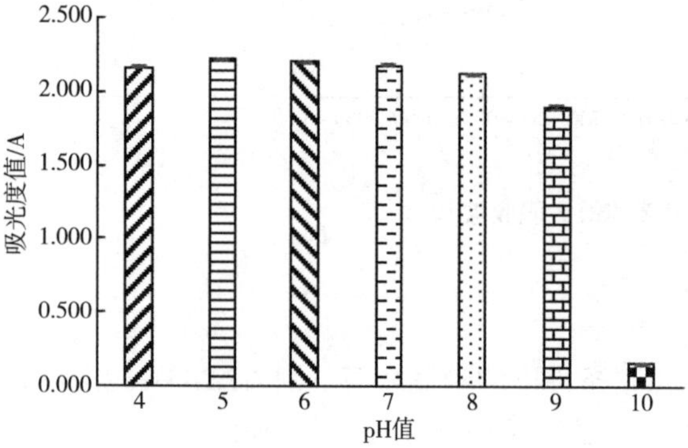

图4 A-27菌株的酸碱稳定性

图5 A-27菌株不同pH值的生长状况

2.2.4 A-27菌株的紫外稳定性

A-27菌株的紫外稳定性（图6）表明，紫外照射对A-27的生长有一定的影响但影响不大，与对照组相比，随着照射时间的延长，下降幅度分别为0.92%、4.27%、2.52%、3.74%，无显著差异。

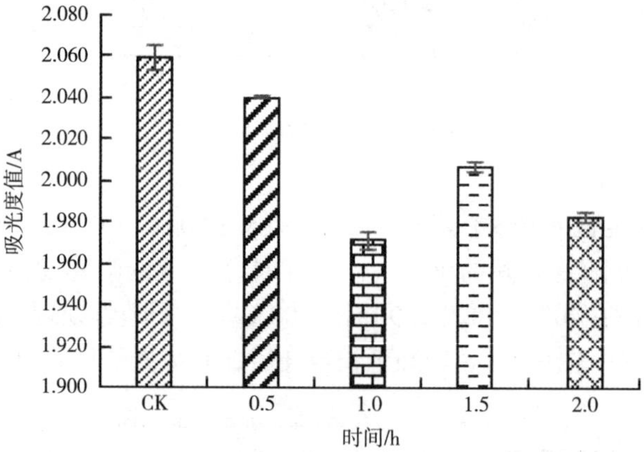

图6 A-27菌株的紫外稳定性

3 结论与讨论

以吸光度值为标准来衡量微生物的生物量多少，前人已有很多报道[6-8]，多数以最大吸收波长OD_{600}为测量指标。600nm是模式细菌大肠杆菌的最大吸收波长[9]，而不同微生物的最大吸收波长是不同的，同时Joshi等[10]指出在衡量细菌生长量时，选择合适的吸收波长是十分重要的。但是，目前还未见贝莱斯芽孢杆菌的最大吸收波长的相关报道。本试验确定了400nm是贝莱斯芽孢杆菌A-27菌株的最大吸收波长。

稳定性试验结果表明，贝莱斯芽孢杆菌A-27菌株均具有很好的光稳定性、热稳定性、酸碱稳定性和紫外稳定性。从4个稳定性因素比较来看，温度对A-27菌株的生长稳定性影响最大（1.387−1.141=0.246A）。该试验结果与放线菌HJ1-2菌株和解淀粉芽孢杆菌GM-1菌株的光、紫外及酸碱稳定结果相似[11-12]。赵雅等[13]报道贝莱斯芽孢杆菌HN-Q-8菌株经自然光照射10h、紫外照射35min以及100℃高温处理后，相对抑菌率分别为92%、74%和98%，稳定性良好；而胡忠亮等[14]研究发现解淀粉芽孢杆菌HZM9菌株发酵液经80℃处理后抑菌率仍达80%以上，100℃处理30min和120min后，抑菌率分别为66.55%和58.78%，热稳定性良好，说明不同芽孢杆菌菌株之间稳定性不同。

本试验是在室内恒温震荡条件下测定的，这对A-27菌剂的研发及应用提供了一定的理论依据，但今后大规模培养时仍需对稳定性进一步测定。

参考文献

[1] SASSER J N，EISENBACK J D，CARTER C C，*et al.* The international *Meloidogyne* project-its goals and accomplishments[J]. Annual Review of Phytopathology，1983，21（1）：271-288.

[2] WESEMAEL W，VIAENE N，MOENS M. Root-knot nematodes（*Meloidogyne* spp.）in Europe[J]. Nematology，2011，13（1）：3-16.

[3] MCCARTER J P. Nematology：terra incognita no more[J]. Nature Biotechnology，2008，26（8）：882-884.

[4] WILLIAMSON V M，ROBERTS P A，PERRY R N. Mechanisms and genetics of resistance. In：Perry R N，Moens M，Starr J L（eds）Root-knot nematodes[M]. CAB International，Wallingford，2009，301-325.

[5] HALLMANN J，DAVIES K G，SIKORA R. Biological control using microbial pathogens，endophytes and antagonists [M]//Perry R N，Moens M，Starr J L（eds）Root-knot nematodes. CAB International，Wallingford，2009，380-411.

[6] 王春伟，王燕，张曦倩，等. 拮抗细菌菌株YJ15的分离鉴定、发酵条件优化及对越橘灰霉病的防效[J]. 园艺学报，2018，45（10）：42-53.

[7] 刘晓琳，马荣，梁英梅，等. 拮抗菌株xj063-1发酵条件的优化及室内防效测定[J]. 植物保护学报，2015，42（5）：820-826.

[8] 张路路，朱朝华，郭刚. 苏云金芽孢杆菌A322菌株发酵培养基和发酵条件的优化[J]. 热带生物学报，2014（3）：253-259.

[9] SHAO L，ZHANG J，CHEN L，*et al.* Effects of external qi of qigong with opposing intentions on proliferation of *Escherichia coli*[J]. The Journal of Alternative and Complementary Medicine，2009，15（5）：567-571.

[10] JOSHI C，KOTHARI V，PATEL P. Importance of selecting appropriate wavelength，while quantifying growth and production of quorum sensing regulated pigments in bacteria[J]. Recent Patents on Biotechnology，2016，10（2）：145-152.

[11] 冯俊涛，张锦恬，韩立荣，等. 放线菌HJ1-2菌株发酵液抑菌谱及稳定性的研究[J]. 西北农业学报，2009，18（6）：280-284.

[12] 葛平华，马桂珍，付泓润，等. 海洋解淀粉芽孢杆菌GM-1菌株发酵液抗菌谱及稳定性测定[J]. 农药，2012，51（10）：730-732.

[13] 赵雅，张岱，杨志辉，等. 贝莱斯芽孢杆菌HN-Q-8菌株发酵液稳定性测定及抑菌活性成分分析[J]. 微生物学通报，2020，47（2）：490-499.

[14] 胡忠亮，郑催云，田兴一，等. 解淀粉芽孢杆菌HZM9菌株发酵液的抑菌谱及稳定性测定[J]. 南京林业大学学报（自然科学版），2017，41（3）：65-70.

中国线虫学研究（第八卷）Nematology Research in China（Vol.8）：96

不同南方根结线虫种群对2种杀线剂的抗性监测*

王家哲[1,2]**，付　博[1,2]，李英梅[1,2]，常　青[1,2]，杨艺炜[1,2]，张　锋[1,2]***
（[1]陕西省生物农业研究所，西安　710043；[2]陕西省植物线虫学重点实验室，西安　710043）

Monitoring of Resistance in Different Populations of *Meloidogyne incognita* to 2 Nematicides*

Wang Jiazhe[1,2]**，Fu Bo[1,2]，Li Yingmei[1,2]，Chang Qing[1,2]，Yang Yiwei[1,2]，Zhang Feng[1,2]***
（[1] *Bio-Agriculture Institute of Shaanxi*，*Xi'an*　710043；
[2] *Shaanxi Key Laboratory of Plant Nematology*，*Xi'an*　710043）

摘　要：南方根结线虫是植物寄生型线虫中分布最广，寄主选择最多样的一类侵入性病原。近年来，南方根结线虫已成为陕西省瓜果蔬菜生产中的一种毁灭性病害，而在使用杀线虫剂进行防治的过程中，已出现一些药剂防治效果越来越差的情况。为明确不同地区南方根结线虫的抗性水平，采用孔板法测定了噻唑膦和氟吡菌酰胺对陕西鄠邑区、陕西周至和山东寿光3个地区南方根结线虫2龄幼虫的毒力，并将不同地理种群的半致死浓度（LC_{50}）进行比较，计算抗性倍数。试验结果显示，噻唑膦对3个地区的南方根结线虫2龄幼虫的LC_{50}分别为33.411mg/L、57.835mg/L和116.770mg/L，最大抗性倍数为3.49；氟吡菌酰胺对3个地区的南方根结线虫2龄幼虫的LC_{50}分别为9.332mg/L、16.580mg/L和14.074mg/L，最大抗性倍数为1.78。结果表明，目前南方根结线虫对2种杀线剂均处于低水平抗性，而由于噻唑膦的长期使用，南方根结线虫对氟吡菌酰胺更为敏感，且在3个不同用药水平地区噻唑膦已表现出相对较大的抗性差异，今后对其抗药性应足够警惕并加强监测，本研究也为生产中合理使用农药提供参考。

关键词：南方根结线虫；杀线剂；抗性监测

* 基金项目：陕西省科学院后备人才培养专项（2020K-36）
** 第一作者：王家哲，研究实习员，从事植物病虫害防治研究。E-mail：1904162659@qq.com
*** 通信作者：张锋，研究员，从事植物线虫病害发病机理及综合防控研究。E-mail：545141529@qq.com

中国线虫学研究（第八卷）Nematology Research in China（Vol.8）：97-104

不同微生物菌对植物线虫防治的研究进展综述

张　源*，王泊理**
（广东真格生物科技有限公司，肇庆　526108）

摘　要： 本文综述了植物线虫的为害症状以及致病机理，并从生物防治的角度，阐述了国内外植物寄生线虫生物防治微生物资源真菌、细菌和放线菌的筛选和开发应用；同时探讨了植物寄生线虫生物防治存在的问题及其对策，并展望了研究前景。

关键词： 植物寄生线虫；生物防治；研究进展

Advances on Different Microbial Prevention and Control of Plant Nematodes

Zhang Yuan*，Wang Boli**
（*Guangdong Zhenge Biological Technology Co.*，*Ltd*，*Zhaoqing*　526108，*China*）

Abstract： Fungi，bacteria and actinomycetes have recognized as effective biocontrol agents to plant-parasitic nematodes. We have summarized the progress of these screening and applied research progress，and have proposed some suggestions for future researches.

Key words： Plant-parasitic nematode；Biological control agents；Research advance

1　植物线虫病害发生的现状

据相关调查结果显示，植物寄生线虫给全球农作物带来的损失年均高达1 570亿美元，占整个植物病虫害带来损失的2/3[1]。植物寄生线虫每年带给我国种植者的损失高达近百亿美元，影响作物约占全国农作物产量的15%。其中根结线虫（*Meloidogyne* spp.）是为害最为严重的植物寄生线虫，其次是孢囊线虫（*Heterodera* spp.）因其分布广、寄主多，成为威胁农业生产的重要病原物。另外，线虫还是诱发植物真菌和细菌病害的重要原因之一[2,3]。针对这种现状，植物寄生线虫的预防与防治已迫在眉睫。以往对植物线虫的防治的方法主要分为：农业防治、化学防治、物理防治和生物防治。尽管农业防治、化学防治、物理防治在以往的防治中效果显著，但是同样存在弊端。农业防治费时费力；物理防治中高频很难控制温度，射线尚未用于实践，汰选适用范围小；化学防治杀线虫剂成本高、对人畜毒性大、对环境污染严重。因此在全球推行绿色生产的大环境下，生物防治方法日益流行，并

*第一作者：张源，仲恺农业工程学院硕士，现从事农药制剂研发工作。E-mail：709487885@qq.com
**通信作者：王泊理，华南农业大学硕士，广东真格生物科技有限公司总经理。E-mail：wangbl_001@163.com

且被认为是目前最环保且最具有研究前景的防治手段。

2 根结线虫致病机理

根结线虫二龄幼虫头部的化感器十分敏感，线虫通过化感器寻找寄主植物的根，利用口针的机械压力和分泌相关水解酶的作用对寄主的根尖细胞进行穿刺和降解，进入寄主细胞。这对植物根部组织造成了严重的损伤，同时也为其他病原物提供了入侵宿主植物的通道，使得植物根部受到根结线虫和其他病原菌的多重伤害。同时，根结线虫食道腺分泌相关的酶具有降解根部细胞壁、破坏胞间中胶层、维持取食位点和诱导巨型细胞形成等作用，这些物质会影响正常生理生化活动，使根部细胞分裂形成肿瘤和过度分枝，或使细胞中胶层溶解引起细胞裂解，使根部和皮层形成空洞以致细胞死亡[4]。

3 植物线虫病害的生物防治

3.1 真菌防治

3.1.1 捕食线虫真菌

捕食线虫真菌的特点是能够产生黏性网、黏性球、黏性枝、收缩环等物质，我们把这些物质称为捕食器，这一类真菌通过捕捉器来捕捉线虫。到目前，全世界已报道的捕食线虫真菌包括接合菌门、子囊菌门、担子菌门和半知菌类的380多个物种，我国已报道种类约有140多种[5,6]。国内外研究较多的捕食性真菌主要包括产生黏性菌网的节丛孢属*Arthrobotrys*产生收缩环的单顶孢霉属（*Monacrosporium*）以及既产生黏球又产生收缩环的小隔指孢霉属*Dactylella*中的一些真菌[7]。

捕食线虫真菌在世界范围内广泛分布，存在于各种生态环境中，包括农田土壤、园林土壤、森林土壤等，凡有线虫的地方就可能有食线虫真菌存在，其可以在土壤中腐生生长，开发潜力巨大[8]。但由于捕食线虫真菌控制线虫速度较慢，当寄生线虫向植物根部移动并侵染植物时，很难保证捕食器官的产生[9]。因此在田间根结线虫虫口密度较低时用捕食性真菌会有一定的防治效果[10]。

捕食器官对于捕食线虫真菌捕捉和侵染线虫至关重要，是捕食线虫真菌从腐生转向捕食方式的指示器。近年来国内外学者在诱导捕食真菌产生捕食器官方面开展了大量研究。秀丽小杆线虫分泌的*Ascarosides*可以诱导寡孢节丛孢等捕食线虫真菌在营养贫乏尤其是氮源贫乏时产生捕食器官。除了植物寄生线虫本身分泌的代谢产物可以诱导捕食真菌产生捕食器官外，脱落酸、土壤根际细菌及非寄生线虫产生的代谢物在诱导捕器形成都发挥着重要作用；刘杏忠[11]课题组研究发现脱落酸可以提高小隔指孢霉属的*D. stenobrocha*产生收缩环数量及其对线虫的捕食能力，相反一氧化氮会抑制收缩环产生。土壤根际细菌*Chryseobacterium* sp.及其代谢产物是捕食真菌捕器形成时发挥着重要作用，其中*C.* sp.附着到捕食真菌的菌丝上是捕器形成的必要条件[12]；Kumar等[13]研究表明施用捕食真菌指状节丛孢菌*A. dactyloides*前，用尿素、磷酸二铵和氯化钾处理的土壤，可以抑制指状节丛孢菌孢子的萌发，分生孢子会直接形成捕捉器来捕捉线虫，从而提高指状节丛孢菌捕食线虫速度，提高指状节丛孢菌田间防效。除了诱导物质外，捕食器官产生的黏性物质对于高效捕食线虫也很重要，目前还未见关于黏性物质具体成分的报道。了解捕食真菌捕器形成的诱导因素，加快捕食真菌捕食线虫的速度，从而提高其田间防效是促进捕食真菌商品化所需解决的问题。

3.1.2 内寄生真菌

内寄生真菌是通过3种方式杀死寄主植物线虫。一是孢子黏附于线虫体表或卵，在相关酶的作用下降解几丁质表皮，直接侵入。二是孢子从线虫生殖孔、排泄孔和肛门等孔口侵入。三是孢子被线虫吞食时，附着于口腔或食道[14]。这一类内寄生真菌主要包括普奇尼亚菌*Pochonia*、拟青霉属*Paecilomyces*和被毛孢属*Hirsutella*中的一些真菌。

厚垣普奇尼亚菌*Pochonia chlamydosporia*是孢囊线虫*Heterodera* spp.、球孢囊线虫*Globodera* spp.、根结线虫*Meloidogyne* spp.、珍珠线虫*Nacobbus* spp.和肾状线虫*Rotylenchulus* spp.的卵及雌虫寄生菌；厚垣普奇尼亚菌易于人工培养，而且分布广泛，能够产生抗逆性很强的厚垣孢子，容易在土壤中定殖[15]。目前厚垣普奇尼亚菌在很多个国家已经产生制剂销售。

淡紫拟青霉*Paecilomyces lilacinus*是一种非常重要的线虫卵寄生菌，它可以同时侵染幼虫和成虫。淡紫拟青霉在土壤特别是植物根际中大量存在。Gao和Liu[16]通过优化淡紫拟青霉双相发酵培养基中的碳氮源和碳氮比，将淡紫拟青霉孢子产量提高了5.1 ~ 7.1倍，这大大提高田间防效。

被毛孢属*Hirsutella*中的洛斯里被毛孢*H. rhossiliensis*和明尼苏达被毛孢*H. minnesotensis*是重要的线虫寄生真菌，寄主范围广，在田间对线虫的寄生率高，尽管在自然条件下是专性寄生物，但可以人工培养，Costa等[17]发现洛斯里被毛孢存在于欧洲沿岸沙丘的植物寄生线虫抑制性土壤中。有希望开发为商业化制剂应用于线虫的生物防治，但到目前为止，未见到以该菌作为活性成分的生防制剂面市。

3.1.3 产毒真菌

所有能够产生毒杀线虫毒素的真菌都称为产毒真菌，分为专性产毒和兼性产毒两大类[32]。到目前为止，已从150个属280多种菌株中分离到近230种对线虫有活性的代谢产物，主要包括担子菌、子囊菌、半知菌中部分菌物产生的醌类、生物碱类、大环内酯类、萜类、肽类、脂肪酸类和呋喃类等[33]。

其中木霉*Trichoderma*是世界上研究最多的有效生防真菌之一，在农业生产中发挥着重要作用，它们不仅可以寄生线虫卵和幼虫，而且可以产生大量具有杀线虫活性的次生代谢产物和胞外水解酶，对植物病原线虫具有防控作用[24]。目前已发现深绿木霉*T. atroviride*、哈茨木霉*T. harzianum*、绒毛木霉*T. tomentosum*、绿色木霉*T. virens*和棘孢木霉*T. asperellum*均对植物寄生线虫具有一定的抑制作用[34]。其中哈茨木霉和绿色木霉因其广谱而高效的杀菌和杀线虫活性而成为研究热点。

3.1.4 机会真菌

在植物寄生线虫的寄生真菌中，还有一些应用前景较好的机会真菌，例如，林森等[18]从中国7个省156份烟草根结线虫样本中采用不同分离方法分离游离卵、卵块和雌虫上的真菌，共分离出9属13个种，其中定殖根结线虫新记录5个种，即虫草棒束孢*Isaria farinosa*、交枝顶孢*Acremonium implicatum*、渐狭蜡蚧菌*Lecanicillium attenuatum*、长梗木霉*Trichoderma longibrachiatum*虫草棒束孢*Isaria farinosa*和芬芳镰刀菌*Fusarium redolens*，该研究为进一步菌株高效筛选奠定了基础。Aminuzzaman等[19]从102份来自不同植物根组织的根结线虫卵和雌虫上分离出235株真菌，其中镰刀菌属*Fusarium* spp.占42.1%，尖孢镰刀菌*F.oxysporum*占13.2%，淡紫拟青霉占12.8%，厚垣普奇尼亚菌占8.5%。分离得到的真菌中，有5株拟青霉属*Paecilomyces*，10株镰刀菌属，10株普可尼亚属*Pochonia*和1株枝顶孢属*Acremonium* spp.，这些真菌都可以有效寄生根结线虫卵、抑制卵孵化，并可以杀死2龄幼虫。其中的淡紫拟青霉YES-2和厚垣普奇尼亚菌HDZ-9在盆栽试验中可以有效地防治番茄上的根结线虫病，具有开发为生防制剂的潜力。

3.2 细菌防治

3.2.1 寄生细菌——巴氏杆菌

巴氏杆菌*Pasteuria*分布广泛，目前已在50多个国家中发现，而且种类繁多，能够侵染包括植物寄生线虫、捕食性线虫、自由生活线虫和昆虫病原线虫等116个属323个种的线虫[20]。其中能寄生植物寄生线虫的主要有6种，即穿刺巴氏杆菌*P. pentrans*、*P. thornei*、拟斯扎瓦巴氏杆菌*P. nishizawae*、*P. usgae*、*P. hartismeri*和*P.* spp.，每种都具有很强的寄主专化性[21]。巴氏杆菌能通过寄生抑制线虫的生长繁殖，进而使受到感染的线虫幼虫对作物的为害减轻，且效果稳定，对许多植物寄生线虫防效显著。但是巴氏杆菌为专性寄生菌，难以人工培养，商业化生产受到限制[25]。

3.2.2 根际细菌

根际细菌是从植物根际分离所得，与植物根亲和力及拮抗性强、促进植物生长且易于培养应用[23]。自20世纪80年代至今已发现对线虫具有防效的细菌有土壤杆菌*Agrobacterium*、假单胞菌*Pseudomonas*、芽孢杆菌*Bacillius*、不动杆菌*Acinebacter*、肠杆菌*Enterobacter*、色杆菌*Chromobacterium*、沙雷氏菌*Serratia*等多个类群，其中以假单胞菌和芽孢杆菌种类最多[24,25]。

假单胞菌寄主范围广，对环境的适应能力强，既能分泌具有活性的代谢产物抑制土壤中植物病原线虫繁殖，控制植物病害发生，同时又能通过多种方式促进植物生长，是生物防治植物寄生线虫中最具有开发潜力的一类根际细菌。对线虫有抑制或毒杀作用的假单胞菌主要有铜绿假单胞菌*P. aeruginosa*、荧光假单胞杆菌*P. fluorescens*、绿针假单胞菌*P. chlororaphis*和恶臭假单胞菌*P. putide*等[26]。虽然很多假单胞杆菌对植物寄生线虫具有很好的防治作用，但是假单胞菌与植物寄生线虫之间的相互作用机制到目前为止还不清楚，需要深入研究[26]。

苏云金芽孢杆菌*Bacillus thuringiensis*（Bt）是理想的生物杀虫剂，孢子形成时产生的伴胞晶体蛋白对多种病原昆虫及植物寄生线虫具有毒性而对人畜无危害，具有巨大的开发潜力。但是在田间施用时对光照及许多环境因素敏感，极容易降解，使其剂型加工受到限制，因此必须加强苏云金芽孢杆菌剂型及毒素蛋白杀线虫作用机理的研究，以指导Bt制剂在农业生产上的应用。

近年来，从根际细菌中分离和筛选植物寄生线虫生防菌有了很大进展，关于根际细菌田间施用技术的报道也逐渐增多。研究表明植物根际细菌在防治植物寄生线虫的同时，还可以通过产生各种酶及植物生长激素等促进植物生长[28-30]；根际细菌与植物农药、生物熏蒸、阳光消毒等结合可以提高其对线虫的防治效果。由于根际细菌与植物根系、土壤环境、拮抗物质等之间的复杂关系，使得我们必须进一步弄清其作用机理，以及这些细菌与植物的生态学联系，以便更好地改进菌剂剂型和田间施用方法，增加根际细菌在植物根部的定殖能力。

3.2.3 植物内生细菌

植物内生细菌是指那些生活史中某个或全部阶段生活于健康植物的各种组织和器官内部、可以从植物组织中分离或扩增的细菌。植物内生菌是重要的防治植物寄生线虫菌种资源，近年来科学家们从植物组织中分离出了大量的既能促进植物生长又能控制植物寄生线虫病的内生细菌[31]。如从烟草、大豆植株内分离筛选到的解淀粉芽孢杆菌*Bacillus amyloliquefaciens*、苏云金芽孢杆菌对全齿复活线虫*Panagrellus redivivus*具有明显杀线虫活性；蜡样芽孢杆菌*Bacillus cereus* H3对根结线虫2龄幼虫的抑杀率达100%，且复活率为0；枯草芽孢杆菌*B. subtilis* WSR93、巨大芽孢杆菌*B. megaterium* WSR22能明显地抑制大豆孢囊线虫卵的孵化，并对2龄幼虫也有较强的毒杀作用；植物体内存在大量能产生杀线虫活性物质的细菌，其中一些细菌产生的杀线虫物质具有较强稳定性，具有很大开发潜力。

3.3 放线菌

放线菌中的链霉菌*Streptomyces*是一类控制植物病原线虫的重要微生物资源，该类菌主要以拮抗或毒杀方式作用于线虫[35]。目前已经发现大量放线菌的发酵液具有杀线虫活性。从放线菌的发酵液中分离具有杀线活性化合物是开发商业化杀线剂的有效途径，同时还可为研发新型、高效环保杀线虫剂提供候选先导化合物。目前已从放线菌的代谢产物中分离到大量杀线虫活性化合物。如玫瑰轮丝链霉菌*S. roseoverticillatus* CMU-MH021产生的次生代谢产物热诚菌素fervenulin，黄抗霉素链霉菌*S. flavofungini* BJLSH9产生的tryptophan-dehydrobutyrine diketopiperazine（TDD）可以抑制根结线虫卵孵化，增加2龄幼虫的死亡率[36,37]。

4 问题与展望

4.1 高效生防菌的筛选

自然界中，由于植物寄生线虫生防菌数量多、种类资源丰富、分布广，高效生防菌的筛选仍有待于进一步开展，尤其是要加强对具有杀线虫活性植物内生菌资源的开发和利用。植物内生菌的生长环境在宿主植物组织内部，比土壤中的菌株具有更稳定的生存环境，防效方面表现相对稳定，并且具有一定的宿主专化性，有很大的开发潜力。

4.2 生防菌生态学研究

线虫生物防治研究进程中的主要障碍之一就是缺乏对生防菌的生态学了解。许多线虫生防菌在体外筛选及温室盆栽试验中表现出良好生防效果，但是应用到田间后防效不稳定，生防菌的定殖能力较差。这主要是由于土壤是一个复杂的生态系统，土壤本身的环境对寄主植物—植物寄生线虫—生防微生物之间的相互作用都产生了巨大影响。目前系统的线虫生防菌的生态学尚未建立起来，国内外研究较多的是通过土壤高温消毒、生物熏蒸或施有机肥料等措施来改变土壤生态环境及理化性质，进而加强生防菌的根际定殖能力、腐生竞争能力以及在无寄主和极端环境下的生存能力，从而达到提高线虫生防菌田间防效目的。深入开展线虫及其生防菌的生态学研究，明确其在土壤中的发生、分布规律、影响因子，这是提高田间线虫生物防治效果的关键。

4.3 与化学药剂的兼容性

在田间生产实践中，由于只利用生防菌在短期内不能有效控制植物寄生线虫的发生，化学农药可以填补短期防效的空白这就要求生防菌对化学农药要具有一定的兼容性。因此在今后筛选植物寄生线虫生防菌时，要注重考查其与化学药剂的兼容性，开发作用机制与化学药剂有协同作用的生防菌，以增强生防菌的适应性和实用性，或者通过分子生物学手段改良菌株，开发具有抗药性的线虫生防菌。

4.4 风险性评估

线虫生防菌的引入可能对土壤微生物群落、人、畜体内的微生物群落产生生态干扰。例如根结线虫生防真菌淡紫拟青霉菌，可以侵染眼睛，引起人的面部损伤并也可侵染家畜，因此在生防制剂释放前要进行风险性评估。

4.5 生防菌商业化

虽然有大量具有生防潜力的微生物被研究报道，但目前只有少数生防菌株作为商业化制剂生产，大部仍停滞在实验室研究开发阶段，未能大面积推广应用。主要是由于对这些生防微生物的大量生产工艺、包装贮存和运输等商品化技术缺乏研究。因此室内所筛选的生防微生物无法大量生产和适时、安全地到达田间进行应用。今后应加大科研与生产的结合，加快生防制剂商品化进程，优化发酵工程技术，提高有效活性物质产率，研发出好的剂型，尽快推出高效低价、使用简便的商业化生防菌产品。

5 总结

虽然植物寄生线虫生物防治的效果没有化学农药那么快速、高效，但其对环境及人畜健康安全，同时具有增产防病的长期效果，符合农业可持续发展和绿色植保理念的需求。因此利用生物防治来控制植物寄生线虫势在必行，且具有良好的发展前景。我国植物寄生线虫的生物防治从资源调查、高效生防菌株筛选、菌剂研制及田间应用技术等方面已进行了大量研究，并在植物寄生线虫的控制上取得了初步成效，今后政府应加大经费支持和加强农产品安全的监督和宣传力度；研究部门应加大研究力度，将分子生物学方法和生态学方法综合使用，以获得更好的防治效果；同时还应加强与企业之间合作，以加快生防制剂的商业化。

参考文献

［1］ 陈军. 植物内生菌对植物寄生线虫的预防与防治进展[J]. 新农业，2019（13）：56-58.

［2］ 简恒. 植物线虫学[M]. 北京：中国农业大学出版社，2011.

［3］ 李娟. 食线虫微生物防控病原线虫的研究[J]. 中国生物防治学报，2013，29（4）：481-489.

［4］ 米佳雯. 设施蔬菜根结线虫综合防治技术[J]. 天津农林科技，2019（2）：4-6.

［5］ 李本祥. 华南部分地区食线虫菌物的调查[D]. 广州：华南农业大学，2008.

［6］ 张颖. 食线虫真菌资源研究概况[J]. 菌物学报，2011，30（6）：836-845.

［7］ NORDBRING-HERTZ B. Nematophagous fungi[M]. John Wiley and Sons，Ltd，2001.

[8] LIU X，ZHANG K. *Dactylella shizishanna* sp. nov.，from Shizi Mountain，China[J]. Fungal Diversity，2003，14：103-107.
[9] SINGH U B. *Arthrobotrys oligospora*-mediated biological control of diseases of tomato（*Lycopersicon esculentum* Mill.）caused by *Meloidogyne incognita* and *Rhizoctonia solani*[J]. Journal of Applied Microbiology，2013，114（1）：196-208.
[10] TOYOTA K，WATANABE T. Recent trends in microbial inoculants in agriculture[J]. Microbes and Environments，2013，28（4）：403-404.
[11] XU L，LAI Y，WANG L，*et al*. Effects of abscisic acid and nitric oxide on trap formation and trapping of nematodes by the fungus *Drechslerella stenobrocha* AS6. 1[J]. Fungal Biology，2011，115（2）：97-101.
[12] LI L. Induction of trap formation in nematode-trapping fungi by a bacterium[J]. FEMS Microbiology Letters，2011，322（2）：157-165.
[13] KUMAR D，SINGH K P，JAISWAL R K. Effect of fertilizers and neem cake amendment in soil on spore germination of *Arthrobotrys dactyloides*[J]. Mycobiology，2005，33（4）：194-199.
[14] 孙漫红. 大豆孢囊线虫病生物防治研究进展[J]. 中国生物防治，2000，16（3）：136-141.
[15] 陈立杰. 大豆孢囊线虫病生物防治研究进展[J]. 沈阳农业大学学报，2011，16（4）：393-398.
[16] GAO L. Sporulation of several biocontrol fungi as affected by carbon and nitrogen sources in a two-stage cultivation system[J]. The Journal of Microbiology，2010，48（6）：767-770.
[17] COSTA S R. Interactions between nematodes and their microbial enemies in coastal sand dunes[J]. Oecologia，2012，170（4）：1053-1066.
[18] AMINUZZAMAN F M. Isolation of nematophagous fungi from eggs and females of *Meloidogyne* spp. and evaluation of their biological control potential[J]. Biocontrol Science and Technology，2013，23（2）：170-182.
[19] LI G H. Nematode-toxic fungi and their nematicidal metabolites[M]. Nematode-trapping Fungi. New York：Springer，2014，313-375.
[20] 连玲丽. 线虫寄生菌巴斯德杆菌的生物多样性研究进展[J]. 福建农业大学学报，2005，34（1）：37-42.
[21] 林森. 定殖烟草根结线虫卵和雌虫机会真菌的多样性[J]. 中国生态农业学报，2012，20（10）：1353-1358.
[22] 林丽飞. 南方根结线虫对番茄致病性测定的初步研究[J]. 安徽农业科学，2008（21）：295-296，330.
[23] 郭荣君. 应用根际细菌防治植物寄生线虫的研究[J]. 中国生物防治，1996，12（3）：41-44.
[24] DONG L. Microbial control of plant-parasitic nematodes：a five-party interaction[J]. Plant and Soil，2006，288（1-2）：31-45.
[25] 卜祥霞. 红灰链霉菌 HDZ-9-47 对南方根结线虫致病机制研究[D]. 北京：中国科学院，2014.
[26] LI J. Molecular mechanisms of nematode-nematophagous microbe interactions：basis for biological control of plant-parasitic nematodes[J]. Annual Reviews of Phytopathology，2015，53：67-95.
[27] 白春明. 无机化合物对南方根结线虫作用方式的研究[J]. 植物保护，2011（1）：80-84.
[28] MOGHADDAM M R. The nematicidal potential of local *Bacillus* species against the root-knot nematode infecting greenhouse tomatoes[J]. Biocontrol Science and Technology，2014，24（3）：279-290.
[29] EL-SAYED W S. *In vitro* antagonistic activity，plant growth promoting traits and phylogenetic affiliation of rhizobacteria associated with wild plants grown in arid soil[J]. Frontiers in Microbiology，2014，5：651.
[30] 万景旺. 根结线虫生防菌的筛选与应用研究[D]. 北京：中国矿业大学，2014.

[31] 彭双. 杀线虫植物内生细菌和根际放线菌对根结线虫的防效[J]. 植物保护学报，2012，39（1）：63-69.

[32] LI G H. Nematode-toxic fungi and their nematicidal metabolites[M]. Nematode-trapping Fungi. New York：Springer，2014，313-375.

[33] 张颖. 食线虫真菌资源研究概况[J]. 菌物学报，2011，30（6）：836-845.

[34] 焦俊. 毒杀南方根结线虫的木霉种类鉴定及活性研究[J]. 植物保护，2015，41（2）：64-69.

[35] LUO H. Diversity of actinomycetes associated with root-knot nematode and their potential for nematode control[J]. Acta Microbiologica Sinica，2006，46（4）：598-601.

[36] RUANPANUN P. Nematicidal activity of fervenulin isolated from a nematicidal actinomycete，*Streptomyces* sp. CMU-MH021，on *Meloidogyne incognita*[J]. World Journal of Microbiology and Biotechnology，2011，27（6）：1373-1380.

[37] 李萍. 放线菌BJLSH9菌株兼抗线虫及烟草疫霉菌的生防活性及其杀线虫代谢产物鉴定[J]. 云南大学学报（自然科学版），2012，34（5）：590-595.

中国线虫学研究（第八卷）Nematology Research in China（Vol.8）：105

茶树根际寄生线虫多样性研究*

李君霞**，苗文韬，张晨颖，田忠玲，韩少杰，郑经武***
（浙江大学农业与生物技术学院生物技术研究所，杭州　310058）

Diversity of Plant Parasitic Nematodes in the Rhizosphere of Tea from Zhejiang，China*

Li Junxia**，Miao Wentao，Zhang Chenying，Tian Zhongling，Han Shaojie，Zheng Jingwu***
（*Institute of Biotechnology*，*College of Agriculture & Biotechnology*，*Zhejiang University*，*Hangzhou* 310058，*China*）

摘　要：浙江是我国著名的茶产地。本研究首次对浙江省茶树根际寄生线虫进行了系统的采集、分离及形态学和分子鉴定，从浙江省不同地区茶树根部及根际土壤中共鉴定出10种植物寄生线虫：卢斯短体线虫（*Pratylenchus loosi*）、美丽针线虫（*Paratylenchus lepidus*）、福建拟鞘线虫（*Hemicriconemoides fujianensis*）、光端矮化线虫（*Tylenchorhynchus leviterminalis*）、居农野外垫刃线虫（*Aglenchus agricola*）、程氏居中线虫（*Geocenamus chengi*）、奇特伍德拟鞘线虫（*Hemicriconemoides chitwoodi*）、中国盘小环线虫（*Discocriconemella sinensis*）、丝尾垫刃线虫（*Filenchus* sp.）和螺旋线虫（*Helicotylenchus* sp.）。其中，卢斯短体线虫和美丽针线虫出现频率高、群体密度较大，为优势种群；福建拟鞘线虫、光端矮化线虫和居农野外垫刃线虫等首次在茶树根围报道，居农野外垫刃线虫为浙江省新记录种。有关茶根际寄生线虫的种类、分布及多样性等为茶园线虫的防治提供了基本依据。

关键词：茶树；植物寄生线虫；鉴定；系统学；分类

---

*基金项目：国家自然科学基金（31772137）

**第一作者：李君霞，硕士研究生，从事植物线虫分类鉴定研究。E-mail：ljx13760671987@126.com
***通信作者：郑经武，教授，从事植物线虫分类鉴定研究。E-mail：jwzheng@zju.edu.cn

中国线虫学研究（第八卷）Nematology Research in China（Vol.8）：106-107

高效生物杀线虫制剂NBIN-863的创制与应用*

陈　凌**，闵　勇，朱　镭，邱一敏，周荣华，刘晓艳***
（湖北省生物农药工程研究中心，武汉　430070）

Creation and Application of High Efficiency Biological Nematicide NBIN-863*

Chen Ling**，Min Yong，Zhu Lei，Qiu Yimin，Zhou Ronghua，Liu Xiaoyan***
（*Hubei Biopesticide Engineering Research Centre*，*Wuhan*　430070）

摘　要：植物寄生线虫是一类分布极广和危害极大的有害生物，全球每年因植物线虫病导致的经济损失达1 570亿美元，其中我国达35亿美元以上。线虫病是国内外公认的防治难度极大的土传病害，尤其以根结线虫病、孢囊线虫病最为严重。传统的化学防治成本较高，污染环境，而且已普遍产生抗药性；生物防治对环境友好，具有很好的应用前景。苏云金芽孢杆菌（*Bacillus thuringiensis*，简称Bt）很早就发现对植物寄生线虫具有毒杀活性，但目前针对线虫病防治的Bt菌剂的研发与创制工作还比较滞后，主要原因在于强毒力且防效稳定的生防菌株匮乏、杀线虫菌株的生防作用机理不明。针对以上问题，本研究系统地开展了高通量杀线生防菌筛选、杀线活性物质挖掘及其机制研究、杀线虫生防制剂创制等研究。

本研究首先利用简并探针对本单位保藏的5 000余株芽孢杆菌资源通过混菌法进行了初筛，从中获得128株潜在杀线Bt菌株，再通过线虫生测筛选到22株对南方根结线虫具有毒力的Bt，进一步通过盆栽实验筛选到6株对南方根结线虫具有盆栽防效的Bt，其中NBIN-863表现效果最好，又通过大鼠急性毒性试验评价了NBIN-863的毒理学安全性，为后续农作物线虫病高效安全生防制剂的创制工作提供了菌株资源；之后结合基因组学信息和化学分析发现NBIN-863可以产生一系列杀线虫小分子酸，其中活性最高的LC_{50}可达13.11μg/mL，同时利用扩增子测序，土壤微生物蛋白质组测序等技术从土壤微生态角度明确了NBIN-863可以通过影响根际微生物群落结构变化来抑制根结线虫病的机制，为有效利用该菌株和防止抗药性的产生提供了的理论基础；在此基础上本研究针对多种作物（大豆、蔬菜）不同生育期特点的线虫病（孢囊线虫、根结线虫）创制出3种防控制剂产品，包括“苏云金杆菌悬浮种衣剂”“杀线虫专用土壤处理剂”“杀线虫苏云金杆菌悬浮剂”，防治效果分别达到48.28%、81.46%、70.07%，为农作物线虫病的绿色防控提供了技术产品。本研究相关技术

*基金项目：国家自然科学青年基金（31500428）；863科技计划（2011AA10A203）；948项目（2011-G25）；国家重点研发计划（2017YFD0201205）；湖北省技术创新重大专项（2016ABA103）
**第一作者：陈凌，助理研究员，从事生物杀线剂的创制与应用。E-mail：candl1211@qq.com
***通信作者：刘晓艳，研究员，从事土传性病害生物农药产品创制研究。E-mail: xiaoyanliu6613@163.com

近十年累计推广应用达3 270.83万亩（1亩≈667m^2，15亩=1hm^2，全书同），其中在湖北省推广应用819.63万亩，累计新增经济效益84.87亿元，其中湖北省新增45.65亿元，合计减少化学农药使用量9 361.9t，经济、社会和生态效益显著，具有广阔应用前景。

关键词：植物寄生线虫；农作物线虫病；生物防治；微生物制剂

中国线虫学研究（第八卷）Nematology Research in China（Vol.8）：108

大豆孢囊线虫（*Heterodera glycines*）HgSU3的功能研究*

张刘萍**，刘　峙，赵　洁，郑　娜，段榆凯，黄文坤，彭德良，刘世名***
（中国农业科学院植物保护研究所/植物病虫害生物学国家重点实验室，北京　100193）

Function Analysis of HgSU3 from Soybean Cyst Nematode（SCN，*Heterodera glycines*）*

Zhang Liuping**，Liu Zhi，Zhao Jie，Zheng Na，
Duan Yukai，Huang Wenkun，Peng Deliang，Liu Shiming***
（*State Key Laboratory for Biology of Plant Diseases and Insect Pests*，*Institute of Plant Protection*，
Chinese Academy of Agricultural Sciences，*Beijing*　100193）

摘　要：大豆孢囊线虫病作为世界各大豆主产区的主要病害之一，具有发生分布广，破坏性极强的特点，严重影响了大豆的产量和品质，因此研究大豆的抗线虫机制至关重要。目前，已经从大豆中鉴定出了两个主效抗大豆孢囊线虫的基因位点（*Rhg1*和*Rhg4*），而*GmSNAP18*作为*Rhg1*基因位点上的主效抗线虫基因已经得到了广泛的研究。本研究主要通过生物信息学及分子生物学技术研究了大豆抗线虫蛋白GmSNAP18与线虫间的互作机制，为深入研究大豆抗大豆孢囊线虫机制鉴定了基础。首先我们利用酵母双杂交技术从SCN cDNA文库中筛选出与大豆GmSNAP18互作的蛋白，通过生物信息学分析，我们从中发现了一个1 275bp的效应蛋白，进一步分析发现其编码425个氨基酸，在N端拥有一个24个氨基酸的信号肽，含3个UIM结构域，且不含跨膜结构域，并命名为HgSU3。通过酵母双杂交及GST pull down实验表明HgSU3与GmSNAP18之间确实存在互作关系，且双分子荧光互补（BiFC）实验表明HgSU3与GmSNAP18在植物细胞膜上发生互作。亚细胞定位实验表明，HgSU3在植物细胞膜上表达。通过发育表达分析，结果表明*HgSU3*基因在大豆孢囊线虫的侵染后二龄幼虫表达量最高，且原位杂交实验表明HgSU3在食道腺中特异性表达。目前正在利用大豆发根转化体系分析*HgSU3*基因对线虫敏感性的影响。同时，我们从甜菜孢囊线虫（BCN，*Heterodera schachtii*）中克隆出了HgSU3的同源蛋白-Hs9131，二者同源性高达84.71%，拟通过异源表达转基因拟南芥植株研究Hs9131对线虫敏感性的影响。

关键词：大豆孢囊线虫；HgSU3；基因位点；抗线虫蛋白

---

* 基金项目：国家自然科学基因（31972248）
** 第一作者：张刘萍，博士研究生，主要从事大豆孢囊线虫的抗性研究。E-mail：liupingz2013@163.com
*** 通信作者：刘世名，研究员，主要从事大豆孢囊线虫的抗性与突变育种研究。E-mail：smliuhn@yahoo.com

中国线虫学研究（第八卷）Nematology Research in China（Vol.8）：109

大豆孢囊线虫漆酶基因的克隆及其功能初步分析*

王冬亚**，吴海燕***
（广西农业环境与农产品安全重点实验室/广西大学农学院，南宁 530004）

Cloning and Functional Analysis of Laccase Gene from *Heterodera Glycines**

Wang Dongya**，Wu Haiyan***
（*Guangxi Key Laboratory of Agric-Environment and Agric-Products Safety/ Agricultural College of Guangxi University*，*Nanning* 530004，*China*）

摘　要：大豆孢囊线虫病是影响大豆生产最重要的病害之一，大豆孢囊线虫的发生和为害在我国各大豆主产区均有报道，包括黑龙江、吉林、辽宁、河南、河北、山东、山西、安徽、江苏、湖北、浙江、上海、新疆、陕西、宁夏和广西等地，被认为是限制大豆产量的最重要因素之一。大豆孢囊线虫经过3次蜕皮发育成雌、雄成虫，在雌雄成虫交配后，雌虫身体膨大突出于根外，每个雌虫能产几百个卵，当雌虫死亡后体壁加厚，变硬形成孢囊，并且孢囊颜色逐渐由白色或淡黄色变为深褐色，在不良环境条件下孢囊内的卵可存活10年以上，成为下一季大豆的初侵染源。但目前还没有关于大豆孢囊线虫雌虫变褐机理的研究。本研究首次成功克隆了大豆孢囊线虫漆酶基因，利用RACE得到了大豆孢囊线虫漆酶基因的全长，通过遗传进化分析发现它与昆虫漆酶基因的亲缘关系较近，另外，通过RT-qPCR发现漆酶基因在大豆孢囊线虫白色雌虫时期的表达量显著高于其他阶段，在白色雌虫变为褐色孢囊后该基因的表达量显著降低，我们推测该基因可能与昆虫漆酶基因功能相似。参与表皮色素沉着和硬化以及黑色素化免疫反应，我们将进一步研究大豆孢囊线虫漆酶基因在孢囊变褐过程中的调控机制，寻找滞育或抗逆相关靶标，以期为控制大豆孢囊线虫开拓新途径。

关键词：大豆孢囊线虫；漆酶基因；遗传进化分析；色素沉着

*基金项目：国家自然科学基金（31660511）
**第一作者：王冬亚，博士研究生，从事植物线虫学研究。E-mail：1659321004@qq.com
***通信作者：吴海燕，教授，从事植物线虫学研究。E-mail：wuhy@gxu.edu.cn

中国线虫学研究（第八卷）Nematology Research in China（Vol.8）：110-111

大豆对孢囊线虫（*Heterodera glycines*）的分子遗传抗性机制研究*

黄铭慧[1,2**]，秦瑞峰[1,2]，李春杰[1]，姜　野[1,2]，常豆豆[1,2]，
于瑾瑶[1,4]，田中艳[3]，陈庆山[4]，王从丽[1***]
（[1]中国科学院东北地理与农业生态研究所，哈尔滨　150081；[2]中国科学院大学，北京　100049；
[3]黑龙江省农业科学院大庆分院，大庆　163316；[4]东北农业大学，哈尔滨　150030）

Research on the Genetic Mechanism of Resistance to *Heterodera glycines* in Soybean*

Huang Minghui[1,2**]，Qin Ruifeng[1,2]，Li Chunjie[2]，Jiang Ye[1,2]，Chang Doudou[1,2]，
Yu Jinyao[1,4]，Tian Zhongyan[3]，Chen Qingshan[4]，Wang Congli[1***]
（[1]*Key Laboratory of Soybean Molecular Design Breeding*，*Northeast Institute of Geography and Agroecology*，*Chinese Academy of Sciences*，*Harbin*，*Heilongjiang*　150081，*China*；
[2]*University of Chinese Academy of Sciences*，*Beijing*　100049，*China*；
[3]*Daqing Branch of Heilongjiang Academy of Agricultural Sciences*，*Daqing*　163316，*China*；
[4]*College of Agronomy*，*Northeast Agricultural University*，*Harbin*，*Heilongjiang*　150030，*China*）

摘　要：大豆孢囊线虫病（Soybean Cyst Nematode，SCN，*Heterodera glycines*）是大豆生产上的毁灭性病害，我国所有大豆产区均有发生，每年造成巨额的经济损失。防治大豆孢囊线虫最经济有效的方法是抗性品种与非寄主品种轮作，但有限的土地限制了轮作的应用；高毒有效的化学杀线虫剂大量施用会导致SCN产生抗药性，加重防治的难度，目前已被限制或禁止使用。SCN在田间是混合群体，存在多个生理小种，目前大豆生产上应用的抗性品种抗性来源单一，东北地区的抗性资源更加匮乏，仅有的Peking背景的抗线品种对变异线虫的抗性已出现减弱或丧失，已有的抗线育种系和东北的主栽品种分子遗传背景未知，使得这些资源不能被充分利用。因而培育出对SCN具有广谱抗性的大豆品种是防治SCN经济有效的策略，SCN多抗品种的筛选及分子遗传抗性机制的解析有助于加快育种进程。

基于此，我们对62个大豆基因型进行SCN抗性筛选，基于*rhg1*和*Rhg4*的SCN抗感位点对种质资源进行了单倍型鉴定和拷贝数分析，发现黑龙江省的抗性资源中存在区别于Peking和PI 88788的新抗病基因型，且东北的主栽品种都鉴定为感病基因型；通过定量PCR证实了*rhg1*和*Rhg4*的拷贝数与抗感关联；位于18号染色体的SSR标记590和8号染色体的标记

*基金项目：中国科学院战略性先导科技专项项目（XDA24010307）；国家自然科学基金项目（31772139）
**第一作者：黄铭慧，博士研究生，从事植物病害抗性遗传研究。E-mail: huangminghui@iga.ac.cn
***通信作者：王从丽，研究员，从事植物与线虫互作分子机理研究。E-mail：wangcongli@iga.ac.cn

Sat_162组合可以区分不同单倍型及预测SCN 5号生理小种（SCN 5）的抗感。在前期基础上选取代表性基因型构建F_2群体（绥农54 × 09138），利用F_2结合Graded-seq与靶向测序基因型检测SNP 10K芯片法定位标记得到对SCN 4抗性新的微效QTLs；同时发现1个来自09138的QTL定位在8号染色体，与另外4个来自绥农54定位在3号、9号、12号和14号染色体上的QTLs互作能够对雌虫指数产生35.9%表型贡献率，表明来自双亲的加性效应和超亲遗传现象。进一步利用大豆染色体代换系群体验证了对SCN抗性的微效基因和超亲遗传，完善了SCN评价指标。首次利用染色体代换系群体开展了对每克根重的SCN孢囊数（cysts per gram root，CGR）的抗性评价和QTL定位的研究，发现来自双亲微效基因互作是产生超亲遗传抗性的主要原因，同时发现在缺少SCN主要抗性基因（如*rhg1*和*Rhg4*）的情况下，综合考虑FI、CGR及根重三者有利基因的组合可以有效抑制线虫繁殖，这对于高效育种起着重要的指导意义。最后利用全长转录组（ONT）测序解析大豆品种09-138对SCN 4号和5号生理小种的抗性差异，表明多种转录因子、过氧化物酶及与防御相关的差异表达基因可能参与了互作反应；不同时间点不同大豆品种的差异表达基因对两个生理小种的表达水平不一样，证实了大豆对两个生理小种不同的防御反应途径。

综上所述，本研究所筛选的抗性种资资源、确定的抗性单倍型、鉴定的分子标记能够加速东北大豆抗孢囊线虫分子辅助育种，通过解析大豆与孢囊线虫复杂的互作机制，丰富了线虫与植物互作知识。

关键词：大豆孢囊线虫病；抗性评价；QTL定位；互作；分子标记

中国线虫学研究（第八卷）Nematology Research in China（Vol.8）：112

大豆种质资源对大豆孢囊线虫病耐病性的筛选*

项　鹏**
（黑龙江省农业科学院黑河分院，黑河　164300）

Screening the Tolerance of Soybean Germplasm Resources Against *Heterodera glycines**

Xiang Peng**
（*Heihe Branch of Heilongjiang Academy of Agricultural Sciences*，*Heihe*　164300，*China*）

摘　要：为明确大豆耐大豆孢囊线虫病的耐病性，对中外351份种质资源进行大豆孢囊线虫病耐病性筛选鉴定。通过田间自然病圃法调查结果显示，参试大豆种质资源对大豆孢囊线虫耐病性存在一定的差异。其中未发现免疫品种，有18份大豆种质资源表现抗性，占参试材料的5.14%；3份大豆种质资源表现耐病，占参试材料的0.86%。耐病品种的产量构成因子在高SCN压力下高于无SCN，差异不显著；抗病品种的产量构成因子在高SCN压力下低于无SCN，差异不显著；而感病品种的产量构成因子在高SCN压力下明显低于无SCN，差异性显著。

关键词：大豆孢囊线虫；大豆种质资源；耐病性

*基金项目：国家大豆产业体系专项资金资助项目（CARS-04-01A-02）
**作者简介：项鹏，硕士，研究方向为大豆病虫害防治。E-mail：xp_303@126.com

中国线虫学研究（第八卷）Nematology Research in China（Vol.8）：113

二硫氰基甲烷对大豆孢囊线虫孵化和运动行为的影响*

姜　伟[1,2**]，李惠霞[2]，张海英[1]，李金鸿[2]，连芸芸[2]，吴　锦[2]，刘永刚[1***]
（[1]甘肃省农业科学院植物保护研究所/甘肃省无公害农药工程实验室，兰州　730070；
[2]甘肃农业大学/甘肃省农作物病虫害生物防治工程实验室，兰州　730070）

Effects of Methylene Bisthiocyanate on Hatching and Movement of Soybean Cyst Nematodes*

Jiang Wei [1,2**]，Li Huixia[2]，Zhang Haiying[1]，Li Jinhong[2]，
Lian Yunyun[2]，Wu Jin[2]，Liu Yonggang[1***]
（[1]*Institute of Plant Protection, Gansu Academy of Agricultural Science/Pollution free pesticide Engineering Laboratory of Gansu Province*，*Lanzhou*　730070，*China*; [2]*College of Plant Protection*，*Gansu Agricultural University/ Biocontrol Engineering Laboratory of Crop Diseases and Pests of Gansu Provinces*，*Lanzhou*　730070，*China*）

摘　要：二硫氰基甲烷（Methylene bisthiocyanate，MBT）是一种具有高效的杀藻杀菌活性的有机硫氰化合物，对多种病原真菌、细菌、线虫具有很好的生物学活性，其原液稳定，在水体和土壤中时又能迅速降解，对环境不会造成二次污染，而且MBT作用位点多，能解决目前广泛使用的内吸性杀菌剂产生的抗性问题，在农作物病虫害防治中常被用作种子处理剂和土壤处理剂防治线虫病害，如水稻干尖线虫病、小麦孢囊线虫病、蔬菜根结线虫病等，但其用来防治大豆孢囊线虫的研究国内外还未见报道。为明确MBT对大豆孢囊线虫毒力效果，采用浸渍法测定了不同浓度下对大豆孢囊线虫卵孵化和二龄幼虫的毒力及运动行为的影响，结果表明，MBT在10mg/L浓度下对大豆孢囊线虫卵孵化的抑制率可达96.9%，与阿维菌素无显著差异；对二龄幼虫的毒力回归方程为y=1.101 3x+4.966 4（r=0.973 2），相应的LC_{50}和LC_{90}分别为1.027mg/L、15.639mg/L，与阿维菌素相当（LC_{50}=1.072 7和LC_{90}=15.638 7），显著优于常用杀线剂噻唑膦（LC_{50}=47.515 3和LC_{90}=870.622 8）；显微观察发现，MBT浸渍法处理大豆孢囊线虫2龄幼虫12h之后，大豆孢囊线虫2龄幼虫身体弯曲和头部摆动频率明显减缓，并且随着处理浓度增加其运动能力显著下降。24h后，线虫体长显著减小，尾部透明区显著变短，大部分线虫死亡。研究结果可为二硫氰基甲烷防治大豆孢囊线虫和新型杀线剂的开发与应用提供依据。

关键词：二硫氰基甲烷；大豆孢囊线虫；孵化；运动行为

---

*基金项目：国家自然基金项目（31760507）；国家重点研发计划子课题（2018YFC1706301-5）
**第一作者：姜伟，硕士研究生，从事植物病原线虫防治研究。E-mail：1663952576@qq.com
***通信作者：刘永刚，研究员，从事农药毒理学研究。E-mail：liuyg@gsagr.ac.cn

中国线虫学研究（第八卷）Nematology Research in China（Vol.8）：114

番茄根结线虫生防细菌筛选与鉴定*

张涛涛**，赵 娟，董 丹，刘 霆***
（北京市农林科学院植物保护环境保护研究所，北京 100097）

Screen and Identification of the Biocontrol Bacteria Against *Meloidogyne Incognita* in Tomato*

Zhang Taotao**，Zhao Juan，Dong Dan，Liu Ting***
（*Institute of Plant and Environment Protection*，*Beijing Academy of Agriculture and Forestry Sciences*，*Beijing* 100097，*China*）

摘 要：由于保护地种植环境条件适宜和种植户防治措施不当，南方根结线虫（*Meloidogyne incognita*）病害发生日益严重，成为影响番茄生产发展的重要制约因素。生物防治具有相容性高、对人畜安全、环境友好等特点。本研究采集抗线虫番茄植株根系，通过组织研磨稀释平板法分离并筛选对番茄根结线虫病具有防治潜力的活性菌株。结果表明，菌株S38对南方根结线虫2龄幼虫及卵的孵化具有较好抑制作用。菌株发酵液原液及其50倍液对南方根结线虫2龄幼虫致死率分别为100.0%和90.6%；发酵液原液及其5倍液对卵孵化抑制率分别为95.6%和80.1%。经生理生化分析、16S rRNA和gyrB基因碱基序列比对，将菌株S38鉴定为苏云金芽孢杆菌（*Bacillus thuringiensis*）。温室盆栽试验结果表明，菌株S38发酵液灌根处理番茄植株根结数明显减少，根结线虫病的病情指数明显降低，平均防效达86.4%；该菌株发酵液处理番茄植株株高和茎粗较对照番茄植株分别增加27.8%和10.7%。综上所述，番茄根系内生细菌S38对南方根结线虫2龄幼虫具有毒杀作用，对盆栽番茄根结线虫病具有明显防治效果，且能促进番茄植株生长，在番茄栽培及其根结线虫病绿色防控中具有良好应用潜力。

关键词：番茄；内生细菌；南方根结线虫；生物防治

*基金项目：北京市农林科学院创新能力建设专项（KJCX20200426；KJCX20200110）
**第一作者：张涛涛，助理研究员，从事植物线虫生物防治研究。E-mail：ztt1024@163.com
***通信作者：刘霆，副研究员，从事植物线虫生物防治研究。E-mail：lting11@163.com

中国线虫学研究（第八卷）Nematology Research in China（Vol.8）：115

番茄与水稻轮作对土壤线虫及微生物群落的影响*

伍朝荣**，何　琼，吴海燕***

（广西农业环境与农产品安全重点实验室/广西大学农学院，南宁　530004）

Effects of Tomato and Rice Rotation on Soil Nematode and Microbial Community*

Wu Chaorong**，He Qiong，Wu Haiyan***

（*Guangxi Key Laboratory of Agric-Environment and Agric-Products Safety/ Agricultural College of Guangxi University*，*Nanning*　530004，*China*）

摘　要：根结线虫（*Meloidogyne* spp.）被评为十大病原线虫之首，是粮食生产和粮食安全严重制约因素。为了明确番茄连作和与水稻轮作对根结线虫病害的防治效果，采用田间试验，利用传统分类和高通量测序技术，分析了水稻-番茄水旱轮作（FS）、番茄连作（FF）和休耕（CK）3种种植制度土壤线虫及微生物群落结构差异。结果表明，水旱轮作能有效降低土壤中线虫种类和数量，土壤线虫检出率少，连作土壤最多，其次为休耕。轮作土壤中植物寄生线虫属的检出率最少，仅有5个属，连作仍为最多，共13个，且大部分为常见属，休耕土壤中9个；水旱轮作同时能显著降低土壤中植物寄生线虫的种类（除了主要以水稻为寄主的潜根属和小环属类群），包括主要为害番茄的根结线虫属，占比仅2.1%，而连作为29.7%。土样微生物Venn、层级聚类、PCoA分析显示，不同种植制度下真菌和细菌类群OUTs和群落结构差异明显；与连作相比，轮作和休耕真菌、细菌种丰富度更高，共享占比更多，群落构成更相近；相对丰度分析和Kruskal-Wallis秩和检验表明，轮作与连作土壤中真菌优势类群差异较大，而细菌差异小；轮作土壤中植物寄生线虫拮抗微生物类群*Chaetomium*、*Talaromyces*、*Fusarium*、Anaerolineaceae和Acidobacteria相对丰度高于连作。水稻-番茄水旱轮作能大幅减少根结属线虫，重塑微生物群落，改善土壤质量，是番茄生产中防控根结线虫病害的理想措施。

关键词：轮作；连作；线虫；微生物群落

*基金项目：国家现代农业产业技术体系广西创新团队（nycytxgxcxtd-10-04）；广西自然科学基金重点项目（2020GXNSFDA297003）；国家自然科学基金（31660511）

**第一作者：伍朝荣，博士研究生，从事植物线虫病理研究。E-mail：531250949@qq.com

***通信作者：吴海燕，教授，主要从事植物线虫病理研究。E-mail：wuhy@gxu.edu.cn

中国线虫学研究（第八卷）Nematology Research in China（Vol.8）：116

菲利普孢囊线虫*VAP*基因扩增与功能研究*

张瀛东**，黄文坤，孔令安，彭　焕，彭德良***
（中国农业科学院植物保护研究所/植物病虫害生物学国家重点实验室，北京　100193）

Amplification and Function Analysis of *VAP* Gene from Cereal Cyst Nematode（*Heterodera filipjevi*）*

Zhang Yingdong**，Huang Wenkun，Kong Ling'an，Peng Huan，Peng Deliang***
（*State Key Laboratory for Biology of Plant Diseases and Insect Pests*，*Institute of Plant Protection*，*Chinese Academy of Agricultural Sciences*，*Beijing*　100193，*China*）

摘　要：笔者实验室在完成的菲利普孢囊线虫转录组与基因组测序的基础上，通过生物信息学技术从中鉴定出3个潜在类毒素过敏原蛋白编码基因，其中*HfVAP1*基因全长636bp，编码211个氨基酸，在N端拥有一个20个氨基酸的信号肽；*HfVAP2*基因全长651bp，编码216个氨基酸，在N端拥有一个23个氨基酸的信号肽；*HfVAP3*基因全长1 242bp，编码4136氨基酸，在N端拥有一个18个氨基酸的信号肽。3个*VAP*基因均不含跨膜结构域，且都包含一个V-5类毒素过敏原结构域。亚细胞定位结果表明，*HfVAP1*与*HfVAP 2*全长可能定位于烟草叶片细胞膜与一部分细胞器上，去信号肽后*HfVAP* 2^{-sp}可能定位于细胞膜上某受体上。在烟草上瞬时表达3个*VAP*基因均可抑制由BAX引起的烟草细胞坏死。同时利用酵母双杂交技术，以不包含信号肽的3个*VAP*基因为诱饵，对大麦cDNA文库进行双杂交筛选，分别初步筛选了16个、90个、24个可能的互作蛋白，后续实验将进一步对筛选到的互作蛋白进行共转互作验证以及进一步等互作机制研究。本实验通过对菲利普孢囊线虫效应蛋白及其互作蛋白进行研究，其结果将为解析菲利普孢囊线虫致病机理提供理论基础，进一步了解植物与寄生线虫互作的具体机制。

关键词：菲利普孢囊线虫；*VAP*基因；效应蛋白；互作蛋白；功能研究

---

* 基金项目：国家自然科学基金（31772142，31571988）；公益性行业科研专项（201503114）
** 第一作者：张瀛东，博士研究生，从事植物线虫分子生物学研究。E-mail：zhangyingdong26@163.com
*** 通信作者：彭德良，研究员，从事植物线虫研究。E-mail：pengdeliang@caas.cn

中国线虫学研究（第八卷）Nematology Research in China（Vol.8）：117

辅酶A *OsECH1*基因的抗水稻潜根线虫功能分析*

山草莓**，单崇蕾，叶　蕾，崔汝强***
（江西农业大学农学院，南昌　330000）

Functional Analysis of COA *OsECH1* Resistant to *Hirschmanniella mucronate**

Shan Caomei**，Shan Chonglei，Ye Lei，Cui Ruqiang***
（*College of Agriculture*，*Jiangxi Agricultural University*，*Nanchang*　330000，*China*）

摘　要：水稻潜根线虫（*Hischmanniella* spp.）是一类寄生于水稻根部并造成严重为害的迁移性内寄生线虫。水稻潜根线虫病是江西省水稻生产上的严重病害之一。发掘水稻与潜根线虫互作机制并解析其内在的抗性分子机理，对提高水稻对潜根线虫的抗性，减轻病害损失具有重要的意义。本研究前期对来源于世界各地的560份水稻种质进行了抗水稻细尖潜根线虫的鉴定，从中筛选到高抗和高感的水稻种质，并通过RNA-seq技术获得抗感品种接种前后的比较转录组数据，比较后筛选出差异表达上调基因*OsECH1*。本研究通过克隆基因*OsECH1*全长序列，利用同源重组技术构建重组表达载体，得到过表达载体pCAMBIA1302-*OsECH1*、RNAi载体pBWA（V）HS-*OsECH1*、原核表达载体pET28a-*OsECH1*。通过生物信息学分析可知该基因ORF全长1 170bp，编码389个氨基酸；该蛋白可能为跨膜蛋白，属于PLN02874超家族，该家族主要是烯酯酰辅酶A水合酶和3-羟基异丁酰辅酶A水解酶，参与脂肪酸β-氧化反应。利用农杆菌转化获得转基因水稻，经qRT-PCR验证该基因在不同处理水稻中的相对表达量，实验结果证明该基因主要在根部表达，但经线虫侵染后，根部表达量下降，叶部表达量反而上升。最后利用IPTG诱导OsECH1蛋白表达，通过与根总蛋白互作进行Pull-down实验，结果证明该蛋白可能与抗盐碱和ABA胁迫表达相关的蛋白互作。本研究为进一步阐明该基因作为水稻抗潜根线虫基因的分子机制奠定基础。

关键词：水稻；水稻潜根线虫；抗病基因；烯酯酰辅酶A

---

*基金项目：国家自然科学基金（32060607，31860494）；江西省科技计划项目（20202ACBL205005）；江西省研究生创新专项资金（YC2019-S176）

**第一作者：山草莓，硕士研究生，从事植物病原线虫研究。E-mail：StrawM@126.com
***通信作者：崔汝强，教授，从事植物病原线虫研究。E-mail：cuiruqiang@jxau.edu.cn

中国线虫学研究（第八卷）Nematology Research in China（Vol.8）：118

腐烂茎线虫ISSR-PCR反应体系的建立与优化*

韩　变[1**]，刘永刚[2]，倪春辉[1]，石明明[1]，张　敏[1]，李惠霞[1***]
（[1]甘肃农业大学植物保护学院/甘肃省农作物病虫害生物防治工程实验室，兰州　730070；
[2]甘肃省农业科学院植物保护研究所，兰州　730070）

Establishment and Optimization of ISSR-PCR Reaction System of *Ditylenchus destructor*

Han Bian[1**]，Liu Yonggang[2]，Ni Chunhui[1]，Shi Mingming[1]，Zhang Min[1]，Li Huixia[1***]
（[1] *College of Plant Protection*，*Gansu Agricultural University/Biocontrol Engineering Laboratory of Crop Diseases and Pests of Gansu Province*，*Lanzhou*　730070，*China*；[2] *Institute of Plant Protection*，*Gansu Academy of Agricultural Sciences*，*Lanzhou*　730070，*China*）

摘　要：腐烂茎线虫（*Ditylenchus destructor*），又名马铃薯茎线虫、甘薯茎线虫和马铃薯腐烂茎线虫，主要为害马铃薯等寄主植物的地下部分，很少或不为害地上部分。目前，美国、加拿大、日本和中国等25个国家报道该线虫的为害。在我国，北京、天津、新疆、云南和福建等18个省50多个市、自治区等均有发生。随着腐烂茎线虫的扩散蔓延，该线虫的种群分化日益严重，不同来源腐烂茎线虫群体在致病力、耐寒性、耐盐性和抗药性等方面均存在差异，在基因水平的差异更是复杂多样。

为明确不同来源腐烂茎线虫群体种内差异，本研究以分离自马铃薯的陕西腐烂茎线虫群体SXP1的基因组DNA为模板，通过L_{16}（4^5）正交试验方法对腐烂茎线虫ISSR-PCR反应体系进行5因素（*Taq*酶、Mg^{2+}、DNA模板、dNTPs和引物浓度）4水平体系筛选，获得最优25μL反应体系为14号水平组合：*Taq*酶1.75U、Mg^{2+}0.25mmol/L、模板DNA 50ng、dNTPs 0.25mmol/L、引物1.2μL和10×PCR buffer 2.5μL。以采自青海省、甘肃省和黑龙江省的DTA2、DTA3、HLJP1、DXP1和WYA13等5个腐烂茎线虫群体基因组DNA为模板，对计算法和直观法最佳ISSR-PCR反应体系进行验证，结果显示，14号水平组合反应体系具有更好的稳定性和重复性。进一步探索单因素不同水平对扩增反应的影响发现，5个单因素对ISSR-PCR扩增反应结果影响程度为：*Taq*酶>dNTPs>Mg^{2+}>DNA模板>引物，此结果与正交试验极差、方差分析结果一致。进一步确定引物UBC862的最佳退火温度为58.5℃，最佳循环次数为36次。

关键词：腐烂茎线虫；种内差异；正交试验；方差分析

---

*基金项目：国家自然基金项目（31760507）；甘肃省现代农业产业体系（GARS-ZYC-4）

**第一作者：韩变，硕士研究生，从事植物病原线虫研究。E-mail：3140186812@qq.com
***通信作者：李惠霞，教授，从事植物线虫学研究。E-mail：lihx@gsau.edu.cn

中国线虫学研究（第八卷）Nematology Research in China（Vol.8）：119

腐烂茎线虫扩展蛋白类似效应蛋白*Dd*EXPB1的基因克隆、原核表达及纯化*

杨艺炜**，常　青，王家哲，李英梅***
（陕西省生物农业研究所，陕西省植物线虫学重点实验室，西安　710043）

Molecular Cloning、Prokaryotic Expression and Purification of the *Dd*EXPB1 from *Ditylenchus destructor**

Yang Yiwei**，Chang Qing，Wang Jiazhe，Li Yingmei***
（*Bio-Agriculture Institute of Shaanxi*；*Shaanxi Key Laboratory of Plant Nematology*，*Xi'an*　710043，*China*）

摘　要：腐烂茎线虫（*Ditylenchus destructor*）严重制约马铃薯与甘薯产业发展，直接影响我国马铃薯主粮化战略实施与国家粮食安全。深入研究腐烂茎线虫分子致病机理有助于提出新的病害防控策略，但是目前国内外相关研究仍十分有限。扩展蛋白类似效应蛋白（expansin-like effector，EXP）是一类能够松弛细胞壁，利于植物线虫迁移与侵染的重要效应蛋白，在多种专性固着型植物线虫侵染寄主过程中发挥着重要作用。为了深入了解EXP在腐烂茎线虫侵染寄主过程中发挥的具体功能，笔者利用大肠杆菌表达系统对腐烂茎线虫扩展蛋白类似效应蛋白*Dd*EXPB1进行表达优化。本研究通过RACE技术克隆获得*DdEXPB1*的cDNA全长序列。该基因包含915bp的开放阅读框（ORF），编码304个氨基酸，对该基因进一步分析，发现在N端具有一个由19个氨基酸组成的信号肽，且存在一个典型的CBM结构域和一个不典型的DPBB结构域。将获得的基因全长去掉信号肽后插入原核表达载体pGEX-4T-1中，构建重组表达质粒pGEX-4T-1-*Dd*EXPB1，将重组表达质粒转入大肠杆菌表达感受态BL21中，利用IPTG诱导表达，诱导产物采用镍离子亲和分析，离子交换和分子筛等方法纯化，采用坐滴法进行结晶条件初筛。结果表明：*Dd*EXPB1在1mmol/L IPTG，25℃，160r/min条件下，经18h诱导培养、纯化后，可获得纯度较高的可溶性的重组蛋白。为后续进一步研究蛋白功能奠定了基础。

关键词：腐烂茎线虫；扩展蛋白类似效应蛋白；基因克隆；原核表达；纯化

---

*基金项目：陕西省科学院后备人才项目（2021k-23）；陕西省科技厅重点研发项目（2020NY-072）

**第一作者：杨艺炜，实习研究员，从事设施蔬菜病虫害及植物线虫学研究。E-mail：yangyiwei05@163.com
***通信作者：李英梅，研究员，从事设施蔬菜病虫害及植物线虫学研究。E-mail：liyingmei9@163.com

中国线虫学研究（第八卷）Nematology Research in China（Vol.8）：120-121

甘肃省3种中药材根结线虫病病原鉴定*

石明明[1**]，刘永刚[2]，李文豪[1]，倪春辉[1]，韩　变[1]，李惠霞[1***]
（[1]甘肃农业大学植物保护学院，甘肃省农作物病虫害生物防治工程实验室，兰州　730070；
[2]甘肃省农业科学院植物保护研究所，兰州　730070）

Identification of the Root-Knot Nematode in Four Chinese Traditional Medicine，Gansu Province*

Shi Mingming[1**]，Liu Yonggang[2]，Li Wenhao[1]，Ni Chunhui[1]，Han Bian[1]，Li Huixia[1***]
（[1] *College of Plant Protection*，*Gansu Agricultural University*，*Biocontrol Engineering Laboratory of Crop Diseases and Pests of Gansu Province*，*Lanzhou*　730070，*China*；[2] *Institute of Plant Protection*，*Gansu Academy of Agricultural Sciences*，*Lanzhou*　730070，*China*）

摘　要：甘肃省地形地貌复杂，气候类型多样，中药材种类丰富，种植规模较大的有当归、党参、甘草和黄芩等30余种。近年来，随着农业产业结构的调整，中药材种植年限和种植面积不断扩大，病原菌逐年积累，中药材上病害愈加严重。根结线虫作为一类重要的植物寄生线虫，寄主范围广，常造成严重的经济损失。本课题组于2020年9—11月对甘肃省中药材主产区根结线虫病进行调查，在党参、当归和黄芩3种中药材根系上发现根结线虫病症状。运用形态学和分子生物学相结合的方法对分离到的线虫进行种类鉴定。结果表明，雌虫虫体为柠檬形或梨形，乳白色，虫体前端突出如颈，后端呈圆球形。雌虫会阴花纹整体呈卵圆形，背弓略平缓，有些群体刻线明显，部分群体不明显，肛门处有刻点，根据形态特征初步将为害3种中药材的线虫鉴定为北方根结线虫（*Meloidogyne hapla* Chitwood，1949）。

采用线虫ITS-rDNA通用引物TW81/AB28对二龄幼虫DNA进行扩增，均得到557bp的片段。经测序，4种中药材群体ITS-rDNA序列与北方根结线虫（GenBank登录号MT490918、MN752202等）相似度为99.46%～100.00%。利用28S-rDNA D2/D3区段通用引物D2A/D3B进行扩增，得到的产物均为762bp，其序列与北方根结线虫（GenBank登录号MK213348、KJ645233等）相似度为99.60%～100.00%。利用北方根结线虫特异性引物Mh-F/Mh-R进行扩增，得到大小为462bp的特异性片段，该结果与冯光泉等描述的一致。因此，根据形态学结合分子生物学特征，将这3种中药材上的线虫鉴定为北方根结线虫（*M. hapla*）。

本研究是甘肃省首次发现北方根结线虫为害当归和黄芩。北方根结线虫是冷凉地区植

*基金项目：国家重点研发计划子课题（2018YFC1706301-5）；甘肃省现代农业产业体系（GARS-ZYC-4）
**第一作者：石明明，硕士研究生，从事植物线虫学研究。E-mail：2690249575@qq.com
***通信作者：李惠霞，教授，从事植物线虫学研究。E-mail：lihx@gsau.edu.cn

物重要的寄生线虫，在我国17个省市均有分布，可侵染烟草、花生和甜菜等多种经济作物。甘肃省定西市气候凉爽，中草药的种植不仅种类多，而且面积大。该地区也是我国重要的马铃薯种植基地，而马铃薯是北方根结线虫的模式寄主，且常与中药材倒茬轮作。因此，在甘肃省中部，北方根结线虫在中药材及马铃薯上的为害情况需进一步调研分析，以及时采取措施阻断其传播蔓延。

关键词：中药材根结线虫；病原鉴定；形态学；分子生物学

中国线虫学研究（第八卷）Nematology Research in China（Vol.8）：122

感病基因在作物抗病育种中的研究及应用进展*

曹雨晴[1]**，黄秋玲[1]，孙天霖[1]，林柏荣[1]，廖金铃[1,2]，卓　侃***
（[1]华南农业大学植物线虫研究室，广州　510642；[2]广东生态工程职业学院，广州　510520）

Advances in Research and Application of Susceptibility Genes in Crop Disease Resistance Breeding*

Cao Yuqing[1]**，Huang Qiuling[1]，Sun Tianlin[1]，Lin Bairong[1]，Liao Jinling[1,2]，Zhuo Kan[1]***
（[1] *Laboratory of Plant Nematology*，*South China Agricultural University*，*Guangzhou* 510642，*China*；
[2] *Guangdong Eco-Engineering Polytechnic*，*Guangzhou*　510520，*China*）

摘　要：病害是危害农业生产的自然灾害之一，防止或减少作物病害的发生对保障作物安全具有重要意义。培育优良抗病品种是防控作物病害最经济、环保的策略之一。将抗病基因（Resistance gene，*R*）导入优良作物品种是一种有效的抗病育种手段，然而优良*R*基因获得相对困难，且病原物往往能演变出克服*R*基因的变种或生理小种。近年在植物中发现一类可促进植物感病或支持病原与植物亲和性的基因，即感病基因（Susceptibility gene，*S*）。*S*基因是病原物与寄主亲和互作的决定因子，其缺失会干扰寄主与病原物的亲和性，可能产生持久的抗病性，在遗传育种中具有巨大的应用价值。通常病原物可利用*S*基因促进寄生，根据病原物侵染的不同时期，*S*基因通常分为三类：①参与病原物入侵时的亲和互作，包括角质层、细胞壁和气孔负调控等基因，如植物的*RAM2*、*BDG*和*ATT1*等在病原入侵时发生变化，从而改变植物角质层结构，促进病原侵染；②编码免疫信号途径的负调控因子，抑制病原相关分子模式触发的免疫反应（pathogen-associated molecular pattern-triggered immunity，PTI）和效应子触发的免疫反应（effector-triggered immunity，ETI），以及水杨酸、茉莉酸和油菜素甾醇等途径，如拟南芥中油菜素甾醇信号转导中的重要组分*BZR1*，*BZR1*突变后拟南芥对根结线虫的敏感性下降；③促进寄生阶段的亲和互作，包括提供病原代谢和结构方面的营养需求，促进病原物增殖等，如拟南芥核内复制相关基因*CCS52*，突变*CCS52*后巨型细胞和合胞体形成受影响，从而影响线虫的发育。本文总结了感病基因的机制、多效性、潜在的感病基因及基因突变的方法，重点介绍规律成簇间隔短回文重复序列/CRISPR相关蛋白9（Clustered regularly interspaced short palindromic repeats/CRISPR-associated protein 9，CRISPR/Cas9）介导的基因编辑技术精准编辑*S*基因，从而培育持久抗性的作物品种。

关键词：感病基因；基因突变；CRISPR/Cas9；抗病品种

---

* 基金项目：广东省自然科学基金（2021A1515010937）；国家自然科学基金项目（32072397；31601614）
** 第一作者：曹雨晴，硕士研究生，从事植物与线虫互作分子机制研究。E-mail：caoyuqing22@163.com
*** 通信作者：卓侃，教授，从事植物线虫学研究。E-mail：zhuokan@scau.edu.cn

中国线虫学研究（第八卷）Nematology Research in China（Vol.8）：123

根结线虫感病番茄（*Lycopersicon esculentum* Mill.）‘新金丰一号’遗传转化再生体系的建立*

邓小大**，康志强，吴路平，袁永强，王新荣***
（[1]广东省微生物信号与作物病害防控重点实验室/华南农业大学植物保护学院，广州　510642）

Establishment of Genetic Transformation System of Susceptible Root-Knot Nematode Tomato Variety ‘XINJINFENG No.1’*

Deng Xiaoda**，Kang Zhiqiang，Wu Luping，Yuan Yongqiang，Wang Xinrong***
（[1] *Guangdong Province Key Laboratory of Microbial Signals and Disease Control/College of Plant Protection*，*South China Agricultural University*　*Guangzhou*　510642，*China*）

摘　要：番茄（*Lycopersicon esculentum* Mill.）‘新金丰一号’适应于广东冬春季栽培，产量高，推广面积大。但是根结线虫病给该品系的番茄生产带来经济损失。为了利用转基因技术培育抗根结线虫番茄品系，本研究建立了‘新金丰1号’番茄子叶再生体系。‘新金丰1号’番茄子叶的最佳愈伤组织诱导和不定芽分化培养基为MS+0.3μg/mL IAA+1.0μg/mL 6-BA，愈伤组织形成率为100%，不定芽分化率是93.37%，且不定芽生长较快、长势健壮、易形成植株。再生芽生根最佳培养基为MS+0.3μg/mL IAA，生根速度快，平均生根率和平均生根数量最高，分别为91.67%和7.33条/株。在此基础上，本研究进一步利用‘新金丰1号’番茄子叶再生体系培养条件，采用农杆菌介导的遗传转化方法构建番茄*Le*MYB330超表达植株，经50μg/mL卡那霉素抗性筛选获得18株阳性番茄植株，平均阳性植株率是13.6%。根结线虫感病番茄再生体系建立方面，国内仅吴文涛等（2020）报道了易感根结线虫番茄品种Rutgers子叶再生体系，其愈伤组织芽诱导率最高为55%，不定芽生根率64.2%。综上所述，本研究建立的番茄‘新金丰一号’遗传转化再生体系，将为利用转基因技术培育抗根结线虫番茄品种打下基础。

关键词：‘新金丰一号’番茄；农杆菌介导法；遗传转化；再生体系

---

*基金项目：广东省自然科学基金（2019A1515012080）；国家自然科学基金（31171825）

**第一作者：邓小大，硕士研究生，从事根结线虫致病机理研究。E-mail：2972397678@qq.com
***通信作者：王新荣，教授，博士，研究方向：植物线虫病害防控。E-mail：xinrongw@scau.edu.cn

中国线虫学研究（第八卷）Nematology Research in China（Vol.8）：124-125

根结线虫和大豆孢囊线虫对化感信号的识别差异*

李春杰[1**]，姜　野[1,2]，黄铭慧[1,2]，秦瑞峰[1,2]，常豆豆[1,2]，于瑾瑶[1]，王从丽[1***]
（[1]中国科学院东北地理与农业生态研究所，中国科学院大豆分子设计育种重点实验室，哈尔滨　150081；
[2]中国科学院大学，北京　100049）

Recognition Difference of Root-knot Nematodes and Soybean Cyst Nematode to Semiochemicals*

Li Chunjie [1**]，Jiang Ye [1,2]，Huang Minghui [1,2]，Qin Ruifeng [1,2]，
Chang Doudou [1,2]，Yu Jinyao [1]，Wang Congli [1***]
（[1] *Key Laboratory of Soybean Molecular Design Breeding*，*Northeast Institute of Geography and Agroecology*，*Chinese Academy of Sciences*，*Harbin*　150081，*China*；[2] *University of Chinese Academy of Sciences*，*Beijing*　100049，*China*）

摘　要：根结线虫（root-knot nematodes，RKN，*Meloidogyne* spp.）和大豆孢囊线虫（soybean cyst nematode，SCN，*Heterodera glycines*）是为害作物非常严重的内寄生植物寄生线虫，在寄生和侵染上具有很多相似性，然而RKN的广寄主性和SCN相对窄寄主性可能与线虫识别寄主根及其根围释放的化感信号物质差异有关，而化感物质是植物寄生线虫寻找、定位和侵染植物的重要线索。为了验证这两种线虫对寄主信号识别的差异，近些年利用Pluronic胶系统开展了寄主、非寄主、根渗出物、根提取物、植物激素、酸、碱、盐和不同种类氨基酸对两种线虫的吸引差异比较。

结果表明：①SCN对寄主大豆根识别具有特异性，线虫能够被吸引到距根尖5mm范围内，RKN能够被吸引到寄主和非寄主活体根，线虫主要聚集在距根尖2mm范围内；②根渗出物和提取物对SCN都具有吸引性，但对RKN都产生排斥；③在对植物激素的筛选中，发现只有乙烯参与了线虫的趋化性，外源应用乙烯利能够降低对这两种线虫的吸引，乙烯信号转导途径对两种线虫趋化性都是负调控；④RKN被吸引的最佳酸性pH值范围是4.5 ~ 5.5，低于SCN的酸性pH值范围5 ~ 5.5；SCN在碱性条件下也有很强的吸引能力，而且有两个碱性pH值吸引范围：pH值8.4 ~ 8.8和pH值9.5 ~ 10，但同样浓度的RKN对碱却没有明显的吸引，RKN线虫高浓度提高到10倍时表现为与SCN相似的吸引范围，但比较微弱，说明SCN对碱的敏感性比RKN强，RKN具有强的耐碱性；⑤SCN对无机盐NaCl有非常强的吸引能力，结

*基金项目：中国科学院战略性先导科技专项项目（XDA24010307）；国家自然科学基金项目（31772139，31471749）

**第一作者：李春杰，副研究员，从事生物防治机理和应用研究。E-mail：lichunjie@iga.ac.cn
***通信作者：王从丽，研究员，从事线虫与植物互作研究。E-mail：wangcongli@iga.ac.cn

合盐离子微电极检测到SCN最佳趋化Cl^-浓度范围是171～256mM，低于这个范围浓度没反应，高于这个范围浓度产生躲避反应；但RKN对2M NaCl的反应不同，高浓度*M. hapla*线虫才有趋化反应，低浓度无反应；*M. incognita*无论高浓度还是低浓度对2M NaCl均无反应，这些再次说明RKN对盐的耐性比SCN强，SCN对盐的敏感性比RKN强；⑥通过对15种不同结构及不同pH值的氨基酸趋化性比较，发现了这些氨基酸对SCN和RKN的吸引具有显著的差异，不同积聚模式说明了多种因素同时影响线虫的趋化性。此外也检测了化感物质酸、碱、盐、氨基酸对线虫的致死率，与趋化性进行了比对，表明3种线虫对这些化感物质的反应差异性，这些差异很可能是导致两种线虫寄主范围差异的重要因素之一。目前基于模式秀丽隐杆线虫的化感系统转导机制，利用高通量转录组测序进行了分子识别信号的鉴定和功能研究，深入研究植物寄生线虫预侵染阶段的化感信号物质以及相关的分子靶标研究，为开发植物源和线虫源杀线虫剂奠定坚实的理论基础。

关键词：根结线虫；大豆孢囊线虫；化感信号；识别差异

中国线虫学研究（第八卷）Nematology Research in China（Vol.8）：126

根结线虫侵染诱导的根结特异表达基因*T106*的功能研究*

周绍芳**，高泽文，吴文涛，李　红，曾援玲，陈荣春，王　扬***
（云南农业大学植物保护学院，昆明　650201）

Study on the Function of Root-Knot-Specific Gene *T106* Induced by Root-Knot Nematode Infection*

Zhou Shaofang**，Gao Zewen，Wu Wentao，Li Hong，
Zeng Yuanling，Chen Rongchun，Wang Yang***
（*College of Plant Protection*，*Yunnan Agricultural University*，*Kunming*　650201，*China*）

摘　要：在目前的研究中，线虫—寄主分子互作是一项研究热点，但大部分研究集中在线虫中的致病相关基因（效应因子），而寄主方面与之相对应的感病相关基因研究较少。在本实验室的前期研究中发现感病番茄（Rutgers）的*T106*基因表达谱与象耳豆根结线虫的侵染进程高度契合，而且该基因仅在被象耳豆根结线虫侵染的根部特异表达，因此可以认为*T106*基因与番茄的感病反应密切相关。本研究对象耳豆根结线虫侵染30d的根结切片进行原位杂交，结果表明*T106*基因主要在巨型细胞和周围不对称分裂的临近细胞中表达。利用TRV病毒诱导的基因沉默技术沉默番茄*T106*基因后，通过线虫侵染不同时期的根系酸性品红染色发现*T106*基因的沉默不影响象耳豆根结线虫的侵染率，但象耳豆根结线虫在根内的生长发育受到抑制；对侵染后7d、15d、22d和30d的根结进行切片并测量巨型细胞的面积，发现*T106*基因沉默后巨型细胞面积在各个时期均小于未沉默植株，其中侵染后22d差异最大，仅为未沉默植株的67.97%；侵染40d后统计根结指数和每克根的卵量，发现接种2 000头象耳豆根结线虫的*T106*沉默番茄和未沉默番茄的根结百分率分别为92.34%和89.18%，无显著差异，与之相反，*T106*沉默番茄的每克根卵量仅为未沉默番茄的20.69%，*T106*基因的沉默可以明显降低线虫繁殖能力。

关键词：象耳豆根结线虫；原位杂交；基因功能研究；基因沉默

*基金项目：国家重点研发计划（2019YFD1002000）；国家自然科学基金（31560502）
**第一作者：周绍芳，硕士研究生，从事植物线虫学研究。E-mail：1963259316@qq.com
***通信作者：王扬，教授，从事植物线虫学研究。E-mail：wangyang626@ sina.com

中国线虫学研究（第八卷）Nematology Research in China（Vol.8）：127

光敏色素与南方根结线虫的关系研究*

吴波鸿[1**]，周　媛[1]，段玉玺[1]，陈立杰[1]，王媛媛[2]，刘晓宇[3]，范海燕[1]，玄元虎[1]，朱晓峰[1***]
（[1]沈阳农业大学植物保护学院，[2]沈阳农业大学生命科学与技术学院，[3]沈阳农业大学理学院，沈阳　110866）

Studies on the Relationship Between Phytochromes and Meloidogyne Incognita*

Wu Bohong[1**]，Zhou Yuan[1]，Duan Yuxi[1]，Chen Lijie[1]，Wang Yuanyuan[2]，Liu Xiaoyu[3]，Fan Haiyan[1]，Xuan Yuanhu[1]，Zhu Xiaofeng[1***]
（[1]*College of Plant Protection*，*Shenyang Agricultural University*，*Shenyang* 110866，*China*；
[2]*College of bioscience and biotechnology*，*Shenyang Agricultural University*，*Shenyang* 110866，*China*；
[3]*College of science*，*Shenyang Agricultural University*，*Shenyang* 110866，*China*）

摘　要：光是影响高等植物生长发育的环境因子，参与调控植物的生长发育和逆境胁迫过程。植物在长期进化中形成了多种光感受系统，用于感知周围环境的光强、光质、光向和光周期，并对其变化做出响应。光敏色素（phytochromes）主要感受红光（波长600 ~ 700nm）和远红光（波长700 ~ 760nm）的变化。在植物抗病过程中，光敏色素主要通过诱导水杨酸等激素途径以及影响昼夜节律进而调控植物对病原物的抗性。本研究通过qPCR技术检测了接种南方根结线虫第1天、第3天、第6天、第12天、第18天、第24天和第30天时拟南芥叶片组织和根组织中*AtPHYA*与*AtPHYB*基因的表达情况。结果显示，在叶片组织中，*AtPHYA*和*AtPHYB*表现出的差异性表达与线虫的龄期发育相对应，在线虫侵入阶段，叶片中的*AtPHYA*和*AtPHYB*下调表达；在线虫的定殖发育阶段，*AtPHYA*和*AtPHYB*的表达呈现先上调再逐渐降低的趋势。在根组织中，*AtPHYA*和*AtPHYB*在接种后第6天和第24天均上调表达，第30天*AtPHYA*和*AtPHYB*下调表达。同时在第18天观察突变体phya-211、phyb-9和phya/b根中的线虫发育形态，结果发现，与野生型相比，phya-211和phya/b突变体中根结数量和线虫数量较低，而phyb-9突变体中根结数量和线虫数量变化不大。同样，与野生型相比，phya-211和phya/b突变体中线型二龄幼虫（J2）、腊肠型二龄幼虫（Sausage J2）和球型幼虫（Globose）数量也均低于野生型，在phyb-9突变体中变化显著。

关键词：光敏色素；拟南芥；南方根结线虫

---

*基金项目：财政部和农业农村部：国家现代农业产业技术体系资助（CARS-04-PS13）；国家寄生虫资源（NPRC-2019-194-30）

**第一作者：吴波鸿，硕士研究生，植物线虫学研究。E-mail：wbh@stu.syau.edu.cn
***通信作者：朱晓峰，副教授，从事植物线虫学研究。E-mail：syxf2000@syau.edu.cn

中国线虫学研究（第八卷）Nematology Research in China（Vol.8）：128

广东省水稻作物旱稻孢囊线虫调查及发生规律研究*

刘福祥**，甄浩洋，温亚娟，文艳华***
（[1]华南农业大学植物保护学院植物线虫研究室，广州　510642）

Studies on the Distribution and Occurrence of *Heterodera elachista* on Rice in Guangdong Privonce*

Liu Fuxiang**，Zhen Haoyang，Wen Yajuan，Wen Yanhua***
（*College of Plant Protection*，*South China Agricultural University*，*Guangzhou*　510642，*China*）

摘　要：广东省水稻种植面积及总产量在全国处于第八位，但水稻单产相对落后，处于第十七位；病虫害是影响水稻单产的重要因素之一，加强病虫害防控是挽回产量提高单产的重要措施。旱稻孢囊线虫（*Heterodera elachista*）是水稻作物上的重要病原线虫之一，国内目前在湖南、湖北、江西、广西和广东等省份皆有发生报道。笔者于2016—2019年对广东省水稻作物旱稻孢囊线虫发生情况做了调查，并结合盆栽接种试验和田间定点调查，研究了旱稻孢囊线虫在广东省的发生规律；收集广东省及南方稻区的主要水稻栽培品种34个，对旱稻孢囊线虫进行了抗性鉴定。

笔者对广东省35个县市大田水稻进行了采样调查，共采集水稻样本236份次，结果表明除粤北韶关及粤东梅州两地暂未发现旱稻孢囊线虫，其余地区均有旱稻孢囊线虫发生。清远、四会、广宁、怀集、江门等地旱稻孢囊线虫发生较普遍，孢囊检出率为42%左右，肇庆地区孢囊检出率为22%左右，湛江、云浮、汕头等地发生较少。结合盆栽及大田定点调查研究表明，旱稻孢囊线虫在广东一年发生4～6代，早稻1～2代，晚稻3～4代，田间晚稻旱稻孢囊线虫完成1个生活史需要25d左右。盆栽人工接种抗性鉴定结果表明，目前种植的杂交稻品种大多数对旱稻孢囊线虫感病，桂农占、连粳4号、五山丝苗、洛稻998对旱稻孢囊线虫表现出一定的抗性。以上研究结果为广东省水稻作物孢囊线虫防治提供依据，同时也为其他南方稻区的孢囊线虫防治提供参考。

关键词：旱稻孢囊线虫；分布；发生规律；抗性鉴定

---

* 基金项目：公益性行业（农业）科研专项经费项目（201503114）
** 第一作者：刘福祥，硕士研究生。E-mail：1278989429@qq.com
*** 通信作者：文艳华，副教授，从事植物线虫学研究。E-mail：yhwen@scau.edu.cn

中国线虫学研究（第八卷）Nematology Research in China（Vol.8）：129

海南雪茄烟根结线虫种类鉴定*

陈玉杰[1**]，邵　雨[2]，裴思琪[1]，杨紫薇[1]，丁晓帆[1***]
（[1]海南大学植物保护学院/热带农林生物灾害绿色防控教育部重点实验室，海口　570228；
[2]海南省烟草公司儋州公司，儋州　571700）

Species Identification of Cigar Root-Knot Nematodes in Hainan Province*

Chen Yujie [1**]，Shao Yu [2]，Pei Siqi [1]，Yang Ziwei [1]，Ding Xiaofan [1***]
[[1]*College of Plant Protection*，*Hainan University/Key Laboratory of Green Prevention and Control of Tropical Plant Diseases and Pests*（*Hainan University*），*Ministry of Education*，*Haikou*　570228，*China*；
[2]*Danzhou City Tobacco Company*，*Hainan Provincial Company of China National Tobacco Company*，*Danzhou*　571700，*China*]

摘　要：海南具有生产高端雪茄烟叶适宜的气候条件，是目前国内最适宜种植雪茄烟的区域之一；但海南高温高湿的气候，以及耕地复种指数高等特点，使作物根结线虫病尤其严重。在2018—2020年期间，调查和鉴定了海南雪茄烟产区根结线虫的种类。通过对东方市、儋州市、白沙县、五指山市、澄迈县、昌江县采集的11个线虫样本进行形态学鉴定，结合单条线虫提取DNA的方法对各雪茄烟产区根结线虫的rDNA-ITS区进行分子生物学特征分析，并构建了rDNA-ITS区系统发育树。结果表明，昌江建恒基地雪茄烟根结线虫种群为象耳豆根结线虫（*Meloidogyne enterolobii*），除昌江建恒种群外，其余10个雪茄烟产区根结线虫种群均为南方根结线虫（*M. incongnita*）。最后利用南方根结线虫和象耳豆根结线虫特异性引物对各个雪茄烟根结线虫种群进行特异性扩增，进一步验证形态学鉴定和序列分析比对鉴定结果是可靠的。海南雪茄烟根结线虫优势种群为南方根结线虫（*M. incongnita*）。

关键词：海南省；雪茄烟；根结线虫；形态鉴定；分子鉴定

*基金项目：海南省烟草公司2018年度科技项目计划（2018003）；海南省教育厅项目（Hnky2019-3）
**第一作者：陈玉杰，本科生，完成植物线虫鉴定工作。E-mail：chenyujie0023@163.com
***通信作者：丁晓帆，副教授，从事植物病原线虫研究。E-mail：dingxiaofan526@163.com

中国线虫学研究（第八卷）Nematology Research in China（Vol.8）：130

禾谷孢囊线虫*Ha34609*基因功能的研究*

坚晋卓**，李　新，吴独清，黄文坤，刘世名，孔令安，彭　焕***，彭德良***
（中国农业科学院植物保护研究所/植物病虫害生物学国家重点实验室，北京　100193）

Function Analysis of the *Ha34609* from Cereal Cyst Nematode (*Heterodera avenae*) *

Jian Jinzhuo**，Li Xin，Wu Duqing，Huang Wenkun，
Liu Shiming，Kong Ling'an，Peng Huan，Peng Deliang***
（*State Key Laboratory for Biology of Plant Diseases and Insect Pests*，*Institute of Plant Protection*，*Chinese Academy of Agricultural Sciences*，*Beijing*　100193，*China*）

摘　要：小麦禾谷孢囊线虫（*Heterodera avenae*）是一种严重为害小麦等禾谷类作物的重要病原线虫，对全世界小麦等粮食作物的生产构成了严重威胁，并造成重大经济损失，目前依旧缺乏有效的防治措施。通过研究禾谷孢囊线虫的致病机制，尤其是对在植物线虫寄生和致病过程中发挥关键作用的效应蛋白的研究，将为开发防控新技术提供必要的理论基础。本实验室在完成的禾谷孢囊线虫不同发育阶段表达谱分析的基础上，通过生物信息学和分子生物学技术从中鉴定出282个潜在效应蛋白编码基因，其中编号为comp34609的序列与大豆孢囊线虫效应蛋白G20E03相似度高（74%），命名为*Ha34609*。该基因全长837bp，其中包含一个585bp的开放阅读框，编码194个氨基酸，在N端拥有一个21个氨基酸的信号肽，且不含跨膜结构域。原位杂交显示，*Ha34609*基因主要在*H.avenae*亚腹食道腺细胞中特异性表达；发育表达分析发现，*Ha34609*基因在侵染后2龄幼虫中表达量最高；亚细胞定位结果表明，Ha34609定位于烟草叶片细胞的液泡膜上；在植物中，利用体外RNAi实验发现，靶基因的转录水平明显下降，导致寄主根系内的线虫数量和孢囊数量均显著下降，并且孢囊的长度和宽度也显著减小，表明Ha34609效应蛋白对线虫的寄生起重要作用。由此确定Ha34609效应蛋白是由禾谷孢囊线虫亚腹食道腺细胞合成，通过口针分泌到寄主体内，然后作用于液泡膜，推测其可能在线虫侵染和早期寄生过程中，通过作用于液泡膜，参与合胞体的形成与维持。本实验通过对禾谷孢囊线虫效应蛋白进行研究，其结果将为解析禾谷孢囊线虫致病机理提供理论基础，为开发防控新技术提供策略。

关键词：禾谷孢囊线虫；基因功能；致病机理

---

* 基金项目：国家自然科学基金（31772142，31571988）和公益性行业科研专项（201503114）
** 第一作者：坚晋卓，博士研究生，从事植物线虫分子生物学研究。E-mail：jianjinzhuo@163.com
*** 通信作者：彭焕，副研究员，从事植物寄生线虫研究。E-mail：hpeng@ippcaas.cn
彭德良，研究员，从事植物线虫研究。E-mail：pengdeliang@caas.cn

中国线虫学研究（第八卷）Nematology Research in China（Vol.8）：131-132

河北省夏播大豆田大豆孢囊线虫发生动态*

李秀花**，马　娟，高　波，王容燕，李焦生，陈书龙，高占林***

（河北省农林科学院植物保护研究所/农业农村部华北北部作物有害生物综合治理重点实验室/

河北省农业有害生物综合防治工程技术研究中心，保定　071000）

Occurrence Dynamics of Soybean Cyst Nematode in Summer Soybean Fields in Hebei Province*

Li Xiuhua**，Ma Juan，Gao Bo，Wang Rongyan，Li Jiaosheng，Chen Shulong，Gao Zhanlin***

（Key Laboratory of Integrated Pest Management on Crops in Northern Region of North China/Ministry of Agriculture and Rural Affairs，IPM Center of Hebei Province，Institute of Plant Protection/Hebei Academy of Agricultural and Forestry Sciences，Baoding　071000，*China*）

摘　要：大豆孢囊线虫病是世界性的大豆病害之一，也是严重影响大豆产量的重要病害之一，我国各大豆产区均有此病发生，大豆孢囊线虫病一般为害可造成大豆减产5%～20%，严重的可达30%～80%，甚至绝收。近年河北省大豆种植面积日益增加，2019年种植面积达10.4万hm^2，而大豆孢囊线虫病的严重发生直接影响了大豆种植者的经济收入，并阻碍大豆的可持续性发展，成为大豆生产上迫切需要解决的难题。明确河北省大豆孢囊线虫的发生动态，可为其综合治理提供理论依据，对该病害综合防控具有重要的指导意义。

选择豆麦轮作模式夏播大豆田，在6月中旬小麦收获后，6月19日播种大豆，10月14日收获，常规管理。自大豆播种后，定期随机取样。调查根系、土壤中线虫数量。

实验结果表明，自大豆播种到收获土壤里均有二龄幼虫存在，播种大豆时土壤中大豆孢囊线虫二龄幼虫的数量为4.36条/100mL土。7月9日取第2次样，从7月9日到大豆收获，土壤中的二龄幼虫出现2个明显的高峰，分别在7月下旬到8月上旬（294.8条/100mL土）和8月下旬到9月初（362.5条/100mL土），说明在这两个时间段内新形成的孢囊孵化后形成二龄幼虫，并游离到土壤中。对大豆孢囊线虫在夏播大豆根系上的发育动态调查表明，小麦收获后6月19日播种的大豆，在7月9日已能观察到较小的白色雌虫刚突破根表皮。根系内二龄幼虫在出苗后其数量一直在上升，到8月下旬达到最大，为581.4条二龄幼虫/株，而到9月初之后迅速下降，到大豆收获时降到8.8条二龄幼虫/株。三龄幼虫分别在7月中旬、8月中旬、9月上旬为发育形成高峰期，即出现3个发育高峰期，四龄幼虫分别在7月下旬、8月中旬、

* 基金项目：河北省大豆产业技术体系（HBCT2019190205）

** 第一作者：李秀花，副研究员，从事线虫学研究。E-mail：lixiuhua727@163.com

*** 通信作者：高占林，研究员，从事农业害虫防治和杀虫剂研究。E-mail：zbs308@163.com

9月上旬末出现3个高峰期。根系上的白雌虫分别在7月下旬、8月中下旬、9月中旬出现3个高峰期，有大量的白雌虫集中在根系表面，9月下旬根系内各种虫态都急剧下降，而在大豆收获时，大豆根系表面还有少量白色的或黄色的雌虫，说明大豆孢囊线虫在夏播的大豆品种上至少可以完成3个世代。

关键词：大豆孢囊线虫；侵染；发育

中国线虫学研究（第八卷）Nematology Research in China（Vol.8）：133

河南滑县小麦孢囊线虫病发生分布与种类鉴定*

周　博**，常富杰，王　博，郑　潜，黄微微，
苏建华，郑逢茹，康梦洋，贾梦伟，崔江宽***
（河南农业大学植物保护学院，郑州　450002）

Distribution and Species Identification of Cereal Cyst Nematodes in Huaxian County of Henan Province*

Zhou Bo**，Chang Fujie，Wang Bo，Zheng Qian，Huang Weiwei，Su Jianhua，
Zheng Fengru，Kang Mengyang，Jia Mengwei，Cui Jiangkuan***
（*College of Plant Protection*，*Henan Agricultural University*，*Zhengzhou*　450002，*China*）

摘　要：近年来，由于新型耕作制度的推广导致小麦土传病害的发生率明显上升，小麦孢囊线虫病的发生范围和为害程度逐年加重。该病通过侵染小麦根部，影响植株对矿物质和水分的吸收，进一步限制小麦产量的提高。同时，由于小麦孢囊线虫病的侵染造成机械创伤，为多种土传真菌性病害的侵染创造了便利条件。为探究河南滑县地区小麦孢囊线虫病的发生种类与分布情况，采用五点取样法对滑县所属乡镇共采集样品69份。通过孢囊线虫特异性引物进行PCR快速扩增检测和rDNA-ITS区序列测序分析的方法，结合孢囊形态学甄别进行种类鉴定。结果表明，孢囊线虫检出率为93.10%，禾谷孢囊线虫（*Heterodera avenae*）单一侵染33份，菲利普孢囊线虫（*H. filipjevi*）单一侵染20份，禾谷孢囊线虫（*H. avenae*）和菲利普孢囊线虫（*H. filipjevi*）混合侵染16份。孢囊基数远超经济阈值线，每克土壤卵量，最低为106.23粒，最高达200.09粒/g。根据调查发现，目前河南地区部分农民和基层农业从事者对于小麦孢囊线虫病还缺乏一定的认识，导致小麦孢囊线虫病在国内的发生被长时间忽视，为害得不到重视，农业相关部门应加大宣传力度，普及线虫为害知识，为小麦孢囊线虫病的防治奠定群众基础。

关键词：小麦孢囊线虫；滑县；形态学鉴定；分子鉴定

---

*基金项目：河南省重点研发与推广专项（科技攻关）项目（212102110443）；国家自然科学基金（31801717）
**第一作者：周博，硕士研究生，从事植物线虫学研究。E-mail：zhoubosjy@163.com
***通信作者：崔江宽，副教授，主要从事植物与线虫互作机制研究。E-mail：jk_cui@163.com

中国线虫学研究（第八卷）Nematology Research in China（Vol.8）：134

河南省玉米孢囊线虫孵化特性研究*

任豪豪**，黄微微，王　博，常富杰，孟颢光，郑　潜，王润东，蒋士君***，崔江宽***

（河南农业大学，郑州　450002）

Study on Incubation of *Heterodera zeae* in Henan Province*

Ren Haohao**，Huang Weiwei，Wang Bo，Chang Fujie，Meng Haoguang，Zheng Qian，Wang Rundong，Jiang Shijun***，Cui Jiangkuan***

（*College of Plant Protection*，*Henan Agricultural University*，*Zhengzhou*　450002，*China*）

摘　要：玉米孢囊线虫*Heterodera zeae*于1971年在印度拉贾斯坦邦首次发现（Sethi *et al.*，1971）。目前，在巴基斯坦（Maqbool 1981）、埃及（Aboul-Eid and Ghorab 1983）、泰国（Chinnasri and Chitsomkid 1995），尼泊尔（Sharma and Pande 2001）、葡萄牙（Correia and Abrantes 2005）、美国（Stalcup 2007）、希腊（Skantar *et al.*，2012）、阿富汗（Asghari *et al.*，2013）和中国（Wu *et al.*，2017；Cui *et al.*，2020）等地均有报道。玉米孢囊线虫病曾对世界玉米生产安全产生严重危害。为探究玉米孢囊线虫的孵化特性，本研究测定了不同温度，不同浓度的玉米土壤浸出液和玉米根汁对玉米孢囊线虫孵化的影响。结果显示，玉米孢囊线虫孵化最适温度为28～32℃，12d的累积孵化率在12.68%～13.72%；在5℃和37℃下累积孵化率分别为0.18%和0.63%，表明低温和高温抑制其孵化；在28℃下，经不同浓度的土壤浸出液处理，玉米孢囊孵化率分别为14.25%和22.87%，明显高于清水对照组且稀释倍数与其孵化率成正比；不同浓度的玉米根汁则表现为高浓度抑制，低浓度促进。通过探究玉米孢囊线虫的孵化特性，可以为玉米孢囊线虫的防治和生物学习性研究奠定理论基础。

关键词：玉米孢囊线虫；不同温度；土壤浸出液；孵化

---

*基金项目：国家自然科学基金（31801717)；河南省重点研发与推广专项（科技攻关）项目（212102110443）

**第一作者：任豪豪，硕士研究生，从事植物线虫学研究。E-mail：renhh3@163.com

***通信作者：崔江宽，博士，副教授，主要从事植物与线虫互作机制研究。E-mail：jk_cui@163.com

蒋士君，硕士，教授，主要从事烟草病理学研究。E-mail：Jiangsj001@163.com

中国线虫学研究（第八卷）Nematology Research in China（Vol.8）：135

基于1, 2, 4-噁二唑药效团的新型衍生物的设计、合成及杀线虫活性研究*

刘　丹**，罗　领，甘秀海***
（绿色农药与农业生物工程国家重点实验室培育基地/绿色农药与农业生物工程教育部重点实验室/贵州大学精细化工研究开发中心，贵阳　550025）

Design，Synthesis and Nematocidal Activity of Novel Derivatives Based on 1, 2, 4-oxadiazole Pharmacophore*

Liu dan**，Luo lin，Gan Xiuhai***
（*State Key Laboratory Breeding Base of Green Pesticide and Agricultural Bioengineering/Key Laboratory of Green Pesticide and Agricultural Bioengineering*，*Ministry of Education/Research and Development Center for Fine Chemicals*，*Guizhou University*，*Guiyang*　550025，*China*）

摘　要：以不同取代的苯甲腈为原料，经加成、环化、醚化、缩合等反应设计、合成了一系列新型含1, 3, 4-噻二唑单元的1, 2, 4-噁二唑类衍生物，并对其进行了杀线虫活性测定。离体活性测试结果表明部分化合物对松材线虫（*Bursaphelenchus xylophilus*）表现出较好的杀线虫活性。其中，化合物4i与4p对松材线虫和南方根结线虫的校正致死率分别为57.1%和60.1%，明显优于阳性对照Tioxazafen（校正致死率为13.5%）。此外，化合物4p对南方根结线虫（*Meloidogyne incongnita*）还表现出与Tioxazafen相当的抑制作用。因此，基于Tioxazafen为先导，开发新型的1, 2, 4-噁二唑类杀线虫化合物具有较好的研究和应用的前景。

关键词：1, 2, 4-噁二唑；1, 3, 4-噻二唑；松材线虫；南方根结线虫

---

*基金项目：国家自然科学基金（No.32060622）

**第一作者：刘丹，在读研究生，从事药物小分子的合成及小分子药物杀线虫活性研究。E-mail：liudan19960516@163.com

***通信作者：甘秀海，教授，从事植物线虫药物创制及虫害综合防控研究。E-mail: gxh200719@163.com

中国线虫学研究（第八卷）Nematology Research in China（Vol.8）：136

基于马铃薯腐烂茎线虫全基因组序列SSR标记开发*

马居奎**，陈晶伟，张成玲，杨冬静，唐　伟，谢逸萍，孙厚俊***
（江苏徐淮地区徐州农业科学研究所/农业部甘薯生物学与遗传育种重点实验室，徐州　221131）

Development of SSR Molecular Markers Based on Whole Genome Sequences of *Ditylenchus destructor**

Ma Jukui**，Chen Jingwei，Zhang Chengling，
Yang Dongjing，Tang Wei，Xie Yiping，Sun Houjun***
（*Xuzhou Institute of Agricultural Sciences in Jiangsu Xuhuai Area*，*Key laboratory of Biology and Genetic Improvement of Sweet potato*，*Ministry of Agriculture*，*Xuzhou*　221131，*China*）

摘　要：马铃薯腐烂茎线虫（*Ditylenchus destructor* Thorne）于1937年在我国首次报道以来，通过甘薯种薯运输、种苗调运、农事操作以及花卉植物的种苗，苗木运输等途径，已扩散到河北、河南、北京、山东、江苏、安徽、吉林、内蒙古等12个省（区），该线虫主要为害甘薯地下茎及块根，一般可引起甘薯产量减产30%～50%，严重时可达到80%以上，甚至绝收。近年来，该线虫在我国河北、甘肃、内蒙古和黑龙江地区为害马铃薯的现象也相继报道，关于我国马铃薯腐烂茎线虫的研究主要针对形态学、生物学、抗病品种筛选以及防控技术等，然而关于种群遗传结构和多样性的研究较少。本研究通过挖掘该线虫GenBank中基因组数据，设计了150对SSR标记引物，以河北、山东、河南和江苏4个地区马铃薯腐烂茎线虫为代表进行SSR标记多态性筛选。将经初步筛选的有特异性扩增条带的引物在上述4个不同地区马铃薯腐烂茎线虫群体样本中进行引物有效性检测，其中55对引物有目的条带扩出，9对引物具有多态性。此外测试9对SSR引物的哈德温（Hardy-Weinberg）平衡和连锁遗传，并利用Sequencial Bonferroni校正*P*值，发现以上9对SSR引物均未偏离哈德温平衡（*P*<0.05），也不存在连锁遗传现象（*P*<0.05）。结果表明，每个SSR位点具有2～8个等位基因，平均2.56个。9个位点的表观杂合（*H*o）介于0.000～0.833；预期杂合度（*H*e）介于0.000～0.694；香农指数（*I*）在0.000～1.217；多态性信息含量（PIC）介于0.167～0.698。本研究在马铃薯腐烂茎线虫全基因组水平所开发的SSR分子标记引物具有良好的多态性，可用于分析我国马铃薯腐烂茎线虫不同地理群体的遗传结构和多样性。

关键词：马铃薯茎线虫；全基因组；标记

*基金项目：财政部和农业农村部：国家现代农业产业技术体系资助（CARS-10-B15）；徐州市农业科学院基金（RC2019002）

**第一作者：马居奎，研究实习员，从事甘薯病原线虫研究。E-mail：majukui@126.com
***通信作者：孙厚俊，副研究员，主要从事甘薯病虫害研究。E-mail：sunhouj1980@163.com

中国线虫学研究（第八卷）Nematology Research in China（Vol.8）：137

基于重组酶聚合酶技术的腐烂茎线虫快速检测体系的建立*

陈潇威**，刘　倩***，简　恒
（中国农业大学植物病理系，北京　100193）

Rapid Detection of *Ditylenchus Destructor* by RPA Assay in Potato Tubers and Soil Samples*

Chen Xiaowei**，Liu Qian***，Jian Heng
（*Department of Plant Pathology*，*China Agricultural University*，*Beijing*　100193，*China*）

摘　要：2020年11月新修订的《全国农业植物检疫性有害生物名单》中列有3种检疫性植物线虫，腐烂茎线虫（*Ditylenchus destructor*）是其中之一，可引起马铃薯及甘薯腐烂，因此及时对田间样品进行快速检测鉴定非常重要。重组酶聚合酶扩增技术（RPA）是一种新型的等温核酸扩增快速检测方法，具有反应温度低、速度快、灵敏度及特异性好、快速便携等优点，已被应用于真菌、细菌、病毒和寄生虫的检测。本研究开发了一种基于RPA的方便、快速、可视化的马铃薯腐烂茎线虫田间检测技术。以*D. destructor*的ITS序列保守区部分作为RPA引物和探针设计的模板，可以在不同的地理种群中特异性地扩增出155～165bp大小的目的片段，与根结线虫、菲利普孢囊线虫、禾谷孢囊线虫、甜菜孢囊线虫、大豆孢囊线虫、松材线虫、马铃薯金线虫、咖啡短体线虫等均无交叉反应，特异性强；扩增的产物进一步通过侧流层析试纸条进行可视化鉴定，方便快捷。经优化，RPA的最佳反应条件是40℃、20min，最小检测限为1/1 250头，灵敏度高。实用性评估发现，本体系也可以从土壤样品及马铃薯块茎样品中检测到腐烂茎线虫，为田间检测及诊断提供了一种手段。

关键词：腐烂茎线虫；RPA；等温扩增；快速检测

*基金项目：内蒙古自治区科技计划项目（2020GG0070）

**第一作者：陈潇威，硕士研究生，从事植物病原线虫学研究。E-mail：1002590124@qq.com
***通信作者：刘倩，副教授，从事植物线虫研究。E-mail：liuqian@cau.edu.cn

中国线虫学研究（第八卷）Nematology Research in China（Vol.8）：138

基于转录组测序研究谷胱甘肽调控大豆孢囊线虫发育的分子基础*

李　爽[1**]，陈　曦[2]，朱晓峰[2]，段玉玺[2***]
（[1]陕西省红枣重点实验室/延安大学生命科学学院，延安　716000；
[2]北方线虫研究所，沈阳农业大学植物保护学院，沈阳　110866）

Molecular Foundation on GSH regulated the Development of *Heteroder glycines* Based on Transcriptome Sequencing*

Li Shuang [1**]，Chen Xi [2]，Zhu Xiaofeng [2]，Duan Yuxi [2***]
（[1] *Shaanxi Key Laboratory of Chinese Jujube*，*Yan'an University*，*College of Life science*，*Yan'an University*，*Yan'an*　716000，*China*；[2] *Nematolgy Institute of Northern China*，*College of Plant protection*，*Shenyang Agricultural University Shenyang*　110866，*China*）

摘　要：谷胱甘肽是一类小分子肽（GSH，γ-glutamyl-cysteinyl-glycine）除了众所周知的抗氧化功能外，还参与调控植物生长、发育以及生物与非生物胁迫。此外，谷胱甘肽还可以作为信号分子参与植物与病原物的互作。本研究利用谷胱甘肽合成酶抑制剂丁硫氨酸亚砜亚胺（BSO，L-Buthionine-sulfoximine）可以降低大豆W82根系谷胱甘肽含量、抑制大豆孢囊线虫取食位点的面积进而减少大豆孢囊线虫成虫。转录组测序分析结果表明：在BSO的作用下，植物防御系统相关基因诱导表达，这些基因包括植物防御信号途径、病程相关蛋白，以及转录因子WRKY等。而无BSO处理的组分中，防御相关激素水杨酸、茉莉酸和乙烯在大豆孢囊线虫的侵染下均下调表达，特别是GmWRKY家族成员（GmWRKY5、GmWRKY28、GmWRKY36、GmWRKY62和GmWRKY154），在BSO处理组与空白组的表达趋势截然相反。以上的结果表明在大豆缺乏谷胱甘肽的条件下可以抑制取食位点的形成，进而影响大豆孢囊线虫的发育，同时还可以诱导防御相关基因和WRKY转录因子的表达提升大豆抗孢囊线虫的能力，而不依赖其抗氧化的功能。其作为信号分子调控WRKY家族的成员影响孢囊线虫发育的分子机制有待进一步深入研究。

关键词：转录组；测序；大豆孢囊线虫

*基金项目：国家自然科学基金（32060608）

**第一作者：李爽，博士，从事大豆与大豆孢囊互作分子机制研究。E-mail：shuangli@yau.edu.cn
***通信作者：段玉玺，教授，从事植物线虫大豆与孢囊线虫互作、种子免疫研究。E-mail：duanyx@syau.edu.cn

中国线虫学研究（第八卷）Nematology Research in China（Vol.8）：139

基于转录组的尖细潜根线虫β-1, 4-葡聚糖酶基因克隆与功能分析*

叶晓梦**，李松宴，张逸凡，崔汝强***
（江西农业大学农学院，南昌　330000）

Cloning and Identification of β-1, 4-endoglucanase Gene of Rice Root Nematode Based on Transcriptome Analysis*

Ye Xiaomeng**，Li Songyan，Zhang Yifan，Cui Ruqiang***
（*College of Agronomy*，*Jiangxi Agricultural University*，*Nanchang*　330000，*China*）

摘　要：水稻尖细潜根线虫（*Hischmanniella mucronata*）是水稻上一种重要的内寄生线虫。侵染前期，受该线虫侵染的水稻地上部分除植物叶片颜色稍微发黄外，无明显症状。而在侵染后期，受侵染的水稻有效分蘖数明显减少，千粒重减轻，严重影响产量。细胞壁降解酶有助于线虫的侵染，用于降解或修饰植物细胞壁，使线虫完成定殖。细胞壁降解酶主要包括β-1, 4-内切葡聚糖酶、多聚半乳糖苷酶、果胶裂解酶、细胞壁扩展蛋白、纤维素结合蛋白等。本研究通过已有的尖细潜根线虫转录组数据，利用半巢式PCR法克隆获得了尖细潜根线虫β-1, 4-内切葡聚糖酶的cDNA全长，并对克隆序列进行了分析。*Hm-eng-1* cDNA序列全长为1 038bp，其中开放阅读框（ORF）区域长为1 035bp，编码一个含345个氨基酸的蛋白质。预测该蛋白不含跨膜结构，在N端含信号肽，其剪切位点位于22号Ala丙氨酸与23号Asp天冬氨酸之间。该蛋白与大多数内切葡聚糖酶一样，属于水解糖苷酶第5家族（GHF5），含有一个属于GHF5的催化结构域，该催化结构域定位于37号氨基酸至289号氨基酸之间。原位杂交结果显示Hm-eng-1在尖细潜根线虫亚腹食道腺特异性表达。在烟草上瞬时表达Hm-eng-1可抑制R3a/AvrR3a引起的本式烟草细胞坏死。另外，Hm-eng-1可抑制植物防卫反应如胼胝质沉积以及相关防卫相关基因的表达。*Hm-eng-1*基因的克隆和分析为深入研究水稻潜根线虫是如何通过效应子蛋白Hm-eng-1作用于水稻细胞的信号通路，从而促进潜根线虫在水稻细胞内侵染的作用机制奠定基础。

关键词：水稻尖细潜根线虫；β-1, 4-内切葡聚糖酶；克隆；原位杂交

---

*基金项目：国家自然科学基金项目（32060607，31860494）；江西省科技计划项目（20202ACBL205005）
**第一作者：叶晓梦，硕士研究生，从事植物病原线虫研究。E-mail：xiaomeng_ye@stu.jxau.edu.cn
***通信作者：崔汝强，教授，从事植物病原线虫研究。E-mail：cuiruqiang@jxau.edu.cn

中国线虫学研究（第八卷）Nematology Research in China（Vol.8）：140

吉林省玉米“矮化病”病原研究*

杨飞燕**，李昱环，欧师琪***，史树森
（吉林农业大学植物保护学院，长春　130118）

Study on the Pathogen of Maize Dwarf Disease in Jilin Province*

Yang Feiyan**，Li Yuhuan，Ou Shiqi***，Shi Shusen
（*College of Plant Protection*，*Jilin Agricultural University*，*Changchun*　130118，*China*）

摘　要：吉林省春播玉米产区玉米出现矮化症状，俗称“君子兰苗”，是一种发生普遍、为害严重的玉米病害。针对该病害发生的原因多有报道，但尚未有定论。为明确吉林省内该病害致病因素，2018年对吉林省农安、长岭、松原、伊通等4个玉米种植区进行调查。调查结果表明：玉米矮化病在农安、长岭发病明显且较为严重；松原、伊通暂无发病。对病株及根际土的线虫种类和数量统计结果表明：寄生线虫主要有发垫刃属、长针属、孢囊属、茎属、真滑刃属、短体属、盾属等7属，其中发垫刃属线虫为优势种群。播种前后土壤中发垫刃属线虫数量变化最大，由363头/200g激增到1 094头/200g土；发病植株分离获得疑似病原线虫，对其进行形态学观察和分子鉴定，其形态学特征与长岭发垫刃线虫（*Trichotylenchus changlingensis*）一致，扩增其ITS片段，长度为1 000bp，和NCBI序列（KM204133.1，*T.changligensis*）比对同源性达99%。柯赫氏法则证实吉林省该病害由*T.changligensis*导致。

关键词：玉米矮化病；病原线虫；形态学；分子鉴定

---

*基金项目：国家自然基金(No. 31601616)；国家现代农业产业技术体系建设专项资助项目（CARS-04）；吉林省科技厅重点科技研发项目（20180201015NY）
**第一作者：杨飞燕，硕士研究生，从事植物病原线虫学研究。E-mail：aikkiyang0820@qq.com
***通信作者：欧师琪，副教授，从事植物病原线虫研究。E-mail：jlccosq@126.com

中国线虫学研究（第八卷）Nematology Research in China（Vol.8）：141

几种常见杀线剂在离体和活体测试系统中的活性评价*

张　鹏[1,2**]，谢斌斌[1]，黄文坤[2]，彭　焕[2]，高丙利[1]，彭德良[2***]

（[1]中国科学院上海生命科学研究院湖州现代农业生物技术产业创新中心，湖州　31300；

[2]中国农业科学院植物保护研究所/植物病虫害生物学国家重点实验室，北京　100193）

Comprehensive Evaluation of Common-used Nematicides with Combined *in-vitro* and *in-planta* Bioassays*

Zhang Peng[1,2**], Xie Binbin[1], Huang Wenkun[2], Peng Huan[2], Gao Bingli[1], Peng Deliang[2***]

（[1]*Huzhou Modern Agricultural Biotechnology Innovation Center*, *Shanghai Institutes for Biological Sciences*, *Chinese Academy of Sciences*, *Zhejiang* 313000, *China*; [2]*State Key Laboratory for Biology of Plant Diseases and Insect Pests*, *Institute of Plant Protection*, *Chinese Academy of Agricultural Sciences*, *Beijing* 100193, *China*）

摘　要：植物寄生性线虫是植物种植过程中的一类重要病原物，每年造成的粮食减产超过13.5%，全球范围内每年因线虫病害造成的损失约3 580亿美元。传统的高毒化学杀线剂在环境安全和食品安全的政策压力下已经或者正在退出市场，高效的杀线剂药效评价系统有助于开发新型的杀线成分。

本研究优化了用于助溶待测化合物的有机溶剂种类、线虫接种量等条件，建立了一套杀线剂活性评价系统。对市场上用于杀线虫的化合物阿维菌素B1a、阿维菌素B2a、阿维菌素苯甲酸盐、氟噻虫砜、氟吡菌酰胺、噻唑膦、Tioxazafen、异菌脲、螺虫乙酯等9种化合物的杀线活性进行了评价。在几种供试有机溶剂的测试浓度下，丙酮对侵染前二龄幼虫和供试植物材料的安全性最佳。在有机质丰富的栽培基质中，阿维菌素B1a、氟噻虫砜、阿维菌素B2a的杀线虫活性比纯沙条件下的测试结果显著下降，而阿维菌素苯甲酸盐、氟吡菌酰胺和噻唑膦的活性下降幅度相对较小。

关键词：植物寄生性线虫；药效评价系统；活性评价；有机溶剂

---

*基金项目：国家自然基金项目（32072398）；中国农业科学院科技创新工程资助

**第一作者：张鹏，博士研究生，从事杀线剂活性评价研究。E-mail：steven_zhang2012@163.com

***通信作者：彭德良，研究员，从事植物线虫研究。E-mail：pengdeliang@caas.cn

高丙利，教授，从事植物线虫研究。E-mail：bingli_gao@163.com

中国线虫学研究（第八卷）Nematology Research in China（Vol.8）：142

江西山药根腐线虫病病原鉴定及田间发生规律研究*

范琳娟[1**]，吴彩云[1]，徐雪亮[1]，刘子荣[1]，彭德良[2]，姚英娟[1***]
（[1]江西省农业科学院农业应用微生物研究所；[2]中国农业科学院植物保护研究所，北京 100193）

Identification and Field Regularity of Nematode Causing Yam Root Rot in Jiangxi*

Fan Linjuan[1**]，Wu Caiyun[1]，Xu Xueliang[1]，Liu Zirong[1]，Peng Deliang[2]，Yao Yingjuan[1***]
（[1] *Institute of Agricultural Applied Micro-organisms*，*Jiangxi Academy of Agricultural Sciences*，*Nanchang* 330200，*China*；[2] *Institute of Plant Protection*，*Chinese Academy of Agricultural Sciences*，*Beijing* 100193，*China*）

摘　要：泰和县和永丰县是江西省山药的主产区，明确该两地山药根腐线虫病病原种类及田间发生规律，可为山药根腐线虫病的有效防治提供理论依据。本研究采用通用引物（AB28/TW81和D2A/D3B）对病原线虫DNA进行PCR扩增和序列分析，并通过定期定点采集山药根围土样的方式监测病原线虫在田间的发生规律。结果表明，从该两地山药分离出的线虫与咖啡短体线虫均具有最高的序列同源性（分别为99.42%～100%和97.83%～100%），并且在构建的系统发育树上与咖啡短体线虫共处于一个分支上，因此确定该线虫为咖啡短体线虫（*Pratylenchus coffeae*）。经对山药不同生育期根围土壤中咖啡短体线虫数量的监测发现，在山药生长前期土壤中咖啡短体线虫的发生数量主要与山药生育期有关，土壤中咖啡短体线虫的数量随山药块茎的不断生长逐渐增加。早熟品种永丰淮山在块茎生长期（10月）和成熟期（12月）100g传统栽培0～20cm土层干土样中分别可分离到约465条和869条咖啡短体线虫；此外，还监测了浅生槽栽培和打洞栽培两种栽培方式晚熟品种泰和竹篙薯根围土壤中咖啡短体线虫数量的发生规律，发现其在块茎生长期（10月）达到峰值，浅生槽栽培0～20cm土层、打洞栽培0～20cm土层和20～40cm土层100g干土样中分别可分离到约366条、712条和30条咖啡短体线虫，表明该线虫主要发生在0～20cm土层。综上可知，泰和县和永丰县山药根腐线虫病原均为咖啡短体线虫，且10月是防治的关键期，但对于早熟品种建议最好提前采取防治措施。

关键词：山药根腐线虫病；病原鉴定；发生规律

---

* 基金项目：江西省重点研发计划（20203BBF63032，20201BBF61002）；江西省农业科研协同创新项目（JXXTCX202108）；江西省现代农业产业技术体系建设专项资金资助

** 第一作者：范琳娟，研究实习员，从事山药绿色防控研究。E-mail：fljx99@163.com
*** 通信作者：姚英娟，研究员，从事有害生物综合治理。E-mail：yaoyingjuan@webmail.hzau.edu.cn

中国线虫学研究（第八卷）Nematology Research in China（Vol.8）：143-144

抗线虫微生物菌剂对黄瓜根际细菌群落组成的影响*

赵　娟**，董　丹，张涛涛，刘　霆***
（北京市农林科学院植物保护环境保护研究所，北京　100097）

Effect of Anti-nematode Microbial Agents on the Rhizosphere Bacterial Community Composition of Cucumber Plants*

Zhao Juan**，Dong Dan，Zhang Taotao，Liu Ting***
（*Institute of Plant and Environment Protection*，*Beijing Academy of Agriculture and Forestry Sciences*，*Beijing* 100097，*China*）

摘　要：近年来随着保护地种植和设施园艺的迅速发展，作物根结线虫猖獗失控，严重影响果蔬产量和品质。抗线虫微生物菌剂是本课题组研制的一种能够有效防治黄瓜等果蔬作物根结线虫且对黄瓜具有明显促生增产作用的微生物制剂。该菌剂有效成分为黑曲霉（*Aspergillus niger*）固态发酵产物，目前已获得微生物肥料登记［微生物肥〔2018〕准字（4191）号］。前期研究结果表明，黑曲霉对根结线虫防控效果不仅与其能够快速生长产孢有关，其次级代谢产物中的草酸和柠檬酸亦具有高效杀线虫活性。田间实验结果表明，该抗线虫微生物菌剂及其配套技术对黄瓜根结线虫综合防控效果达70%，减少化学农药噻唑膦使用量20%。为明确该抗线虫微生物菌剂防线促生的微生态机制，我们通过16S rRNA高通量测序方法，研究了抗线虫微生物菌剂不同处理对黄瓜根际土壤细菌群落结构的影响。实验结果表明，在门（phylum）水平，变形菌门（Poteobacteria，22.6%～28.3%）、放线菌门（Actinobacteriota，20.7%～24.7%）、绿弯菌门（Chloroflexi，12.2%～16.8%）、酸杆菌门（Acidobacteriota，8.3%～13.4%）、厚壁菌门（Firmicutes，7.4%～14.3%）、拟杆菌门（Bacteroidota，2.2%～3.2%）是抗线虫微生物菌剂、有机添加剂、微生物菌剂与有机添加剂复配处理组以及对照组黄瓜根际土壤中的优势细菌种群；在纲（class）水平，Alphaproteobacteria（13.5%～16.8%）、Actinobacteria（10.4%～13.8%）、Gammaproteobacteria（7.6%～12.0%）、Bacilli（6.7%～12.8%）、Vicinamibacteria（4.8%～9.3%）、Thermoleophilia（5.2%～8.1%）是其优势种群。在科（family）水平，抗线虫微生物菌剂处理组黄瓜根际土壤中芽单胞菌科（Gemmatimonadaceae，4.1%）、假单胞菌科（Pseudomonadaceae，1.6%）和诺卡氏菌科（Nocardioidaceae，2.4%）相对丰度均显著高于对照组。在属（genus）水平，抗线虫微生物菌剂单独处理或与有机添加剂复配处理黄瓜根

*基金项目：北京市农林科学院创新能力建设专项（KJCX20200426，KJCX20200110）
**第一作者：赵娟，助理研究员，从事果蔬作物线虫及土传病害生物防治研究。E-mail：zhaojuan119882@163.com
***通信作者：刘霆，副研究员，从事植物线虫病害绿色防控研究。E-mail：lting11@163.com

际土壤中假单胞菌属（*Pseudomonas* sp.）、微枝形杆菌属（*Microvirga* sp.）和诺卡氏菌属（*Nocardioides* sp.）相对丰度均高于对照组。说明施用该抗线虫微生物菌剂或与有机添加剂复配处理可以有效增加黄瓜根际有益细菌相对含量，这可能与其对植株防线促生及其提高黄瓜植株免疫抗性功能具有密切关系。相关研究结果为从根际微生物群落角度揭示抗线虫微生物菌剂防线促生作用相关机制提供理论依据。

关键词：抗线虫微生物菌剂；根际细菌群落；16S rRNA基因；高通量测序；防线促生机制

中国线虫学研究（第八卷）Nematology Research in China（Vol.8）：145-146

昆虫病原线虫抗逆性基因的筛选与功能研究*

马　娟**，李秀花，高　波，王容燕，李焦生，郭笑笑，陈书龙***
（河北省农林科学院植物保护研究所/河北省农业有害生物综合防治工程技术研究中心/
农业农村部华北北部作物有害生物综合治理重点实验室，保定　071000）

Selected and Analysis of Stress-Related Genes in Entomopathogenic Nematodes*

Ma Juan**，Li Xiuhua，Gao Bo，Wang Rongyan，Li Jiaosheng，Guo Xiaoxiao，Chen Shulong***
（*Institute of Plant Protection*，*Hebei Academy of Agricultural and Forestryg Sciences/IPM Centre of Hebei Province/ Key Laboratory of Integrated Pest Management on Crops in Northern Region of North China*，*Ministry of Agriculture and Rural Affairs*，*Baoding*　071000，*China*）

摘　要：昆虫病原线虫（Entomopathogenic nematodes，EPN）是一种高效生防因子，在害虫的可持续治理中具有巨大的应用潜力。挖掘高效、适应性强的昆虫病原线虫种类对于我国一些重要害虫的可持续性治理具有重要的意义。为筛选出抗逆性强的线虫品系，测定了19种昆虫病原线虫对高温、低温及干燥的抗性。结果表明经40℃高温处理6h后*Steinernema ceratophorum* HQA-87和*S. carpocapsae* All死亡率最低，分别为1.14%和1.89%，说明这两个线虫品系的高温抗性最好。干燥处理72h后，*S. ceratophorum* HQA-87、*S. carpocapsae* All和*S. hebeiense*的存活率分别为77.5%、97.7%和84.3%，显著高于其他种群。在前期对韭蛆、甘薯蚁象、叶甲和梨小食心虫的生测试验中，*S. ceratophorum* HQA-87对这些害虫均具有较高的致病力。因此，以*S. ceratophorum* HQA-87为研究对象，通过转录组测序技术测定了该线虫分别经过高温、低温和干燥处理后基因表达变化，旨在找到线虫抗逆性相关的关键基因，了解线虫抗逆性形成的机制。使用BGISEQ-500平台一共测得78.51Gb数据，组装并去冗余后得到82 178 个Unigene，检测出67 522个CDS，有8 465个编码转录因子的Unigene。线虫经过高温处理后，有10 987个差异基因（DEG）上调表达，13 192个差异基因下调表达；上调的DEG主要在antigen processing and presentation，neuroactive ligand-receptor interaction和tight junction等pathway富集；下调基因主要富集于DNA replication，cell cycle和glycosaminoglycan biosynthesis-heparan sulfate/heparin等通路。线虫经过干燥处理后，10 660个差异基因上调表达，11 543个基因下调表达；上调的差异基因主要在fatty acid

*基金项目：国家现代农业产业技术体系CARS-10-B16；河北省农科院创新工程；河北省财政专项F17C10007
**第一作者：马娟，副研究员，从事线虫学研究。E-mail：majuan_206@126.com
***通信作者：陈书龙，研究员，从事线虫学研究。E-mail：chenshulong65@163.com

degradation，fatty acid metabolism和adipocytokine signaling pathway等pathway富集；下调DEG主要富集于steroid hormone biosynthesis，ascorbate and aldarate metabolism和drug metabolism-cytochrome P450等信号通路。经过低温处理后，19 476个差异基因上调表达，6 625个DEG下调表达；上调的差异基因主要在ubiquitin mediated proteolysis，fatty acid biosynthesis和fatty acid metabolism等pathway富集，下调基因主要富集于Th17 cell differentiation，measles和antigen processing and presentation。在差异基因中，有6 588个基因在高温、干燥和低温处理后均差异表达。在这些差异基因中选取HSP20和phosphoglycolate/pyridoxal phosphate phosphatase family protein CL6144基因进行RNA干扰。*HSP*20基因沉默处理后的线虫经高温处理后死亡率为60.21%，显著高于对照组线虫死亡率，可初步得出*HSP*20基因与线虫的耐高温抗性有关；*CL*6144基因沉默后线虫经高温和低温处理后死亡率分别为19.5%和87.3%，与对照组相比显著增高，说明*CL*6144基因可能与线虫高温抗性和干燥抗性有关。

关键词：昆虫病原线虫；抗逆性；差异基因；RNA干扰

中国线虫学研究（第八卷）Nematology Research in China（Vol.8）：147

罹病植物根系和土壤中甜菜孢囊线虫SCAR-PCR快速检测方法的建立*

蒋　陈[1**]，张瀛东[1**]，姚　珂[1,2]，黄文坤[1]，孔令安[1]，彭德良[1***]，彭　焕[1,3***]
（[1]中国农业科学院植物保护研究所/植物病虫害生物学国家重点实验室，北京　100193；
[2]浙江大学农业与生物技术学院，杭州　310058；[3]新疆农业科学院植物保护研究所/
农业农村部西北荒漠绿洲作物有害生物综合治理重点实验室，乌鲁木齐　830091）

Development of a species-specific SCAR-PCR Assay for Direct Detection *HeteroderaSchachtii* From Infected Roots and Soil Samples*

Jiang Chen[1**], Zhang Yingdong[1**], Ke Yao[1], Huang Wenkun[1],
Kong Ling'an[1], Peng Deliang[1***], Peng Huan[1,3***]
（[1]*Institute of Plant Protection*, *Chinese Academy of Agricultural Sciences*, *Beijing*　100193, *China*;
[2] *College of Agriculture and Biotechnology*, *Zhejiang University*, *Hangzhou*　310058, *China*;
[3] *Key Laboratory of Integrated Pest Management on Crop in Northwestern Oasis*, *Ministry of Agriculture and Rural Affairs*, *Institute of Plant Protection*, *Xinjiang Academy of Agricultural Sciences*, *Urumqi*　830091, *China*）

摘　要：甜菜孢囊线虫（*Heterodera schachtii*，BCN）是严重为害甜菜生产的主要病原物之一，目前已在亚洲、欧洲、美洲等50多个国家分布。2007年列入我国的进境植物检疫性有害生物名录，2015年在我国新疆首次发现，对我国的甜菜及油菜生产造成了严重的损失。快速、准确的鉴定甜菜孢囊线虫是明确其发生分布和有效控制其为害的重要前提条件。本研究通过对多条随机引物进行筛选，从中筛选出随机引物OPA06能够从甜菜孢囊线虫中扩增出特异、稳定的RAPD标记，在此基础上设计一对具有甜菜孢囊线虫特异性的SCAR-PCR引物（OPA06-HSF/R），该引物从甜菜孢囊线虫DNA中特异性地扩增出长度为922bp的单一目的条带，从其他孢囊线虫中未能扩增出任何条带。灵敏度结果显示该引物能检测到稀释倍数为5×10^{-4}单个孢囊DNA、1/320的单条线虫DNA，以及0.001ng的基因组DNA。同时，该检测方法能够直接从寄主中和土壤中直接、准确的鉴定出的甜菜孢囊线虫，灵敏度达10g土壤中的单条二龄幼虫。该检测方法特异性强，灵敏度高，能够用于罹病植物根系和土壤中甜菜孢囊线虫直接检测，具有较高的应用价值。

关键词：甜菜孢囊线虫；快速检测；SCAR-PCR

---

*基金项目：国家自然科学基金（31672012，31972247）；新疆维吾尔自治区高层次人才引进项目
**第一作者：蒋陈，硕士研究生，从事植物线虫分子生物学研究。E-mail：18684759602@163.com；
张瀛东，博士研究生，从事植物线虫分子生物学研究。E-mail：zhangyingdong26@163.com
***通信作者：彭德良，研究员，从事植物线虫线虫病害综合治理技术研究。E-mail：pengdeliang@caas.cn；
彭焕，博士，副研究员，从事植物线虫分子生物学研究。E-mail：hpeng83@126.com

中国线虫学研究（第八卷）Nematology Research in China（Vol.8）：148

丽江市药用植物根结线虫病病原鉴定

李云霞[1*]，杨艳梅[1]，东　晔[1]，邓春菊[1]，李朝凤[2]，胡先奇[1**]
（[1]云南农业大学省部共建云南生物资源保护与利用国家重点实验室，昆明　650201；
[2]丽江市农业科学研究所，丽江　674100）

Identification of the Root-knot Nematode on Medicinal Plants in Lijiang City

Li Yunxia [1*]，Yang Yanmei [1]，Dong Ye [2]，Deng Chunju[1]，Li Chaofeng [2]，Hu Xianqi [1**]
（[1]*State Key Laboratory for Conservation and Utilization of Bio-Resources in Yunnan*，*Yunnan Agricultural University*，*Kunming*　650201，*China*；[2] *Lijiang Academy of Agricultural Sciences*，*Lijiang*　674100，*China*）

摘　要：为明确云南省丽江市鲁甸乡种植的药用植物根结线虫病病原种类，2020年6月在云南省丽江市玉龙县鲁甸乡采集了云木香（*Saussurea costus* Lpsch）、桔梗［*Platycodon grandiflorum*（Jacq.）A.DC.］、附子（*Aconitum carmichaelii* Debx.）、粗茎秦艽（*Gentiana crassicaulis* Duthie ex Burk.）4种药用植物根结线虫病标本，通过形态学（2龄幼虫、雌成虫的形态测量值，雌成虫会阴花纹形态）和分子生物学（病原线虫rDNA-ITS区序列、mtDNA-COI序列比对，序列特异性扩增区段）方法鉴定根结线虫种类。结果表明，为害4种药用植物的根结线虫均为北方根结线虫（*Meloidogyne hapla*），2龄幼虫和雌成虫形态特征及测量值与北方根结线虫相似，雌成虫会阴花纹为卵圆形，背弓扁平，侧线不明显，侧区一侧或两侧延伸为翼状，线纹平滑到波浪形，尾区有刻点，rDNA-ITS序列和mtDNA-COI序列在NCBI中的比对结果与北方根结线虫相似度均达100%，使用北方根结线虫的特异性扩增引物，能扩增出约1 500bp的特异性目的条带。

关键词：药用植物；根结线虫病；病原

[*] 第一作者：李云霞，硕士研究生，从事植物线虫病害研究。E-mail：1143067393@qq.com
[**] 通信作者：胡先奇，教授，从事植物线虫病害研究。E-mail：xqhoo@126.com

中国线虫学研究（第八卷）Nematology Research in China（Vol.8）：149

辽宁省松木样品中的植物寄生线虫的发生分布*

冯亚星**，郭庭宇，王媛媛，刘晓宇，范海燕，陈立杰，段玉玺，朱晓峰***

（北方线虫研究所，沈阳农业大学植物保护学院，沈阳　110866）

Survey of the Occurrence and Distribution of Nematodes Associated with Pines in Liaoning Province*

Feng Yaxing**，Guo Tingyu，Wang Yuanyuan，Liu Xiaoyu，Fan Haiyan，Chen Lijie，Duan Yuxi，Zhu Xiaofeng***

（*Nematology Institute of Northern China*，*College of Plant Protection*，*Shenyang Agricultural University*，*Shenyang*　110866，*China*）

摘　要：松树萎蔫病是一种世界上为害松树等针叶林的毁灭性病害，主要是由于松材线虫（*Bursaphelenchus xylophilus*）与其携带的致病细菌共同引起的复合侵染导致。我国有部分省区市发生松树萎蔫病，是我国对外重要的检疫性线虫，对于相关发生和蔓延原因正在追查和研究。目前发病地区最西端已达四川省凉山彝族自治州，最北端已达辽宁省铁岭市，严重威胁我国的林木生产。

为探索松材线虫的蔓延发生规律，2018—2020年对辽宁省14个市的油松、落叶松等松树样品的植物寄生线虫的发生情况进行了系统研究。在67个采样地点中共采集到松木样本335份，结合形态学和分子特征对所分离的线虫进行了鉴定。结果表明，沈阳市、抚顺市、丹东市、铁岭市、阜新市、盘锦市、葫芦岛市、本溪市、辽阳市等9个市的10个采样点的松木样本检测出7种植物寄生线虫。其中在沈阳市浑南区、抚顺市新宾满族自治县、清原满族自治县分离到松材线虫；在丹东市的松木中分离到一种滑刃属（*Aphelenchoides*）线虫，经过形态学系统鉴定和分子辅助鉴定，确定该植物寄生线虫为滑刃属线虫一新种（*A. dandongensis* n. sp.）；在盘锦市和铁岭市的松木样品中发现滑刃属的2个我国新纪录种，分别为海德堡滑刃线虫（*A. heidelbergi*）、拟大连滑刃线虫（*A. paradalianensis*）。在抚顺市新宾满族自治县、丹东市、铁岭市发现外真滑刃线虫属（*Ektaphelenchus*）的一个我国新纪录种，乔伊斯外真滑刃线虫（*E. joyceae*）与松材线虫和滑刃属线虫共生，在鉴定过程中观察到乔伊斯外真滑刃线虫的捕食习性。

关键词：植物寄生线虫；松材线虫；松树；辽宁

---

*基金项目：国家寄生虫资源库（NPRC-2019-194-30）

**第一作者：冯亚星，博士研究生，从事植物线虫分类和互作研究。E-mail：baimuda3@syau.edu.cn

***通信作者：朱晓峰，副教授，从事植物线虫分类和互作研究。E-mail：syxf2000@syau.edu.cn

中国线虫学研究（第八卷）Nematology Research in China（Vol.8）：150

落选短体线虫环介导等温扩增检测体系的建立*

刘少斐**，秦　鑫，于家荣，王　暄***，李红梅
（南京农业大学农作物生物灾害综合治理教育部重点实验室，南京　210095）

Detection of *Pratylenchus neglectus* by the Loop-mediated Isothermal Amplification*

Liu Shaofei**，Qin Xin，Yu Jiarong，Wang Xuan***，Li Hongmei
（*Key Laboratory of Integrated Management of Crop Diseases and Pests*，*Ministry of Education*，*Nanjing Agriculture University*，*Nanjing*　210095，*China*）

摘　要：落选短体线虫（*Pratylenchus neglectus*）是一类分布广泛的迁移性植物内寄生线虫，能够破坏植物根部组织，引起根系坏死和腐烂，导致农作物产量下降，对农业生产危害较大。目前针对该线虫的鉴定主要依赖于形态特征鉴定和种特异性引物PCR检测，然而这些方法难以在农业生产实践中推广应用。环介导等温扩增（Loop-mediated isothermal amplification，LAMP）是一种等温核酸扩增技术，具有反应快速、操作及设备要求简单等特点，已经广泛用于病原物的快速检测与诊断。

为了建立落选短体线虫LAMP检测体系，从NCBI下载所有已知短体线虫线粒体细胞色素氧化酶亚基Ⅰ（mitochondrial cytochrome oxidase Ⅰ，mtCOI）基因序列，通过序列比对设计了落选短体线虫的LAMP特异性引物4条，通过反应条件的一系列优化，确定了最佳的反应体系为：甜菜碱0.2mol/L，dNTPs 1.5mmol/L, Mg^{2+}6mmol/L，反应时间为60min，温度为65℃。建立的LAMP反应体系检测灵敏度为1/200单条线虫DNA，能够从不同植物寄生线虫种类中特异性地检测出落选短体线虫，相关技术为今后田间实践中植物寄生线虫种类的快速鉴定提供支持。

关键词：落选短体线虫；环介导等温扩增；mtCOI；灵敏度检测

---

*基金项目：国家自然科学基金（31872923）；公益性行业（农业）科研专项（201503114）
**第一作者：刘少斐，硕士研究生，从事植物线虫学研究。E-mail：2271363818@qq.com
***通信作者：王暄，教授，博士生导师，从事植物线虫学研。E-mail：xuanwang@njau.edu.cn

中国线虫学研究（第八卷）Nematology Research in China（Vol.8）：151

马铃薯腐烂茎线虫防治药剂筛选*

陈昆圆**，万笑迎，周　博，王颢杰，贾梦伟，
冯春雨，陈美玲，王思佳，张文豪，崔江宽***
（河南农业大学植物保护学院，郑州　450002）

Screening of Nematicides for Controlling *Ditylenchus destructor**

Chen Kunyuan**，Wan Xiaoying，Zhou Bo，Wang Haojie，Jia Mengwei，
Feng Chunyu，Chen Meiling，Wang Sijia，Zhang Wenhao，Cui Jiangkuan***
（*College of Plant Protection*，*Henan Agricultural University*，*Zhengzhou*　450002，*China*）

摘　要：为筛选出对马铃薯腐烂茎线虫具有高效、低毒、低残留的药剂，为生产上防治马铃薯腐烂茎线虫病提供依据。本试验采用浸渍法对41.7%氟吡菌酰胺悬浮剂、22011、5%噻唑膦可溶液剂、6%氨基寡糖素·噻唑膦、25%噻虫嗪水分散粒剂、5%高效氟氯氰菊酯微乳剂、5%阿维菌素乳油、42%威百亩水剂和清水对照等9种处理进行马铃薯腐烂茎线虫毒力测定。结果表明，供试药剂中除高效氟氯氰菊酯外均对马铃薯腐烂茎线虫具有一定的灭杀或抑制作用。对马铃薯腐烂茎线虫的防治效果依次为：22011、阿维菌素、噻唑膦、威百亩、氨基寡糖素·噻唑膦、噻虫嗪、氟吡菌酰胺、利幅达和高效氟氯氰菊酯。对马铃薯腐烂茎线虫校正防效最高的药剂为22011，随着处理时间的延长其校正死亡率逐渐增加，其6650倍液72h处理校正防效可达94.96%。不同稀释倍数的阿维菌素、噻虫嗪和氟吡菌酰胺处理校正防效相差较大，而噻唑膦、威百亩和氨基寡糖素·噻唑膦处理校正防效差距较小，药效相对稳定。试验结论：22011、阿维菌素和噻唑膦处理对马铃薯腐烂茎线虫的灭杀或抑制作用较强，效果较好。

关键词：马铃薯腐烂茎线虫；阿维菌素；噻唑膦

*基金项目：国家自然科学基金（31801717）；河南省重点研发与推广专项（科技攻关）项目（212102110443）；
河南省高等学校大学生创新训练计划项目（S202010466040）

**第一作者：陈昆圆，硕士研究生，从事植物线虫学研究。E-mail：chen_kunyuan@163.com
***通信作者：崔江宽，副教授，主要从事植物与线虫互作机制研究。E-mail：jk_cui@163.com

中国线虫学研究（第八卷）Nematology Research in China（Vol.8）：152

马铃薯腐烂茎线虫快速PCR分子检测方法的建立*

赵　薇**，李云卿，彭德良，黄文坤，孔令安，彭　焕***
（中国农业科学院植物保护研究所/植物病虫害生物学国家重点实验室，北京　100193）

Development of a Species-specific PCR Assays for Rapid Detection of *Ditylenchus destructor**

Zhao Wei**，Li Yunqing，Peng Deliang，Huang Wenkun，Kong Ling'an，Peng Huan***
（*State Key Laboratory for Biology of Plant Diseases and Insect Pests*，*Institute of Plant Protection*，*Chinese Academy of Agricultural Sciences*，*Beijing*　100193，*China*）

摘　要：马铃薯腐烂茎线虫（*Ditylenchus destructor* Thorne）是引起马铃薯和甘薯的主要病原物之一，对马铃薯及甘薯生产造成严重的损失，也是国内外重要的检疫性线虫。本研究通过PCR扩增获得我国7个不同地区的马铃薯腐烂茎线虫的ITS序列，其中包括2个B型和5个A型种群，通过从NCBI下载多个茎线虫属的ITS序列比对后，设计了马铃薯腐烂茎线虫特异性引物DdF1和DdR1，构建了快速分子检测PCR体系，A型和B型的马铃薯腐烂茎线虫都能扩增出495bp的片段。在特异性检测的同时加入28S的通用引物D2A和D3B，构建了马铃薯腐烂茎线虫一步双重PCR检测技术。同时以不同稀释浓度的单头马铃薯腐烂茎线虫DNA和浓度确定的一系列稀释浓度的马铃薯腐烂茎线虫基因组DNA为模板，用于马铃薯腐烂茎线虫特异性引物DdF1和DdR1的灵敏度检测，确定了马铃薯腐烂茎线虫的特异性引物和检测方法的检测阈值为1ng/μL和1/128头线虫。该方法特异性强，灵敏度高，能实现对马铃薯腐烂茎线虫快速检测及诊断，还可以应用于马铃薯腐烂茎线虫的田间样品检测和发生分布的监测及预警。

关键词：马铃薯腐烂茎线虫；核糖体基因ITS区；快速检测

*基金项目：国家自然科学基金（31672012，31972247）
**第一作者：赵薇，硕士研究生，从事植物线虫致病机理研究。E-mail：zw2460018926@126.com
***通信作者：彭焕，副研究员，从事植物线虫快速检测和致病机制研究。E-mail：hpeng@ippcaas.cn

中国线虫学研究（第八卷）Nematology Research in China（Vol.8）：153

马铃薯腐烂茎线虫生防菌的筛选*

付　博[1,2,3**]，王家哲[1,2]，杨艺炜[1,2]，李英梅[1,2]，张　锋[1,2***]
（[1]陕西省生物农业研究所；[2]陕西省植物线虫学重点实验室；[3]陕西省酶工程技术研究中心，西安　710069）

Screening the Biocontrol Agent of *Ditylenchus destructor**

Fu Bo[1,2,3**]，Wang Jiazhe[1,2]，Yang Yiwei[1,2]，Li Yingmei[1,2]，Zhang Feng[1,2,3***]
（[1] *Bio-Agriculture Institute of Shaanxi*，*Xi'an*　710043，*China*；[2] *Shaanxi Key Laboratory of Plant Nematology*，*Xi'an*　710043，*China*；[3] *Enzyme Engineering Research Center of Shaanxi Province*，*Xi'an*　710069，*China*）

摘　要：马铃薯腐烂茎线虫是为害马铃薯块茎的重要检疫性有害生物，一般可造成马铃薯减产20%～50%，严重时可达100%，严重影响马铃薯的产业发展。目前，马铃薯腐烂茎线虫的防治主要依赖化学农药，长期用药对环境和人体健康造成不良影响。因此，筛选合适的微生物资源，开发生物农药进行生物防治，具有十分重要的意义。本研究分析了革兰氏阳性、阴性细菌和真菌共计11种候选菌株，包括枯草芽孢杆菌、解淀粉芽孢杆菌、多粘类芽孢杆菌、美丽短芽孢杆菌、铜绿假单胞菌、荧光假单胞菌、伯克霍尔德菌、蜡蚧轮枝菌、疣孢漆斑菌、简单青霉、尖孢镰刀菌，以菌株的无菌发酵液上清液为主要研究对象，进行室内触杀试验。结果显示，伯克霍尔德菌的发酵液上清处理马铃薯腐烂茎线虫24h后，校正死亡率为41.64%，触杀效果最好；其次为解淀粉芽孢杆菌的发酵液上清，校正死亡率为37.65%；真菌的发酵液上清对马铃薯腐烂茎线虫的触杀效果均较差。本研究筛选到了对马铃薯腐烂茎线虫具有明显触杀作用的伯克霍尔德菌，为开发新的马铃薯腐烂茎线虫生防菌剂及生物农药提供了新的菌种基础和研究思路。

关键词：马铃薯腐烂茎线虫；生防菌；筛选

*基金项目：陕西省科学院“一所一品”产业化专项［2018k-3（2021），2019k-05］
**第一作者：付博，助理研究员，从事植物病虫害生物防治研究。E-mail: lisa_265@163.com
***通信作者：张锋，研究员，从事植物线虫病害发病机理及综合防控研究。E-mail: 545141529@qq.com

中国线虫学研究（第八卷）Nematology Research in China（Vol.8）：154-155

马铃薯腐烂茎线虫实时荧光RPA快速检测体系的建立*

高　波**，马　娟，李秀花，李焦生，王容燕，陈书龙***
（河北省农林科学院植物保护研究所/河北省农业有害生物综合防治工程技术研究中心/
农业农村部华北北部作物有害生物综合治理重点实验室，保定　071000）

Development of A Real-time Fluorescent RPA System for Rapid Detection of *Ditylenchus Destructor**

Gao Bo**，Ma Juan，Li Xiuhua，Li Jiaosheng，Wang Rongyan，Chen Shulong***
（*Hebei Academy of Agricultural and Forestry Sciences/IPM centre of Hebei Province/Key Laboratory of IPM on Crops in Northern Region of North China*，*Ministry of Agriculture and Rural of Affairs*，437 *Dongguan Street*，*Baoding*　071000，*China*）

摘　要：马铃薯腐烂茎线虫（*Ditylenchus destructor* Thorne，1945）是重要的迁移性植物内寄生线虫，主要为害植物地下部尤其是块根、块茎和球茎等，也是国内外重要的检疫性线虫。该线虫引起甘薯茎线虫病，可造成减产10%～30%，重则达50%～60%，甚至绝产无收，严重阻碍了我国甘薯产业的快速健康发展。因此，对马铃薯腐烂茎线虫进行准确、快速的鉴定是对其进行有效防治和口岸检疫的基础。重组酶聚合酶扩增技术（Recombinase polymerase amplification，简称RPA）是一种新型的恒温扩增技术，该技术只需一对30～35bp的引物，在25～42℃的恒温下扩增反应5～20min，即可完成检测。与传统PCR技术以及LAMP恒温扩增技术相比，其具有特异性强、灵敏度高、检测速度快、操作简便，对仪器设备要求低等优点，可以满足口岸检疫和现场实时检测等快速检测的要求。目前，RPA技术已广泛应用于病原物和转基因作物的快速检测等领域。该方法也已用于对根结线虫的检测。但是，尚未发现该方法用于马铃薯腐烂茎线虫检测的报道。

本研究基于马铃薯腐烂茎线虫rDNA-ITS序列保守区，按照实时荧光RPA引物设计原则设计了5条上游引物和5条下游引物，并利用交叉配对法进行初步筛选，最终获得最佳引物组合为DtITS-F4/DtITS-R1，探针DtITS-Ps2，并对这组引物进行了一系列测试。特异性检测显示，在对11种线虫的检测中表现出较强的马铃薯腐烂茎线虫特异性。灵敏度检测显示，本检测体系的检测上限为1/125头线虫的DNA即可检测出马铃薯腐烂茎线虫。对土壤中茎线虫的检测显示，以不含茎线虫的土壤为背景材料，在加入5头、10头、20头线虫的

*基金项目：财政部和农业农村部国家现代农业产业技术体系资助；河北省农林科学院现代农业科技创新工程项目（2019-01-02）

**第一作者：高波，研究生，从事植物线虫学研究。E-mail：gaobo89@163.com
***通信作者：陈书龙，研究员，从事植物线虫研究。E-mail：chenshulong65@163.com

土壤DNA中均成功检测出马铃薯腐烂茎线虫，而未加入茎线虫的土壤DNA均未检测出茎线虫。说明本检测体系可以应用于土壤中马铃薯腐烂茎线虫的直接检测。对甘薯茎组织中茎线虫的检测显示，在对已接种茎线虫并发病的甘薯苗和已接种未发病的甘薯苗进行的检测中发现本检测体系均能获得扩增曲线，检出受测茎线虫，而健康甘薯苗均未检出茎线虫。说明本检测体系可以应用于甘薯茎组织中的马铃薯腐烂茎线虫的检测。综上，本研究所建立的马铃薯腐烂茎线虫实时荧光RPA快速检测体系给口岸检疫以及现场实时检测提供了一种新的更便捷，成本更低，操作更简单的方法，也将为马铃薯腐烂茎线虫的科学防治奠定基础。

关键词：马铃薯腐烂茎线虫；实时荧光RPA；快速检测

中国线虫学研究（第八卷）Nematology Research in China（Vol.8）：156

马铃薯腐烂茎线虫在中国的发生分布*

李云卿**，彭　焕，彭德良***
（中国农业科学院植物保护研究所/植物病虫害生物学国家重点实验室，北京　100193）

Occurrence and Distribution of Potato Rot Nematode (*Ditylenchus destructor*) in China*

Li Yunqing**，Peng Huan，Peng Deliang***
（*State Key Laboratory for Biology of Plant Diseases and Insect Pests*，*Institute of Plant Protection*，*Chinese Academy of Agricultural Sciences*，*Beijing*　100193，*China*）

摘　要：马铃薯腐烂茎线虫在世界范围内普遍发生。马铃薯腐烂茎线虫是重要的马铃薯害虫，能造成严重的产量损失。以往的研究表明，马铃薯腐烂茎线虫在中国的常见寄主为甘薯、当归、胡萝卜等，其在马铃薯上的报道较为鲜见。随着马铃薯主粮化的推进，2016—2018年首次在全国范围对马铃薯腐烂茎线虫进行了调查，以评估其在马铃薯主产区的发生分布。本研究采集了全国15个省市的土壤和马铃薯样品，共计371份。结果表明，13.75%的样品中存在腐烂茎线虫，主要集中在内蒙古自治区（12个）、吉林省、陕西省（14个）和宁夏回族自治区（5个）。ITS-rRNA基因序列系统发育分析表明，序列主要聚类为两大分支；其中29.41%的样品归属分支Ⅰ，70.59%的样品归属分支Ⅱ，5.88%的样品中同时存在两种类型。与前人研究相比马铃薯腐烂茎线虫的发生率呈上升趋势，同时证实马铃薯上存在不同类型的马铃薯腐烂茎线虫。马铃薯腐烂茎线虫在中国的发生分布为其综合防治提供了科学的理论依据。

关键词：马铃薯腐烂茎线虫；发生；分布；系统发育分析

---

* 基金项目：国家自然科学基金（31571988）；国家973计划（2013CB127502）；公益性行业（农业）科研专项（201503114，200903040）

** 第一作者：李云卿，博士研究生，从事植物线虫分子生物学研究。E-mail：1549935275@qq.com

*** 通信作者：彭德良，研究员，从事植物线虫研究。E-mail：pengdeliang@caas.cn

中国线虫学研究（第八卷）Nematology Research in China（Vol.8）：157

苜蓿滑刃线虫线粒体基因组及其系统发育研究*

薛　清[1**]，杜虹锐[1]，薛会英[2]，王译浩[1]，王　暄[1***]，李红梅[1]
（[1]南京农业大学/农作物生物灾害综合治理教育部重点实验室，南京　210095；
[2]西藏农牧学院资源与环境学院，林芝　860000）

Mitochondrial Genome Assembly and Phylogeny of *Aphelenchoides Medicagus**

Xue Qing[1**]，Du Hongrui[1]，Xue Huiying[2]，Wang Yihao[1]，Wang Xuan[1***]，Li Hongmei[1]
（[1] *Key Laboratory of Integrated Management of Crop Diseases and Pests*，*Ministry of Education*，*Nanjing Agriculture University*，*Nanjing*　210095，*China*；[2] *College of Resources and Environment*，*Tibet College of Agriculture and Animal Husbandry*，*Linzhi*　860000，*China*）

摘　要：苜蓿滑刃线虫（*Aphelenchoides medicagus*）是一种兼性植物寄生线虫，可在多种真菌上完成生活史，同时对黑豆、黄豆和苜蓿具有弱寄生性。本研究采用Illumina平台对苜蓿滑刃线虫进行低覆盖全基因组测序，从获得的全基因组序列中提取线粒体基因，并利用“种子”序列进行组装；同时对其中富含AT的非编码部分进行PCR扩增与Sanger测序，将扩增与组装的结果进行拼接，共获得14 411bp基因组。基因注释结果显示，苜蓿滑刃线虫共有蛋白编码基因12个，tRNA基因22个，rRNA基因2个，其基因构成和排列与贝西滑刃线虫（*A. besseyi*）、松材线虫（*Bursaphelenchus xylophilus*）和拟松材线虫（*B. mucronatus*）完全相同。基于氨基酸序列的系统发育显示，苜蓿滑刃线虫与贝西滑刃线虫互为姐妹群，且与松材线虫、拟松材线虫处在高度支持的滑刃线虫科单系中。本研究表明，低覆盖全基因组测序法可以成功组装出线粒体基因组的大部分序列，证明了利用该方法获取线虫线粒体全基因组序列的可行性。

关键词：苜蓿滑刃线虫；滑刃线虫科；线粒体基因组；Illumina平台；低覆盖全基因组测序

* 基金项目：中央高校基本科研业务费专项（KYYZ202109；KJQN202108）；国家自然科学基金项目（32001876）
** 第一作者：薛清，副教授，从事植物线虫学研究。E-mail：qingxue@ njau.edu.cn
*** 通信作者：王暄，教授，博士生导师，从事植物线虫学研究。E-mail：xuanwang@njau.edu.cn

中国线虫学研究（第八卷）Nematology Research in China（Vol.8）：158

南方根结线虫侵染对番茄小RNA表达的影响*

陆秀红[1**]，黄金玲[1]，周　焰[2]，李红芳[1]，刘志明[1***]
（[1]广西壮族自治区农业科学院植物保护研究所/广西作物病虫害生物学重点实验室，南宁　530007）

The Effect of *Meloidogyne Incognita* Infection on Small RNA Expression in Tomato*

Lu Xiuhong[1**]，Huang Jinling [1]，Zhou Yan[1]，Li Hongfang [1]，Liu Zhiming [1***]
（1*Institute of Plant Protection*，*Guangxi Academy of Agricultural Sciences/Guangxi Key Laboratory of Biology for Crop Diseases and Insect Pests*，*Nanning*　530007，*China*）

摘　要：小RNA（small RNA，sRNA）是一类进化保守、长度20～30nt的内源非编码小分子RNA，它不仅参与调控植物细胞凋亡、生长发育、物质代谢等生理过程，且在植物对病原物的防卫反应中起关键的调控作用。为探索番茄对南方根结线虫（*Meloidogyne incognita*）防卫反应的分子机制，筛选番茄对南方根结线虫防卫反应相关sRNA，本研究利用small RNA-seq技术对未接种及接种南方根结线虫二龄幼虫6h、12h、24h和48h的番茄根进行深度测序，并采用Real-time PCR方法检测差异表达sRNA的表达量。结果显示，未接种及接种南方根结线虫二龄幼虫6h、12h、24h和48h番茄根样品中获得含sRNA的Clean read分别为32273092、35214623、43730259、33716051和31367767。从5组样品中共预测到221个sRNA，包括170个已知保守sRNA和51个新预测sRNA。其中分别有24个、26个、19个、34个sRNA受南方根结线虫侵染诱导差异表达。以转录组测序数据作为参考，对差异表达明显的novel_10进行Real-time PCR检测及靶基因预测，Real-time PCR结果显示novel_10表达水平在接种南方根结线虫后呈时间动态变化，先下调后上调表达；靶基因预测结果发现其9个靶标基因，靶标基因功能分析表明，靶基因涉及应激反应和代谢等生物过程，靶标基因的KEGG通路显示这些基因在植物逆境反应和能量代谢相关通路中具有明显的富集。本研究为进一步探究番茄对南方根结线虫防卫反应的分子机制研究提供参考数据。

关键词：南方根结线虫；小RNA；表达

---

*基金项目：国家自然科学基金（31860492）；广西农业科学院科技发展基金项目（31860492；2021YT062）；广西自然科学基金（2020GXNSFAA297076）

**第一作者：陆秀红，副研究员，从事植物线虫综合防控技术研究。E-mail：lu8348@126.com
***通信作者：刘志明，研究员，从事植物线虫综合防控技术研究。E-mail：liu0172@126.com

中国线虫学研究（第八卷）Nematology Research in China（Vol.8）：159

南方根结线虫生防真菌的筛选、鉴定及防治效果研究*

董　丹**，张涛涛，赵　娟，刘　霆***
（北京市农林科学院植物保护环境保护研究所，北京　100097）

Screening，Identification and Control Effect of Biocontrol Fungi Against *Meloidogyne Incognita**

Dong Dan**，Zhang Taotao，Zhao Juan，Liu Ting***
（*Institute of Plant and Environment Protection*，*Beijing Academy of Agriculture and Forestry Sciences*，*Beijing*　100097，*China*）

摘　要：近年来北京设施蔬菜发展很快，年产值越来越高，已逐渐成为京郊农民收入的重要来源。由于多年连茬的栽培方式，蔬菜根结线虫猖獗失控，给蔬菜生产带来严重损失。我国拥有丰富的真菌物种资源，以杀线虫活性跟踪为向导，系统研究真菌代谢产物将会产生新一代的真菌资源杀线剂，为杀线剂家族增添新的品种。本课题组以南方根结线虫二龄幼虫（J2）为靶标，通过菌株发酵液触杀法，从采自青海土壤中的534株真菌中筛选获得对南方根结线虫二龄幼虫致死率达100%的菌株9株，编号分别是：QH-433-1930、QH-532-1970、QH-632-1932、QH-608-2019、QH-37-1894、QH-84-1933、QH-591-2031F、QH-211-1896、QH-82-1857，根据这9株菌株的形态特征、培养特征和rDNA-ITS序列比对，将上述菌株依次鉴定为灰黄青霉、斑点青霉、烟曲霉、哈茨木霉、菌核青霉、嗜松青霉、雷斯青霉、团青霉、高山被孢霉。我们对哈茨木霉QH-608-2019、菌核青霉QH-37-1894和嗜松青霉QH-84-1933进行温室盆栽试验，结果表明菌株QH-608-2019、QH-37-1894和QH-84-1933固体发酵培养物在没有任何助剂添加的条件下，对番茄根结线虫病防效达65%～80%，处理后的番茄苗根系发达，根结少，植株生长正常，未发现明显的药害，对番茄安全，说明上述3株真菌在番茄根结线虫病害生物防治中具有良好的应用价值。

关键词：南方根结线虫；真菌；番茄；防治效果

*基金项目：北京市农林科学院创新能力建设专项（KJCX20200426，KJCX20200110）
**第一作者：董丹，助理研究员，从事植物线虫生物防治研究。E-mail：dan20080801@163.com
***通信作者：刘霆，副研究员，从事植物线虫生物防治研究。E-mail：lting11@163.com

中国线虫学研究（第八卷）Nematology Research in China（Vol.8）：160

拟禾本科根结线虫生防细菌的筛选和鉴定*

闫 瑞**，丁 中，叶 姗***
（湖南农业大学植物保护学院，长沙 410128）

Screening and Identification of Bacteria Agents Against *Meloidogyne graminicola**

Yan Rui**，Ding Zhong，Ye Shan***
（*College of Plant Protection*，*Hunan Agricultural University*，*Changsha* 410128，*China*）

摘　要：拟禾本科根结线虫是为害水稻的重要病原线虫之一，严重影响水稻生长发育及其产量。目前化学防治依然是控制线虫的主要手段，化学农药毒性较大且污染环境，对人畜健康存在潜在威胁。利用微生物及其代谢产物进行线虫生物防治是一种安全、高效的防治措施。

本研究从湖南农业大学耘园实验基地采集了11份根际土壤样本，分离纯化得到89株细菌。以拟禾本科根结线虫（*Meloidogyne graminicola*）二龄幼虫为靶标线虫，利用室内触杀法筛选防治植物线虫的生防菌株。结果显示有3株菌株（YJ-1、YK-7、YY-3）发酵上清液对线虫具有显著击倒效果，处理24h后，2倍和5倍稀释发酵上清液的线虫校正死亡率达到96.32%以上，10倍稀释发酵上清液线虫校正死亡率为81.38%以上；处理48h后，2倍和10倍稀释发酵液的线虫校正死亡率分别为100%和90.34%以上。此外，3株菌5倍稀释发酵上清液对马铃薯腐烂茎线虫（*Ditylenchus destructor*）、水稻孢囊线虫（*Heterodera elachista*）同样具有较好的毒杀效果，48h后的校正死亡率均为70%以上。温室盆栽实验结果表明，3株生防菌能够显著减少水稻根结数，其2倍稀释发酵液对水稻拟禾本科根结线虫的防治效果达到65%以上，且能明显促进水稻植株的生长。通过形态学和16SrDNA序列分析，鉴定这3株菌株均为芽孢杆菌属，YJ-1属于巨大芽孢杆菌（*Bacillus megaterium*），YK-2为苏云金芽孢杆菌（*Bacillus thuringiensis*），YY-3为枯草芽孢杆菌（*Bacillus subtilis*）。研究结果初步表明，筛选的新型生防菌株对防控拟禾本科根结线虫具有良好的应用潜力。

关键词：拟禾本科根结线虫；生防细菌；生物防治

---

*基金项目：国家自然科学基金（32001879）
**第一作者：闫瑞，硕士研究生，从事植物线虫生防菌资源研究。E-mail：yr980223@163.com
***通信作者：叶姗，讲师，从事植物线虫和线虫生防菌资源研究。E-mail：shanye33@aliyun.com

中国线虫学研究（第八卷）Nematology Research in China（Vol.8）：161

三七抗根结线虫根际细菌的筛选及杀线活性评价*

吴文涛**，王晶晶，周绍芳，陈荣春，曾援玲，王　扬***
（云南农业大学植物保护学院，昆明　650201）

Screening of Bacteria from *Panax notoginseng* Root Against Root-Knot Nematode and Evaluation of Nematicidal Activity*

Wu Wentao**，Wang Jingjing，Zhou Shaofang，Chen Rongchun，Zeng Yuanling，Wang Yang***
（*College of Plant Protection*，*Yunnan Agricultural University*，*Kunming*　650201，*China*）

摘　要：根结线虫病是如今中重要的土传病害之一，每年在全球范围内造成的损失高达1 000亿美元。根结线虫寄主范围十分广泛，大部分农作物都可以成功侵染，严重时作物减产高达75%以上。三七是五加科人参属植物，是我国特有的名贵中药材，云南省三七种植面积超过万亩，农业产值及全国以三七为原料的三七工业总产值超过700亿元，经过多年的发展，三七的种植生产及初加工已成为发展地方经济非常重要的支柱产业，也是推动云南经济增长的支柱产业之一。虽然三七经济效益可观，但三七生长喜温暖阴湿的气候环境，其生长环境极易诱发植株病害的发生，根结线虫病害是近年来三七生产中的主要病害之一。本研究利用稀释涂布平板法，从发病严重的林下三七发病中心的健康三七根须组织研磨液中筛选对根结线虫具有明显抑杀效果的生防细菌，得到一株对根结线虫具有较好防治效果的芽孢杆菌菌株Bt-NS2，在离体条件下用不同浓度的菌株发酵液处理根结线虫24h，结果表明发酵液稀释2倍、5倍和10倍时均具有显著的杀线活性，二龄幼虫死亡率高达79%、75%和65%。通过盆栽试验验证生防菌株Bt-NS2的防效，与对照相比，根结数量减少86%，相对防效高达58.1%。结合菌株形态特征、分子生物学和生理生化特性，将菌株Bt-NS2鉴定为苏云金芽孢杆菌。本研究为三七根结线虫病的生物防治提供了拮抗菌资源。

关键词：根结线虫；生防细菌；筛选；芽孢杆菌

---

*基金项目：现代农业产业技术体系建设专项（CARS-21）；国家重点研发计划（2018YFD0201107）
**第一作者：吴文涛，在读研究生，从事植物线虫学研究。E-mail：1174908234@qq.com
***通信作者：王扬，教授，从事植物线虫学研究。E-mail：wangyang 626 @sina.com

中国线虫学研究（第八卷）Nematology Research in China（Vol.8）：162

陕西关中地区设施西瓜南方根结线虫侵染杂草种类调查*

张　锋**，李英梅，洪　波，常　青，刘　晨，杨艺炜
（陕西省生物农业研究所/陕西省植物线虫学重点实验室，西安　710043）

Investigation on Weed Host Species and Harmfulness of *Meloidogyne Incognita* in Arched Watermelon Field in Guanzhong Area*

Zhang Feng**，Li Yingmei，Hong Bo，Chang Qing，Liu Chen，Yang Yiwei
（*Bio-Agriculture Institute of Shaanxi*；*Shaanxi Key Laboratory of Plant Nematology*，*Xi'an*　710043，*China*）

摘　要：陕西关中地区早春拱棚西瓜种植面积近70万亩，目前已成为各县区的特色产业，基本早春西瓜-秋延番茄，早春西瓜-秋延辣椒轮作模式为主。然而，近年来根结线虫对西瓜的为害越来越严重，即使秋延茬种植蔬菜为抗根结线虫品种或进行轮作，翌年早春西瓜田为害仍然很严重，已成为当地西瓜生产中亟待解决的问题。为探明轮作效果不佳的原因，我们对关中地区西瓜主产区的杂草感染根结线虫情况进行了调查和检测鉴定，结果表明，西瓜田中根结线虫能够侵染的杂草植物共有12科23种，其中以菊科、十字花科、旋花科和苋科的杂草居多。冬季根结线虫杂草寄主有7种，春季杂草寄主有9种，以播娘蒿［*Descurainia sophia*（L.）Webb. ex Prantl］、刺儿菜［*Cirsiμm setosμm*（Willd.）MB］、益母草［*Leonurus artemisia*（Laur.）S. Y. Hu F.］侵染率较高；夏季根结线虫的杂草寄主有10种，秋季杂草寄主有15种，以灰藜［*Chenopodiμm glaucμm* L.］、龙葵［*Solanμm nigrμm* L.］、马齿苋［*Portulaca oleracea* L.］、反枝苋［*Amaranthus retroflexus* L.］发生较重。经形态学鉴定和分子生物学鉴定，为害种类均为南方根结线虫。发生期和发病率调查结果显示，塑料拱棚西瓜田块越冬休闲期，棚内清除杂草发病率较未清除杂草低20%～30%，病情指数低40%～50%，且翌年早春西瓜田根结线虫发生期推迟20～30d。本次调查结果表明田间杂草是根结线虫作物中断期的重要中间寄主和主要传播源，杂草为根结线虫越冬提供了重要的庇护场所，也在一定程度上解释了轮作效果不佳的原因，在防治中还需加强对根结线虫发生严重田块杂草根系的防除。

关键词：西瓜；南方根结线虫；杂草；寄主

*基金项目：陕西省科技厅重点研发项目（2020NY-072）

**第一作者：张锋，研究员，从事设施蔬菜病虫害及植物线虫学研究。E-mail：545141529@qq.com

中国线虫学研究（第八卷）Nematology Research in China（Vol.8）：163

陕西省绞股蓝根结线虫病病原种类鉴定*

常　青**，杨艺炜，王家哲，洪　波，张　锋，李英梅***
（陕西省生物农业研究所/陕西省植物线虫学重点实验室，西安　710043）

Pathogen Identification of *Gynostemma Pentaphyllum* Root-knot Nematode Disease in Shaanxi Province*

Chang Qing**，Yang Yiwei，Wang Jiazhe，Hong Bo，Zhang Feng，Li Yingmei***
（*Bio-Agriculture Institution of Shaanxi*，*Shaanxi Key Laboratory of Plant Nematology*，*Xi'an*　710043，*China*）

摘　要：绞股蓝［*Gynostemma pentaphyllum*（Thunb.）Makino］为草质攀缘植物，属于葫芦科绞股蓝属，药用价值丰富，被誉为"南方人参""第二人参""不老长寿药草"等。陕西省安康市平利县地处秦巴山区，盛产高品质绞股蓝，是中国开发最早、规模最大的绞股蓝人工栽培基地县和国家绞股蓝标准化示范区，有"绞股蓝故乡"之称。平利绞股蓝自1985年起就出口日本等国，是中国国家地理标志产品，对推动当地经济发展具有重要意义。然而近年来，绞股蓝根结线虫病在该地区发生情况不断加重，已经逐渐成为制约当地绞股蓝产业发展的主要病害。2021年4月在安康市平利县采集根部带有明显根结的绞股蓝根系进行根结线虫分离，观察分离到的根结线虫雌成虫会阴花纹特征，并利用rDNA的ITS序列和mtDNA的NAD5序列进行分子鉴定。结果表明，该病原线虫雌成虫会阴花纹呈波浪形、椭圆形或近圆形，背弓较高，无明显侧线，符合南方根结线虫*Meloidogyne incognita*的特征。该病原线虫rDNA的ITS序列和mtDNA的NAD5序列与NCBI数据库中已登录的南方根结线虫相应序列相似度最高，系统发育分析结果也显示该病原线虫rDNA的ITS序列、mtDNA的NAD5序列与南方根结线虫聚在同一分支。综合形态学和分子生物学鉴定结果，陕西省绞股蓝根结线虫病病原种类为南方根结线虫。

关键词：绞股蓝根结线虫；病原种类鉴定；形态学；分子生物学

---

*基金项目：陕西省重点产业创新链（群）计划项目（2020ZDLNY07-06）；陕西省科技厅重点研发计划一般项目（2020NY-053）；陕西省科学院后备人才培养专项（2020k-36）

**第一作者：常青，助理研究员，从事植物线虫致病机理研究。E-mail：changq@xab.ac.cn
***通信作者：李英梅，研究员，从事植物线虫防控技术研究。E-mail：liyingmei9@163.com

中国线虫学研究（第八卷）Nematology Research in China（Vol.8）：164

陕西省象耳豆根结线虫发生状况初步调查*

潘　嵩**，刘　晨，洪　波，陈志杰，张　锋，张淑莲，李英梅***
（陕西省生物农业研究所/陕西省植物线虫学重点实验室，西安　710043）

Survey of the Occurrence of *Meloidogyne Enterolobii* in Shaanxi Province*

Pan Song**，Liu Chen，Hong Bo，Chen Zhijie，Zhang Feng，Zhang Shulian，Li Yingmei***
（*Bio-Agriculture Institute of Shaanxi/Shaanxi Key Laboratory of Plant Nematology*，*Xi'an*　710043，*China*）

摘　要： 象耳豆根结线虫（*Meloidogyne enterolobii*）最早在我国海南省儋州市的青皮象耳豆树根部发现。随后，该线虫的发生在美国、墨西哥、巴西和印度等多个国家和地区均得到了报道。象耳豆根结线虫具有很强的致病能力，其寄主范围广泛，且能够克服抗根结线虫的*Mi*基因，因此对农作物生产造成了巨大的危害。在我国，象耳豆根结线虫主要分布于海南、广东、福建、云南和湖南等南方热带和亚热带省份。2019年，我们对采自陕西省洛南县露地地块的白菜根部样品进行了根结线虫的检测，通过分子生物学和形态学鉴定，确定该病原物为象耳豆根结线虫。这一发现是资料报道的象耳豆根结线虫分布最北界，为了进一步明确象耳豆根结线虫在陕西省的发生状况，2020年，我们继续对采自该地块的多种作物进行了根结线虫的检测。结果显示，番茄、辣椒、甘蓝、马铃薯、黄芩在内的作物上均只检测到南方根结线虫；在丹参上检测到南方根结线虫和爪哇根结线虫；在白菜样品上检测到南方根结线虫和象耳豆根结线虫。同时，在象耳豆根结线虫越冬期间，我们对该地块的土壤温度进行了测定，结果显示，在当年12月到转年2月期间，0～20cm深土壤平均温度分别为3.13℃、0.32℃和5.63℃，其中在1月中上旬期间，0～20cm深土壤平均温度保持在−1.7℃～0℃约20d，而象耳豆根结线虫依然能够存活。根据国内外已发表的相关报道，在热带和亚热带地区，象耳豆根结线虫能够侵染番茄、辣椒、茄子、豇豆、丝瓜和番薯等蔬菜作物。但是，在陕西省，目前象耳豆根结线虫仅在白菜上得到了鉴定。同时，我们发现象耳豆根结线虫能够在冬季较低的土壤温度下成功越冬，说明陕西省象耳豆根结线虫种群可能已经出现了低温耐受性的进化。该研究结果为陕西省和其他北方省份象耳豆根结线虫的预警和防控工作提供了理论依据。

关键词： 象耳豆根结线虫；分子生物学；形态学；低温耐受性

---

*基金项目：陕西省科技厅重点研发项目（2020NY-072）；西安市农业科技创新工程（20193064YF052NS052）；陕西省科学院一所一品项目（2019K-05）

**第一作者：潘嵩，研究实习员，从事植物线虫生物学研究。E-mail：letusgo2007@163.com
***通信作者：李英梅，研究员，从事植物线虫生物学研究。E-mail：liyingmei9@163.com

中国线虫学研究（第八卷）Nematology Research in China（Vol.8）：165-166

生防细菌Sneb821通过激活lncRNA47258诱导番茄抗南方根结线虫的机理研究*

杨　帆[1**]，范海燕[1]，赵　迪[2]，王媛媛[3]，朱晓峰[1]，刘晓宇[4]，段玉玺[1]，陈立杰[1***]
（[1]沈阳农业大学植物保护学院，沈阳　110866；[2]沈阳农业大学分析测试中心，沈阳　110866；
[3]沈阳农业大学生物技术学院，沈阳　110866；[4]沈阳农业大学理学院，沈阳　110866）

Pseudomonas putida Sneb821 Induced Systemic Resistance against *Meloidogyne incognita* by Activating lncRNA47258 in Tomato*

Yang Fan [1**], Fan Haiyan [1], Zhao Di [2], Wang Yuanyuan [3],
Zhu Xiaofeng [1], Liu Xiaoyu [4], Duan Yuxi [1], Chen Lijie [1***]
（[1]*College of Plant Protection*, *Shenyang Agriculture University*, *Shenyang* 110866, *China*; [2]*Analysis and Testing Center*, *Shenyang Agriculture University*, *Shenyang* 110866, *China*; [3]*College of Biotechnology*, *Shenyang Agriculture University*, *Shenyang* 110866, *China*; [4]*College of Science*, *Shenyang Agriculture University*, *Shenyang* 110866, *China*）

Abstract: Our previous study has indicated that a long non-coding RNA（lncRNA）, lncRNA47258 can be responsive to Sneb821（biocontrol bacterium）induced tomato resistance to *Meloidogyne incognita* infection. However, the function and regulation mechanism of lncRNA47258 during tomato resistance to *M. incognita* are unknown. In this study, lncRNA47258 was cloned from tomatoes, and it contained an endogenous target mimicry（eTM）for miR319b, which might suppress the expression of miR319b. lncRNA47258 was strongly upregulated in tomato plants at 3 days post inoculation with Sneb821, and its expression level displayed a negative correlation with the expression level of miR319b and a positive correlation with the expression levels of *TCP*（teosinte branchen/cycloidea/pro-liferating cell factor）genes（target gene of miR319b）upon *M. incognita* infection. Tomato plants in which lncRNA47258 was silenced displayed a decline in resistance against *M. incognita* infection, an increase in level of miR319b. In addition, lncRNA47258 could also induce the expression of *TCP* genes, as shown by decreased expression levels of *TCP* genes in tomato plants silenced lncRNA47258,

*基金项目：国家科技基础资源调查专项（2018FY100300）；辽宁省教育厅青年科技人才“育苗”项目（LSNQN201902）；辽宁省博士科研启动基金计划项目（2019-BS-210）
**第一作者：杨帆，博士研究生，从事植物线虫生物防治研究。E-mail：yangjingdong2333@163.com
***通信作者：陈立杰，教授，博士生导师，从事植物线虫生物防治研究。E-mail chenlj-0210@syau.edu.cn

respectively. The result demonstrated that lncRNA47258 might function to decoy miR319b and affect the expression of *TCP* genes in tomato plants, increasing resistance to *M. incognita*. Our studies will assist us in understanding interaction relationship of lncRNA-miRNA, and the relationship between biocontrol bacteria, root-knot nematodes and tomato.

Key words: biocontrol bacterium; tomato; *Meloidogyne incognita*; lncRNA47258; miR319

中国线虫学研究（第八卷）Nematology Research in China（Vol.8）：167

生物活性有机肥对番茄根结线虫病调控效果的研究*

东　晔**，杨艳梅，李云霞，李　艳，胡先奇***
（云南农业大学省部共建云南生物资源保护与利用国家重点实验室，昆明　650201）

Effect of Bio-organic Fertilizer on Tomato Root Knot Nematode Disease*

Dong Ye**，Yang Yanmei，Li Yunxia，Li Yan，Hu Xianqi***
（*State Key Laboratory for Conservation and Utilization of Bio-Resources in Yunnan*，
Yunnan Agricultural University，*Kunming*　650201，*China*）

摘　要：蔬菜根结线虫病是一类分布广、为害严重、损失大的重要病害之一，如何有效地开展绿色防控是备受关注的领域，生物有机肥对蔬菜根结线虫病进行调控的应用研究也越来越多，筛选环境友好、调控效果好、促增产增收的生物有机肥是应用的一个热点。

本研究通过温室盆栽试验，利用接种相同数量根结线虫的番茄盆栽采用不同的施肥方式施加相同含量植物源生物活性有机肥“红土运”有机肥，通过发病情况和番茄植株可溶性糖、丙二醛、脯氨酸等相关抗性酶活的检测，衡量“红土运”对番茄根结线虫病调控效果。试验设计5个处理：“红土运”根际撒施80g（基肥80g）、表面撒施80g（表面撒施80g）、根际和表面部分各撒施40g（基肥40g+撒施40g）、标准对照组1%阿维菌素0.7g（阿维菌素）及空白对照组（CK）。结果表明，阿维菌素处理组的根结指数较CK对照组显著降低，相对防效达到87.4%，施用“红土运”处理的相对防效49.9%～75.0%，基肥80g处理的相对防治效果最好。撒施80g、基肥40g+撒施40g、基肥80g和阿维菌素处理的丙二醛含量减少了11.6%、34.2%、42.4%和38.4%，与CK具有显著性差异。撒施80g、基肥40g+撒施40g、基肥80g和阿维菌素处理植株脯氨酸含量分别增加了649.1%、391.6%、563.7%和25.7%。撒施80g、基肥40g+撒施40g、基肥80g和阿维菌素处理植株可溶性糖较CK处理含量分别增加了57.6%、47.9%、77.6%和34.0%。

上述初步显示，生物活性有机肥“红土运”在促进植株根系的健康生长的同时，对番茄根结线虫病有抑制作用，其中基肥80g的效果好。生物有机肥“红土运”可作为一种较理想的根结线虫病害调控剂。

关键词：生物活性有机肥“红土运”；番茄根结线虫；绿色防控

---

* 基金项目：国家重点研发计划子课题“番茄根结线虫病和蔬菜根肿病生物防控技术筛选与应用”（2018YFD0201202-5）

** 第一作者：东晔，硕士，主要从事植物线虫病害生物防治研究。E-mail：1092408390@qq.com
*** 通信作者：胡先奇，博士，教授，主要从事植物线虫病害研究。E-mail：xqhoo@126.com

中国线虫学研究（第八卷）Nematology Research in China（Vol.8）：168

水稻*OsBetvI*基因表达与拟禾本科根结线虫侵染及基本防卫激素信号的关系*

刘培燕[1**]，李治文[1]，黄秋玲[1]，王　婧[1]，廖金铃[1,2]，卓　侃[1***]，林柏荣[1***]
（[1]华南农业大学植物线虫研究室，广州　510642；[2]广东生态工程职业学院，广州　510520）

Gene Expression of *OsBetvI* in Relationship to Infection by *Meloidogyne graminicola* and Basic Defense Hormone Signals in Rice

Liu Peiyan[1**]，Li Zhiwen[1]，Huang Qiuling[1]，WangJing[1]，
Liao Jingling[1,2]，Zhuo Kan[1]，Lin Bairong[1***]
（[1]*Laboratory of Plant Nematology*，*South China Agricultural University*，*Guangzhou*　510642，*China*；
[2]*Guangdong Eco-Engineering Polytechnic*，*Guangzhou*　510520，*China*）

摘　要：拟禾本科根结线虫（*Meloidogyne graminicola*）是水稻上的重要病原物，严重影响水稻产量和质量。课题组前期研究表明拟禾本科根结线虫效应子MgMO237与水稻OsBetvI蛋白互作，能促进拟禾本科根结线虫的寄生。本研究通过序列分析表明OsBetvI是一种新的PR10蛋白，可能是植物抗性反应中的一类重要蛋白，与植物的防卫反应相关。定量PCR分析发现*OsBetvI*在水稻根部表达最高，与表达量最低的茎部相比高约60倍。用植物激素处理水稻，显示*OsBetvI*的表达受到茉莉酸、水杨酸和乙烯的影响。当茉莉酸的浓度低于200μM时，*OsBetvI*表达被抑制，但当茉莉酸浓度为200μM时，*OsBetvI*被显著诱导，与未经茉莉酸处理的植株相比表达量提高约10倍；当用水杨酸和乙烯处理水稻，无论是低浓度（0.25mM）还是高浓度（5mM）的水杨酸和乙烯均抑制*OsBetvI*的表达，与未经处理的植株相比，*OsBetvI*的表达量仅为10%～20%。进一步使用CRISPR/Cas9方法编辑*OsBetvI*基因，结果显示*OsBetvI*突变体水稻对拟禾本科根结线虫的感病性显著提高。上述结果表明*OsBetvI*可能是一个受茉莉酸、水杨酸和乙烯调控的抵抗线虫侵染的水稻防卫基因。

关键词：拟禾本科根结线虫；植物激素；CRISPR/Cas9；BetvI蛋白；水稻

---

* 基金项目：国家自然科学基金项目（31972246；31601614；31471750）
** 第一作者：刘培燕，硕士研究生，从事植物与线虫互作分子机制研究。E-mail：lpymmyc@sina.com
*** 通信作者：卓侃，教授，从事植物线虫学研究。E-mail：zhuokan@scau.edu.cn
林柏荣，副教授，从事植物线虫学研究。E-mail：boronglin@scau.edu.cn

中国线虫学研究（第八卷）Nematology Research in China（Vol.8）：169-170

松材线虫对红松的致病性研究*

曹业凡**，汪来发***，汪　祥，王曦茁
（中国林业科学研究院森林生态环境与保护研究所/国家林业和草原局森林保护学重点实验室，北京　100091）

Study on Pathogenicity of *Bursaphelenchus xylophilus* in Seedlings of *Pinus koraiensis**

Cao Yefan**，Wang Laifa***，Wang Xiang，Wang Xizhuo
（*Key Laboratory of Forest Protection of National Forestry and Grassland Administration Research Institute of Forest Ecology/Environment and Protection*，*Chinese Academy of Forestry*，*Beijing*　100091，*China*）

摘　要：松材线虫病（pine wilt disease）又名松树萎蔫病，是一种以松材线虫（*Bursaphelenchus xylophilus*）为主要病原的系统性病害（叶建仁，2010；Futai，2013），主要为害松属树种（*Pinus* spp.），目前该病害已蔓延扩散至中国、日本和韩国等多个国家，对当地林业造成巨大经济损失与生态破坏。据国家林业和草原局2021年第5号公告统计，目前我国已有17个省市发生松材线虫病，现有县级疫区数量为722个，因此该病害亟须有效防治。近年来随着松材线虫病不断向北扩散，新的为害寄主也不断增加，已有学者从红松*Pinus koraiensis*、日本落叶松*Larix. kaempferi*等北方松树中分离到松材线虫并进行鉴定，但关于松材线虫对上述树种的致病性研究较少，其具体发病症状与规律尚不明确。红松是我国北方地区主要经济树种与造林树种，对当地农林经济发展与生态环境保护均有重要作用，因此关于红松松材线虫病的发病规律与病害防治亟须研究。

本研究以5年生红松幼苗为研究对象，通过接种不同地理来源株系的松材线虫，研究松材线虫对红松的致病性。本次接种实验所用红松幼苗购自辽宁省抚顺市清原县，松材线虫株系号及其来源如下：①QH-1，采自辽宁省清原县的感病红松；②NM-1，采自江苏省南京市的感病马尾松（*P. massoniana*）；③CM-1，采自重庆市的感病马尾松。每株系接种红松幼苗10株，接种量为2 000条/株，以无菌水接种为对照，接种完成后对接种红松幼苗进行持续性病害观察与线虫统计。结果表明，QH-1、NM-1与CM-1均能使5年生红松幼苗枯萎发病，但接种QH-1的幼苗首次发病时间比NM-1和CM-1早5d。感病初期接种点附近针叶出现褪绿变黄症状，感病中期整株针叶褪绿变色，并出现部分红叶。感病后期整株针叶枯萎变红，无松脂分泌，此时幼苗已枯萎死亡。接种35d后，QH-1、NM-1和CM-1接种的

*基金项目：中国林业科学研究院基本科研业务费专项（CAFYBB2018SZ006）；国家重点研发专项（2016YFC1201200）
**第一作者：曹业凡，硕博连读研究生，从事松材线虫病研究。E-mail：980330137@qq.com
***通信作者：汪来发，研究员，从事植物线虫病害及防治研究。E-mail：wanglaifa163@163.com

红松幼苗的发病率分别为100%、60%和40%，感病指数分别为100、55和30。接种QH-1、NM-1和CM-1后的萎蔫幼苗中均可分离到松材线虫，平均每株线虫量分别为28 776 ± 4 774、19 290 ± 3 502和19 737 ± 3 501，差异显著（$P<0.01$），部分无病症幼苗也能分离到少量线虫（$n<100$）。横截面观察结果表明，在红松幼苗接种QH-1、NM-1和CM-1后，QH-1对红松的破坏程度最重。

本研究通过对5年生红松幼苗接种不同地理来源株系松材线虫，发现不同株系松材线虫对接种幼苗存在致病性差异，其中QH-1对5年生红松幼苗致病性最强，NM-1与CM-1松材线虫对5年生红松致病性低于QH-1，关于致病性差异的具体机制有待进一步研究。

关键词：松材线虫；红松；致病性；接种测试

中国线虫学研究（第八卷）Nematology Research in China（Vol.8）：171

松材线虫高致死活性生防菌的分离鉴定*

王润东**，康梦洋，郑逢茹，涂雨瑶，王甘霖，
闫海仪，苏建华，贾梦伟，张晓燕，崔江宽***
（河南农业大学植物保护学院，郑州　450002）

Isolation and Identification of Biocontrol Bacteria with High Lethal Activity Against *Bursaphelenchus Xylophilus**

Wang Rundong**，Kang Mengyang，Zheng Fengru，Tu Yuyao，Wang Ganlin，
Yan Haiyi，Su Jianhua，Jia Mengwei，Zhang Xiaoyan，Cui Jiangkuan***
（*College of Plant Protection*，*Henan Agricultural University*，*Zhengzhou*　450002，*China*）

摘　要：松材线虫病，是由于松材线虫的侵害（*Bursaphelenchus xylophilus*）发生的一种森林病害。松材线虫病原产于北美等地，后来又传入日本、中国、韩国和欧洲等多个国家。1982年，我国首次在南京中山陵发现了松材线虫。为筛选对松材线虫广谱高效的生防菌，本实验测试了多种真菌、细菌、放线菌对松材线虫的防治效果。将供试菌进行分离培养，制成发酵液，取上清液，经过细菌过滤器过滤，得到分泌物。采用十倍稀释的方法将过滤后的发酵液稀释为1、10^{-1}、10^{-2}、10^{-3}以及无菌水为对照组对松材线虫进行毒力测定实验（每个处理重复3次），每个处理加入病原线虫100头，每24h记录一次线虫存活状态，观察72h。根据校正死亡率来鉴别不同菌株对线虫的致病力，结果表明：细菌中枯草芽孢杆菌（*Bacillus subtilis*）、嗜麦芽单胞菌（*M. maltophilia*）、萎缩芽孢杆菌（*Bacillus atrophiae*）、巨大芽孢杆菌（*Bacillus megaterium*）、黏质沙雷菌（*Serratia marcescens*）和婴儿芽孢杆菌（*Bacillus infantis*）致死率均达90%以上；放线菌中拟无枝酸菌（*Amycolatopsis* sp.）和唐德链霉菌（*Streptomyces tendae*）致死率达70%以上；真菌杀线效果不明显。

关键词：松材线虫；生防菌；形态鉴定

*基金项目：河南省重点研发与推广专项（科技攻关）项目（212102110443）；国家自然科学基金（31801717）
**第一作者：王润东，本科生，从事植物病理学研究。E-mail：rd3324671551@163.com
***通信作者：崔江宽，副教授，主要从事植物与线虫互作机制研究。E-mail：jk_cui@163.com

中国线虫学研究（第八卷）Nematology Research in China（Vol.8）：172

甜菜孢囊线虫*HsSNARE1*基因功能研究*

赵　洁**，黄文坤，张刘萍，段榆凯，彭德良，刘世名***
（[1]中国农业科学院植物保护研究所，北京　100193）

Functional Analysis of *HsSNARE1* from Beet Cyst Nematode*

Zhao Jie**，Huang Wenkun，Zhang Liuping，Duan Yukai，Peng Deliang，Liu Shiming***
（*Institute of Plant Protection*，*Chinese Academy of Agricultural Sciences*，*Beijing*　100193，*China*）

摘　要：SNAREs蛋白是由相对较小的（200～400个氨基酸）多肽组成的超家族，能够通过调控囊泡膜的融合及囊泡运输来介导大豆对大豆孢囊线虫（SCN，*Heterodera Glyines*）的抗性，但是至今对线虫中SNAREs蛋白的功能却鲜有报道。本项研究中，我们在甜菜孢囊线虫（BCN，*Heterodera schachtii*）中鉴定了一个t-SNARE蛋白-HsSNARE1，通过生物信息学分析发现其包含一个t-SNARE结构域及一个C末端的跨膜结构域。HsSNARE1在本氏烟草叶片中的瞬时表达表明HsSNARE1定位于质膜和细胞核中。原位杂交实验结果表明这个t-SNARE蛋白主要在甜菜孢囊线虫的食道腺中表达，且Real-time PCR表明该基因在甜菜孢囊线虫侵染后三龄阶段表达量最高。通过异源表达*HsSNARE1*我们发现，与拟南芥Col 0相比，*HsSNARE1*转基因拟南芥增强了对线虫的敏感性，同时还发现*HsSNARE1*转基因拟南芥的根要显著重于Col 0的根，这表明HsSNARE1可能是通过调控根的生长形态变化来调控拟南芥对线虫的敏感性，当然这还需我们进行进一步研究。本研究拓宽了对甜菜孢囊线虫寄生机制的理解，能够为进一步解释线虫对植物的侵染细节提供参考。

关键词：甜菜孢囊线虫；基因功能；侵染

*基金项目：国家自然科学基金（31972248）公益性行业（农业）科研专项；青年英才计划（1318012605）；中国农业科学院创新工程（ASTTP-2016-IPP-15）；公益性行业（农业）科研专项（201503114）

**第一作者：赵洁，博士研究生，从事分子植物病理研究。E-mail：zhaojie_H@126.com
***通信作者：刘世名，研究员，从事分子植物病理研究。E-mail：smliuhn@yahoo.com

中国线虫学研究（第八卷）Nematology Research in China（Vol.8）：173

甜菜孢囊线虫重组聚合酶扩增PRA结合Cas12a介导的快速检测技术开发*

姚　珂[1,2**]，彭德良[1]，郑经武[2]，彭　焕[1***]
（[1]中国农业科学院植物保护研究所/植物病虫害生物学国家重点实验室，北京　100193；
[2]浙江大学农业与生物技术学院，杭州　310058）

Rapid and Visual Detection of *Heterodera schachtii* Using Recombinase Polymerase Amplification Combined with Cas12a-mediated Technology*

Yao Ke[1,2**]，Peng Deliang[1]，Zheng Jingwu[2]，Peng Huan[1***]
（[1] *State Key Laboratory for Biology of Plant Diseases and Insect Pests*，*Institute of Plant Protection*，*Chinese Academy of Agricultural Sciences*，*Beijing*　100193，*China*；[2]*College of Agriculture and Biotechnology*，*Zhejiang University*，*Hangzhou*　310058，*China*）

Abstract： Sugar beet cyst nematode（*Heterodera schachtii*）is one of the most important nematodes in sugar beet production，which causes serious economic losses every year. Rapid and visual detection of *H. schachtii* is essential for more effective prevention and control. In this study，a species-specific recombinase polymerase amplification（RPA）primer were designed from the specific fragment of *H. schachtii*. The primers could only amplify 190bp band from *H. schachtii* but did not amplify DNA from non-target cyst nematodes including *Heterodera*，*Globodera* and *Cactodera* species. The results were observed by naked eyes using the lateral flow dipstick（LFD）. Moreover，we combined CRISPA technology with RPA，and finally complete the detection of the sample through measurement of fluorescence value. Sensitivity detection indicated that 10^{-4} of single cyst，10^{-3} of single female，2^{-3} of single juvenile 2 and 10^{-2}ng genomic DNA template could be detected. Furthermore，the assay could identify *H. schachtii* in host roots and in soil. This assay can be easily adapted for the rapid detection of *H. schachtii* in the field.

Key words： Sugar beet cyst nematode；*Heterodera. schachtii*；RPA；Cas12a；LFD

*基金项目：国家自然科学基金（31972247，31672012）；公益性行业（农业）科研专项（201503114）
**第一作者：姚珂，博士研究生，从事植物线虫致病机理研究。E-mail：11816092@zju.edu.cn
***通信作者：郑经武，教授，博士，从事植物线虫分类及线虫病害治理方面的研究。E-mail：jwzheng@zju.edu.cn;
彭焕，副研究员，博士，从事植物与线虫互作机制研究。E-mail：hpeng83@126.com

中国线虫学研究（第八卷）Nematology Research in China（Vol.8）：174

线虫生防细菌Sneb1990菌株的鞭毛蛋白基因功能初探*

赵双玲[1,2**]，王　帅[1,2]，范海燕[1,2]，王媛媛[1,3]，朱晓峰[1,2]，
刘晓宇[1,4]，玄元虎[1,2]，段玉玺[1,2]，陈立杰[1,2***]
（[1]沈阳农业大学北方线虫研究所，沈阳　110866；[2]沈阳农业大学植物保护学院，沈阳　110866；
[3]沈阳农业大学生物科学技术学院，沈阳　110866；[4]沈阳农业大学理学院，沈阳　110866）

Flagellin Function Analysis of Biocontrol Bacteria Sneb1990 Strain Against *Meloidogy Incognita**

Zhao Shuangling[1,2**], Wang Shuai[1,2], Fan Haiyan[1,2], Wang Yuanyuan[1,3],
Zhu Xiaofeng[1,2], Liu Xiaoyu[1,4], Xuan Yuanhu[1,2], Duan Yuxi[1,2], Chen Lijie[1,2***]
(*[1]Nematology Institute of Northern China*, *Shenyang Agricultural University*, *Shenyang*　110866, *China*; *[2]College of Plant Protection*, *Shenyang Agricultural University*, *Shenyang*　110866, *China*; *[3]College of Biological Science and Technology*, *Shenyang Agricultural University*, *Shenyang*　110866, *China*; *[4]College of Sciences*, *Shenyang Agricultural University*, *Shenyang*　110866, *China*)

摘　要：南方根结线虫（*Meloidogyne incognita*）是专性寄生于植物根系的重要植物病原生物，其分布范围广、寄主种类多、危害严重，每年造成的经济损失高达千亿美元，利用天然微生物资源防治根结线虫病害是安全有效手段。莓实假单胞菌（*Pseudomonas fragi* Sneb1990）是本实验室筛选出对根结线虫有较好防效的生防细菌，2017年与2018年的田间结果，其对番茄根结级数减退率分别达到45.2%和63.4%。为明确其鞭毛蛋白激发番茄免疫的诱抗功能，本研究通过克隆该菌鞭毛蛋白全长基因，并连接到真核表达质粒pCAMBIA1302中，利用农杆菌注射渗透法将其导入拟南芥及番茄叶片中表达观察PTI反应，并外源施加Sneb1990鞭毛蛋白观察其对南方根结线虫的抑制效果。结果显示，菌株Sneb1990鞭毛蛋白基因序列长1 680bp，编码559个氨基酸，*Pseudomonas syringae* DC3000鞭毛蛋白基因序列长849bp，编码282个氨基酸。两株菌鞭毛蛋白氨基酸保守结构域flg22相似极高，仅在第19位氨基酸上存在差异。重组质粒pCAMBIA1302-flag表达并在拟南芥及番茄叶片上产生过敏坏死反应，初步证明了生防假单胞菌Sneb1990的鞭毛蛋白可以激活植物免疫反应。外源施加浓度1μM/L Sneb1990鞭毛蛋白$flg22_{pf}$多肽进行叶片喷施处理拟南芥，发现处理植株中线虫数量分别比对照少43.55%；通过根部浸泡处理番茄后，发现处理植株中线虫数量分别比对照少73.76%。本研究结果为生防菌鞭毛蛋白的诱抗功能研究奠定了基础，为根结线虫病害的生物防治研究提供新思路。

关键词：根结线虫；鞭毛蛋白；基因克隆；序列分析；重组原核表达质粒

* 基金项目：财政部和农业农村部：国家现代农业产业技术体系资助（CARS-04-PS13）；国家寄生虫资源库（NPRC-2019-194-30）

** 第一作者：赵双玲，博士研究生，从事植物线虫生物防治研究。E-mail：1120547138@qq.com
*** 通信作者：陈立杰，教授，从事植物线虫学研究。E-mail：chenlijie0210@163.com

中国线虫学研究（第八卷）Nematology Research in China（Vol.8）：175

线虫微生物在根与根结内的荧光定位*

张　婷**，张沁怡，程林洁，田宝玉***
（福建师范大学细胞逆境响应与代谢调控福建省高校重点实验室/生命科学学院，福州　350007）

Fluorescence Localization of Nematode Microorganisms in Roots and Root Knots*

Zhang Ting**，Zhang Qinyi，Cheng Linjie，Tian Baoyu***
（*Cell Stress Response and Metabolic Regulation/Fujian Provincial University Key Laboratory, School of Life Sciences*，*Fujian Normal University*，*Fuzhou*　350007，*China*）

摘　要：根结线虫是一种专门寄生于植物根系内的寄生线虫，其分布范围广泛，寄主高达到上千种，遍及各种经济作物，其中茄科、豆科等都属于高感作物。根结线虫生命周期较短、繁殖速度快，侵染宿主植株根系后，其植株根部会形成许多大小不一的根结，从而导致植株根部受到机械损伤，阻碍植株根部吸收与运输水分、无机盐等营养物质，进而造成宿主植株生长速度变缓、植株矮小、叶片变黄甚至枯死等症状。在根结线虫的侵染过程中，易为真菌、细菌等病害入侵宿主植株提供条件，从而进一步加重宿主植株的病害。本实验通过对根结线虫侵染过后患病的番茄进行根和根结的取样，一部分用于提取植物组织的DNA，另一部分通过植物组织固定、脱水、石蜡包埋等方法制成石蜡切片备用。植物组织DNA利用植物微生物V5-V7区的引物799F（5′-AACMGGATTAGATACCCKG-3′）和1193R（5′-ACGTCATCCCCACCTTCC-3′）进行DNA的扩增作为荧光原位杂交的DNA双链引物。然后利用缺口平移法对引物进行地高辛标记。再用荧光原位杂交实验方法对根和根结的普通细菌进行广谱定位。结果表明根结部分的切片显示根结部分有特殊的环状，空洞的结构，类似细胞形成的合胞体，并且根结处定位出明显线虫结构。除此之外植物组织的韧皮部和细胞间隙遍布细菌。而根部的切片主要在韧皮部定位出细菌，推测细菌沿着根的韧皮部进行流动。为进一步研究线虫在植物内的作用的机制打下基础，以及对根组织的菌群分布和迁移提供验证。

关键词：线虫；根结；荧光定位

---

*基金项目：本研究由国家自然科学基金项目（31670125）；福建省自然科学基金（2017J01625）；福建师范大学生命科学学院学者计划（FZSKG2018006）

**第一作者：张婷，博士研究生，从事番茄植物基因组研究。E-mail：984241942@qq.com
***通信作者：田宝玉，教授，从事植物线虫与植物基因组研究。E-mail：tianby@fjnu.edu.cn

中国线虫学研究（第八卷）Nematology Research in China（Vol.8）：176

一个大豆孢囊线虫C_2H_2型锌指蛋白基因的功能初步分析

段榆凯，黄文坤，彭　焕，孔令安，彭德良，刘世名*
（中国农业科学院植物保护研究所，北京　100193）

Functional Analysis of a C_2H_2-type ZnF Protein Gene from Soybean Cyst Nematode

Duan Yukai，Huang Wenkun，Peng Huan，
Kong Ling'an，Peng Deliang，Liu Shiming*
（*Institute of Plant Protection*，*Chinese Academy of Agricultural Sciences*，*Beijing*　100193，*China*）

摘　要：大豆（*Glycine max*）是世界范围内重要的粮食和油料作物，原产于我国，但由于病虫害及品种限制，我国的大豆产量仅占世界大豆产量的5%。大豆孢囊线虫（*Heterodera glycines*，SCN）作为造成大豆产量损失最严重的病原物之一，严重制约了我国大豆生产。早在20世纪60年代，研究者就在大豆中鉴定出了两个主效抗大豆孢囊线虫的基因位点（*Rhg1*和*Rhg4*）。Cook等人（2012）的研究证明*Rhg1-b*中存在3个主效的抗大豆孢囊线虫基因，并且需要这3个基因同时表达才能起到抗性作用。其中*GmSNAP18*作为重要的抗性基因被众多研究者选为研究对象。锌指结构是一种相对较小的蛋白质基序，可作为结合DNA、RNA、蛋白质或脂质的底物，并且大多数包含锌指结构的蛋白都与基因表达调控相关。相关研究表明C_2H_2锌指结构在秀丽隐杆线虫两个左右不对称的味觉神经元分化过程起到关键作用。本研究通过酵母双杂交系统，从SCN cDNA文库中筛选与GmSHAP18互作的蛋白，对筛选到的阳性克隆进行测序并预测其蛋白结构后选择了重复性较高的一个含有7个C_2H_2型锌指蛋白的基因，并命名为*Hg-*C_2H_2*-ZnF*。本研究通过酵母共转、双分子荧光互补（BiFC）及GST Pull-down实验对*Hg-*C_2H_2*-ZnF*和GmSHAP18互作关系进行验证，同时利用大豆发根实验和构建转基因拟南芥植株，直接和从侧面证明*Hg-*C_2H_2*-ZnF*基因对大豆孢囊线虫毒性的影响。并通过亚细胞定位、原位杂交以及实时荧光定量PCR对其发育表达进行分析。亚细胞定位结果显示Hg-C_2H_2-ZnF位于膜位置，实时荧光定量PCR结果表明基因*Hg-*C_2H_2*-ZnF*在接种前二龄幼虫表达量最高。通过这些实验以期望对*Hg-*C_2H_2*-ZnF*基因功能进行初步研究，并为更好理解大豆对大豆孢囊线虫抗性机制奠定一定基础。

关键词：大豆孢囊线虫；锌指蛋白；基因功能

* 通信作者：刘世名

中国线虫学研究（第八卷）Nematology Research in China（Vol.8）：177

有机肥改变根际细菌群落并富集有益细菌抑制小麦孢囊线虫的种群发生*

苏慧清[1**]，邱 巍[2]，闫凌云[1]，冀凯燕[1]，刘 倩[1]，简 恒[1***]
（[1]中国农业大学植物病理系，北京 100193；2 浙江农林大学，杭州 311300）

Application of Organic Fertilizer Altered Wheat Rhizosphere Bacterial Community And Enriched Beneficial Bacteria to Inhibit Cereal Cyst Nematode*

Su Huiqing[1**]，Qiu Wei[2]，Yan Lingyun[1]，Ji Kaiyan[1]，Liu Qian[1]，Jian Heng[1***]
（[1]*College of plant protection*，*China Agricultural University*，*Beijing* 100193，*China*；*College of resource and environment*，*Zhejiang A&F University*，*Hangzhou* 311300，*China*）

摘 要：长期施用化肥造成土壤质量下降，水体富营养化，威胁粮食安全及地球生态环境。禾谷孢囊线虫是麦类作物的重要土传病害，分布地域广，造成严重的经济损失。施用有机肥作为改良土壤的重要手段，不仅有利于作物增产还在一定程度上减轻线虫病害的发生，但到目前为止有机肥减轻孢囊线虫病害发生的机理尚不清楚。为此，我们通过两年的大田试验，采集小麦根际土壤样品，并通过高通量测序，研究土壤细菌与线虫发生的相互关系。结果发现，有机肥能显著改变根际土壤细菌的群落结构和多样性，在线虫侵染的主要时期（苗期与拔节期），施用有机肥显著提高了OTU6280、OTU1784、OTU10292、OTU833、OTU9384、OTU1147等细菌物种的相对丰度；相关性RDA分析发现，土壤化学性质与细菌群落成正相关，孢囊繁殖系数与细菌群落呈负相关。通过Heatmap分析进一步发现，与孢囊繁殖系数显著负相关的细菌物种中，物种OTU6280在两个时期均与孢囊繁殖系数呈显著的负相关，并且该物种也在有机肥处理中显著富集。根据该属的特性我们从根际土壤中分离到了该属的一株菌，宏基因组和绝对定量结果显示该菌在有机肥处理中的丰度显著高于其他施肥处理。该菌发酵滤液对禾谷孢囊线虫二龄幼虫的致死率达90%，盆栽试验的结果显示浇灌发酵液后24h、48h和72h，小麦根中的病程相关基因*PR*1、*PR*3显著上调表达。浇灌发酵液17d后，小麦根生物量增加约20%，具有明显的促生作用。

综上所述，本研究的初步结果表明有机肥可能通过改变根际土壤的细菌群落，富集对禾谷孢囊线虫二龄幼虫有致死作用的有益细菌，并刺激小麦产生免疫反应及促进根系生长，达到减轻孢囊线虫对小麦为害的目的。

关键词：有机肥；禾谷孢囊线虫；小麦；有益细菌；高通量测序；qPCR

*基金项目：耕地地力对农业主要有害生物发生影响机制（2017FYD0200601）

**第一作者：苏慧清，博士研究生，从事土壤微生物与孢囊线虫互作机制研究。E-mail：15524327372@163.com
***通信作者：简恒，从事植物线虫致病机理及生防菌研究。E-mail：hengjian@cau.edu.cn

中国线虫学研究（第八卷）Nematology Research in China（Vol.8）：178

云南烟草根结线虫的调查及抗性综合评价标准的建立*

周绍芳**，吴文涛，李　红，高泽文，陈荣春，曾媛玲，王　扬***
（云南农业大学植物保护学院，昆明　650201）

Investigation of Tobacco Root Knot Nematode in Yunnan and Establishment of Comprehensive Evaluation Standard for Its Resistance*

Zhou Shaofang**，Wu Wentao，Li Hong，Gao Zewen，
Chen Rongchun，Zeng Yuanling，Wang Yang***
（*College of Plant Protection*，*Yunnan Agricultural University*，*Kunming*　650201，*China*）

摘　要：烟草根结线虫病害是一种重要病害，分布广泛，病害的发生带来了严重的经济损失。云南是烟草种植大省，根结线虫病害的发生严重影响了烟农的经济效益。在防治根结线虫过程中选育抗病品种是有效方法，在抗病品种选育的过程中由于抗性评价标准比较单一，仅根据根结指数的病理指标来评价抗性，很容易导致在烟草抗性选育中把有耐病潜力的种质资源筛掉。因此，需要一个抗性综合评价标准来筛选出具有耐病性的烟草种质植株。本研究在云南的5个烟草种植县进行了调查，主要调查根结百分率、根系褐变比例、最大根结直径、叶尖焦枯以及脚叶部茎围5个指标，将数据进行统计分析，拟定了烟草根结线虫病病情评价计算公式：发病程度=根结百分率×50+根褐变比例×30+最大根结直径赋予值×20。根据计算值建立的抗性标准为：免疫：0；高抗：1～15；中抗：16～30；抗：31～50；感：51～80；高感：81～100。本研究建立的抗性综合评价标准可以为选育出具有抗烟草根结线虫的烟草品种奠定基础，且与原有的抗性评价标准相比，也能够更为细致的划分出有耐病潜力的单株。

关键词：烟草根结线虫病害；抗性选育；抗性综合评价；耐病潜力

*基金项目：中国烟草总公司云南省公司（2019530000241001）
**第一作者：周绍芳，硕士研究生，从事植物线虫学研究。E-mail：1963259316@qq.com
***通信作者：王扬，教授，从事植物线虫学研究。E-mail：wangyang626@sina.com

中国线虫学研究（第八卷）Nematology Research in China（Vol.8）：179

针线虫属1新种记述（线虫门：针线虫亚科）*

苗文韬**，李君霞，张晨颖，韩少杰，郑经武***
（浙江大学生物技术研究所，杭州　310058）

Description of A New Pin Nematode Species（Nematoda: Paratylenchinae）from China*

Miao Wentao**，Li Junxia，Zhang Chenying，Han Shaojie，Zheng Jingwu***
（*Institute of Biotechnology*，*College of Agriculture & Biotechnology*，*Zhejiang University*，*Hangzhou*　310058，*Zhejiang*，*China*）

Abstract: Pin nematodes（*Paratylenchus* spp.）are widely distributed in the world. The wide host range of the pin nematodes varies from crops and trees to ornamental plants. More than 30 species were reported in China. During the diversity survey of plant parasitic nematodes，a new pin nematode species was detected in the rhizosphere of *Aesculus chinensis* from Zhengzhou，Henan，China. This species can be characterized by having swollen and slender females，four incisures in the lateral field and advulval flap. Cephalic region narrow，rounded，not offset from body. Cephalic sclerotization weak. Stylet length is 22.1（21.0-23.2）μm，with pyriform basal bulb，excretory pore position slightly anterior to or at midway of basal pharyngeal bulb，advulval flap present，post uterine sac absent，anus indistinct，tail slender，relatively curved，gradually tapers to form a finely rounded to subacute terminus. The body length of swollen females comparatively longer than slender ones，with longer distance from anterior end to excretory pore and longer tail. Phylogeny analysis based on different rDNA gene revealed that the *Paratylenchus* population from Zhengzhou is a new species.

Key words: *Paratylenchus*；New species；Morphology； SEM； rDNA；Phylogeny

---

*基金项目：国家自然科学基金（31772137）
**第一作者：苗文韬，硕士研究生，从事植物线虫分类方面的研究。E-mail：wtmiao@zju.edu.cn
***通信作者：郑经武，教授，从事植物线虫分类学及线虫病害治理方面的研究。E-mail：jwzheng@zju.edu.cn

中国线虫学研究（第八卷）Nematology Research in China（Vol.8）：180

郑州市绿地草坪草植物病原线虫鉴定*

滑　夏**，周　博，陈昆圆，任豪豪，郑　潜，
黄微微，常富杰，蒋士君，孟颢光，崔江宽***
（河南农业大学植物保护学院，郑州　450002）

Species Identification of Plant Parasitic Nematodes in Green Lawn of Zhengzhou City*

Hua Xia**，Zhou Bo，Chen Kunyuan，Ren Haohao，Zheng Qian，Huang Weiwei，
Chang Fujie，Jiang Shijun，Meng Haoguang，Cui Jiangkuan ***
（*College of Plant Protection*，*Henan Agricultural University*，*Zhengzhou*　450002，*China*）

摘　要：近年来，病虫害给草坪的种植和管理带来了较大的难度，线虫危害则是给草坪带来经济损失的重要来源之一。为鉴定郑州市草坪草植物线虫的发病种类，本研究采集了郑州市辖区的25个公园或绿地的草坪草根部及根际土壤样本，对其中线虫进行分离，并进行形态学和分子生物学鉴定。根据幼虫形态特征、阴门锥切片、会阴花纹切片结果显示，郑州市辖区内所有公园均发现了植物病原线虫，19个公园的取样点鉴定出螺旋线虫（*Helicotylenchus*）；4个公园的取样点鉴定出菲利普孢囊线虫（*Heterodera filipjevi*）；2个取样点鉴定出南方根结线虫（*Meloidogyne incognita*）。采用rDNA-ITS测序和特异性引物分别对孢囊线虫和根结线虫进行特异性检测，结果表明分子鉴定结果与形态学鉴定结果一致。

从研究结果可以看出，本次分离出的线虫均为危害草坪草的常见种属，未鉴定出新物种，其中根结线虫和菲利普孢囊线虫为河南地区首次在草坪草发现。本次鉴定结果，为河南及其周边地区草坪草线虫种类的鉴定提供了依据，为城市绿地草坪草的引种和调运奠定了检疫基础。

关键词：草坪草；线虫；南方根结线虫；菲利普孢囊线虫

---

*基金项目：河南省重点研发与推广专项（科技攻关）项目（212102110443）；国家自然科学基金（31801717）
**第一作者：滑夏，本科生，从事植物病理学研究。E-mail：huaxia0813@126.com
***通信作者：崔江宽，副教授，主要从事植物与线虫互作机制研究。E-mail：jk_cui@163.com

中国线虫学研究（第八卷）Nematology Research in China（Vol.8）：181

种间竞争对旱稻孢囊线虫与拟禾本科根结线虫寄主选择和生长发育的影响*

王　娣**，黄勇椿，叶　姗，丁　中***
（湖南农业大学植物保护学院，长沙　410128）

Effects of Interspecific Competition on Host Selection and Growth of *Heterodera elachista* and *Meloidogyne graminicola**

Wang Di**，Huang Yongchun，Ye Shan，Ding Zhong***
（*College of Plant Protection*，*Hunan Agricultural University*，*Changsha*　410128，*China*）

摘　要：旱稻孢囊线虫（*Heterodera elachista*）和拟禾本科根结线虫（*Meloidogyne graminicola*）均为为害水稻的定居型内寄生植物线虫，可从水稻根尖的分生区或伸长区侵入根内，具有重叠的生态位。为了解旱稻孢囊线虫与拟禾本科根结线虫的种间竞争关系，本研究采用两叶一心水稻苗移植于0.8%的水琼脂并接种100头二龄幼虫（J2），研究旱稻孢囊线虫和拟禾本科根结线虫对线虫侵染与非侵染水稻的寄主选择，以及线虫种间相互竞争对线虫生长发育的影响。研究结果表明，旱稻孢囊线虫J2趋向于未被拟禾本科根结线虫侵染的水稻，拟禾本科根结线虫J2对寄主稻株的选择不受旱稻孢囊线虫影响；拟禾本科根结线虫的寄生可延缓旱稻孢囊线虫的生长发育。生态位重叠的旱稻孢囊线虫和拟禾本科根结线虫的种间竞争可影响旱稻孢囊线虫的群体数量，并可能导致种间的竞争取代。

关键词：旱稻孢囊线虫；拟禾本科根结线虫；种间竞争；寄主选择；生长发育

---

*基金项目：公益性行业（农业）科研专项经费资助项目（201503114）

**第一作者：王娣，硕士研究生。E-mail：2915437386@qq.com
***通信作者：丁中，教授，从事植物线虫化学防治研究。E-mail：dingzh@hunau.net

中国线虫学研究（第八卷）Nematology Research in China（Vol.8）：182

花生茎线虫响应脱水休眠的转录组分析*

程　曦**，陈思怡，杨　鑫，肖　顺，刘国坤***
（福建农林大学植物保护学院，福建，福州　350002）

Transcriptome analysis in response to dehydration dormancy of *Ditylenchus arachis**

Cheng Xi**，Chen Siyi，Yang Xin，Xiao Shun，Liu Goukun***
（*College of Plant protection*，*Fujian Agriculture and Forestry University*，*Fuzhou*，*Fujian* 350002，*China*）

摘　要：花生茎线虫（*Ditylenchus arachis*）是在我国北方花生产区发现的一种新病原线虫，对花生造成严重的经济损失。前期研究发现花生茎线虫在干燥胁迫下，虫体经过缓慢失水时期，获得完全的脱水耐受性，进而才能在干燥的病果荚、种皮内长期存活。这个时期用于启动重要脱水相关基因，合成相关胁迫保护物质。为探究花生茎线虫进入脱水休眠相关基因的表达情况，本研究利用RNA-seq技术对花生茎线虫脱水休眠前后的转录组进行测序，同时利用生物信息学技术分析脱水胁迫条件下的基因功能注释，并对cDNA文库的unigene进行基因表达差异分析，比较了脱水休眠前后花生茎线虫基因表达差异，同时用qRT-PCR分析验证RNA-seq基因差异表达结果是否具有准确性和可靠性。结果显示：①通过RNA-seq测序，获得了脱水休眠前后花生茎线虫的转录组（48.15 G clean reads），所获得transcripts的N50达到1 309bp，unigenes的N50达到1 402bp；②将所有203 464个unigene进行功能注释，60.86%的unigene获得了7大数据库Nr、Nt、KO、SwissProt、PFAM、GO和KEGG中至少一个数据库的注释；③对脱水休眠前后花生茎线虫的cDNA文库的基因进行差异表达分析，共检测到20 165个基因发生了显著差异表达，其中12 902个基因为显著下调表达，7 263个基因为显著上调表达；④选择了20个不同功能unigene进行qRT-PCR分析，以验证RNA-seq测序结果的准确性，结果显示qRT-PCR结果与RNA-seq结果有85.00%的相似度，证明RNA-seq结果准确而可靠。在差异表达基因中，涉及戊糖和葡萄糖醛酸酯的相互转化通路、甘油酯代谢通路和糖酵解/糖异生通路的基因都上调表达，从而调节线虫体内的糖代谢水平、甘油及海藻糖的合成等，以协助线虫抵抗干燥环境而顺利进入休眠。本研究有助于揭示线虫脱水休眠过程中相关基因的表达和作用，对于花生茎线虫脱水休眠的生理生化及分子机制提供重要的参考信息，也对花生茎线虫病害的传播与防控防治提供思路。

关键词：花生茎线虫；脱水休眠；RNA-seq；脱水休眠相关基因

*基金项目：国家自然科学基金——青年科学基金（31501615）

**作者简介：程曦，女，博士，助理研究员，从事植物病原线虫研究。E-mail：schengxi@163.com
***通讯作者：刘国坤，男，博士，教授，从事植物病原线虫研究。E-mail：liuguok@126.com

中国线虫学研究（第八卷）Nematology Research in China（Vol.8）：183

植物寄生线虫DNA 6mA甲基化及功能研究

代大东，张书荣，彭东海，郑金水，孙　明*
（华中农业大学/农业微生物学国家重点实验室，武汉　430070）

摘　要： DNA N6-甲基腺嘌呤（6mA）是一种非常规DNA修饰，在不同的真核生物中以低水平存在。前人的研究表明，秀丽隐杆线虫中存在6mA甲基化，但其与线虫基因组功能相关的普遍性和重要性仍然知之甚少。本研究通过SMRT测序及LC-MS/MS发现线虫中有0.05%～0.27%的腺嘌呤被甲基化。发现基因*Mi24650*参与Mi中的6mA去甲基化，并且在四大根结线虫中完全保守。敲低*Mi24650*的转录水平可显著减少Mi虫卵的孵化率，分析*Mi24650*-RNAi的差异表达基因，找到关键转录因子*TF17946*。为了研究*Mi24650*和*TF17946*在Mi其他龄期的功能，构建了分别表达*Mi24650*、*TF17946*和*gfp* dsRNA的转基因烟草。盆栽试验表明，与*gfp*对照组相比，*Mi24650*与*TF17946*高表达株系的根结发生率和每克根的虫卵数量下降极其显著。且发现Mi中多个经验证的effector下调5～130倍，表明6mA可以通过调节effector来帮助Mi完成龄期转换。本研究为植物寄生线虫DNA甲基化研究打下基础，并为植物寄生线虫绿色防控提供了丰富且新颖的靶标资源。

关键词： 植物寄生线虫；6mA甲基化；龄期转换

* 通信作者：孙明，E-mail：m98sun@mail.hzau.edu.cn

中国线虫学研究（第八卷）Nematology Research in China（Vol.8）：184

多组学揭示大豆孢囊线虫的侵染与寄生机制

薄得鑫，代大东，解传帅，周雅艺，彭东海，郑金水，孙　明*
（华中农业大学/农业微生物学国家重点实验室，武汉　430070）

摘　要：大豆（*Glycine max* L.）作为全球重要的油料作物之一，是优质油脂及蛋白质的重要来源。我国进口大豆数量逐年攀升，而大豆孢囊线虫(*Heterodera glycines*)是限制大豆生产的主要病害之一。全基因组测序对全面了解一个物种的遗传进化，毒力变异，基因调控等方面有着非常重要的意义，而缺乏一个完整注释的基因组一直是SCN研究受限的主要原因之一。本研究前期获取了中国范围内广泛分布的大豆孢囊线虫3号、4号、5号生理小种，通过三代测序技术、高通量染色质构象捕获（Hi-C）以及光学图谱技术构建了染色体水平的3号小种基因组，并联合不同时期的RNA-seq、ATAC-seq数据进一步解读其基因组信息。最后，联合已发表的两版基因组，构建了5个大豆孢囊线虫泛基因组图谱，共同揭示了群体进化及毒力变异的基因组基础，并为进一步制定长期有效的防控策略提供新的见解。

关键词：大豆孢囊线虫；多组学；群体进化

* 通信作者：孙明，E-mail: m98sun@mail.hzau.edu.cn

中国线虫学研究（第八卷）Nematology Research in China（Vol.8）：185

象耳豆根结线虫*MeMSP1*基因的克隆及功能分析*

陈永攀**，刘　磊，刘　倩，简　恒***
（中国农业大学，北京　100193）

Molecular Cloning and Characterization of the MeMSP1 from *Meloidogyne enterolobii**

Chen Yongpan**，Liu Lei，Liu Qian，Jian Heng***
（*College of Plant Protection*，*China Agricultural University*，*Beijing*　100193，*China*）

摘　要：象耳豆根结线虫（*Meloidogyne enterolobii*）是根结线虫中发现较晚的一个种，但由于象耳豆根结线虫的生物学特性导致该线虫在全球范围内的扩散非常快，解析其致病机理将有助于制定防治线虫的新策略和新措施。本研究以象耳豆根结线虫转录组数据为基础，克隆了一个象耳豆根结线虫的潜在效应子基因*MeMSP1*。该基因编码174个氨基酸，经预测发现在其N端有信号肽序列，且不包含跨膜结构域。qRT-PCR分析发现该基因在侵染后10d的表达量最高。原位杂交和免疫组织化学试验结果均表明该基因在线虫背食道腺特异表达，发现该效应子蛋白经线虫口针分泌进入植物巨大细胞中参与线虫与植物的互作。烟草叶片瞬时表达*MeMSP1*能够抑制由BAX诱导的细胞程序性坏死，且MeMSP1的异位表达拟南芥株系对线虫更敏感，而*In planta* RNAi干扰拟南芥株系对线虫的敏感性下降，这些结果表明*MeMSP1*基因在象耳豆根结线虫的寄生致病过程中发挥了重要作用。

关键词：象耳豆根结线虫；MeMSP1；植物免疫反应

*基金项目：国家自然科学基金（31772138）
**第一作者：陈永攀，研究生，从事根结线虫效应子研究。E-mail：chenyongpan1@163.com
***通信作者：简恒，从事植物线虫研究。E-mail：hengjian@cau.edu.cn

中国线虫学研究（第八卷）Nematology Research in China（Vol.8）：186-190

RALF-FERONIA信号通路调控植物与线虫相互作用研究进展

张　鑫[1,2*]，彭　焕[3*]，廖红东[2]，于　峰[2**]，彭德良[3**]

（[1]河南大学，郑州　475024；[2]湖南大学，长沙　410082；[3]中国农业科学院植物保护研究所，北京　100193）

RALF-FERONIA Signaling Modulates the Interaction of Nematodes With Plant

Zhang Xin [1,2*]，Peng Huan [3*]，Liao Hongdong [2]，Yu Feng [2**]，Peng Deliang [3**]

（[1] *Henan University*，*Zhengzhou*　475024，*China*；[2] *College of Biology*，*Hunan University*，*Changsha*　410082，*China*；[3] *Institute of Plant Protection*，*Chinese Academy of Agricultural Sciences*，*Beijing*　100193）

摘　要：位于细胞膜的信号感受蛋白FERONIA（FER）是目前植物学领域研究最为深入的受体蛋白激酶之一。FER在植物中控制生长发育、逆境响应等多个环节，同时影响作物的产量与品质。快速碱化因子（Rapid ALkalinization Factor，简称RALF），作为受体蛋白FER的一类配体分子，会激活下游信号通路，调节质膜氢泵（H^+-ATPase，AHA2）活性和钙离子流传递，同时也可影响免疫复合物的稳定性以及免疫信号通路关键蛋白的稳定性，进而调节植物的生长发育和免疫应答。根结线虫（如南方根结线虫）是目前植物寄生线虫领域研究最为深入的对象之一，与其他寄生线虫（如孢囊线虫）具有相似的生活方式，但在形成取食位点方面具有明显区别。相对于孢囊线虫，根结线虫可通过调控取食位置附近的细胞大小（主要是调控细胞的液泡大小），形成取食位点并获取营养。由于受体蛋白激酶FER介导的RALF信号通路控制植物细胞大小，且调控液泡发育，因此RALF-FER信号通路可能与根结线虫的寄生发育密切相关。本文将围绕RALF-FER信号通路与根结线虫的寄生机制进行综述，以期为后续研究植物与寄生线虫的相互作用提供新的研究思路。

关键词：信号感受蛋白；快速碱化因子；取食位点；信号通路；寄生发育

引言

植物寄生线虫（Plant-parasitic nematodes，PPNs）是全球性的粮食作物病虫害之一，每年对全球粮食生产造成的经济损失超过1 570亿美元[1]。我国每年遭受植物寄生线虫病害的作物种植面积高达上亿亩，造成数百亿元的经济损失[2]。植物寄生线虫种类约有4 100种，寄主范围很广，其中造成严重经济损失的种类主要为根结线虫（*Meloidogyne* spp.）和孢囊线虫（*Heterodera* spp.）；除此以外，茎线虫（*Ditylenchus* spp.）、球孢囊线虫

*第一作者：张鑫，讲师，从事植物寄生线虫与寄主互作研究。E-mail：toxinzhang@henu.edu.cn

彭焕，研究员，从事植物寄生线虫致病分子机制和植物应答机制。E-mail：hpeng@ippcaas.cn

**通信作者：于峰，教授，从事植物细胞适应性研究。E-mail：feng_yu@hnu.edu.cn

彭德良，研究员，从事植物线虫研究。E-mail：pengdeliang@caas.cn

（*Globodera* spp.）、穿孔线虫（*Radopholus* spp.）、短体线虫（*Pratylenchus* spp.）和松材线虫（*Bursaphelenchus xylophilus*）等对农业和林业生产也造成了不同程度的经济损害[3]。目前国内外学者主要以根结线虫与孢囊线虫为研究对象，对寄生线虫与寄主之间存在的精细互作机制进行揭示，进而为植物寄生虫病害的预防和治理提供理论依据。从生活史来看，根结线虫与孢囊线虫属于定居性内寄生线虫，其绝大多数的生命活动是在寄主植物体内完成。在植物寄生线虫的侵染初期，线虫主要通过口针实现对寄主植物细胞壁的穿透，进而分泌一系列由头感器、食道腺、体表、肠细胞或尾感器表达的分泌蛋白（通常称之为效应子，Effector）[4,5]。效应子不仅调控寄主植物的免疫反应，还对取食位点（Feeding site）周边细胞的生长发育具有显著的调控效应[6]。线虫与植物的长期进化过程中，其寄生策略也不断升级[7,8]。针对寄主植物细胞壁的不同成分，植物线虫在侵染初期分泌大量纤维素酶类似物、果胶酶类似物和木质素酶类似物等一系列降解和破坏植物细胞壁的效应子，进而促进线虫的侵染与迁移。与此同时，线虫还分泌调节植物生长发育的效应子，CLAVATA3/ESR（CLE）-like peptides（CLE）蛋白、C-terminally encoded peptide（CEP）蛋白和inflorescence deficient in abscission（IDA）蛋白。

拟南芥FERONIA（FER）已成为*Cr*RLK1L成员中研究最广泛和深入的家族成员。*FER*首次克隆于Grossniklaus课题组[9]，其在筛选双受精调控因子时发现并克隆到该基因。为了进一步解析受体蛋白FER的分子机制，Haruta等率先筛选到RALF多肽是受体蛋白FER的一类配体分子[10]。Stegmann等人发现*At*S1P切割*At*RALF23这一过程影响植物的免疫反应。受体蛋白激酶FER识别成熟肽*At*RALF23，抑制EFR和FLS2与BAK1形成的免疫复合物，进而抑制flg22诱导的活性氧爆发，最终影响植物免疫反应[11]。FER介导的RALF信号通路与生长素信号通路，油菜素内酯信号通路，乙烯信号通路，ABA信号通路和JA信号通路发生交叉会话，调节植物生长和免疫等关键过程。然而，关于RALF-FER信号通路与植物寄生线虫的侵染过程是否相关，值得深入探究。

1　FERONIA对植物防御寄生线虫的贡献

FER调控植物的生长发育和逆境反应，如调控植物质子泵（H^+-ATPase，AHA2）活性，钙离子积累，活性氧积累和细胞壁完整性等方面。同时，Grossniklaus和Panstruga课题组也报道了FER在植物免疫方面的作用，即参与植物对真菌和细菌的防御反应[12,13]。为了进一步解析受体蛋白FER的分子机制，Haruta等率先筛选到RALF多肽是受体蛋白FER的一类配体分子，其发现*At*RALF1信号分子可被受体蛋白FER胞外感受，并激活FER的磷酸化，抑制AHA2活性和质子运输，进而抑制根伸长。RALF多肽在植物体内表达时以前体形式存在，经蛋白酶酶切后形成成熟肽，进而发挥功能。目前已知有9个拟南芥RALF可以被蛋白酶site - 1 protease（*At*S1P）酶切，其中*At*RALF23是首个被发现需经*At*S1P酶切才能发挥功能的RALF多肽。Stegmann等人发现*At*S1P切割*At*RALF23这一过程影响植物的免疫反应。受体蛋白激酶FER识别成熟肽*At*RALF23，抑制EFR和FLS2与BAK1形成的免疫复合物，进而抑制flg22诱导的活性氧爆发，最终影响植物免疫反应。Stegmann等认为，FER作为一个脚手架蛋白，调节细胞膜上蛋白复合物的形成。同时，该报道还发现是否拥有*At*S1P酶切位点，对flg22诱导的活性氧爆发的影响是不同的。尖孢镰刀菌（*Fusarium oxysporum*）分泌的

F-RALF多肽能够被植物中的受体蛋白FER识别，抑制AHA2活性，进而碱化质外体。碱性环境下，真菌体内的丝裂原活化蛋白激酶MAPK发生磷酸化，从而促进真菌侵染。相反，根际微生物假单胞菌则通过降低环境的pH值，进而抑制植物免疫。尽管，Stegmann等认为RALF诱导的胞外碱化并不会影响植物免疫，但我们更倾向认为RALF-FER诱导的胞外酸碱变化与植物免疫应答的关系，需要特定情况特定分析。Zhang等（2020）首次发现FER突变体具有一定的根结线虫抗性，具体表现为在线虫的侵染初期影响根结线虫的侵染数目，在侵染中期影响根结线虫的发育，在侵染末期影响根结线虫的根结和雌虫数目[14]。该表型在水稻中同样得到确认，说明FER在南方根结线虫侵染过程中具有重要作用。

2 线虫RALF-LIKE的起源与功能

拟南芥RALF家族约有37个成员蛋白，其中大多数RALF具有典型的结构域特征，即YISY motif，4个半胱氨酸，ANPY motif，RGC（5N）C motif（5N代表5个任意氨基酸）等。Zhang等（2020）首次从线虫基因组中发现了18条可能编码RALF-like的序列[14]。有趣的是，18条RALF-like编码序列全部来自根结线虫，而非孢囊线虫等其他寄生线虫。为进一步确认线虫RALF-like与植物RALF的亲缘关系，为后续研究线虫RALF-like进化来源，对包括795个植物RALF，51个真菌RALF-like和18个线虫RALF-like在内的所有已知RALF进行系统发育分析，构建系统发育树。小立碗藓（*Physcomitrella patens*）RALF作为系统发育树的根。从系统发育树的结果来看，线虫RALF-like和真菌RALF-like均散落分布在植物RALF的进化分支，而不是各自聚类成簇。例如，北方根结线虫的*Mh*RALF1/2/3处在系统发育树的最远端，与10个单子叶植物RALF成簇聚集。佛罗里达根结线虫*Mf*RALF1/2/3/5/6与南方根结线虫*Mi*RALF3/4以及爪哇根结线虫*Mj*RALF1聚类，并与57个双子叶植物RALF和22个单子叶植物RALF聚类成簇。花生根结线虫*Ma*RALF1/2/3，佛罗里达根结线虫*Mf*RALF4，南方根结线虫*Mi*RALF1/2以及象耳豆根结线虫*Me*RALF1聚类成簇。以上暗示线虫RALF-like可能并非传统意义上的垂直遗传，而可能是水平转移或者协同进化。

植物RALF具有重要的生物学功能，其中抑制根伸长和影响胞外酸碱化是重要的生物指标。线虫RALF-like同样具有植物RALF类似的生物学功能，如可抑制拟南芥幼苗的根伸长、植物胞外碱化，同时Zhang等（2020）显示线虫RALF-like引起的转录水平变化，与植物RALF也是一致的，暗示两种来源的RALF在功能上的一致性[14]。原位杂交（*in situ* hybridization，ISH）是研究寄生线虫效应因子组织特异性表达的重要手段。线虫RALF-like的原位杂交结果表明，其定位于南方根结线虫的食道腺，结合荧光定量PCR实验结果，其在根结线虫侵染过程中高表达，也说明线虫RALF-like在线虫侵染过程中的潜在角色。

3 线虫RALF-LIKE与FER相互作用

植物RALF作为一类配体信号分子，在植物生长发育，生殖，环境响应及免疫应答方面发挥重要作用。目前在植物中已发现的配受体信号通路为*At*RALF1-FER信号通路、*At*RALF23-FER信号通路、*At*RALF4/19-ANX1/2和BUPS1/2信号通路、*At*RALF34-THE1信号通路等。根据现有的基因组数据可知，最古老的RALF家族成员来源于小立碗藓（*Physcomitrella patens*），而最古老的*Cr*RLK1L家族成员来源于轮藻（*Charophytes*）。尽管看似*Cr*RLK1L在进化上更为古老和保守，但RALF家族进化史比*Cr*RLK1L家族更为复杂，因为在植物界之外也同样发现了RALF多肽[15]。研究表明，已从真菌和细菌基因组中筛选出潜在的RALF多肽编码基因。通过生物信息学手段发现，真菌和细菌RALF类似物（RALF-like）编码基因具有与植物RALF类似的结构特征，即典型的YISY motif，RGC（5N）C motif等，但其具体的生物学功能还有待进一步解析。研究者发现在镰刀菌中存在一类真菌RALF-like（F-RALF），该RALF-like不仅具有典型的植物RALF结构特征，还具有典型的RALF活性，即诱导植物胞外碱化，并抑制植物根伸长；不仅如此，F-RALF还被认为参与和调节真菌侵染宿主植物的过程，F-RALF模拟植物RALF被受体蛋白FER感受和响应，并抑制植物体内氢泵活性，造成植物胞外碱化，进而激活真菌体内MAPK的磷酸化并促进真菌侵染[16]。作为根结线虫源的RALF-like，其是否也与寄主植物的受体FER结合？文章显示，*Mi*RALF1和*Mi*RALF3可与植物FER胞外结构域发生相互作用，而且这种互作是特异性的。有意思的是，*Mi*RALF1和*Mi*RALF3与受体FER的亲和力明显弱于植物RALF23，而其中的分子机制依然未知。

4　线虫RALF-LIKE影响植物的抗线虫防御

既然线虫RALF-like能够真实表达，且可与寄主受体FER相互作用，其是如何通过FER影响植物的免疫反应？研究表明，线虫RALF-like与植物RALF1类似，可瞬时激发MAPK激酶的磷酸化，并破坏MYC2的蛋白稳定性，尤其是MYC2作为茉莉酸甲酯信号通路的关键转录因子，也是植物防御线虫的重要蛋白。不仅如此，线虫RALF-like也可通过FER破坏免疫复合物FLS2-BAK1的稳定性，并抑制细菌鞭毛蛋白触发的活性氧爆发，并影响植物的免疫反应。寄主诱导的基因沉默（Host Induced Gene Silencing，HIGS）技术是研究植物病原物互作的重要手段。线虫RALF-like RNAi转基因植物对根结线虫的抗性明显增强，进一步确认了线虫RALF-like在根结线虫侵染过程中的作用。

5　讨论

根结线虫可编码一类与植物RALF类似的多肽RALF-like，这也是首次在动物中鉴定到RALF多肽。通过对线虫RALF-like编码基因的进化分析，初步判断其是非垂直遗传进化，为植物微生物互作过程中的水平进化提供研究思路。同时，线虫RALF-like的鉴定，填补了植物线虫领域缺乏免疫多肽的空白，并为研究植物与微生物（真菌、细菌和线虫）互作提供范式并为抗性作物育种设计奠定了基础。尽管如此，目前对于线虫借助RALF-like促进线虫侵染的分子机制依然有许多问题亟待回答：①从现有线虫数据库中筛选得到的RALF-like全部来源于根结线虫，而非孢囊线虫等寄生线虫。通过进化关系分析可知，线虫RALF-like并非聚类成簇，而是散落在不同进化分支上，说明线虫RALF-like的进化来源不是垂直遗传，但其真正的进化来源仍需进一步研究；②线虫RALF-like和植物RALF，与受体蛋白FER的亲和力存在明显差异，其具体原因仍然不明；③线虫RALF-like如何与植物RALF竞争性结合FER，有待探索；④利用RNAi干扰技术抑制线虫RALF-like表达和敲除受体蛋白FER，均有利于提高植物的根结线虫抗性，如何应用至抗性作物育种值得思考。

参考文献

[1] ABAD P，GOUZY J，AURY J M，*et al.* Genome sequence of the metazoan plant-parasitic nematode *Meloidogyne incognita*[J]. Nat. Biotechnol，2008，26：909-915.

[2] 梁连铭，邹成钢，张克勤. 微生物与线虫互作分子机制研究进展[J]. 中国科学：生命科学，2019，11：1508-1519.

[3] JONES J T，HAEGEMAN A，DANCHIN E G，*et al.* Top 10 plant-parasitic nematodes in molecular plant pathology[J]. Mol. Plant Pathol，2013，14：946-961.

[4] MITCHUM M G，HUSSEY R S，BAUM T J，*et al.* Nematode effector proteins：an emerging paradigm of parasitism[J]. New Phytol，2013，199：879-894.

[5] HAEGEMAN A，BAUTERS L，KYNDT T，*et al.* Identification of candidate effector genes in the transcriptome of the rice root knot nematode *Meloidogyne graminicola*[J]. Mol. Plant Pathol，2013，14：379-390.

[6] MITCHUM M G，WANG X，WANG J，*et al.* Role of nematode peptides and other small molecules in plant parasitism[J]. Annu. Rev. Phytopathol，2012，50：175-195.

[7] MARTINEZ-MEDINA A，FERNANDEZ I，LOK G B，*et al.* Shifting from priming of salicylic acid to jasmonic acid-regulated defences by Trichoderma protects tomato against the root knot nematode *Meloidogyne incognita*[J]. New Phytol，2017，213：1363-1377.

[8] MITCHUM M G，WANG X，DAVIS E L. Diverse and conserved roles of CLE peptides[J]. Curr. Opin. Plant Biol，2008，11：75-81.

[9] ESCOBAR-RESTREPO J M，HUCK N，KESSLER S，*et al.* The FERONIA receptor-like kinase mediates male-female interactions during pollen tube reception[J]. Science，2007，317：656-660.

[10] HARUTA M，SABAT G，STECKER K，*et al.* A peptide hormone and its receptor protein kinase regulate plant cell expansion[J]. Science，2014，343：408-411.

[11] GUO H，NOLAN T M，SONG G，*et al.* FERONIA receptor kinase contributes to plant immunity by suppressing Jasmonic acid signaling in *Arabidopsis thaliana*[J]. Curr. Biol，2018，28：3316-3324 e3316.

[12] KEINATH N F，KIERSZNIOWSKA S，LOREK J，*et al.* PAMP（pathogen-associated molecular pattern）-induced changes in plasma membrane compartmentalization reveal novel components of plant immunity[J]. J. Biol. Chem，2010，285：39140-39149.

[13] KESSLER S A，SHIMOSATO-ASANO H，KEINATH N F，*et al.* Conserved molecular components for pollen tube reception and fungal invasion[J]. Science，2010，330：968-971.

[14] ZHANG X，PENG H，ZHU S，*et al.* Nematode-encoded RALF peptide mimics facilitate parasitism of plants through the FERONIA receptor kinase[J]. Molecular Plant，2020，13：1434-1454.

[15] CAMPBELL L，TURNER S R. A comprehensive analysis of RALF proteins in green plants suggests there are two distinct functional groups[J]. Front. Plant Sci，2017，8：37.

[16] MASACHIS S，SEGORBE D，TURRA D，*et al.* A fungal pathogen secretes plant alkalinizing peptides to increase infection[J]. Nat. Microbiol，2016，1：16043.

中国线虫学研究（第八卷）Nematology Research in China（Vol.8）：191-198

植物寄生线虫与寄主互作分子机制的研究进展*

胡文军**，史雨琪，陈　聪，王　暄***，李红梅
（南京农业大学农作物生物灾害综合治理教育部重点实验室，南京　210095）

摘　要：植物寄生线虫严重威胁全世界粮食的安全生产。本文在前人的基础上概述了近年来研究植物寄生线虫与寄主互作分子机制取得的成果，主要介绍了近年来用于筛选植物寄生线虫效应子的常用方法，以及植物寄生线虫效应子的多样性及其在寄生时发挥的功能，并从膜受体和R蛋白介导的植物抗性机制出发探讨线虫效应子在病害防治中的应用前景，最后对线虫与植物互作分子机制研究的未来进行展望。

关键词：植物寄生线虫；分子机制；效应子；线虫相关分子模式；R蛋白

Advances in Molecular Interactions Between Plant Parasitic Nematodes and Host Plants*

Hu Wenjun**，Shi Yuqi，Chen Cong，Wang Xuan***，Li Hongmei
（*Key Laboratory of Integrated Management of Crop Diseases and Pests*，*Ministry of Education*，
Nanjing Agriculture University，*Nanjing*　210095，*China*）

Abstract：Plant parasitic nematodes severely damage agricultural production and affect food security worldwide. In this update review，the recent achievements in molecular mechanism of plant parasitic nematodes interaction with their hosts were summarized. The methods mainly used for screening effectors in plant parasitic nematodes were introduced. The diversity of effectors in plant parasitic nematodes and their roles in parasitism were described. The perspectives of nematode effectors in controlling diseases on basis of the mechanism of plant resistance mediated by the membrane receptors and R proteins were discussed. Finally，the outlook of molecular mechanism in plant-nematode interaction was prospected.

Key words：Plant parasitic nematodes；Molecular mechanism；Effectors；Nematode-associated molecular pattern；Nematode-associated molecular patterns；R protein

植物寄生线虫是世界性分布的一类病原生物，每年引起的作物减产损失约1 570亿美元[1]。根结线虫（*Meloidogyne* spp.）和孢囊线虫（*Heterodera* spp.和*Globodera* spp.）是危害最为严重的两个类群，近年来出现了大量的关于这两类植物寄生线虫与寄主互作的分子机制研究[2]。与其他植物病原物一样，线虫也可以分泌效应子（effectors），大部分效应子由线虫食道腺细胞产生后经口针注入寄主组织或细胞，通过操纵寄主细胞的生理过程帮助线虫寄生[3]。线虫分泌的效应子可以使寄主感知线虫侵染并激活自身防御反应，同时也为防

*基金项目：国家自然科学基金（31872923）；公益性行业（农业）科研专项（201503114）
**第一作者：胡文军，硕士研究生，从事植物线虫学研究。E-mail：huwenjun717@163.com
***通信作者：王暄，教授，博士生导师，从事植物线虫学研究。E-mail：xuanwang@njau.edu.cn

治线虫提供了分子靶标，因此研究植物寄生线虫与寄主互作的分子机制具有十分重要的意义。本文对近几年有关植物寄生线虫与寄主互作的研究进展进行了综述，分别介绍了线虫效应子的鉴定、效应子的功能，以及膜受体和R蛋白介导的植物对线虫分子模式的识别等，对植物线虫学发展遇到的主要挑战和未来的发展前景进行了归纳，旨在为今后进一步研究植物寄生线虫与寄主分子提供参考和借鉴。

1　植物寄生线虫效应子的筛选

大多数的植物寄生线虫种类营专性寄生，这一特性导致难以获得充足的实验材料，线虫效应子的高通量筛选一直是困扰科研人员的难题。随着测序技术的不断发展，转录组测序结合数据分析已成为植物寄生线虫效应子筛选的重要手段。Gardner等通过对大豆孢囊线虫（*H. glycines*）转录组测序数据进行组装、注释和数据分析，并利用两种筛选流程进行效应子预测，将在两个筛选流程中都能预测到的221个基因鉴定为潜在的效应子[4]。Kooliyottil等比较了在两种抗病马铃薯品种上寄生的马铃薯白线虫（*G. pallida*）的转录组差异，鉴定出的41个差异表达基因中包括已知的线虫效应子和部分具有效应子特征的蛋白编码基因[5]。

植物寄生线虫的效应子具有可分泌至细胞外的特征，因此对具有该特征的植物寄生线虫蛋白进行鉴定也是发掘效应子的一种策略。Briggs等利用间苯二酚刺激南方根结线虫（*M. incognita*）通过口针向外分泌蛋白，并将收集到的线虫分泌蛋白进行质谱分析，从中发现大量与线虫寄生相关的潜在效应子[6]。Shinya等对松材线虫（*Bursaphelenchus xylophilus*）4个不同毒力水平的种群进行分泌蛋白组比较分析，表明分泌蛋白Bx-GH30和Bx-CAT2影响松材线虫对寄主松树的毒力，Bx-GH30和Bx-CAT2可能是松材线虫的效应子[7]。植物寄生线虫中具有分泌特征的蛋白数量庞大，因而筛选效应子难度较大[3]，而特异性启动子基序的鉴定打破了这种局面，在马铃薯金线虫（*G. rostochiensis*）中发现了6bp的DOG box典型基序，分布于线虫背食道腺特异性表达效应子的启动子区域中，推测认为可能是一类效应子特异性基序，随后在松材线虫、穿刺短体线虫（*Pratylenchus penetrans*）中也分别发现了不同的特异性启动子基序[8]。这类特异性启动子基序的发现不仅能够加快对植物寄生线虫效应子的鉴定，而且为将来发展防治线虫技术提供了潜在的靶标。

2　植物寄生线虫效应子具有多样性

植物寄生线虫种类数量庞大，地理分布相对隔离，生殖方式复杂多样，这些特性使得它们的效应子具有多样性。有些效应子在植物寄生线虫中相对保守，如几乎所有的植物寄生线虫都编码植物细胞壁修饰酶[3]，而类毒液过敏原蛋白（venom allergen-like proteins，VAPs）家族也在多种植物寄生线虫寄生过程中发挥作用[9]。植物寄生线虫中还存在一些属间保守的效应子家族，如孢囊线虫中的SPRYSECs家族基因，根结线虫及肾状线虫（*Rotylenchulus* spp.）中的类植物C端编码肽（C-terminally encoded peptides，CEPs），在孢囊线虫、根结线虫和肾状线虫基因组中均存在的类CLAVATA（CLE）蛋白效应子[10]，以及从根结线虫、孢囊线虫、相似穿孔线虫（*Radopholus similis*）、松材线虫和贝西滑刃线虫（*Aphelenchoides besseyi*）中均鉴定出的钙网蛋白家族效应子等[11]。此外，一些效应子只在植物寄生线虫特定种属内报道，如南方根结线虫效应蛋白Mi-MSP18，可以抑制寄主的防御反应帮助根结线虫寄生，在爪哇根结线虫（*M. javanica*）和拟禾本科根结线虫（*M. graminicola*）中存在*MSP18*的同源基因，然而在其他属线虫的基因组和转录组数据中均未发现*MSP18*的同源基因[12]。

3 植物寄生线虫效应子的功能

3.1 修饰植物细胞壁

在植物的防御系统中，细胞壁是任何病原生物必须克服的“第一道屏障”。植物寄生线虫除了直接用口针穿刺外，还能够分泌细胞壁修饰酶帮助自身破坏寄主细胞壁。纤维素酶是植物寄生线虫内源细胞壁修饰酶的重要成分，可分为不同的糖苷水解酶家族（glycoside hydrolase family，GHF），目前已在植物寄生线虫中克隆出GH5、GH28、GH43、GH45等家族的纤维素酶[13]。植物寄生线虫的纤维素酶通过水解β-1，4-糖苷键降解纤维素，从而促进线虫寄生[3]。植物寄生线虫的木聚糖酶也被认为是细胞壁修饰酶中的一种，南方根结线虫内切木聚糖酶MD0915是一种GHF5家族的半纤维素酶，该酶也是第一个发现的动物内源木聚糖酶[14]。内切木聚糖酶可以将半纤维素主链分解为较小的片段，从而破坏植物细胞壁帮助线虫侵染[14]。果胶是植物细胞壁组分中较复杂的酸性多糖家族，可分为聚半乳糖醛酸、鼠李半乳糖醛酸聚糖Ⅰ和鼠李半乳糖醛酸聚糖Ⅱ这三类[15]。在植物寄生线虫中发现的果胶裂解酶可以裂解果胶中的α-1，4-聚半乳糖醛酸，松弛植物细胞壁，从而促进线虫寄生[16]。值得一提的是，第一个发现的动物内源果胶裂解酶是马铃薯白线虫（*G. pallida*）中的果胶裂解酶Gr-PEL-1[17]。此外，从马铃薯金线虫中首先克隆出的扩展蛋白Gr-EXP1也发挥细胞壁修饰酶的作用，研究人员推测Gr-EXP1蛋白的扩展活性可能增加细胞壁组分与聚糖酶的结合[18]。

3.2 抑制寄主的防御反应

植物细胞表面模式识别受体识别保守的病原相关分子模式（pathogen-associated molecular pattern，PAMPs），并启动模式触发免疫（PAMP-triggered immunity，PTI）反应，为植物提供广谱抗病性[19]。病原物向寄主分泌一系列效应子来对抗PTI，破坏寄主的基础免疫反应[20]。如在禾谷孢囊线虫（*H. avenae*）中发现的钙网蛋白HaCRT1，在拟南芥（*Arabidopsis thaliana*）中瞬时表达HaCRT1引起了植物细胞内的钙离子浓度升高，从而抑制拟南芥的PTI反应，导致拟南芥的感病性提高[11]。南方根结线虫效应子MiPDI1抑制拟南芥和番茄（*Solanum lycopersicum*）防御相关基因的表达，并通过微调胁迫相关蛋白SAP（stress-associated proteins）介导的氧化还原信号促进线虫寄生[15]。此外，近期有报道拟禾本科根结线虫分泌C型凝集素Mg01965至寄主细胞的质外体，抑制了寄主的活性氧爆发，这表明Mg0196可抑制寄主的PTI反应[21]。

效应子触发的免疫（effector-triggered immunity，ETI）是植物抵御病原物侵染的另一道重要防线[20]。很多植物寄生线虫的效应子不仅可以抑制植物的基础防御反应，同时也能够抑制植物的ETI反应，从而进一步提高线虫的寄生能力。例如，在大豆孢囊线虫中发现的效应子Ha18764能够较强地抑制PTI反应，如降低植物防御相关基因的表达、抑制活性氧爆发以及细胞壁胼胝质的沉积等，与此同时Ha18764还可以抑制PsojNIP、Avr3a/R3a、RBP-1/Gpa2和MAPK途径（MKK1和NPK1Nt）相关的植物细胞死亡[22]。马铃薯白线虫中的效应子

RHA1B抑制寄主的PTI反应，同时以依赖其E3泛素连接酶的方式活性降解效应子模式识别受体，从而抑制寄主的ETI反应[23]。

表观遗传控制机制包括高度相互关联的非编码小RNA、DNA甲基化以及组蛋白修饰等，这些机制被证实在线虫与植物互作中起着复杂多样的作用[24]。DNA甲基化作为一个广泛存在的表观遗传标记，有助于植物和病原物相互作用中的转录组重新编程。一项研究发现，大豆孢囊线虫侵染的感病株系中，蛋白质编码基因和转座基因的整体甲基化水平均降低，而抗病株系中整体甲基化水平升高，并且与易感和抗性相互作用相关的DNA甲基化模式具有高度的特异性，表明线虫可以通过调节DNA甲基化调控寄主防御反应[24]。甜菜孢囊线虫（*H. schachtii*）效应蛋白32E03通过抑制组蛋白去乙酰化酶（包括HDT1酶）的活性，改变拟南芥中组蛋白H3的乙酰化水平，以一种剂量依赖的方式调节rRNA的表达，进而促进线虫寄生[25]。随着小RNA对植物免疫的影响逐渐被揭示，线虫中涉及小RNA的研究也逐渐引起关注，在线虫的寄生过程中，一些miRNA出现差异积累响应侵染，并且许多miRNA响应根结线虫和孢囊线的侵染[26]。

3.3 诱导和维持取食位点

作为为害作物最为严重的两类固定性内寄生线虫，孢囊线虫和根结线虫分泌的效应子不仅能够抑制植物的免疫反应，还能操纵植物细胞的生物学进程使其形成取食位点，这对成功建立寄生关系尤为重要[27]。根结线虫和孢囊线虫诱导形成取食位点首先需要重新启动寄主细胞周期，通常认为线虫调控植物激素—细胞分裂素的产生，并调节下游信号传导来激活细胞分裂[28]，目前已证实根结线虫和孢囊线虫都可以合成细胞分裂素，但该激素分子是否被注入植物细胞直接发挥作用还没有得到明确的证实[27]。

有研究表明南方根结线虫效应子MiEFF18可调节植物核心剪接体蛋白SmD1功能以促进巨细胞形成，拟南芥*smd1b*突变体对南方根结线虫侵染表现出抗性增强，并且在这些突变体上形成的巨细胞呈现出发育缺陷，表明SmD1在巨细胞的形成中起着重要作用，而MiEFF18对SmD1的调节是线虫成功侵染所必需[29]。一些植物基因响应线虫侵染帮助形成和维持取食位点，例如，根结线虫诱导新疆野生樱桃李（*Prunus sogdiana*）取食位点形成时，新疆野生樱桃李的PsoCCS52A、CCS52B和PsoDEL1基因参与巨细胞的分裂和发育过程，其中PsoCCS52A的表达促进了巨细胞核分裂，产生大量的多倍体核，导致巨细胞体积增加[30]。植物中ABAP1基因是控制细胞分裂和增殖相关基因的调控因子，在线虫侵染和根结发育过程中起着重要的调控作用，并且是维持取食位点稳态所必需的[31]，但是调控这些基因功能的线虫效应子尚不清楚。植物的一些microRNA可以响应线虫的侵染，沉默植物靶基因从而增加植物的感病性，帮助线虫形成和维持取食结构[27]。拟南芥miR159家族可以沉默线虫侵染早期阶段表达的靶蛋白MYB33，这可能与根结的形成有关[32]。

4 植物寄生线虫PAMPS及其受体研究进展

植物膜上的受体（pattern recognition receptors，PRRs）通过识别病原物相关分子模式，从而激发植物的PTI反应，以抵御病原物的侵染。目前已经从卵菌、真菌及细菌中鉴定出多个PAMPs，如INF1、XEG1和细菌鞭毛蛋白flg22等，然而线虫的PAMPs或者称之为线虫相关分子模式（nematode-associated molecular patterns，NAMPs），及其与受体的识别机制仍不明确[33]。一种蛔甙类线虫信息素Ascr#18被认为可能是线虫相关分子模式，该类物质在线虫中高度保守，且能够诱导植物一系列标志性的基础防卫反应，包括上调与PTI相关基因的表达、丝裂原活化蛋白激酶以及水杨酸和茉莉酸介导的防御信号通路的激活[34]。表明植物中可能存在识别线虫Ascr#18的模式识别受体PRR，然而该类受体目前仍未被发现[35]。拟南芥中的NILR1（nematode-induced LRR-RLK 1）介导了甜菜孢囊线虫和南方根结线虫处理水溶液引起的拟南芥活性氧爆发，并且NILR1具有在双子叶和单子叶中广泛保守的胞外受体结构域，因此推测NILR1是识别NAMP的PRR受体，NILR1也被认为是鉴定出的第一个识别NAMP的植物PRR受体，但是NILR1识别的具体NAMP尚不明确[36]。此外，在大豆中过表达一个编码质膜蛋白的抗性基因*GmDR1*后，大豆表现出对大豆孢囊线虫、二斑叶螨（*Tetranychus urticae*）、大豆蚜虫（*Aphis glycines*）和枝状镰孢菌（*Fusarium virguliforme*）的广谱抗病性，由于GmDR1蛋白诱导了水杨酸和茉莉酸介导的防御途径相关基因表达，与几丁质类PAMPs诱导的PTI反应相类似，因此推测大豆孢囊线虫的几丁质可能作为线虫相关分子模式被识别[37]，然而几丁质主要存在于线虫的卵壳，而卵并非是植物线虫的寄生阶段，因此上述识别机制仍有待证实。Cf-2是一种定位于植物细胞质膜的类受体蛋白，具有识别功能的LRR结构域在细胞质膜外，Cf-2与胞外类木瓜半胱氨酸蛋白酶（papain-like cysteine protease，PLCP）RCR3^{pim}共同介导了番茄对叶霉菌（*Cladosporium fulvum*）的抗性，来自马铃薯金线虫的类毒液过敏原蛋白Gr-VAP1与RCR3^{pim}互作，能够间接激活抗性蛋白Cf-2介导的番茄对马铃薯金线虫的抗性[35]。

5　植物寄生线虫无毒蛋白及抗性蛋白研究进展

除膜上的模式识别受体外，另一类识别受体在植物细胞内识别线虫效应子并引起过敏性坏死反应，这类效应子即无毒蛋白，而受体被称为R蛋白[38]。Gpa2是在马铃薯中发现的一个R蛋白，其能够识别马铃薯白线虫分泌的Avr蛋白RBP-1，激活马铃薯对线虫的抗性[35]。*Mi-1.2*基因是番茄中单显性抗根结线虫的*R*基因，对包括南方根结线虫、爪哇根结线虫和花生根结线虫（*M. arenaria*）这3种线虫具有抗性[39]。然而，与Mi-1.2相对应的线虫无毒蛋白仍不明确，尽管此前有报道沉默爪哇根结线虫*Cg-1*基因能够提高线虫对含有*Mi-1.2*基因番茄的毒性，然而*Cg-1*是否编码无毒蛋白仍有待进一步证实[35]。

迄今为止，研究较深入的其他植物抗线虫*R*基因主要有番茄中的*Mi-9*和*Hero A*基因，马铃薯中的*Gro1-4*基因，胡椒中的*CaMi*和樱桃李（*Prunus cerasifera*）中的*Ma*基因等，其中*Mi-9*、*CaMi*和*Ma*基因介导了各自植物对根结线虫的抗性，而*Hero A*和*Gro1-4*基因对孢囊线虫表现出抗性[35]，其各自对应的无毒基因仍有待今后进一步的深入研究和鉴定。

6　展望

多数具有经济重要性的植物寄生线虫种类具有广泛的寄主和较强的致病性，可以侵染多种植物而不引发强烈的免疫反应，这一特性使得具备抗线虫侵染的植物品种难以获得，因此使得线虫抗性基因的筛选充满挑战[35]。由于已发现的抗线虫基因数量太少，在抗性品种轮作中所能提供的抗性品种数量有限，难以形成有效的轮作方案。令人欣慰的是通过合成生物学和基因编辑技术相结合，有望改造或者合成新的*NLR*抗病基因，关于*CNL*和*TNL*结构功能学基础解析其抗病机制研究的最新进展，也使这一设想成为可能[40-43]。

在植物寄生线虫的遗传学研究中，对线虫的正向遗传学研究主要局限于种群的自然变异，反向遗传学的研究则完全依赖RNAi沉默技术的使用，植物寄生线虫遗传学操作手段的匮乏极大地阻碍了该领域的发展。最近的研究表明线虫遗传学有望突破上述瓶颈，研究人员在植物寄生线虫中建立了一个瞬时表达系统，成功利用脂质体转染技术在甜菜孢囊线虫的整个体内表达了编码多种报告基因的外源mRNA[44]。可以预见在不久的将来，随着对线虫反向遗传学技术的不断开发与利用，植物寄生线虫寄生的分子机制研究也将得到极大的发展。

参考文献

［1］ KANIKA K，KAUR K S，PUJA O，*et al.* Plants-nematodes-microbes crosstalk within soil：a trade-off among friends or foes[J]. Microbiological Research，2021，248：126755. Doi：10. 1016/j. micres. 2021. 126755.

［2］ JONES J T，HAEGEMAN A，DANCHIN E G J，*et al.* Top 10 plant-parasitic nematodes in molecular plant pathology[J]. Molecular Plant Pathology，2013，14（9）：946-961. Doi：10. 1111/mpp. 12057.

［3］ 王暄，秦鑫，李红梅，等. 植物寄生线虫效应子研究进展[J]. 南京农业大学学报，2019，42（6）：986-995. Doi：10. 7685 /jnau. 201906048.

［4］ GARDNER M，DHROSO A，JOHNSON N，*et al.* Novel global effector mining from the transcriptome of early life stages of the soybean cyst nematode *Heterodera glycines*[J]. Scientific Reports，2018，8（1）：2505. Doi：10. 1038/s41598-018-20536-5.

［5］ KOOLIYOTTIL R，DANDURAND L M，KUHL J C，*et al.* Transcriptome analysis of *Globodera pallida* from the susceptible host *Solanum tuberosum* or the resistant plant *Solanum sisymbriifolium*[J]. Scientific Reports，2019，9（1）：13256. Doi：10. 1038/s41598-019-49725-6.

［6］ BELLAFIORE S，SHEN Z，ROSSO M N，*et al.* Direct identification of the *Meloidogyne incognita* secretome reveals proteins with host cell reprogramming potential[J]. PLoS Pathogens，2008，4（10）：e1000192. Doi：10. 1371/journal. ppat. 1000192.

［7］ SHINYA R，KIRINO H，MORISAKA H，*et al.* Comparative secretome and functional analyses reveal glycoside hydrolase family 30 and cysteine peptidase as virulence determinants in the pinewood nematode *Bursaphelenchus xylophilus*[J]. Frontiers in Plant Science，2021，12：640459. Doi：10. 3389/fpls. 2021. 640459.

［8］ EVES-VAN DEN AKKER S. Plant-nematode interactions[J]. Current Opinion in Plant Biology，2021，62：102035. Doi：10. 1016/j. pbi. 2021. 102035.

［9］ LI J，XU C，YANG S，*et al.* A venom allergen-like protein，RsVAP，the first discovered effector protein of *Radopholus similis* that inhibits plant defense and facilitates parasitism[J]. International Journal of Molecular Sciences，2021，22（9）：4782. Doi：10. 3390/ijms22094782.

［10］ VIEIRA P，GLEASON C. Plant-parasitic nematode effectors - insights into their diversity and new tools for their identification[J]. Current Opinion in Plant Biology，2019，50：37-43. Doi：10. 1016/j. pbi. 2019. 02. 007.

［11］ LIU J，PENG H，SU W，*et al.* HaCRT1 of *Heterodera avenae* is required for the pathogenicity of the cereal cyst nematode[J]. Frontiers in Plant Science，2020，11：583584. Doi：10. 3389/fpls. 2020. 583584.

［12］ GROSSI-DE-SA M，PETITOT A S，XAVIER D A，*et al.* Rice susceptibility to root-knot nematodes is enhanced by the *Meloidogyne incognita* MSP18 effector gene[J]. Planta，2019，250（4）：1215-1227.

Doi: 10. 1007/s00425-019-03205-3.

[13] SHIBUYA H, KIKUCHI T. Purification and characterization of recombinant endoglucanases from the pine wood nematode *Bursaphelenchus xylophilus*[J]. Japan Society for Bioscience, Biotechnology and Agrochemistry, 2008, 72 (5): 1325-1332. Doi: 10. 1271/bbb. 70819.

[14] MAKEDONKA M D, ERWIN R, HEIN O, *et al.* A symbiont-independent endo-1, 4-beta-xylanase from the plant-parasitic nematode *Meloidogyne incognita*[J]. Molecular Plant-Microbe Interactions, 2006, 19 (5): 521-529. Doi: 10. 1094/MPMI-19-0521.

[15] LEROUXEL O, CAVALIER D M, LIEPMAN A H, *et al.* Biosynthesis of plant cell wall polysaccharides-a complex process[J]. Current Opinion in Plant Biology, 2006, 9 (6): 621-630. Doi: 10. 1016/j. pbi. 2006. 09. 009.

[16] CHEN J, LI Z, LIN B, *et al.* A *Meloidogyne graminicola* pectate lyase is Involved in virulence and activation of host defense responses[J]. Frontiers in Plant Science, 2021, 12: 651627. Doi: 10. 3389/fpls. 2021. 651627.

[17] POPEIJUS H, OVERMARS H, JONES J, *et al.* Degradation of plant cell walls by a nematode[J]. Nature, 2000, 406 (6791): 36-7. Doi: 10. 1038/35017641.

[18] QIN L, KUDLA U, ROZE E H A, *et al.* Plant degradation: a nematode expansin acting on plants[J]. Nature, 2004, 427 (6969): 30. Doi: 10. 1038/427030a.

[19] Jones J D G, Dangl J L. The plant immune system[J]. Nature, 2006, 444 (7117): 323-329. Doi: 10. 1038/nature05286.

[20] NEERAJ K L, BURINRUTT T, BARRY C, *et al.* Pathogens manipulate host autophagy through injected effector proteins[J]. Autophagy, 2020, 16 (12): 2301-2302. Doi: 10. 1080/15548627. 2020. 1831816.

[21] ZHUO K, NAALDEN D, NOWAK S, *et al.* A *Meloidogyne graminicola* C-type lectin, Mg01965, is secreted into the host apoplast to suppress plant defence and promote parasitism[J]. Molecular Plant Pathology, 2019, 20 (3): 346-355. Doi: 10. 1111/mpp. 12759.

[22] YANG S, DAI Y, CHEN Y, *et al.* A novel G16B09-like effector from *Heterodera avenae* suppresses plant defenses and promotes parasitism[J]. Frontiers in Plant Science, 2019, 10: 66. Doi: 10. 3389/fpls. 2019. 00066. eCollection 2019.

[23] KUD J, WANG W, GROSS R, *et al.* The potato cyst nematode effector RHA1B is a ubiquitin ligase and uses two distinct mechanisms to suppress plant immune signaling[J]. PLoS Pathogens, 2019, 15 (4): e1007720. Doi: 10. 1371/journal. ppat. 1007720.

[24] RAMBANI A, PANTALONE V, YANG S, *et al.* Identification of introduced and stably inherited DNA methylation variants in soybean associated with soybean cyst nematode parasitism[J]. The New Phytologist, 2020, 227 (1): 168-184. Doi: 10. 1111/nph. 16511.

[25] VIJAYAPALANI P, HEWEZI T, PONTVIANNE F, *et al.* An effector from the cyst nematode *Heterodera schachtii* derepresses host rRNA genes by altering histone acetylation[J]. The Plant Cell, 2018, 30 (11): 2795-2812. Doi: 10. 1105/tpc. 18. 00570.

[26] HEWEZI T. Epigenetic mechanisms in nematode-plant interactions[J]. Annual Review of Phytopathology, 2020, 58: 119-138. Doi: 10. 1146/annurev-phyto-010820-012805.

[27] SIDDIQUE S, GRUNDLER F M. Parasitic nematodes manipulate plant development to establish feeding sites[J]. Current Opinion in Microbiology, 2018, 46: 102-108. Doi: 10. 1016/j. mib. 2018. 09. 004.

[28] ZHAO J, MEJIAS J, QUENTIN M, *et al.* The root-knot nematode effector MiPDI1 targets a stress-associated protein (SAP) to establish disease in Solanaceae and *Arabidopsis*[J]. The New Phytologist,

2020，228（4）：1417-1430. Doi：10. 1111/nph. 16745.

[29] MEJIAS J，BAZIN J，TRUONG N，*et al.* The root-knot nematode effector MiEFF18 interacts with the plant core spliceosomal protein SmD1 required for giant cell formation[J]. The New Phytologist，2020，229（6）：3408-3423. Doi：10. 1111/nph. 17089.

[30] XIAO K，CHEN W，CHEN X，*et al.* CCS52 and DEL1 function in root-knot nematode giant cell development in Xinjiang wild myrobalan plum（*Prunus sogdiana* Vassilcz）[J]. Protoplasma，2020，257（5）：1333-1344. Doi：10. 1007/s00709-020-01505-0.

[31] CABRAL D，FORERO BALLESTEROS H，DE MELO B P，*et al.* The armadillo BTB protein ABAP1 is a crucial player in DNA replication and transcription of nematode-induced galls[J]. Frontiers in Plant Science，2021，12：636663. Doi：10. 3389/fpls. 2021. 636663.

[32] HEWEZI T，HOWE P，MAIER T R，*et al.* Arabidopsis small RNAs and their targets during cyst nematode parasitism[J]. Molecular Plant-Microbe Interactions，2008，21（12）：1622-34. Doi：10. 1094/MPMI-21-12-1622.

[33] NAVEED Z A，WEI X，CHEN J，*et al.* The PTI to ETI continuum in phytophthora-plant interactions[J]. Frontiers in Plant Science，2020，11：593905. Doi：10. 3389/fpls. 2020. 593905.

[34] DE MEUTTER J，TYTGAT T，WITTERS E，*et al.* Identification of cytokinins produced by the plant parasitic nematodes *Heterodera schachtii* and *Meloidogyne incognita*[J]. Molecular Plant Pathology，2003，4（4）：271-277. Doi：10. 1046/j. 1364-3703. 2003. 00176. x.

[35] SATO K，KADOTA Y，SHIRASU K. Plant immune responses to parasitic nematodes[J]. Frontiers in Plant Science，2019，10：1165. Doi：10. 3389/fpls. 2019. 01165.

[36] MENDY B，WANG'OMBE M W，RADAKOVIC Z S，*et al. Arabidopsis* leucine-rich repeat receptor-like kinase NILR1 is required for induction of innate immunity to parasitic nematodes[J]. PLoS Pathogens，2017，13（4）：e1006284. Doi：10. 1371/journal. ppat. 1006284.

[37] NGAKI M N，SAHOO D K，WANG B，*et al.* Overexpression of a plasma membrane protein generated broad-spectrum immunity in soybean[J]. Plant Biotechnology Journal，2020，19（3）：502-516. Doi：10. 1111/pbi. 13479.

[38] CHISHOLM S T，COAKER G，DAY B，*et al.* Host-microbe interactions：shaping the evolution of the plant immune response[J]. Cell，2006，124（4）：803-14. Doi：10. 1016/j. cell. 2006. 02. 008.

[39] DU C，JIANG J，ZHANG H，*et al.* Transcriptomic profiling of *Solanum peruvianum* LA3858 revealed a Mi-3-mediated hypersensitive response to *Meloidogyne incognita*[J]. BMC Genomics，2020，21（1）：250. Doi：10. 1186/s12864-020-6654-5.

[40] MICHELMORE R，COAKER G，BART R，*et al.* Foundational and translational research opportunities to improve plant health[J]. Molecular Plant-Microbe Interactions，2017，30（7）：515-516. Doi：10. 1094/MPMI-01-17-0010-CR.

[41] MA S，LAPIN D，LIU L，*et al.* Direct pathogen-induced assembly of an NLR immune receptor complex to form a holoenzyme[J]. Science，2020，370（6521）：eabe3069. Doi：10. 1126/science. abe3069.

[42] BI G，SU M，LI N，*et al.* The ZAR1 resistosome is a calcium-permeable channel triggering plant immune signaling[J]. Cell，2021，184：1-14. Doi：10. 1016/j. cell. 2021. 05. 003.

[43] WANG J，HU M，WANG J，*et al.* Reconstitution and structure of a plant NLR resistosome conferring immunity[J]. Science，2019，364（6435）：eaav5870. Doi：10. 1126/science. aav5870.

[44] KRANSE O，BEASLEY H，ADAMS S，*et al.* Toward genetic modification of plant-parasitic nematodes：delivery of macromolecules to adults and expression of exogenous mRNA in second stage juveniles[J]. G3，2021，11（2）：jkaa058. Doi：10. 1093/g3journal/jkaa058.

中国线虫学研究（第八卷）Nematology Research in China（Vol.8）：199-203

钾及其吸收转运系统在植物抗线虫中的研究进展*

刘茂炎[2,3]**，彭德良[1]，刘　敬[3]，戴良英[3]，姬红丽[2]，黄文坤[1]***
（[1]中国农业科学院植物保护研究所/植物病虫害生物学国家重点实验室，北京　100193；
[2]四川省农业科学院植物保护研究所/农业部西南作物有害生物综合治理重点实验室，成都　610066；
[3]湖南农业大学植物保护学院/植物病虫害生物学与防控湖南省重点实验室，长沙　410128）

摘　要：植物线虫病害在我国发生面积逐年扩大，严重威胁作物生产安全。钾（K）是一种重要的营养元素，能提高作物的抗逆性。施用钾肥能有效减少植物病害的发生，提高作物产量，但目前K诱导植物对线虫抗性的报道较少。钾离子通道和转运系统在非生物胁迫中发挥重要作用，但是对生物胁迫的抗性研究较少。本文对钾在植物抗线虫中的作用及其机制进行综述，并对钾吸收转运系统在抗线虫方面的潜力进行了探讨，以期为田间有效利用钾肥提高植物对线虫的抗性提供理论依据，并为分子育种提供了潜在的基因资源。

关键词：水稻；拟禾本科根结线虫；钾；诱导抗性；钾离子通道和转运蛋白

Preliminary Study on the Mechanism of Resistance against *Meloidogyne graminicola* in Rice Induced by Potassium*

Liu Maoyan[1,2,3]**，Peng Deliang[2]，Liu Jin[3]，Dai Liangying[3]，Ji Hongli[2]，Huang Wenkun[1]***
（[1]*State Key Laboratory for Biology of Plant Diseases and Insect Pests*，*Institute of Plant Protection*，*Chinese Academy of Agricultural Sciences*，*Beijing* 100193，*China*；[2]*Southwest Key Laboratory of Crop Pest Management*，*Ministry of Agriculture*，*Institute of Plant Protection*，*Sichuan Academy of Agricultural Sciences*，*Chengdu* 610066，*China*；[3]*Key Laboratory for Biology and Control of Plant Diseases and Insect Pests*，*College of Plant Protection*，*Hunan Agricultural University*，*Changsha* 410128，*China*）

Abstract： The occurrence area of plant nematode diseases has been increasing year by year in rice planting areas in China，which seriously threatens the safety of crop production. Potassium（K），an important nutrient element，enhances plant tolerance agnisit biotic and abiotic stress. Potassium fertilizer application can effectively reduce the occurrence of plant disease and increase crop yield. However，there are few reports about K-induced resistance of plants against nematodes. Potassium channels and transporters systems play an important role in plant resistance to abiotic stress，but there are few studies on the resistance to biotic stresses. In this paper，the role and mechanism of potassium in plant resistance to nematodes were reviewed，and the potential of potassium absorption and transportation system in plant resistance to nematodes was discussed，in order to provide theoretical basis for

*基金项目：国家自然科学基金（31801716，31571986）
**第一作者：刘茂炎，博士，从事植物线虫学研究。E-mail：liu-mao-yan@foxmail.com
***通信作者：黄文坤，研究员，从事植物线虫防控研究。E-mail：wkhuang2002@163.com

the effective use of potassium fertilizer in the field to improve plant resistance to nematodes, and provide potential gene resources for molecular breeding.

Key words: Rice; *Meloidogyne graminicola*; Potassium; Induced resistance; Potassium channel and transporter

目前对线虫病害最主要的防治方式依然是化学防治，但大多数化学杀线虫剂有毒，容易对环境造成污染，它们正逐渐被禁止使用[1]。而环境友好型的生物杀线虫剂又容易受到气候、季节和地理条件的影响[2]，从而影响实际防控效率。Zhan等对我国136个商品水稻品种进行了抗性鉴定，发现只有3个品种对拟禾本科根结线虫（*Meloidogyne graminicola*）具有良好的抗性[3]，抗线虫种质资源严重不足。通过分子育种在基因水平上提高作物对线虫的抗性迫在眉睫。作物被线虫感染后，灭杀难度大，容易复发，防治工作耗费大量人力物力。这样，提前预防和控制线虫病害就显得尤为重要。诱导抗性（Induced resistance，IR）作为一种环境友好、快速可靠的控制策略，已成为减少线虫为害、确保作物生产安全的突破口[3,4]。

1 钾在植物中的作用

钾是作物生长所必需的三大矿质养分之一，占植株干重的2%～10%[5]，和其他大量营养素的区别之一是K不能被吸收成有机物，不被代谢或并入其他大分子。然而，K在代谢中起着重要作用，它是多种酶的辅助因子[6,7]，是代谢产物电荷平衡和转运的必需物质[8,9]。除了在植物生长发育中扮演一系列重要角色外[7]，它还可以增强植物对生物和非生物胁迫的抗性[10,11]。植物可以通过调节代谢途径提高钾的吸收、加厚细胞壁，以防止或减少细菌的入侵，并促进低分子化合物合成高分子物质（如蛋白质）以减少病原菌生长所需的营养物质从而提高植物的免疫能力。

2 钾在诱导植物抗线虫中的作用及机制

有数据表明，施钾使线虫病害的发生降低了33%，作物的产量提高了19%[12]。根系采用硝酸钾（KNO_3）处理可诱导番茄（*Solanum lycopersicum* L.）抗病相关酶活性和抗病物质的产生，显著降低根系中南方根结线虫（*Meloidogyne incognita*）的发病指数[13]。Gao等发现土壤中施用钾肥可以刺激大豆（*Glycine max* L.）中苯酚类物质（肉桂酸、阿魏酸和水杨酸）的分泌，增强抗病基因苯丙氨酸氨化酶和多酚氧化酶的表达，有效控制大豆孢囊线虫（*Heterodera glycines*）的侵染[14]。Gad用硅酸钾（K_2SiO_3）溶液浸泡棉籽，有效降低肾状线虫（*Rotylenchulus reniformis*）的为害[15]。但对钾诱导抗性的机制研究都还不够系统和深入。

3 钾离子通道和转运系统在植物中的作用

植物体内的钾主要是以K^+或可溶性无机盐两种形式存在，根据需求迅速地在组织和细胞间移动，并能通过韧皮部和木质部的导管和筛管进行长距离的运输，这样植物体内的钾离子就能快速地传递给生理生化反应需要K^+参与的组织和细胞，比如生长代谢旺盛的生长点、幼叶、嫩芽等[16]。液泡，是植物细胞内最大的K^+储存“库”，具有调节植物细胞渗透压，维持细胞质中钾离子浓度稳定的作用。在不同的供K^+水平下，液泡内K^+浓度也相应地发生变化以维持细胞质酶活性所需的最佳钾离子浓度（100mM）[17]。在自然环境中，根系土壤中钾离子浓度仅为0.1～1mmol/L[18]，且很容易流失，所以对植物来说，K^+缺乏是一种常见的非生物胁迫。为了应对不同的外界钾环境，提高K^+的利用效率，保持体内稳态[19]，植物进化出高亲和的K^+转运系统和低亲和的K^+通道系统[20]。

3.1 植物钾离子通道和转运系统在生物胁迫中的作用

钾离子通道和转运系统极大地影响了植物对病原体入侵的免疫能力。有研究表明，OsAKT1是水稻抗稻瘟病菌（*Magnaporthe oryzae*）和K^+摄取所必需的，*M. oryzae*的效应蛋白avrpi-t通过调节K^+通道OsAKT1破坏植物免疫；在接种稻瘟病菌10d后发现突变体osakt1株系与野生型相比，病斑更严重，相对病菌生物量更多；同时还发现osakt1根和茎中K^+含量低于野生型[21]。Zhou等研究发现K^+通道*GmAKT2*超表达可提高大豆对SMV的抗性[22]。在拟南芥中，高亲和性的K^+转运蛋白HAK5有助于植物对病原菌的防御，是先天免疫所必需的；HAK5可与Raf-like Kinase ILK1互作，增强对flg22诱导的响应（PAMP响应）；*HAK5*突变体具有显著更高的抗病响应报告基因*FRK1*和转录因子*WRKY29*表达，在K^+通道抑制剂TEA处理后的叶盘和*HAK5*突变细胞中均出现去极化减缓的现象[23]。与只有N-like抗性基因*CN*的烟草相比，*CN*和钾转运体基因*HAK1*协同作用的烟草通过增厚叶片组织及减少坏死病斑增强了对烟草花叶病毒（TMV）的抗性，同时也提高了抗氧化酶活性、SA含量以及抗性相关基因的表达[24]。这些说明K^+通道和转运系统积极地参与了植物抗病。

3.2 植物钾离子通道和转运系统在抗线虫方面的潜力

众所周知，线虫可以诱导植物组织的形态和生理变化，影响根从土壤中吸收和运输水分和矿物质的能力。例如，*M.*graminicola侵染水稻后，水稻叶片钾含量显著降低，土壤中钾残留量随线虫种群的增加而增加[25]。接种移栽45d和110d后地上部钾含量显著低于不接种线虫的水稻，且接种量越高降低幅度越大[26]。另有研究发现，*M.graminicola*在低地和旱稻中出现的几率更大，且高度适应淹水的种植水稻土壤条件[27,28]，而这类土壤中的钾离子更容易流失。在缺钾的情况下，水稻中*OsHAK1*、*OsHAK7*、*OsHAK17*等钾离子转运蛋白基因显著上调[29]。水稻中K^+通道蛋白OsAKT1是稻瘟病抗性的正调控因子[21]，而水稻感染*M. graminicola*后更易感稻瘟病[30]。所以K^+及其吸收转运系统与线虫之间可能存在一种竞争或对抗关系。通过K^+吸收转运系统促进K^+的吸收和转运有助于提高植物中K^+的含量从而增强对线虫的抗性，同时对K^+的竞争性吸收还有利于扼制线虫生长发育对K^+的摄取。

4 问题与展望

钾在诱导植物对抗线虫侵染性方面的报道并不多见，对其作用机制的分析也停留在对抗病相关物质的分析上。系统地了解钾在植物抗线虫中的作用机制，有助于更加具体地理解钾在植物体内的功能，有助于更深入地了解诱导抗性机制，从而提高对线虫及其他病害的综合防治水平。钾离子通道和转运蛋白的功能研究主要集中在如何增强植物对非生物胁迫的抗性上，对生物胁迫的抗性研究较少，对钾离子通道和转运蛋白在抗病方面的功能进行拓展有助于扩大抗性育种的备选基因库。因此进一步挖掘钾在诱导抗性中的作用机制特别是抗性相关关键基因的具体作用机理、钾离子通道和转运蛋白在抗病方面的功能将是关注的重点。

参考文献

[1] COYNE D L，CORTADA L，DALZELL J J，*et al.* Plant-parasitic nematodes and food security in Sub-Saharan Africa[J]. Annual Review of Phytopathology，2018，56：381-403.

[2] ZHANG Y，LI S，LI H，*et al.* Fungi-Nematode Interactions：Diversity，Ecology，and Biocontrol Prospects in Agriculture[J]. Journal of Fungi，2020，6（4）：206.

[3] ZHAN L P，ZHONG D，PENG D L，*et al.* Evaluation of Chinese rice varieties resistant to the root-knot nematode *Meloidogyne graminicola*[J]. Journal of Integrative Agriculture，2018，17（3）：621-630.

[4] HUANG W，JI H，GHEYSEN G，*et al.* Biochar-amended potting medium reduces the susceptibility of rice to root-knot nematode infections[J]. BMC Plant Biology，2015，15（1）：1-15.

[5] LEIGH R A，WYN JONES R G. A hypothesis relating critical potassium concentrations for growth to the distribution and functions of this ion in the plant cell[J]. New Phytologist，1984，97（1）：1-13.

[6] AMTMANN A，HAMMOND J P，ARMENGAUD P，*et al.* Nutrient sensing and signalling in plants：potassium and phosphorus[J]. Advances in Botanical Research，2005，43：209-257.

[7] SCHACHTMAN D P，SHIN R. Nutrient sensing and signaling：NPKS[J]. Annu. Rev. Plant Biol，2007，58：47-69.

[8] MANTELIN S，BELLAFIORE S，KYNDT T. *Meloidogyne graminicola*：a major threat to rice agriculture[J]. Molecular Plant Pathology，2017，18（1）：3.

[9] WYN JONES RJ AND POLLARD A. Proteins，enzymes and inorganic ions. In“Encyclopedia of Plant physiology”（A. Lauchli and A. Pirson，eds.），Springer，Berlin，1983，528-562.

[10] WANG M，ZHENG Q，SHEN Q，*et al.* The critical role of potassium in plant stress response[J]. International Journal of Molecular Sciences，2013，14（4）：7370-7390.

[11] HOLZMUELLER E J，JOSE S，JENKINS M A. Influence of calcium，potassium，and magnesium on *Cornus florida* L. density and resistance to dogwood anthracnose[J]. Plant and Soil，2007，290（1）：189-199.

[12] PERRENOUD S，INSTITUTE I P. Potassium and plant health[M]. Netherlands Journal of Plant Pathology，1977，85（2）：82.

[13] ZHAO X J，HU W，ZHANG S X，*et al.* Effect of potassium levels on suppressing root-knot nematode（*Meloidogyne incognita*）and resistance enzymes and compounds activities for tomato（*Solanum lycopersicum* L.）[J]. Academia Journal of Agricultural Research，2016，4（5）：306-314.

[14] GAO X，ZHANG S，ZHAO X，*et al.* Potassium-induced plant resistance against soybean cyst nematode via root exudation of phenolic acids and plant pathogen-related genes[J]. PLoS One，2018，13（7）：e0200903.

[15] GAD S B. Efficacy of soaking cotton seeds within salicylic acid and potassium silicate on reducing reniform nematode infection[J]. Archives of Phytopathology and Plant Protection，2019，52（15-16）：1149-1160.

[16] ZÖRB C，SENBAYRAM M，PEITER E. Potassium in agriculture-status and perspectives[J]. Journal of Plant Physiology，2014，171（9）：656-669.

[17] HAMMES U Z，SCHACHTMAN D P，BERG R H，*et al.* Nematode- induced changes of transporter gene expression in Arabidopsis roots[J]. Molecular Plant- Microbe Interactions，2005，18：1247-1257.

[18] MAATHUIS F J M. Physiological functions of mineral macronutrients[J]. Current Opinion in Plant

Biology，2009，12（3）：250-258.

[19] WANG Y，WU W H. Potassium Transport and Signaling in Higher Plants[J]. Annual Review of Plant Biology，2013，64（1）：451-476.

[20] ALEMÁN F，NIEVES-CORDONES M，MARTÍNEZ V，*et al.* Root K^+ acquisition in plants：the Arabidopsis thaliana model[J]. Plant and Cell Physiology，2011，52（9）：1603-1612.

[21] SHI X，LONG Y，HE F，*et al.* The fungal pathogen Magnaporthe oryzae suppresses innate immunity by modulating a host potassium channel[J]. PLoS Pathogens，2018，14（1）：e1006878.

[22] ZHOU L，HE H，LIU R，*et al.* Overexpression of GmAKT2 potassium channel enhances resistance to soybean mosaic virus[J]. BMC Plant Biology，2014，14（1）：1-11.

[23] BRAUER E K，AHSAN N，DALE R，*et al.* The Raf-like kinase ILK1 and the high affinity K^+ transporter HAK5 are required for innate immunity and abiotic stress response[J]. Plant Physiology，2016，171（2）：1470-1484.

[24] LAN W Z，LEE S C，CHE Y F，*et al.* Mechanistic analysis of AKT1 regulation by the CBL-CIPK-PP2CA interactions[J]. 分子植物（英文版），2011，4（3）：527-536.

[25] PATIL J，GAUR H S. Relationship between population density of root knotnematode，Meloidogyne graminicola and the growth and nutrient uptake of rice plant. Vegetos An International Journal of Plant Research，2014，27（1）：130 138.

[26] VENKATESAN M，GAUR H S，DATTA S P. Effect of root-knot nematode，*Meloidogyne graminicola* on the uptake of macronutrients and arsenic and plant growth of rice[J]. Vegetos，2013，26（2）：112-120.

[27] BRIDGE J，PAGE S L J. The rice root-knot nematode，*Meloidogyne graminicola*，on deep water rice（*Oryza sativa subsp.* indica）[J]. Revue de Nématologie，1982，5（2）：225-232.

[28] BELLAFIORE S，JOUGLA C，CHAPUIS É，*et al.* Intraspecific variability of the facultative meiotic parthenogenetic root-knot nematode（*Meloidogyne graminicola*）from rice fields in Vietnam[J]. Comptes Rendus Biologies，2015，338（7）：471-483.

[29] OKADA T，NAKAYAMA H，SHINMYO A，*et al.* Expression of OsHAK genes encoding potassium ion transporters in rice[J]. Plant Biotechnology，2008，25（3）：241-245.

[30] KYNDT T，ZEMENE H Y，HAECK A，*et al.* Below-ground attack by the root knot nematode *Meloidogyne graminicola* predisposes rice to blast disease[J]. Molecular Plant-Microbe Interactions，2017，30（3）：255-266.

中国线虫学研究（第八卷）Nematology Research in China（Vol.8）：204-209

植物寄生线虫胞内共生菌研究概况*

郭 帆**，薛 清，张 麒，王 暄，李红梅***
（南京农业大学/农作物生物灾害综合治理教育部重点实验室，南京 210095）

摘 要：胞内共生菌可以影响宿主生长发育和子代繁殖等。目前，在植物寄生线虫中发现了3种胞内共生菌、沃尔巴克氏菌（*Wolbachia*）、枢纽菌（*Cardinium*）与剑线虫杆菌（*Xiphinematobacter*）。本篇综述简要介绍了植物寄生线虫胞内共生菌的形态、分类地位、多样性以及基因组学研究进展。
关键词：沃尔巴克氏菌；枢纽菌；剑线虫杆菌；胞质不亲和；基因组学

Advances in Endosymbionts of Plant Parasitic Nematodes*

Guo Fan**，Xue Qing，Zhang Qi，Wang Xuan，Li Hongmei***
（*Key Laboratory of Integrated Management of Crop Diseases and Pests*，*Ministry of Education*，*Nanjing Agriculture University*，*Nanjing* 210095，*China*）

Abstract: The growth，development and reproduction of hosts can be affected by their endosymbionts. Currently，three endosymbionts genera namely *Wolbachia*，*Cardinium* and *Xiphinematobacter* have been reported from plant parasitic nematodes. This review briefly highlights the morphology，taxonomy，diversity as well as genomics of these endosymbionts in plant parasitic nematodes.
Key words: *Wolbachia*；*Cardinium*；*Xiphinematobacter*；Cytoplasmic incompatibility；Genomics

1 前言

线虫体内存在着各种各样的共生细菌，这些细菌主要生活在线虫的体腔、食道、肠道、体细胞等部位，以不同形式参与线虫的生长、繁殖和进化。共生细菌按照存在的部位可分为细胞外的胞外共生菌（extracellular symbiotic）如线虫的肠道共生菌，以及细胞内的胞内共生菌（endosymbionts）如胞内专性寄生的沃尔巴克氏菌*Wolbachia* sp.。

目前关于胞内共生菌的研究主要聚焦于昆虫，布赫纳氏菌属（*Buchnera*）、威格尔斯沃思氏菌属（*Wigglesworthia*）、布洛赫曼菌氏属（*Blochmannia*）、卡森菌氏属*Carsonella*）、特瑞布雷氏菌属（*Tremblaya*）、纳尔东氏菌属（*Nardonella*）以及波蒂尔氏菌属（*Portiera*）等胞内共生菌，能够给昆虫宿主提供营养[1-7]，而沃尔巴克氏菌（*Wolbachia*）、杀雄菌

*基金项目：中央高校基本科研业务费专项（KJQN202108）；国家自然科学基金项目（32001876）
**第一作者：郭帆，硕士研究生，从事植物线虫学研究。E-mail：guof3188@163.com
***通信作者：李红梅，教授，博士生导师，从事植物线虫学研究。E-mail：lihm@njau.edu.cn

属（*Arsenophonus*）、伴侣菌属（*Sodalis*）、枢纽菌属（*Cardinium*）、汉密尔顿氏菌属（*Hamiltonella*）以及雷金氏菌属（*Regiella*）等胞内共生菌，则兼性寄生菌[8-10]。沃尔巴克氏菌和枢纽菌属等胞内共生菌通过在昆虫中引起胞质不亲和（cytoplasmic incompatibility，CI）、诱导孤雌生殖、雌性化、杀雄等来调控宿主的生殖，因此已经被用于白纹伊蚊（*Aedes albopictus*）[11]和褐飞虱（*Nilaparvata lugens*）[12]的防治，其次沃尔巴克氏菌和宿主丝虫（filarial nematodes）存在互惠共生关系，是治疗动物寄生线虫病是一个良好靶标[13]，上述研究均表明胞内共生菌具有广泛的生物防治应用前景。

大多数植物寄生线虫的体型微小且培养困难，相比昆虫和丝虫，有关线虫胞内共生菌研究较少。本文总结了近年来植物寄生线虫胞内共生菌的研究概况，主要介绍了线虫胞内共生菌分类地位、多样性以及基因组学研究，以期为胞内共生菌的功能研究及其与线虫的互作研究提供理论参考与借鉴。

2　植物寄生线虫胞内共生菌的种类、形态与分类地位

目前报道的植物寄生线虫胞内共生菌有沃尔巴克氏菌、枢纽菌和剑线虫杆菌3个属[14]，主要的宿主分别为相似穿孔线虫（*Radopholus similis*）、阿拉伯穿孔线虫（*R. arabocoffeae*）和穿刺短体线虫（*Pratylenchus penetrans*），多种孢囊线虫或美洲剑线虫组（*Xiphinema americanum* group）成员。

沃尔巴克氏菌隶属于变形菌门（Alphaproteobacteria）立克次体科（Rickettsiaceae），首次发现于尖音库蚊*Culex pipiens*的卵巢中，广泛存在于昆虫、甲壳类动物、蜘蛛和螨虫等节肢动物中[15]以及丝虫[16]中。沃尔巴克氏菌呈弥散状分布于肠道前端和生殖腺内，形状各异，呈杆状、棒状、圆球状；菌体截面长0.3 ~ 0.9μm，具有3层膜结构，最内层为细胞膜，中间层为细胞壁，最外层为宿主囊泡膜[17]。沃尔巴克氏菌大部分来自节肢动物[18]，共分为8个类群，这些类群在生物学特性和宿主选择上都具有明显的差异[19]。植物寄生线虫中的沃尔巴克氏菌于2009年首次在相似穿孔线虫（*Radopholus similis*）中被发现[17]，分子系统进化研究显示其位于进化树基部，与其他类群亲缘关系较远，被列为8个类群中的单独一支。此外，沃尔巴克氏菌还在阿拉伯穿孔线虫（*R. arabocoffeae*）和穿刺短体线虫（*P. penetrans*）中被发现[14]。

枢纽菌隶属于拟杆菌门（Bacteroidetes）拟杆菌科（Bacteroidaceae），在豌豆孢囊线虫（*Heterodera goettingiana*）中最早被发现[14]。枢纽菌属主要分布在宿主的卵巢输卵管和卵母细胞中，菌体为单细胞，呈棒状，直径为0.3 ~ 0.5μm，最长可达3μm，双层膜结构；菌体内部有直径12 ~ 15nm的棒状、丝状成簇微丝状结构。这种微丝状结构一端连接在细胞膜上，呈平行排列[14]。此外，枢纽菌属在马铃薯金线虫（*Globodera rostochiensis*）、燕麦孢囊线虫（*H. avenae*）、大豆孢囊线虫（*H. glycines*）和穿刺短体线虫（*P. penetrans*）中也有发现[14]。

剑线虫杆菌隶属于疣微菌门（Verrucomicrobia），最早在剑线虫属*Xiphinema*的卵巢、卵母细胞、胚胎细胞和肠道前端细胞中被发现。剑线虫杆菌完全发育的菌体为棒状，长为2.1 ~ 3.2μm，横截面为圆形，直径为0.7 ~ 1.0μm。和沃尔巴克氏菌一样具有3层膜结构，由内到外分别是细胞膜、细胞壁和宿主囊泡膜[20]。剑线虫杆菌属已报道存在于20多种剑线虫

中，它们主要是美洲剑线虫组的成员[14]。

3 植物寄生线虫胞内共生菌的进化假说

有关植物寄生线虫胞内共生菌的进化假说是，早期的植物寄生线虫取食植物效率低下，但在极少数情况下，它们可能会从附近的土壤真核生物那里获得胞内共生菌，这些胞内共生菌帮助宿主消化植物细胞，或者合成必要的营养物质，从而促进植物寄生线虫生长发育。一些胞内共生菌可以合成细胞壁降解酶（如纤维素酶、葡聚糖酶和果胶酶等）来帮助植物寄生线虫有效取食植物，在偶然情况下，胞内共生菌编码细胞壁降解酶的基因发生水平基因转移（Horizontal gene transfer，HGT），植物寄生线虫由此获得细胞壁降解基因，之后供应细胞壁降解酶的胞内共生菌可能会被淘汰或者被其他共生菌取代[14]。然后，这一进化假说尚未得到有关研究验证。

4 胞内寄生菌的传播方式

胞内共生菌作为专性胞内寄生细菌，一般通过垂直传播传递给下一代，即通过母代生殖腺传到子代胚胎细胞。传统认为沃尔巴克氏菌为严格的垂直传播，但有关昆虫的研究显示其具有通过植物水平传播的能力[21]。Wasala采用分子遗传学方法检测了32个穿刺短体线虫*P. penetrans*种群中沃尔巴克氏菌wPpe菌株的流行情况[22]，在其中9个种群中发现了wPpe菌株，受感染的种群仅有11%～58%的个体感染wPpe菌株，未观察到100%感染现象存在，这可能是由于沃尔巴克氏菌在穿刺短体线虫中的垂直传播效率低，导致一部分个体未被感染，也有可能是穿刺短体线虫本身未携带沃尔巴克氏菌，在其迁移性内寄生过程中通过取食植物细胞获得，即wPpe菌株可能存在水平传播[22]。

剑线虫杆菌属主要寄生在美洲剑线虫组成员体内，基于剑线虫28S rRNA和剑线虫杆菌16S rRNA的协同进化研究表明，剑线虫杆菌与宿主美洲剑线虫（*Xiphinema americanum*）的系统发育在长期的持续进化中存在高度的一致性，说明这类菌是一种遵循严格垂直传播的胞内共生菌[23]。

5 植物寄生线虫胞内共生菌基因组研究

大多数植物寄生线虫营活体营养，人工培养繁殖困难，难以采用昆虫学研究方法进行生物学特性以及功能研究。因此，现阶段的植物寄生线虫胞内共生菌研究主要集中在通过基因组测序和分析对胞内共生菌进行功能预测。

穿刺短体线虫*P. penetrans*是首次完成沃尔巴克氏体全基因组测序的植物寄生线虫[24]。组装的wPpe菌株基因组大小为0.9Mb，具有典型的内共生特征，缺少自由生活基因。比较基因组分析，wPpe菌株与以昆虫生殖寄生为主的沃尔巴克氏菌A+B组具有相同的氨基酸合成基因（*metK*、*argD*和*aspC*）、B族维生素合成基因（*pdxf*和*fgs*）以及生物素转运基因（*bioY*）等；wPpe菌株与以丝虫互利共生为主的沃尔巴克氏菌C+D+F组具有相同的氨基酸合成基因（*gltA*、*proP*、*iscS*、*dapA*、*gltB*和*adiC*）以及维生素合成基因（*coaE*和*coaD*和*hemE*）等。系统发育分析显示，wPpe菌株位于沃尔巴克氏菌系统发育树的根部，说明该类群为较为古老的沃尔巴克氏菌分支[24]。不同于沃尔巴克氏菌的昆虫生殖寄生类群A+B组与丝虫互利共生类群C+D+F组，wPpe菌株类群在线虫上的功能尚不明确，但基因组分析显示wPpe菌株中存在部分核黄素（riboflavin）合成基因，推测沃尔巴克氏菌和植物寄生线虫之间可能也存在互惠共生关系。

对穿刺短体线虫中的枢纽菌cPpe菌株进行基因组测序[25]，组装后的cPpe菌株基因组大小为1.36Mb，G+C含量为35.8%；共预测基因1 131个，其中41%的基因功能未得到注释。研究代谢通路发现cPpe菌株缺失了细胞独立生存所必需的大部分基因。比较基因组分析显示，cPpe菌株与一种寄生蜂——蚜小蜂（*Encarsia pergendiella*）中的枢纽菌cEper1菌株和烟粉虱*Bemisia tabaci*中的枢纽菌cBtQ1菌株共有503个基因，cEper1菌株和cBtQ1菌株具有部分或全部生物素和脂酸基因，但是在cPpe菌株中完全缺失[25]。基于37个编码蛋白质基因和16S rRNA的系统发育分析表明，cPpe菌株与cBtQ1、cEper1菌株亲缘关系较近[25]。cEper1的功能相关研究相比cPpe要多，cEper1菌株基因组较小，仅为887kb，其中缺少合成大多数辅酶因子（Cofactors）和氨基酸的基因，以及三羧酸循环途径相关基因，但存在多种转运蛋白基因，说明cEper1菌株极度依赖寄生蜂胞内环境，从寄生蜂细胞中获得大多数的代谢产物和能量；同时，cEper1菌株基因组存在生物素（biotin）合成基因，说明cEper1菌株也可以为寄生蜂补充营养，可能也与寄生蜂存在互惠共生关系[26]。cEper1菌株编码核糖体蛋白基因在雌性中表达，表明cEper1菌株会增加雌蜂的蛋白翻译活性。与沃尔巴克氏菌相比较，枢纽菌可以利用不同的基因来诱导胞质不亲和[27]。在烟粉虱中也存在枢纽菌cBtQ1菌株。cBtQ1菌株基因组中具有编码运动的基因，推测枢纽菌可能在宿主组织中进行迁移[28]。目前枢纽菌在植物寄生线虫中的作用尚不明确，但由于其与cEper1菌株和cBtQ1菌株系统发育中的亲缘关系，推测其与宿主线虫存在互利共生关系。

对来自美国爱达荷州葡萄园的美洲剑线虫胞内共生菌—剑线虫杆菌菌株进行基因组测序[29]，组装后的基因组为0.916Mb，含有氨基酸、维生素和辅酶的生物合成基因，缺乏自由生活所需要的全套基因，具有典型胞内共生特征。与非必需氨基酸和其他功能的基因相比，剑线虫杆菌的合成必需氨基酸（essential amino acid，EAA）基因具有较高的水平，推断其可能为线虫宿主提供营养，与线虫宿主间存在互惠共生的关系[29]，也从另一个层面验证了在剑线虫肠壁组织观察到有剑线虫杆菌分布这一结果。对5种剑线虫杆菌的基因组进行比较分析，显示它们与疣微菌门（Verrucomicrobia）其他自由生活细菌仅有2.3%的基因[30]。剑线虫杆菌基因组中10种必需氨基酸生物EAA合成途径与核黄素和脂酸合成途径高度保守[30]，再次证实剑线虫杆菌属可以补充线虫必要营养方面的作用。剑线虫杆菌种群之间的多态性分析显示，与合成维生素基因和其他基因相比，合成EAA基因的遗传变异和等位基因固定（allele fixation）明显增加，说明剑线虫杆菌具有增强EAA合成途径的潜力[30]。

6 小结

胞内共生菌通过共生作用参与或调控着宿主的生殖发育和生物习性，从而影响其生态和进化。沃尔巴克氏菌具有广泛的昆虫宿主范围以及有效的宿主生殖调控能力，已成为一种新型的环境友好的植物害虫潜在生防因子。植物寄生线虫胞内共生菌的研究起步较晚，虽已有沃尔巴克氏菌、枢纽菌和剑线虫杆菌的形态、分类及多样性的相关研究，但其与宿主线虫的互作机制尚不清楚，尤其是关于它们是否能够调控以及如何调控线虫的生殖。随着越来越多的植物寄生线虫胞内共生菌被发现，基因组测序以及相关功能基因研究的不断深入，胞内共生菌和植物寄生线虫之间的互作机制将得到更为深入详尽的探究。

参考文献

[1] BRINZA L，VIÑUELAS J，COTTRET L，*et al.* Systemic analysis of the symbiotic function of *Buchnera aphidicola*，the primary endosymbiont of the pea aphid *Acyrthosiphon pisum*[J]. Comptes Rendus Biologies，2009，332（11）：1034-1049. DOI：10. 1016/j. crvi. 2009. 09. 007.

[2] GIL R，VARGAS-CHAVEZ C，LÓPEZ-MADRIGAL S，*et al. Tremblaya phenacola* PPER：an evolutionary beta-gammaproteobacterium collage[J]. Multidisciplinary Journal of Microbial Ecology，2018，12（1）：124-135. DOI：10. 1038/ismej. 2017. 144.

[3] LEFÈVRE C，CHARLES H，VALLIER A，*et al.* Endosymbiont phylogenesis in the dryophthoridae weevils：evidence for bacterial replacement[J]. Molecular Biology and Evolution，2004，21（6）：965-973. DOI：10. 1093/molbev/msh063.

[4] NAKABACHI A，PIEL J，MALENOVSKÝ I，*et al.* Comparative genomics underlines multiple roles of *Profftella*，an obligate symbiont of Psyllids：providing toxins，vitamins，and carotenoids[J]. Genome Biology and Evolution，2020，12（11）：1975-1987. DOI：10. 1093/gbe/evaa175.

[5] SNYDER A K，RIO R V. Interwoven biology of the tsetse holobiont[J]. Journal of Bacteriology，2013，195（19）：4322-4330. DOI：10. 1128/JB. 00487-13.

[6] WERNEGREEN J J，WHEELER D E. Remaining flexible in old alliances：functional plasticity in constrained mutualisms[J]. DNA and Cell Biology，2009，28（8）：371-382. DOI：10. 1089/dna. 2009. 0872.

[7] ZHU D T，ZOU C，BAN F X，*et al.* Conservation of transcriptional elements in the obligate symbiont of the whitefly *Bemisia tabaci*[J]. Peer J，2019，7（9）：e7477. DOI：10. 7717/peerj. 7477.

[8] BING X，ZHAO D，HONG X. Bacterial reproductive manipulators in rice planthoppers[J]. Archives of Insect Biochemistry and Physiology，2019，101（2）：e21548. DOI：10. 1002/arch. 21548.

[9] OLIVER K M，CLESSON H H. Variations on a protective theme：*Hamiltonella defensa* infections in aphids variably impact parasitoid success[J]. Current Opinion in Insect Science，2019，32：1-7. DOI：10. 1016/j. cois. 2018. 08. 009.

[10] LO W S，HUANG Y Y，KUO C H. Winding paths to simplicity：genome evolution in facultative insect symbionts[J]. FEMS Microbiology Reviews，2016，40（6）：855-874. DOI：10. 1093/femsre/fuw028.

[11] ZHENG X Y，ZHANG D J，LI Y J，*et al.* Incompatible and sterile insect techniques combined eliminate mosquitoes[J]. Nature，2019，572（7767）：56-61. DOI：10. 1038/s41586-019-1407-9.

[12] GONG J T，LI Y J，LI T P，*et al.* Stable introduction of plant-virus-inhibiting *Wolbachia* into planthoppers for rice protection[J]. Current Biology，2020，30（24）：4837-4855. DOI：10. 1016/j. cub. 2020. 09. 033.

[13] LANDMANN F，COSSART P，ROY C，*et al.* The *Wolbachia* Endosymbionts[J]. Microbiology Spectrum，2019，7（2）：BAI-0018-2019. DOI：10. 1128/microbiolspec. BAI-0018-2019.

[14] BROWN A. Endosymbionts of plant-parasitic nematodes[J]. Annual Review of Phytopathology，2018，56：225-242. DOI：10. 1146/annurev-phyto-080417-045824.

[15] LO N，PARASKEVOPOULOS C，BOURTZIS K. Taxonomic status of the intracellular bacterium *Wolbachia pipientis*[J]. International Journal of Systematic and Evolutionary Microbiology，2007，57（3）：654-657. DOI：10. 1099/ijs. 0. 64515-0.

[16] TAYLOR M J，VORONIN D，JOHNSTON K L，*et al. Wolbachia* filarial interactions[J]. Cellular

Microbiology，2013，15（4）：520-526. DOI：10. 1111/cmi. 12084.

[17] HAEGEMAN A，VANHOLME B，JACOB J，*et al.* An endosymbiotic bacterium in a plant-parasitic nematode：member of a new *Wolbachia* supergroup[J]. International Journal for Parasitology，2009，39（9）：1045-1054. DOI：10. 1016/j. ijpara. 2009. 01. 006.

[18] WERREN J H，BALDO L，CLARK M E. *Wolbachia*：master manipulators of invertebrate biology[J]. Nature Reviews Microbiology，2008，6（10）：741-51. DOI：10. 1038/nrmicro1969.

[19] BING X L，XIA W Q，GUI J D，*et al.* Diversity and evolution of the *Wolbachia* endosymbionts of *Bemisia*（Hemiptera：Aleyrodidae）whiteflies[J]. Ecology and Evolution，2014，4（13）：2714-2737. DOI：10. 1002/ece3. 1126.

[20] VANDEKERCKHOVE T，WILLEMS A，GILLIS M，*et al.* Occurrence of novel verrucomicrobial species，endosymbiotic and associated with parthenogenesis in *Xiphinema americanum*-group species（Nematoda，Longidoridae）[J]. International Journal of Systematic and Evolutionary Microbiology，2000，50（6）：2197-2205. DOI：10. 1099/00207713-50-6-2197.

[21] LI S J，AHMED M Z，LV N，*et al.* Plant mediated horizontal transmission of *Wolbachia* between whiteflies[J]. The ISME Journal，2017，11（4）：1019-1028. DOI：10. 3389/fmicb. 2017. 02237.

[22] WASALA S K，BROWN A M V，KANG J，*et al.* Variable abundance and distribution of *Wolbachia* and *Cardinium* endosymbionts in plant-parasitic nematode field populations[J]. Frontiers in Microbiology，2019，10：964. DOI：10. 3389/fmicb. 2019. 00964.

[23] PALOMARES-RIUS J E，ARCHIDONA-YUSTE A，CANTALAPIEDRA-NAVARRETE C，*et al.* Molecular diversity of bacterial endosymbionts associated with dagger nematodes of the genus *Xiphinema*（Nematoda：Longidoridae）reveals a high degree of phylogenetic congruence with their host[J]. Molecular Ecology，2016，25（24）：6225-6247. DOI：10. 1111/mec. 13904.

[24] BROWN A，WASALA S K，HOWE D K，*et al.* Genomic evidence for plant-parasitic nematodes as the earliest *Wolbachia* hosts[J]. Scientific Reports，2016，6：34955. DOI：10. 1038/srep34955.

[25] BROWN A，WASALA S K，HOWE D K，*et al.* Comparative genomics of *Wolbachia-Cardinium* dual endosymbiosis in a plant-parasitic nematode[J]. Frontiers in Microbiology，2018，9：2482. DOI：10. 3389/fmicb. 2018. 02482.

[26] PENZ T，SCHMITZ-ESSER S，KELLY S E，*et al.* Comparative genomics suggests an independent origin of cytoplasmic incompatibility in *Cardinium hertigii*[J]. PLoS Genetics，2017，8（10）：e1003012. DOI：10. 1371/journal. pgen. 1003012.

[27] MANN E，STOUTHAMER C M，KELLY S E，*et al.* Transcriptome sequencing reveals novel candidate genes for *Cardinium hertigii* -caused cytoplasmic incompatibility and host-cell interaction[J]. Msystems，2017，2（6）：e00141-17. DOI：10. 1128/mSystems. 00141-17.

[28] SANTOS-GARCIA，ROLLAT-FARNIER，PA，*et al.* The genome of *Cardinium* cBtQ1 provides insights into genome reduction，symbiont motility，and its settlement in *Bemisia tabaci*[J]. Genome Biology and Evolution，2014，6（4）：1013-1030. DOI：10. 1093/gbe/evu077.

[29] BROWN A M V，HOWE D K，WASALA S K，*et al.* Comparative genomics of a plant-parasitic nematode endosymbiont suggest a role in nutritional symbiosis[J]. Genome Biology and Evolution，2015，7（9）：2727-2746. DOI：10. 1093/gbe/evv176.

[30] MYERS K N，CONN D，BROWN A M V. Essential amino acid enrichment and positive selection highlight endosymbiont's role in a global virus-vectoring pest[J]. Msystems，2021，6（1）：e01048-20. DOI：10. 1128/mSystems. 01048-20.

中国线虫学研究（第八卷）Nematology Research in China（Vol.8）：210-249

单齿目线虫的多样性及其生防潜力研究概述*

李红梅**，刘姝含，薛　清

（南京农业大学植物保护学院/农作物生物灾害综合治理教育部重点实验室，南京　210095）

摘　要：单齿目线虫是一类土壤中自由生活的无脊椎动物，以捕食其他线虫、原生动物、轮虫等微小生物为生。单齿目线虫不仅有控制植物寄生线虫种群数量的生物防治潜力，而且还是环境质量的指示生物，具有重要经济和生态价值。我国有关单齿目线虫的研究极其匮乏，为此本文对一个世纪以来世界各国及中国的单齿目线虫研究情况进行了总结，对单齿目线虫的分类系统、形态学特征、系统发育和分子鉴定、生态功能、捕食习性以及生物防治潜力等进行了全面系统的概述，并对单齿目线虫生防资源的未来开发提出了展望。

关键词：单齿目；生物多样性；系统发育；捕食习性；生物防治潜力

Advances in diversity and biocontrol potential of nematodes in order Mononchida*

Li Hongmei**，Liu Shuhan，Xue Qing

（*Key Laboratory of Integrated Management of Crop Diseases and Pests*，*Ministry of Education / College of Plant Protection*，*Nanjing Agriculture University*，*Nanjing* 210095，*China*）

Abstract：Nematodes in order Mononchida（mononchids）is a group of free-living invertebrates in soil，feeding on other nematodes，protozoa，rotifers and other microscopic organisms. Mononchids not only have biological control potential in controlling the population quantity of plant parasitic nematodes，but also being an indicator of environmental quality，which indicating their important economical and ecological values. The focus on mononchids in China is extremely scarce. Therefore，this review summarized the research on mononchids in countries around the world and China during a century. A comprehensive and systematic overview for the taxonomy system，morphological characterization，phylogeny and molecular identification，ecological functions，predatory habits and biocontrol potential of mononchids are given，and the future exploration of biocontrol resources of predatory mononchids was prospected.

Key words：Mononchida；biodiversity；phylogeny；predatory habit；biocontrol potential

* 基金项目：国家自然科学基金项目（32001876）；中央高校基本科研业务费专项（KJQN202108）

** 第一作者：李红梅，教授，博士生导师，从事植物线虫学研究。E-mail：lihm@njau.edu.cn

1 前言

线虫是动物界（Animalia）中仅次于昆虫的一个庞大类群，而自由生活的线虫种类又占其中的大部分，广泛分布于全球各类生境，与环境变化密切相关，因而越来越受到重视。其中，单齿目线虫是一类自由生活的捕食性线虫，广泛存在于任何类型的陆地栖息地，大多数种类在土壤中生活，少数种类在淡水湖沼的沉积物中生活（Ahmad & Jairajpuri，2010）。单齿目线虫是土壤中非常活跃的捕食者，被称为微观“老虎”。虽然它们食物来源的性质尚未被充分阐明，但现有的证据表明，它们主要取食土壤中的微生物（microfauna）或中型动物（mesofauna）的其他组成成分，特别是其他微小线虫、原生动物（protozoa）、轮虫（rotifers）、小环节动物（small annelids）等，偶尔也以细菌、放线菌等为食（Saur & Arpin 1989），甚至有同类相食（cannibalism）现象，即可以捕食单齿目其他种类或同一种类的幼虫。

单齿目（Mononchida）线虫，亦称为mononchs或mononchids，隶属于线虫门（Nematoda）、嘴刺纲（Enoplea）、矛线亚纲（Dorylaimia）（Ahmad & Jairajpuri，2010）。单齿目线虫体型通常较粗大，体长从0.52mm的卵形杰森齿线虫（*Jensenonchus ovatus*）到7mm的国王等齿线虫（*Miconchus rex*）不等，但大多数种类的体长在1 ~ 3mm（Jairajpuri & Khan，1982）。单齿目线虫具有强烈骨化的宽敞口腔，腔壁上有明显的一个齿或多个齿，发达的肌肉型食道成圆柱状，食道腔衬里高度角质化。口腔的形状和结构是区分单齿目线虫属和种的最重要特征。

单齿目线虫虽然在世界各地均有分布，但是它们的生态学仍然鲜为人知。单齿目线虫在土壤或淡水沉积物中的多样性和丰度相对较低，例如，100克森林土壤中可能只含有少数种类和十多条线虫。单齿目线虫的丰度和多样性在自然土壤生境中较高，但在农业生态系统和/或受干扰的环境如耕地中的数量会显著减少。一些单齿目线虫种类的形态和/或形态测计值（morphometrics）的变化与土壤特征等环境参数有关（Arpin，1979，2000）。大量研究均揭示单齿目线虫是环境质量的指示生物，在土壤生态平衡和物质循环中有着重要作用（Yeates，1987a；Boag *et al.*，1992；Jiménez-Guirado *et al.*，1993；Yeates *et al.*，1994）。一些单齿目线虫种类能捕食土壤中的植物寄生线虫，具有潜在的生物防治应用价值，可以用作生防资源来控制土壤中植物寄生线虫的种群密度（Sanchezm *et al.*，2006；Khan & Kim，2007）。

2 单齿目线虫分类系统

2.1 单齿目分类系统的建立

单齿类线虫的发现最早可追溯到1845年，Dujardin首次报道了3种捕食性线虫*Oncholaimus muscorum*、*O. fovearum*和*Enoplus crassiusculus*，然而直到1865年Bastain提出建立单齿属（*Mononchus*），并把上述3种线虫归入该属，同时描述了平截单齿线虫（*M. truncatus*）、乳突单齿线虫（*M. papillatus*）、大口单齿线虫（*M. macrostoma*）、坦布里奇单齿线虫（*M. tunbridgensis*）和冠毛单齿线虫（*M. cristatus*）这5个新种。在接下来的半个世纪里，这个捕食性线虫类群并没有引起人们太多的重视，仅有20个种被报道。进入二十世纪后美国著名的线虫学家N. A. Cobb开始特别关注单齿线虫类群，不仅系统研究了它们的分类学和形态学，还对其生物学和行为学进行了研究，他把单齿属（*Mononchus*）分为5个亚属并且预言它们最终将变为相互独立的属（Cobb，1916），而这5个亚属后来陆续被提升到属水平，Wu & Hoeppli（1929）建立锯齿属（*Prionchulus*），De Coninck（1939）建立倒齿属（*Anatonchus*），Altherr（1950，1953）分别建立基齿属（*Iotonchus*）和锉齿属（*Mylonchulus*），以及Pennak（1953）建立孢齿属（*Sporonchulus*）。Cobb（1917）出版了一本关于单齿线虫的优秀专著，共涉及60个种类，该书所阐述的一些内容时至今日仍然具有现实意义。Micoletzky（1922）对这类线虫也做了许多工作，共鉴定出了41种线虫，Cassidy（1931）对夏威夷的单齿线虫也进行了一些研究。Filipjev（1934）提出建立单齿亚科（Mononchinae），随后Chitwood（1937）将其提升为单齿科（Mononchidae），隶属于嘴刺目（Enoplida）、嘴刺亚目（Enoplina）、三矛总科（Tripyloidea）。Andrássy（1958）对单齿线虫类群做了详尽修订，并且把短齿属（*Brachonchulus*）、库伯属（*Cobbonchus*）、粒齿属（*Granonchulus*）、犹太齿属（*Judonchulus*）和等齿属（*Miconchus*）归入单齿科，他的工作对我们了解单齿类线虫的知识做出了非常重要的贡献。

在20世纪后半叶，单齿类线虫受到广泛关注，很可能是由于它们对植物寄生线虫的生防潜力。由于大量的属与种被归入单齿线虫类群，其分类系统也在不断扩大。Clark（1960，1961，1963）对新西兰单齿类线虫进行了大量的研究工作，提供了非常有价值的信息。Clark（1961）将单齿科（Mononchidae）从嘴刺亚目（Enoplina）划入矛线亚目（Dorylaimina），并把新建立的深齿科（Bathyodonitdae）与单齿科一起归入矛线亚目下的单齿总科（Mononchoidea），他认为深齿科代表了单齿科和矛线科（Dorylaimidae）之间的过渡性亲缘关系（kinship），他也追溯了单齿线虫的进化和相互关系，强调了食道与肠交界处的瘤状物（tubercles）与口腔形状相关联在单齿线虫种类鉴定中的重要性。Mulvey（1961，1963，1967）也对加拿大捕食性的单齿线虫进行了一系列研究工作，不仅描述了许多属的新种，而且对大量已知种的描述进行了彻底的修订，并给出了鉴定检索表。Coetzee（1965，1966，1967，1968）对南非的单齿类线虫种类发生情况进行了一系列研究，她描述了6个属的几个已知种和新种。Mulvey & Jensen（1967）记述了非洲尼日利亚的单齿类线虫，建立了4个新属并描述了16个新种。Jensen & Mulvey（1968）报道了美国俄勒冈州的捕食性单齿线虫6个属的24个已知种和5个新种，并对单齿线虫的形态作了简要描述。在同一时期，Andrássy（1959）、Buansuwon & Jensen（1966）、Yeates（1967）、Altherr（1968）以及Lordello（1970）等都为单齿类线虫的分类研究做出了大量贡献。

Jairajpuri（1969，1970，1971）不仅首次报道了印度单齿线虫许多属，还详细描述7个属的已知种和新种。Jairajpuri（1969）系统研究了单齿类线虫的分类地位，将整个单齿线虫类群即单齿总科（Mononchoidea）从矛线目（Dorylaimida）中划分出来独立为单齿目（Mononchida），同时科级分类水平都得到明显提升。Jairajpuri（1971）认可单齿目有单齿亚目（Mononchina）和深齿亚目（Bathyodotina）2个亚目，前者包括单齿总科（Mononchoidea）下3个科和倒齿总科（Anatonchoidea）下2个科，后者包括深齿总科（Bathyodontoidea）和单棘总科（Mononchuloidea）2个总科。随后有来自塔吉克斯坦、刚果、萨尔瓦多、前苏联和印度的大量新属和新种被报道（Ivanova & Dzhuraeva，1971；Andrássy，1972；Baqri & Jairajpuri，1974；Eroshenko，1975；Jairajpuri & Khan，1977；Khan *et al.*，1978）。Jairajpuri & Khan（1982）对单齿目进行了专题研究，详细描述了该线虫的形态学与系统发育学，并列出单齿目各亚目、科以及属的形态鉴别和诊断检索表，同时还建立了6个新属。

Siddiqi（1983）在研究了土壤中矛线目（Dorylaimida）、单齿目（Mononchida）、三矛目（Triplonchida）以及无咽目（Alaimida）线虫的系统发育关系后，提出将深齿线虫类群从单齿目中划出独立为深齿目（Bathyodontida），即单齿类线虫有单齿目（Mononchida）和深齿目（Bathyodontida）这2个目。然而，Maggenti（1983）认为单齿类线虫应该保持为一个独立的单齿目（Mononchida），包含深齿总科（Bathyodontoidea）和单齿总科（Mononchoidea）。Andrássy（1992，1993a）认为单齿类线虫应该归入一目（单齿目）两亚目（单齿亚目和深齿亚目），对一些属的分类地位进行调整并成立了多个亚科，还提供了科和属的诊断特征以及种类检索表。在1980—2010年间，世界很多国家和地区陆续发现了单齿目线虫，有大量的新属和新种被描述，也有很多已知种被重新描述。2010年Ahmad和Jairajpuri出版了有关单齿目线虫的专著“Mononchida：The Predatory Soil Nematodes”，全面介绍了单齿目线虫的分类系统、科属鉴别特征、种类描述以及各属种类检索表等，该专著是当今鉴别单齿目线虫种类的最有价值的参考文献。

目前，单齿目线虫的鉴定主要依据形态特征，可以参考的文献包括Jairajpuri & Khan（1982）、Zullini & Peneva（2006）、Andrássy（2009）以及Ahmad & Jairajpuri（2010）等权威线虫学家编写的专著。本文根据Ahmad & Jairajpuri（2010）的专著整理了单齿目各亚目、总科、科、属的名称及中译名，列于表1中。Andrássy（2009）整理单齿目有效属45个共454个有效种，我们统计了截至2021年7月发表的文献，迄今单齿目包括2亚目4总科7科9亚科49属共470个有效种（表1）。本文所有生物物种的英文名或拉丁学名，已有中译名的保留沿用，未有中译名的，根据《生物名称和生物学术语的词源》（耶格，1965）词典进行了翻译。有关世界各国和我国单齿目线虫种类发生情况概述见第7节。

2.2 单齿目线虫的形态特征

单齿目线虫是一类中等大小的线虫，体长一般超过1mm。体型粗壮，通常圆柱形，几乎不向体前端逐渐变细，但身体后部明显逐渐变细，尾区通常呈圆锥形至丝状，杀死固定后体型一般呈开口“C”形，偶尔呈直线，或呈弯曲的“G”形。虫体体壁厚，双层，外层光滑，内层有时存在细环纹；唇区微缢缩或明显缢缩，唇乳突发达（图1A）。口腔宽大且强烈骨化，腔体后1/4处（单齿亚目，图2）或整个口腔被食道围绕（深齿亚目，图3A，E），腔背壁上有单齿或无齿，亚腹壁或平滑，或有大齿、或有呈纵向脊状排列或不规则排列的小齿（图2）。食道圆柱状，结构单一，无特殊分化或修饰的部分，肌肉发达，食道腔较厚（图1B，图3B），食道与肠交接处有瘤状物（tuberculate）（单齿总科）或缺失（倒齿总科）。神经环明显，衣领状，位于食道前端22%～40%处，排泄孔位于神经环后方，通常模糊不可见。有5个单核食道腺体细胞，1个位于背侧，2对位于亚腹侧，腺体开口均位于神经环后方。

表1　单齿目线虫分类系统及各属有效种数量（截至2021年7月）

亚目	总科	科	亚科	属	有效种数量
单齿亚目 Mononchina Kirjanova & Krall，1969	单齿总科 Mononchoidea Filipjev，1934	单齿科 Mononchidae Filipjev，1934	单齿亚科 Mononchinae Filipjev，1934	单齿属*Mononchus* Bastian，1865	26
				黑齿属*Nigronchus* Siddiqi，1984a	1
				拟单齿属*Paramononchus* Mulvey，1978	5
			锯齿亚科 Prionchulinae Andrássy，1976	锯齿属*Prionchulus* Cobb，1916	32
				克拉克属*Clarkus* Jairajpuri，1970	13
				库曼属*Coomansus* Jairajpuri & Khan，1977	25
				帕克属*Parkellus* Jairajpuri，Tahseen & Choi，2001a	10
		锉齿科 Mylonchulidae Jairajpuri，1969	锉齿亚科 Mylonchulinae Jairajpuri，1969	锉齿属*Mylonchulus* Cobb，1916	60
				短齿属*Brachonchulus* Andrássy，1958	1
				羽齿属*Crestonchulus* Siddiqi & Jairajpuri，2002	1
				珠齿属*Margaronchulus* Andrássy，1972	1
				类珠齿属*Margaronchuloides* Andrássy，1985	1
				巨齿属*Megaonchulus* Jairajpuri & Khan，1982	1
				寡齿属*Oligonchulus* Andrássy，1976	1
				拟锉齿属*Paramylonchulus* Jairajpuri & Khan，1982	15
				多齿属*Polyonchulus* Mulvey & Jensen，1967	2

（续表）

亚目	总科	科	亚科	属	有效种数量
			孢齿亚科 Sporonchulinae Jairajpuri，1969	艾克特属*Actus* Baqri & Jairajpuri，1974	8
				粒齿属*Granonchulus* Andrássy，1958	4
				犹太齿属*Judonchulus* Andrássy，1958	3
				拟锯齿属*Prionchuloides* Mulvey，1963	1
				孢齿属*Sporonchulus* Cobb，1917	4
		库伯齿科 Cobbonchidae Jairajpuri，1969	库伯齿亚科 Cobbonchinae Jairajpuri，1969	小库伯齿属*Cobbonchulus* Andrássy，2009	1
				库伯齿属*Cobbonchus* Andrássy，1958	33
				同齿属*Comiconchus* Jairajpuri & Khan，1982	2
				三空齿属*Tricaenonchus* Andrássy，1996	1
	倒齿总科 Anatonchoidea Jairajpuri，1969	倒齿科 Anatonchidae Jairajpuri，1969	倒齿亚科 Anatonchinae Jairajpuri，1969	倒齿属*Anatonchus* Cobb，1916	9
				小倒齿属*Micatonchus* Jairajpuri，Tahseen & Choi，2001b	3
				拟虎齿属*Tigronchoides* Ivanova & Dzhuraeva，1971	9
				猛齿属*Truxonchus* Siddiqi，1984a	9
			等齿亚科 Miconchinae Andrássy，1976	厚腔属*Crassibucca* Mulvey & Jensen，1967	4
				矛齿属*Doronchus* Andrássy，1993b	2
				等齿属*Miconchus* Andrássy，1958	41
				拟厚腔属*Paracrassibucca* Baqri & Jairajpuri，1974	1
				前等齿属*Promiconchus* Jairajpuri & Khan，1982	3

（续表）

亚目	总科	科	亚科	属	有效种数量
		基齿科 Iotonchidae Jairajpuri，1969	基齿亚科 Iotonchinae Jairajpuri，1969	头齿属*Caputonchus* Siddiqi，1984a	1
				基齿属*Iotonchus* Cobb，1916	78
				小基齿属*Iotonchulus* Andrássy，1993b	4
				杰森属*Jensenonchus* Jairajpuri & Khan，1982	6
				巨基齿属*Megaiotonchus* Siddiqi，2015a	11
				穆尔维耶属*Mulveyellus* Siddiqi，1984a	5
				无齿属*Nullonchus* Siddiqi，1984b	4
			壮齿亚科 Hadronchinae Khan & Jairajpuri，1980	壮齿属*Hadronchoides* Jairajpuri & Rahman，1984	2
				小壮齿属*Hadronchulus* Ray & Das，1983	3
				壮齿属*Hadronchus* Mulvey & Jensen，1967	2
				拟壮齿属*Parahadronchus* Mulvey，1978	10
				小锯齿属*Prionchulellus* Mulvey & Jensen，1967	1
深齿亚目 Bathyodontina Coomansus & Loof，1970	隐齿总科 Cryptonchoidea Chitwood，1937	深齿科 Bathyodontidae Clark，1961		深齿属*Bathyodontus* Fielding，1950	3
		隐齿科 Cryptonchidae Chitwood，1937		隐齿属*Cryptonchus* Cobb，1913	3
	单棘总科 Mononchuloidea De Coninck, 1965	单棘科 Mononchulidae De Coninck，1965		单棘属*Mononchulus* Cobb，1918	1
				独齿属*Oionchus* Cobb，1913	3

雌虫的生殖管单生或双生，卵巢前端回折，卵母细胞较大，通常单行排列；子宫与输卵管由发达的肌肉状瓣门（muscular valve）和括约肌包围。阴道短，壁厚，肌肉发达；阴门开口处的阴道有显着的角质化结构即阴门骨片（*pars refringens*），形状多样（图1C，图3C，D）。雄虫的生殖管由2个睾丸、输精管和射精管组成，精母细胞多行排列，输精管由管状区和腺状区组成，其后是射精管，逐渐变窄，进入直肠形成泄殖腔（cloaca），泄殖腔口前有腹中位乳突（ventromedian supplements）。交合刺（spicule）成对，有引带（gubernaculum）或附属片（accessory pieces）（图1E）。尾部形态多样，有长丝状、短丝状、圆锥形，或半圆形等；没有侧尾腺，尾末端通常有3个单核的尾腺（caudal glands）（图1D，图3F，G），有时有尾腺孔（spinneret），开口于末端中央或亚腹侧（Ahmad & Jairajpuri，2010）。

单齿目线虫根据它们的口腔和食道的形态特征很容易辨识，口腔的形状、大齿和小齿的形状与分布、食道后半部是否有瘤状物等，是鉴定单齿目线虫各科的主要依据，尾的形状和长度在种类鉴定中有重要价值。许多单齿线虫种类的雄虫未知，即使雄虫存在，也可能没有功能，孤雌生殖（pathenogensis）在单齿线虫中很常见（Samsoen，1984）。单齿目线虫的发育遵循通常的线虫模式，历经4个幼虫阶段和相应的蜕皮变为成虫。幼虫的发育没有明显的改变，除了虫体大小在逐渐增大，出现生殖系统及其附属器官等，在某些情况下，口腔内的齿会从底部向前移动，或齿的方向发生改变（Coomans & Lima 1965）。

2.3 单齿目亚科检索表及常见属鉴别特征

Ahmad & Jairajpuri（2010）将单齿目（Mononchida）分为单齿亚目（Mononchina）（图1，图2）和深齿亚目（Bathyodontina）（图3）两个亚目。单齿亚目根据口腔的形态（图2）以及食道和肠连接处瘤状物的有无，分为2个总科即单齿总科（Mononchoidea）和倒齿总科（Anatonchoidea），前者口腔底部窄，食道和肠连接处没有瘤状物，而后者口腔底部宽，食道和肠连接处有瘤状物。单齿总科包括单齿科（Mononchidae）、锉齿科（Mylonchulidae）、库伯齿科（Cobbonchidae）共3科25属；倒齿总科包括倒齿科（Anatonchidae）和基齿科（Iotonchidae）共2科20属。深齿亚目根据口腔以及单齿的形态（图3）分为2个总科即隐齿总科（Cryptonchoidea）和单棘总科（Mononchuloidea），前者包括隐齿科（Cryptonchidae）和深齿科（Bathyodontidae）共2科2属，口腔狭窄，壁薄，齿小，而后者仅有1科2属，口腔宽，亚腹侧腔的一侧有大的单齿，槽生（grooved），另一侧有2～6排小齿。

根据Peña-Santiago（2014）整理的单齿目各科各亚科的检索表如下：

1\. 口腔强烈骨化，桶状或杯状，背齿大；食道围绕口腔后1/4处[单齿亚目Mononchia] 2
口腔中度骨化，较窄长，有亚腹齿；食道围绕整个口腔[深齿亚目Bathyodontina]…8

2\. 食道与肠交接处简单，没有瘤状物，口腔基部逐渐变窄，杯状或漏斗状[单齿总科Mononchoidea]（图2A-F）……………………………………………………3
食道与肠交接处有瘤状物，口腔宽大，基部平[倒齿总科Anatonchoidea]（图2G-I）…6

3\. 口腔基部逐渐变窄，亚腹壁偶尔有小齿，呈纵向排列（从不横排）………………4
口腔基部强烈变窄，亚腹壁通常有横排的小齿形成一个锯齿状区域，小齿偶尔有分散[锉齿科Mylonchulidae]…………………………锉齿亚科Mylonchulinae（图2D，E）

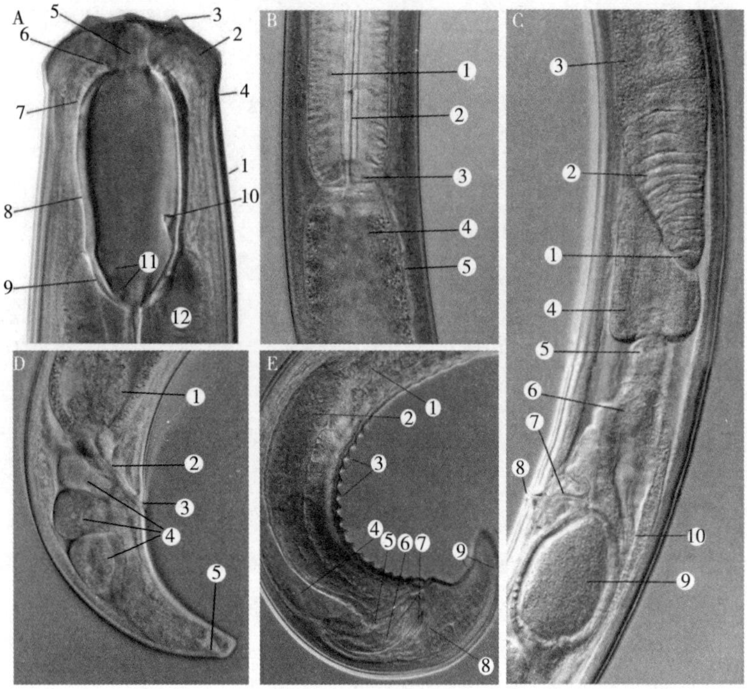

图1 单齿亚目线虫的一般形态

A：虫体前部的正中视图，示（1）角质层、（2）唇、（3）唇乳突、（4）唇区凹陷、（5）前庭、（6）前庭小斜板、（7 & 8）纵向（垂直）口腔前板、（9）口腔水平（斜或横向）后板、（10）背齿、（11）齿孔以及（12）食道前端；B：食道与肠交界处，示（1）食道、（2）食道腔、（3）贲门、（4）肠腔和（5）肠壁；C：雌虫生殖系统，示（1）卵巢萌发区、（2）卵巢生长区、（3）卵巢成熟区、（4）阔部输卵管、（5）括约肌、（6）子宫、（7）阴道、（8）阴门、（9）子宫内卵子和（10）肠；D：雌虫尾部，示（1）肠、（2）直肠、（3）肛门、（4）尾腺和（5）尾腺孔；E：雄虫体后部，示（1）输精管和射精管之间的收缩、（2）射精管、（3）腹中位生殖乳头（腹正位交配乳突）、（4）肠、（5）直肠/泄殖腔、（6）交合刺、（7）引带、（8）交合刺牵引肌和（9）尾乳突。图A，C和E引自Peña-Santiago（2014）。

4. 背齿和亚腹齿均存在，形状与大小通常相似[库伯齿科Cobbonchidae]……………………………………………………………………………库伯齿亚科Cobbonchinae（图2F）
   仅有发达的背齿[单齿科Mononchidae]……………………………………………………5
5. 雌虫尾长锥状至丝状，尾腺和吐丝器发达………………………单齿亚科Mononchinae
   雌虫尾短呈圆锥状，尾腺和吐丝器退化或缺失……锯齿亚科Prionchulinae（图2A-C）
6. 亚腹齿缺失或呈2排纵向小齿[基齿科Iotonchidae]……基齿亚科Iotonchinae（图2G）
   亚腹齿和背齿均存在，形状与大小几乎相同[倒齿科Anatonchidae]……………………7
7. 齿倒转，朝向后方………………………………………倒齿亚科Anatonchinae（图2H）
   齿典型的朝向前方………………………………………等齿亚科Miconchinae（图2I）
8. 口腔壁较厚且骨化强烈，齿相对较大且槽生[单棘总科Mononchuloidea]…………………………………………………………………………单棘科Mononchulidae（图3A-D，G）

口腔壁较薄，齿非常小[隐齿总科Cryptonchoidea]……………………………………9
9. 口长管状，腔壁完全平行，尾长圆锥形至丝状…………………隐齿科Cryptonchidae
口腔长管状，前部较宽，后部非常狭窄，尾短且圆…深齿科Bathyodontidae（图3E, F）

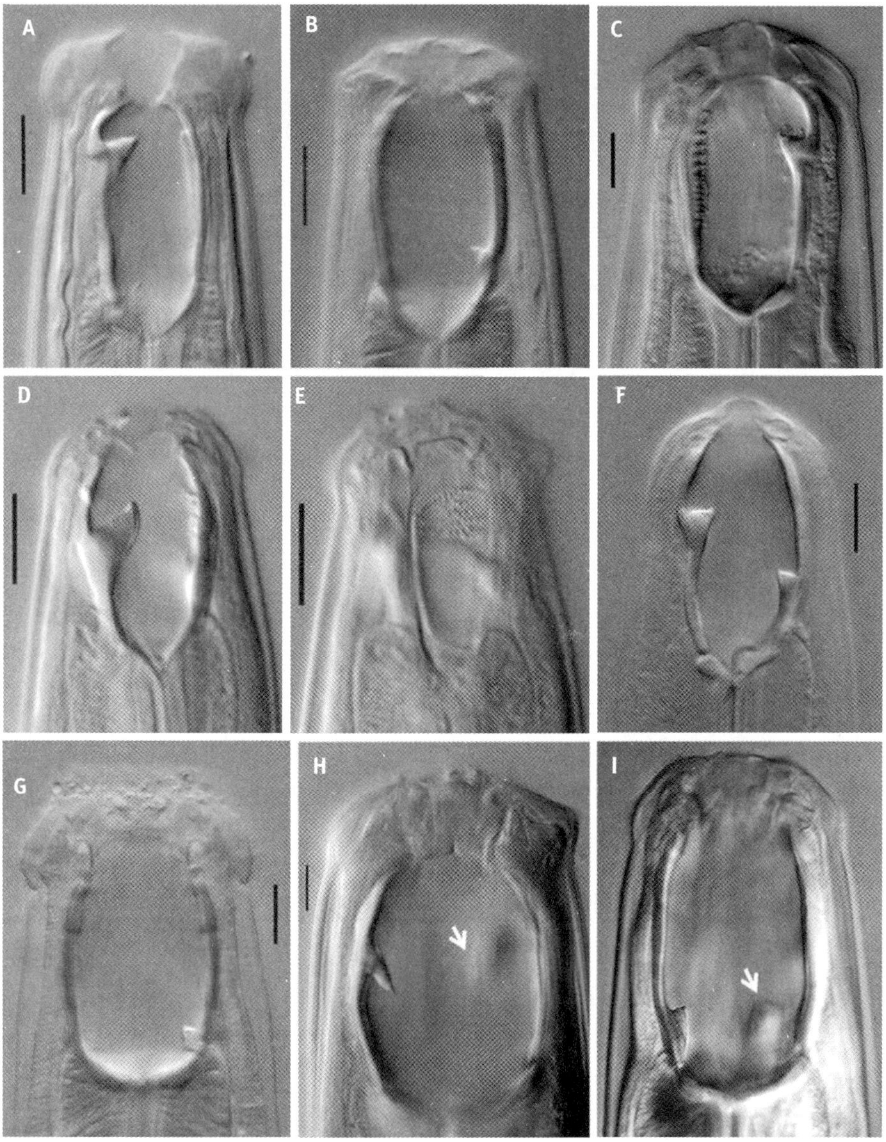

图2　单齿亚目线虫多样性示前部的口腔

A-F为单齿总科。A：克拉克属；B：帕克属；C：锯齿属（单齿科）；D，E：锉齿属（锉齿科）；F：库伯齿属（库伯齿科）。G~I倒齿总科。G：基齿属（基齿科）；H：倒齿属；I：等齿属（倒齿科）。（头箭示没有聚焦的亚腹齿；标尺：A，C~H10μm；B20μm）。图引自Peña-Santiago（2014）。

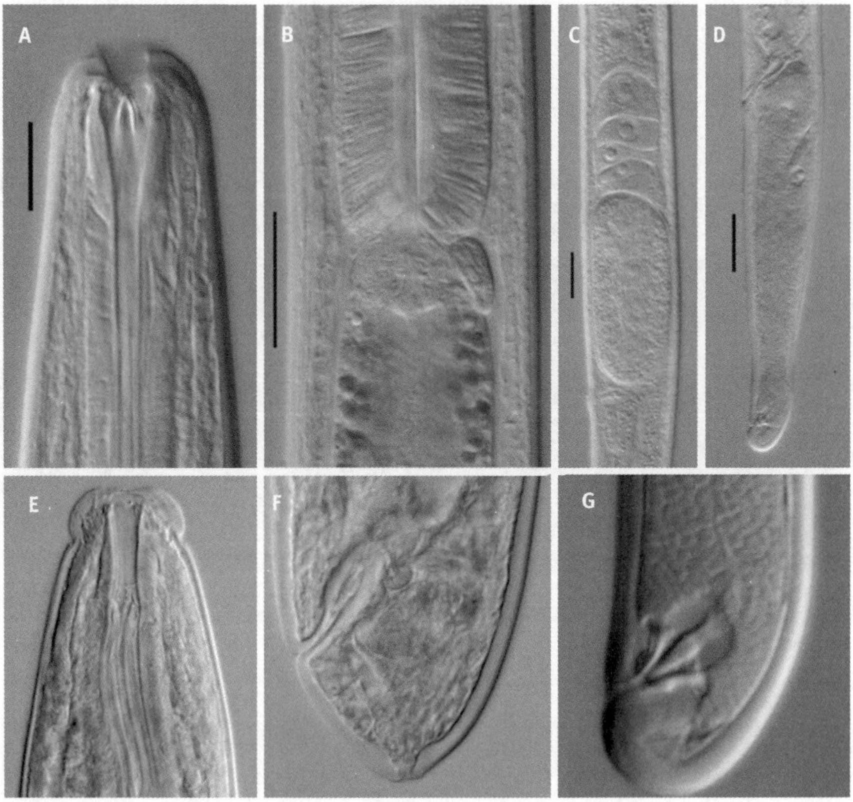

图3　深齿亚目线虫的多样性

A-D、G为单棘属（单棘总科）；E、F为深齿属（隐齿总科）. A：虫体前部；B：食道与肠交接处（贲门）；C：雌虫生殖系统；D：雌虫尾区；E：虫体前部；F：雌虫尾区；G：尾尖细节（标尺Scale bar：A 10μm；B ~ D 20μm）。图引自Peña-Santiago（2014）。

对表1整理的单齿目47个属470个有效种的分科分属情况进行了统计，发现有效种数量主要集中在单齿亚目的单齿科（Mononchidae）、锉齿科（Mylonchulidae）、倒齿科（Anatonchidae）及基齿科（Iotonchidae）这4科中，数量分别为112个、103个、81个及127个，而有效种数量较多的属排名依次是基齿属（*Iotonchus*）、锉齿属（*Mylonchulus*）、等齿属（*Miconchus*）、库伯齿属（*Cobbonchus*）和锯齿属（*Prionchulus*），分别是78个、60个、41个、33个和32个。

根据Ahmad & Jairajpuri（2010）的专著将单齿亚目常见9个属的主要形态鉴别特征整理如下：

单齿属（*Mononchus*）口腔细长圆柱状，壁薄，底部渐窄；背齿发达，位于口腔前1/6 ~ 1/3处，齿尖朝前，与背齿相对的亚腹壁各具一细横脊，口腔前1/3处偶有短而细的纵脊；食道与肠的交接处无瘤状物。

克拉克属（*Clarkus*，图2A）口腔桶形；具无齿腹脊，背齿位于口腔前半部，齿尖朝前；食道与肠的交接处无瘤状物。

帕克属（*Parkellus*，图2B）口腔宽大；背齿位于口腔后半部，齿尖朝前，总是位于口腔中后部，正对背齿的亚腹壁垂直有细的纵向脊；食道与肠的交接处无瘤状物。

锯齿属（*Prionchulus*，图2C）口腔宽大，骨化强烈，桶形，底部渐窄；背齿发达，齿尖向前，位于口腔前1/2处，与亚腹壁2个齿状纵脊相对；食道与肠的交接处无瘤状物。

锉齿属（*Mylonchulus*，图2D，E）口腔高脚杯状或漏斗状；背侧壁厚于亚腹壁，背齿很大，爪状，位于口腔前1/2处，齿尖斜指向前方；亚腹壁有排列规则的多行锉状小齿，锉齿区前方或后方边缘区处有骨化的折环（sclerotised refractive ring），2个小亚腹齿与背齿基部相对；食道与肠交接处无瘤状物。

库伯齿属（*Cobbonchus*，图2F）口腔呈长椭圆形；背齿大，位于口腔前部，2个亚腹齿相似，较小，位于口腔后部，或均位于口腔中部，但亚腹齿略靠后；食道与肠的交接处无瘤状物。

基齿属（*Iotonchus*，图2G）口腔宽大，有时呈宽椭圆形；背齿位于口腔底部或偏上，一般较小，口腔内无其他结构；食道与肠交接处有瘤状物。

倒齿属（*Anatonchus*，图2H）口腔椭圆形或宽大球形；背齿和2个亚腹齿倒转，朝向后方，形状和位置相同，位于口腔的中部，齿尖箭头状；食道与肠的交接处有瘤状物。

等齿属（*Miconchus*，图2I）口腔桶状，底部平坦；背齿和2个亚腹齿大小相等，位置相对，齿尖向前，位于口腔的中部或底部，无小齿或纵脊；食道与肠的交接处有瘤状物。

3 单齿目线虫的系统发育和分子鉴定

3.1 单齿目线虫的系统发育与进化地位

单齿目（Mononchida）在系统发育地位的主要争议集中在其与矛线亚纲（Dorylaimia）其他类群的关系上。在生活习性和形态结构上，单齿类线虫（mononchs）与矛线类线虫（dorylaims）相似，例如，单齿类线虫有捕食的习性，而一些矛线类线虫也有捕食土壤微生物的习性；两者拥有相似的食道腺（5个细胞）且腺体开口均位于神经环的下面，生殖系统大多一样，相似的唇区等；但是，它们的形态差异非常明显，单齿类线虫一般体形较大、粗壮，角质膜比较厚，口腔一般有一个或多个大齿，食道肌肉发达，圆筒型，食道内腔极度加厚，高度角质化，食道和肠连接处经常有瘤状物，前直肠（prerectum）完全缺失，有一个发达的引带，雄虫泄殖腔口前的生殖乳突缺失，存在尾腺和尾腺孔。Clark（1961）将单齿科（Mononchidae）和深齿科（Bathyodonitda）并入单齿总科（Mononchoidea），并将该总科从嘴刺亚目（Enoplina）划入矛线亚目（Dorylaimina），而根据Jairajpuri（1969）根据上述形态特征差异提出将单齿总科独立为单齿目（图4A），这一观点目前已成为主流。对于单齿线虫的系统发育地位还有一些其他不同的观点，例如，Andrássy（1976）认为单齿类线虫应归为矛线目（Dorylaimida）下的单齿亚目（Mononchina）（图4B），矛线目下的其他3个亚目，即矛线亚目（Dorylaimina）、膜皮亚目（Diphtherophorina）和索虫亚目（Mermithina）具有共同的起源，彼此更为接近，而与单齿亚目（Mononchina）较远。Lorenzen（1981）认为矛线目（Dorylaimida）下包括矛线亚目（Dorylaimina）、单齿亚目（Mononchina）和深齿亚目（Bathyodontina）（图4C）。Siddiqi（1983）建议单齿目（Mononchida）和深齿目（Bathyodontida）为2个单独的目（图4D）。Maggenti（1983）将矛线亚目（Dorylaimina）、穿咽亚目（Nygolaimina）和膜皮亚目（Diphtherophorina）放在矛线目（Dorylaimida）中，而依然将单齿目（Mononchida）保持为一个单独的目（图4E），Andrássy（1992，1993a）亦认可这一观点。

然而，基于18S核糖体RNA基因（rDNA）的研究表明，单齿目（Mononchida）和索虫目（Mermithida）互为姐妹类群关系（Blaxter *et al.*，1998；Rusin *et al.*，2003；De Ley & Blaxter，2002）（图4F），但是矛线目（Dorylaimida）、旋毛目（Trichinellida）和单齿/索虫（monochs/mermithids）进化枝之间的关系未能得到解析。进一步的研究显示，深齿线虫（bathyodontus）与索虫（mermithids）和单齿线虫（mononchids）类群共同形成了一个有高支持值的进化枝，但是现有的单齿目为并系，索虫位于单齿线虫两类群之间（Mullin *et al.*，2005；Holterman *et al.*，2006；van Megen *et al.*，2009）。这一系统发育地位符合形态学特征的差异，即深齿线虫（bathyodontus）和单齿线虫（mononchids）之间的差异非常明显，并且深齿亚目的2个类群即隐齿总科（Cryptonchoidea）和小单齿总科（Mononchuloidea）之间也存在着明显差异（Coomans & Loof，1970；De Ley &Coomans，1989）。

基于18S rDNA基因的系统发育研究显示单齿目线虫各科多为并系或多系。现有的锉齿科（Mylonchulidae）为多系，其中粒齿属（*Granonchulus*）与锉齿属（*Mylonchulus*）分别处于两支。单齿科（Mononchidae）为并系，其中单齿属（*Mononchus*）与锉齿属（*Mylonchulus*）互为姐妹群，而克拉克属（*Clarkus*）、库曼属（*Coomansus*）、锯齿属（*Prionchulus*）单独形成支持率较高的一支。倒齿科（Anatonchidae）与深齿科（Bathyodontidae）分别为并系和单系，但目前仅有少量分子序列支持，其亲缘关系有待进一步解析（Holterman *et al.*，2006；van Megen *et al.*，2009）。基于18S rDNA序列的单齿目线虫的系统进化研究已取得一些进展。Olia等（2008）通过构建18S rDNA系统进化树证实了艾克特属（*Actus*）分类地位的有效性，且与锉齿属（*Mylonchulus*）为姊妹关系。Olia等（2009）发现18S rDNA基因是解析单齿目线虫种间系统进化关系的理想基因，并证实了锉齿属（*Mylonchulus*）是单系（monophyly）起源，帕克锉齿属（*Pakmylonchulus*）是锉齿属的同物异名，拟锉齿属（*Paramylonchulus*）为独立属；Ahmad & Jairajpuri（2010）采纳了上述观点，否定了Andrássy（2009）关于拟锉齿属是锉齿属的异名这一观点。

分子系统发育还被广泛应用于解析属内与属间的进化关系。Koohkan & Shokoohi（2013）发现来自荷兰、英国的曲尾锉齿线虫（*Mylonchulus sigmaturus*）群体的亲缘关系较远，而与日本曲尾锉齿线虫亲缘关系极近，推测地理环境因素可能会影响单齿线虫的遗传进化。Koohkan & Shokoohi（2014）明确了深齿属（*Bathyodontus*）、锉齿属（*Mylonchulus*）以及单齿属（*Mononchus*）的分类地位有效性。Koohkan等（2014）通过构建的18S rDNA基因系统发育树发现倒齿属（*Anatonchus*）是单系种群，三齿倒齿线虫（*A. tridentatus*）伊朗群体与荷兰、比利时的群体在碱基相似度上有差异，并且对湖泊锉齿线虫（*Mylonchulus lacustris*）的形态和分子特征进行了描述。Koohkan等（2015）为了解析单齿亚目各成员的系统进化关系，利用单齿线虫65条18S rDNA序列构建了系统发育树，显示有5个支持率较高的进化枝（Clade），进化枝I有锉齿属（*Mylonchulus*），进化枝II有萨尔瓦多艾克特线虫（*Actus salvadoricus*），进化枝III有倒齿属（*Anatonchus*）、克拉克属（*Clarkus*）、库曼属（*Coomansus*）、等齿属（*Miconchus*）以及锯齿属（*Prionchulus*），进化枝IV有单齿属（*Mononchus*），以及进化枝V有粒齿属（*Granonchulus*），结果表明18S rDNA分析可用于解析单齿亚目成员之间的关系，这一结论与上述Olia 等（2009）的研究结果相一致。

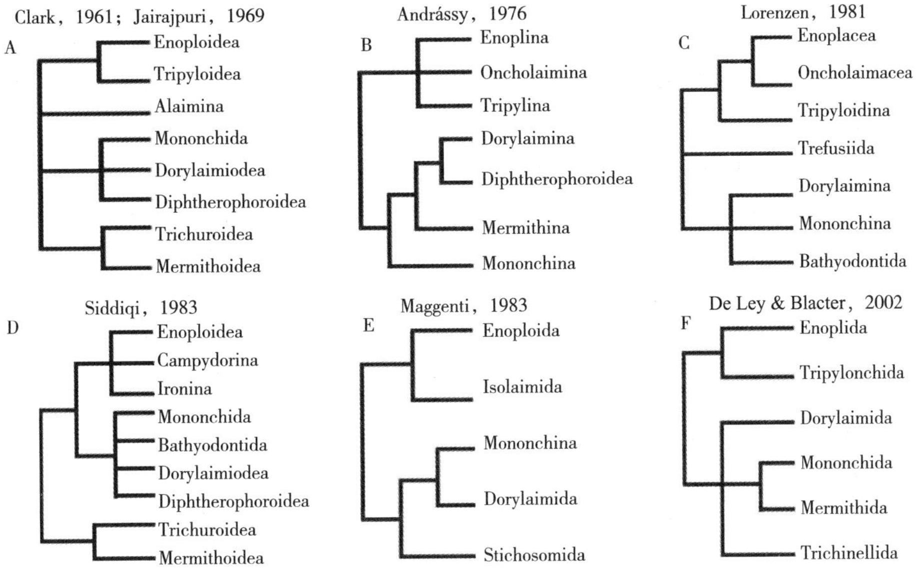

图4　单齿目线虫系统发育地位的几种不同观点

Fig. 4　The different phylogenetic placements of mononch nematodes

单齿类线虫标示为红色。Mononch nematodes are indicated in red colour.

3.2　单齿目线虫的分子鉴定

随着分子生物技术的发展，线虫的分子生物学特征在分类鉴定中也日益重要，基于18S、28S rDNA基因以及线粒体DNA（mtDNA）的细胞色素氧化酶I基因（*COI*）的分子鉴定，已成为线虫传统形态学鉴定的一种重要辅助手段。在植物寄生线虫中，28S D2-D3区序列相比18S基因序列能够更好地识别种间的遗传变异，更适合作为DNA条形码的候选靶标（Subbotin *et al.*，2008）。Schenk等（2020）利用二代测序技术（Next-generation sequencing）检测土壤线虫的多样性，同样发现通过28S D2-D3序列信息所揭示的物种多样性普遍高于18S序列信息。mtDNA-*COI*因其较高的种间变异率和简单的遗传背景，而被认为是生物DNA条形码的首选基因（Palomares-Rius *et al.*，2014）。

单齿目线虫种类众多，且其形态特征会随着发育阶段、性别以及所处生态环境等条件的变化而产生变异（Barbuto & Zullini，2006），仅依靠传统的形态学鉴定方法已经难以满足对庞大的单齿目线虫种群的鉴定。单齿目线虫的分子鉴定相比于植物寄生线虫要起步较晚。因可用信息较少，现有的分子鉴定主要使用保守性较好的线虫18S rDNA基因，采用如G18S4/18P、SSU_F04/SSU_R26、1912R/988F等线虫通用引物对进行扩增（Blaxter *et al.*，1998；Holterman *et al.*，2006），均取得了较好的扩增效果。目前GenBank搜索到有关单齿类线虫的分子序列大约有300条，且绝大多数为18S序列。相比18S rDNA，mtDNA-*COI*基因在扩增时引物结合处容易突变，导致片段扩增的成功率较低，因此mtDNA-*COI*基因的通用引物设计难度较大（Derycke *et al.*，2010），目前尚未用于单齿线虫的分子鉴定中。此外，分子鉴定中应用较为广泛的ITS基因也因种间变异较大，在单齿线虫中仅有3条序列。

利用分子鉴定方法作为辅助手段，不仅可使种类鉴定更为准确，且能揭示其系统进化关系，越来越多的单齿目线虫种类鉴定同时提供了形态和分子信息。Kim等（2018）首次报道了来自韩国洛东河沉积物的亚历山大锯齿线虫（*Prionchulus oleksandri*），提供了其详细的形态特征描述和测计值以及18S、28S和ITS rDNA分子信息。van Rensburg等（2021）对来自南非的新种约克斯胡克锯齿线虫（*Prionchurus jonkershoekensis*）进行了形态学和分子鉴定，基于18S和28S rDNA的系统发育分析揭示其与平截锯齿线虫（*Prionchulus punctatus*）和苔藓锯齿线虫（*Prionchulus muscorum*）亲缘关系最近。Vu（2021）对越南新种巴刹库曼线虫（*Coomansus batxatensis*）进行了详细的形态和分子特征描述，基于18S和28S rDNA序列的系统发育分析揭示库曼属（*Coomansus*）作为帕克属（*Parkellus*）的姐妹群出现，支持后者的属有效性。Vu等（2021）描述了来自越南老街省巴刹（Bat Xat）自然保护区的新种莲唇基齿线虫（*Iotonchus lotilabiatus*）并提供了18S和28S rDNA分子数据。

4　单齿目线虫的生态功能

土壤线虫取食类群是一种建立已久的主要基于形态学特征的营养分类，用于监测和分析土壤生物状态的生态指标（Melody *et al.*，2016）。单齿目线虫是土壤生态中的重要生物组成因子，它们的取食机制、行为方式和生物防治潜力等都对土壤环境中的生物和微生物区系产生重要的影响（Ahmad，1990）。单齿目线虫是土壤中的主要捕食性类群，食性复杂，不仅能捕食一些其他类群的线虫，而且能有效维持土壤中微生物群落平衡，具有重要的生态价值（Kan & Kim，2007）。在一些农耕生态系统中，营养损耗严重的土壤中单齿线虫的数量较少甚至没有，反映出单齿线虫与土壤的健康息息相关（Sanchezm *et al.*，2006）。

Guirado等（1993）研究了西班牙陆地单齿线虫生态学物种与14种栖息地生境类型的关系，发现水生单齿线虫（*Mononchus aquaticus*）和平截单齿线虫（*M. truncatus*）主要与水生环境相关，苔藓锯齿线虫（*Prionchulus muscorum*）、小库曼线虫（*Coomansus parvus*）和施图德等齿线虫（*Miconchus studeri*）与天然木材林环境相关，三齿倒齿线虫（*Anatonchus tridentatus*）、曲尾锉齿线虫（*Mylonchulus sigmaturus*）和克拉克乳突线虫（*Clarkus papillatus*）与耕地土壤环境相关。吴纪华和梁彦龄（1997）对长江流域随机采集的土壤和底栖生境的生物样本进行鉴定，发现矛线目（Dorylaimida）线虫最为常见，在森林凋落物中的线虫优势目是小杆目（Rhabditida），苔藓中是单齿目（Mononchida），底泥中是嘴刺目（Enoplida），水生植被中是窄咽目（Araeolaimida）。

Arpin（1991）指出在富含腐殖质的土壤中出现的单齿目线虫，可以作为土壤环境的指示因子。Steiner（1994）发现单齿目线虫在土壤中具有丰富的多样性，与空气污染有显著的关联，可以作为空气污染的生物指示因子。Arpin & Armendariz（1996）研究了法国枫丹白露（Fontainebleau）国家森林自然保护区的单齿线虫种群与森林动态的关系，发现单齿线虫种类的相对丰度和形态变异与腐殖质形态的变化有关，表明单齿目线虫种群对环境条件变化具有指示功能。Yeates & Boag（2003）同样发现单齿线虫类群的形态特征，会随着所处环境的变化而发生适应性的改变。Bongers等（2001）发现单齿类线虫对土壤中常见的重金属污染物如$CuSO_4$反应敏感，可作为土壤健康的评估依据。此外，许多国家将淡水资源检测集中于以线虫为主的底栖生物上，在一些淡水质量检测中发现单齿线虫的丰度与水质污染程度呈现负相关（Brinke *et al.*，2011）。

5 单齿目线虫的捕食习性和培养

线虫是重要的土壤动物，数量和种类都超过了所有其他土壤动物，按营养类型分为植物寄生性、食细菌性、食真菌性、杂食性和捕食性等5个功能群（Yeates *et al.*，1993）。捕食性线虫大多数属于单齿目（Mononchida）、矛线目（Dorylaimida）、双胃目（Diplogasterida）以及滑刃总科（Aphelenchidea）等，各类群都有其取食器官、取食机制和食物偏好，其中只有单齿目线虫具有吞咽型的进食器官，是主要的捕食性类群，食性复杂，能捕食其他线虫和微小生物，包括原生动物（protozoa）、轮虫（rotifers）、缓步虫（tardigrades）和小型的寡毛虫（oligochaetes）等（Gaugler & Bilgrami，2004；Sanchezm *et al.*，2006）。有关单齿目线虫的研究主要集中于种类鉴定、发生分布调查以及生防应用潜力等，而关于单齿目线虫的捕食习性研究相对较少。事实上，单齿目线虫被认为是整个线虫类群中最为优秀的捕食者，了解它们的捕食行为是我们理解其形态、生理和生态的基础（Bongers *et al.*，2001），而了解其取食偏好可为单齿目线虫的人工培养和生防潜力挖掘提供理论依据（Wang *et al.*，2015）。

关于单齿线虫的捕食行为和食性的早期研究主要基于行为观察，Cobb（1917）发现单齿线虫通常在“黑暗中”寻找猎物，通过触觉和嗅觉来捕食其他线虫群体，表明它们对猎物并没有选择性。Thorne（1924）观察平截锯齿线虫（*Prionchulus punctatus*）和水生单齿线虫（*Mononchus aquaticus*）的捕食行为，发现并没有被它们的猎物吸引，捕食行为完全依赖于随机偶遇，而这可能导致了其取食种类复杂多样。作为非特异性捕食者，单齿线虫几乎没有选择性地随机捕捉猎物（Grootaert & Maertens，1976；Zullini & Peneva，2006；Jiménez-Guirado *et al.*，2007）。Bilgrami等（1986）检查了单齿目9属33个种1000多条线虫标本的肠道内容物，发现45%的单齿线虫其肠道里含有较小的线虫，常被捕食的既包括自由生活的小杆属（*Rhabditis*）、头叶属（*Acrobeloides*）和板唇属（*Chiloplacus*）等，也包括寄生植物的短体属（*Pratylenchus*）、矮化属（*Tylenchorhynchus*）和纽带属（*Hoplolaimus*）等，此外还发现约有一半的单齿线虫种类如锉齿属（*Mylonchulus*）和基齿属（*Iotonchus*）等有同类相食（cannibalism）即自相残杀现象，而之前Azmi & Jairajpuri（1979）和Bilgrami & Jairajpuri（1984）就观察到这种现象，具齿锉齿线虫（*Mylonchulus dentatus*）成虫在没有其他猎物的情况下以自己的年轻幼虫（1～4龄）为食，成虫之间也可以互相残杀。Small（1987）分析了55种单齿线虫的212个记录，确定它们的平均食物占比为：线虫75%，寡毛虫7%，轮虫7%，原生动物5%，缓步动物1%和其他类型猎物5%，表明单齿线虫在本质上是喜欢捕食线虫的，特别是以单宫类（monohysteris）、双胃类（diplogasteris）和小杆类（rhabditis）线虫为主。

关于单齿线虫捕食能力的研究大多集中于室内试验观察，Cohn & Mordechai（1974）发现曲尾锉齿线虫（*Mylonchulus sigmaturus*）以平均1.5～2.0条/h的速度吞食其他线虫。Bilgrami等（1983）观察到水生单齿线虫（*Mononchus aquaticus*）喜欢捕食行动迟缓的线虫，而不喜欢捕食行动活跃的线虫。Bilgrami等（1985）研究了3种虫体大小不同的单齿线虫之间的捕食关系，发现虫体越大其捕食能力越强。Bilgrami等（1986）发现单齿线虫会完全吞下较小的猎物，也可能会将较大的猎物切成碎片来进食。一条单齿线虫在其12周的生命中能杀死1332条线虫（Zullini & Peneva，2006）。单齿线虫的生命周期长短因物种而异，平截锯齿线虫（*Prionchulus punctatus*）完成一代需要45天，而水生单齿线虫（*Mononchus aquaticus*）在25℃下只需要15天（Maertens，1975；Grootaert & Maertens，1976）。Stirling（2011）发现生活史较短的单齿线虫其捕食能力强于生活史较长的线虫种群。

由于单齿线虫具有控制田间植物寄生线虫种群的潜在生物防治价值，因此如何在离体（*in vitro*）或活体（*in vivo*）条件下了解单齿线虫的捕食习性并获得大量的种群是实施生防计划的基础。早在20世纪初人们就尝试对单齿线虫进行体外培养，最初采用的培养方法以土壤基质为主，现在主要采用琼脂平板培养法、土壤培养法和液体培养法这3种方法，其中琼脂平板法最为常用，操作简单且易于观测，而土壤培养不易观察线虫的繁殖情况，特别适用于较难培养的线虫种类（陈立杰等，2010）。Nelmes（1974）在土壤提取琼脂（soil extract agar，SEA）培养板上用燕麦真滑刃线虫（*Aphelenchus avenae*）和全齿复活线虫（*Panagrellus redivivus*）饲养平截锯齿线虫（*P. punctatus*），发现燕麦真滑刃线虫似乎是更适合的猎物。Small & Evans（1981）用上述2种猎物线虫在SEA培养板（pH7）上培养了足够多的平截锯齿线虫，作为生物防治剂（biocontrol agent）用于盆栽试验测定。Akhtar（1989）研究了水生单齿线虫对植物寄生线虫的捕食行为和偏好，发现只有当它完全接触到猎物时才会用力移动头部发动进攻，猎物的活跃程度直接影响其捕食效率，而南方根结线虫2龄幼虫是最容易被捕食的。克拉克乳突线虫（*Clarkus papillatus*）对温度和湿度的变化很敏感，在20～28℃间的繁殖力最强（Salinas & Kotcon，2005）。Koohkan & Shokoohi（2014）对广泛分布的曲尾锉齿线虫（*Mylonchulus sigmaturus*）在SEA培养板上的繁殖能力进行了调查，发现爪哇根结线虫（*Meloidogyne javanica*）和燕麦真滑刃线虫是曲尾锉齿线虫很好的猎物，接种56天后出现第一条，第65天时增加到了15只。

单齿目线虫作为非专性捕食者，除捕食线虫外，还以其他土壤微生物为食（Yeates *et al.*，1993），这种杂食习性可能是单齿线虫在缺乏主要食物来源时的一种生存策略。当体型小的单齿线虫幼虫不能捕食活的猎物时，它们会从土壤颗粒、琼脂或细菌等其他来源获取营养（Grootaert & Maertens，1976）。Allen-Morley & Coleman（1989）发现坦布里奇单齿线虫（*Mononchus tunbridgensis*）种群在燕麦真滑刃线虫上繁殖的数量要比在拟丽突线虫（*Acrobeloides* sp.）上更多，但是单齿类线虫也可以在厚厚的细菌菌落上培养。Yeates（1987b）发现前乳突单齿线虫（*M. propapillatus*）可以在细菌上保存8个月。乳突克拉克乳突线虫（*C. papillatus*）在离体条件下可以很容易地用南方根结线虫（*Meloidogyne incognita*）、北方根结线虫（*M. hapla*）和头叶短尾线虫（*Cephalobus brevicauda*）作为猎物来饲养，然而其幼虫不能单独依靠细菌或琼脂存活，需要有被成虫攻击死亡或受伤的猎物与细菌食物进行组合培养才能蜕皮至成虫（Salinas & Kotcon，2005）。

基于单齿线虫的杂食性，可以在自然条件下通过添加维持细菌和真菌生长的有机物来提高它们的种群密度。Linford & Oliviera（1937）观察到当在田里加入切碎的叶子时，捕食性线虫的数量会增加；在土壤中添加绿肥（Lal *et al.*，1983）或有机质（Akhtar & Mahmood，1993；Akhtar，1995）后捕食性线虫的数量也会成倍增加；冬季覆盖森林凋落物也使窄齿基齿线虫（*I. tenuicaudatus*）的数量增加2.5倍以上（Rama & Dasgupta，1998）。

这可能是因为在土壤中施用有机改良剂后，食细菌线虫的数量往往会增加，因此可以捕食的猎物数量得到增加（Bouwman & Zwart，1994；Ferris *et al.*，1996；McSorley & Gallher，1996；Bongers & Ferris，1999；McSorley & Frederick，1999）。捕食性线虫如单齿类（monochids）和矛线类（dorylaimids）线虫体型较大，因此富含有机质的改良土壤质地受到其青睐。Yeates（1987a）发现在质地改善的土壤中基齿线虫（*Iotonchus*）的数量更丰富。

然而，单齿线虫的捕食行为学观察大多是在人工培养条件下进行，难以还原真实的土壤生态环境。此外，单齿线虫生活周期长，短时间的实验观察难以准确全面地获得单齿目线虫摄取的食物种类组成信息，因此，传统的单齿目线虫食性研究手段存在很大的局限性，亟须引入新的研究方法。Wang等（2015）利用特异性引物PCR检测单齿线虫肠道内的肾形肾状线虫（*Rotylenchulus reniformis*）和南方根结线虫DNA样本，发现如果单独添加这两种线虫猎物时，肾形肾状线虫的DNA检测阳性率高于南方根结线虫，当同时添加两种线虫时，单齿线虫肠道内检测到南方根结线虫DNA的频率高于肾形肾状线虫，表明单齿线虫可以捕食植物寄生线虫，具有一定的生防潜力。刘姝含（2021）首次利用18S rDNA扩增子高通量测序分析了10个单齿目线虫种群体内的真核生物多样性，共注释到8界15门18目的真核生物类群，包括植物、真菌、节肢动物和脊索动物等，表明单齿目线虫可能以这些生物或其残体为食。

6 单齿线虫的生物防治潜力

在土壤线虫5个功能类群（Yeates *et al.*，1993）中，寄生植物的线虫类群对世界农业造成的损失每年估计约为1 250亿美元（Chitwood，2003），使用化学杀线虫剂是控制其危害的主要手段之一。然而，对环境和人类健康的潜在负面影响导致了大多数的杀线虫剂全面禁止或限制使用，迫切需要安全有效的植物寄生线虫控制技术方案（Zuckerman & Esnard，1994；Nico *et al.*，2004）。生物防治是主要选择之一，已发现真菌、细菌、病毒、原生生物、线虫和其他无脊椎动物可以寄生或捕食植物寄生线虫（Stirling，1991）。在植物寄生线虫病害综合治理（integrated pest management，IPM）系统中，生物杀虫剂更多地与化学应用和栽培措施等相结合，成为化学杀线虫剂的一种可行的生态安全替代品（Hom，1996）。

对捕食性单齿线虫的生物防治潜力的关注最早可以追溯到20世纪初，Cobb（1917）首次提出了利用单齿线虫控制土壤中植物寄生线虫种群的可能性，随后Cobb（1920）和Steiner & Heinly（1922）观察到乳头状克拉克线虫（*Clarkus papillatus*）对根结线虫的摄食，并建议利用该线虫控制甜菜田中的植物寄生线虫种群。与此同时，Thorne（1927）研究了美国犹他州单齿线虫种类及其取食习性和生活史等，发现土壤中单齿线虫的种群数量往往不稳定并且变化相当突然，有时会消失或急剧减少。然而，Cassidy（1931）和Christie（1960）认为捕食性单齿线虫可用作对抗植物寄生线虫的生物防治剂，Mulvey（1961）、Esser（1963）、Esser & Sobers（1964）、Nelmes（1974）、Ritter & Laumond（1975）以及Small（1979）等均在这方面做了进一步的研究。本文整理了捕食性单齿目线虫种类与它们相关的植物寄生线虫猎物的种类，见表2。

表2　捕食性单齿线虫种类及其植物寄生线虫猎物一览表

捕食线虫	植物寄生线虫猎物	参考文献
埃米希倒齿线虫 *Anatonchus amiciae*	垫刃线虫*Tylenchus*，剑线虫*Xiphinema*	Coomans & Lima，1965
纽齿倒齿线虫 *A. ginglymodontus*	北方根结线虫*Meloidogyne hapla*	Szczygiel 1966，1971
三齿倒齿线虫 *A. tridentatus*	居农野外垫刃线虫*Aglenchus agricola*，马铃薯金线虫*G. rostochiensis*，长针线虫*Longidorus*，巨阴茎针线虫*Paratylenchus macrophallus*，短体线虫*Pratylenchus*	Mulvey，1961；Banage，1963
穆氏克拉克线虫 *Clarkus mulveyi*	多带螺旋线虫*Helicotylenchus multicinctus*，南方根结线虫*M. incognita*，肾形肾状线虫*Rotylenchulus reniformis*，裸露矮化线虫*Tylenchorynchus nudus*	Mohandas & Prabhoo，1980
乳突克拉克线虫 *C. papillatus*	滑刃线虫*Aphelenchoides*，半轮线虫*Hemicriconemoides*，甜菜孢囊线虫*H. schachtii*，北方根结线虫*M. hapla*，垫刃线虫 *Tylenchus*，半穿刺线虫*T. semipenetrans*，根生亚粒线虫*Subanguina radicicola*	Cobb，1917；Menzel，1920；Steiner & Heinly，1922；Thorne，1927；Szczygiel，1966，1971
谢尔克拉克线虫 *C. sheri*	矮化线虫*Tylenchorhynchus*	Bilgrami *et al.*，1986
委内瑞拉克拉克线虫 *C. venezolanus*	螺旋线虫*Helicotylenchus*	Loof，1964
印度库曼线虫 *Coomansus indicus*	半轮线虫*Hemicriconemoides*，短体线虫*Pratylenchus*，矮化线虫*Tylenchorhynchus*，剑线虫*Xiphinema*	Bilgrami *et al.*，1986
尖基齿线虫 *Iotonchus acutus*	强壮盘旋线虫*Rotylenchus robustus*，钝状毛刺线虫*Trichodorus obtusus*，美洲剑线虫*X. americanum*	Cobb，1917；Thorne，1932
双角基齿线虫 *I. amphigonicus*	甜菜孢囊线虫*H. schachtii*	Thorne，1924
对齿基齿线虫 *I. antidontus*	矮化线虫*Tylenchorhynchus*	Bilgrami *et al.*，1986

（续表）

捕食线虫	植物寄生线虫猎物	参考文献
底齿基齿线虫 *I. basidontus*	矮化线虫*Tylenchorhynchus*	Bilgrami *et al.*，1986
短咽基齿线虫 *I. brachylaimus*	相似穿孔线虫*Radopholus similis*，根生亚粒线虫*S. radicicola*	Cassidy，1931
赫尔基齿线虫 *I. kheri*	多带螺旋线虫*H. multicinctus*，水稻潜根线虫*Hirschmanniella oryzae*，南方根结线虫*M. incognita*，肾形肾状线虫*R. reniformis*，弯曲盾线虫*Scutellonema curvata*，裸露矮化线虫*T. nudus*，孤剑线虫*X. elongatum*	Mohandas & Prabhoo，1980
长尾基齿线虫 *I. longicaudatus*	潜根线虫*Hirschmanniella*，纽带线虫*Hoplolaimus*	Bilgrami *et al.*，1986
单宫基齿线虫 *I. monhystera*	多带螺旋线虫*H. multicinctus*，双宫螺旋线虫*H. dihystera*，水稻潜根线虫*H. oryzae*，纽带线虫*Hoplolaimus*，南方根结线虫*M. incognita*，短体线虫*Pratylenchus*，裸露矮化线虫*T. nudus*，肾形肾状线虫*R. reniformis*	Mohandas & Prabhoo，1980；Azmi，1983
纳亚尔基齿线虫 *I. nayari*	多带螺旋线虫*H. multicinctus*，水稻潜根线虫*H. oryzae*，南方根结线虫*M. incognita*，肾形肾状线虫*R. reniformis*，孤剑线虫*X. elongatum*	Mohandas & Prabhoo，1980
拟底齿基齿线虫 *I. parabasidontus*	水稻潜根线虫*H. oryzae*	Bilgrami *et al.*，1986
普拉布基齿线虫 *I. prabhooi*	南方根结线虫*M. incognita*，肾形肾状线虫*R. reniformis*	Mohandas & Prabhoo，1980
里索西基齿线虫 *I. risoceiae*	短体线虫*Pratylenchus*	Bilgrami *et al.*，1986
夏普基齿线虫 *I. shafi*	纽带线虫*Hoplolaimus*	Bilgrami *et al.*，1986
窄齿基齿线虫 *I. tenuidentacaudatus*	半穿刺线虫*T. semipenetrans*，双宫螺旋线虫*H. dihystera*	Rama & Dasgupta，1998

（续表）

捕食线虫	植物寄生线虫猎物	参考文献
毛尾基齿线虫 *I. trichurus*	纽带线虫*Hoplolaimus*，短体线虫*Pratylenchus*，矮化线虫*Tylenchorhynchus*，剑线虫*Xiphinema*	Bilgrami *et al.*，1986
阴门乳突基齿线虫 *I. vulvapapillatus*	矮化线虫*Tylenchorhynchus*	Andrássy，1964
水生等齿线虫 *Miconchus aquaticus*	纽带线虫*Hoplolaimus*，鞘线虫*Hemicycliophora*，剑线虫*Xiphinema*	Bilgrami *et al.*，1986
柑橘等齿线虫 *M. citri*	滑刃线虫*Aphelenchoides*，短体线虫*Pratylenchus*，矮化线虫*Tylenchorhynchus*	Bilgrami *et al.*，1986
达尔豪斯等齿线虫 *M. dalhousiensis*	滑刃线虫*Aphelenchoides*	Bilgrami *et al.*，1986
水生单齿线虫 *Mononchus aquaticus*	小麦粒线虫*Auguina tritici*，马铃薯金线虫*G. rostochiensis*，水稻潜根线虫*H. oryzae*，印度螺旋线虫*H. indicus*，香附子孢囊线虫*Heterodera mothi*，印度纽带线虫*H. indicus*，长针线虫*Longidorus*，南方根结线虫*M. incognita*，纳西根结线虫*M. naasi*，柑橘拟长针线虫*Paralongidorus citri*，拟毛刺线虫*Paratrichodorus*，伪强壮盘旋线虫*Rotylenchus fallorobustus*，毛刺线虫*Trichodorus*，马氏矮化线虫*Tylenchorhynchus mashhoodi*，美洲剑线虫*X. americanum*	Grootaert & Maertens，1976；Grootaert & Wyss，1979；Small & Grootaert，1983；Bilgrami，1992；Bilgrami & Jairajpuri，1984；Bilgrami *et al.*，1986
平截单齿线虫 *M. truncatus*	甜菜孢囊线虫*H. schachtii*	Thorne，1927
坦布里奇单齿线虫 *M. tunbridgensis*	半轮线虫*Hemicriconemoides*，纽带线虫*Hoplolaimus*，矮化线虫*Tylenchorhynchus*	Mankau，1980；Bilgrami *et al.*，1986
敏捷锉齿线虫 *Mylonchulus agilis*	普通螺旋线虫*H. vulgaris*，草皮生长针线虫*L. caespiticola*，伪强壮盘旋线虫*R. fallorobustus*	Doucet，1980
短尾状锉齿线虫 *M. brachyuris*	根生亚粒线虫*S. radicicola*，相似穿孔线虫*R. similis*	Cassidy，1931

（续表）

捕食线虫	植物寄生线虫猎物	参考文献
具齿锉齿线虫 *M. dentatus*	燕麦真滑刃线虫*Aphelenchus avenae*，巴兹尔线虫*Basiria*，印度螺旋线虫*Helicotylenchus indicus*，水稻潜根线虫*H. oryzae*，印度纽带线虫*Hoplolaimus indicus*，长针线虫*Longidorus*，南方根结线虫*M. incognita*，柑橘拟长针线虫*P. citri*，马氏矮化线虫*T. mashhoodi*，半穿刺线虫*T. semipenetrans*，剑线虫*Xiphi*nema	Jairajpuri & Azmi，1978；Bilgrami & Kulshreshtha，1994
夏威夷锉齿线虫 *M. hawaiiensis*	水稻潜根线虫*H. oryzae*，南方根结线虫*M. incognita*，裸露矮化线虫*T. nudus*，肾形肾状线虫*R. reniformis*	Mohandas & Prabhoo，1980
小锉齿线虫 *M. minor*	小麦粒线虫*A. tritici*，南方根结线虫*M. incognita*，半穿刺线虫*T. semipenetrans*，美洲剑线虫*X. americanum*，肾形肾状线虫*R. reniformis*	Kulshreshtha *et al.*，1993；Choudhari & Sivakumar，2000
拟短尾状锉齿线虫 *M. parabrachyurius*	甜菜孢囊线虫*H. schachtii*	Thorne，1927
曲尾锉齿线虫 *M. sigmaturus*	甜菜孢囊线虫卵*H. schachtii* eggs，爪哇根结线虫*M. javanica*，相似穿孔线虫*R. similis*，根生亚粒线虫*S. radicicola*，线虫*T. semipenetrans*	Thorne，1927；Cassidy，1931；Cohn & Mordechai，1974
苔藓锯齿线虫*Prionchulus muscorum*	滑刃线虫*Aphelenchoides*，半轮线虫*Hemicriconemoides*，纽带线虫*Hoplolaimus*，矮化线虫*Tylenchorhynchus*	Altherr，1950；Szczygiel，1971；Arpin，1976；Bilgrami *et al.*，1986
平截锯齿线虫 *P. punctatus*	小麦粒线虫*A. tritici*，马铃薯金线虫*G. rostochiensis*，双宫螺旋线虫*H. dihystera*，纳西根结线虫*M. naasi*，肾形肾状线虫*R. fallorobustus*	Nelmes，1974；Small & Evans，1981；Small & Grootaert，1983
伊比特孢齿线虫 *Sporonchulus ibitensis*	滑刃线虫*Aphelenchoides*	Carvalho，1951
漫游孢齿线虫 *S. vagabundus*	滑刃线虫*Aphelenchoides*，短体线虫*Pratylenchus*，鞘线虫*Hemicycliophora*，毛刺线虫*Trichodorus*	Bilgrami *et al.*，1986

单齿线虫的捕食具有双重功能，一是对植物寄生线虫的潜在控制，二是它们在刺激植物养分循环方面有重要作用，可使植物根系能够更好地抵抗寄生线虫的侵染（Yeates & Wardle，1996）。大量的盆栽和田间试验均证实单齿线虫具有控制植物寄生线虫种群的生防潜力。在盆栽实验中，Cohn & Mordechai（1974）发现曲尾锉齿线虫（*Mylonchulus sigmaturus*）与柑橘半穿刺线虫（*Tylenchulus semipenetrans*）的种群数量之间存在稳定的负相关性；Small（1979）发现平截锯齿线虫（*Prionchulus punctatus*）可以显著降低马铃薯金线虫（*Globodera rostochiensis*）和南方根结线虫（*M. incognita*）的种群密度。在田间条件下，Ahmad & Jairajpuri（1982）发现沙基尔拟壮齿线虫（*Parahadronchus shakili*）和寄生植物的毛刺线虫（*Trichodorus* sp.）和鞘线虫（*Hemicycliophora* sp.）的种群之间存在显著的负相关性，同样Azmi（1983）发现单宫基齿线虫（*Iotonchus monhystera*）种群丰度增加的同时，双宫螺旋线虫（*Helicotylenchus dihystera*）的种群丰度减少；Kassab & Abdel（1996）发现埃及橄榄树根围的小锉齿线虫（*Mylonchulus minor*）可以减少南方根结线虫、半穿刺线虫和肾形肾状线虫种群数量分别达 58.3%、59.7%和88.7%；Kondapally & Mrinal（1998）发现窄尾基齿线虫（*Iotonchus tenuidentatus*）可以捕食柑橘根际的半穿刺线虫和双宫螺旋线虫，减轻柑橘衰退病的发生，Rama & Dasgupta（1998）同样证实了柑橘园的窄齿基齿线虫与半穿刺线虫和双宫螺旋线虫的捕食者与猎物的关系。

单齿线虫的生长繁殖和捕食能力也受到土壤理化性质的影响，通过施用有机肥料来提高土壤中单齿线虫种群数量，达到控制植物寄生线虫的种群数量，也有很多成功的事例。Choudhury & Sivakumar（1997）发现盆钵番茄施用有机肥料后提高了小锉齿线虫（*Mylonchulus minor*）繁殖力，而植物外寄生的双宫螺旋线虫群体数量显著下降。在施用化学肥料和杀虫剂后，植物寄生的短体线虫和螺旋线虫数量下降而矬齿线虫的数量明显增加（Neher & Olson，1999）。单宫基齿线虫（*Iotonchus monhystera*）喜欢捕食多种植物寄生线虫，如南方根结线虫2龄幼虫、玉米短体线虫（*Pratylenchus zeae*）和燕麦真滑刃线虫（Azmi，1997），而在盆栽玉米和豇豆的土壤中加入有机物质如植物干叶子等可以提高单宫基齿线虫捕食根结线虫和短体线虫的能力（Azmi，1999）。此外，水生单齿线虫被证明是最成功的捕食者，对南方根结线虫2龄幼虫、香附子孢囊线虫（*Heterodera mothi*）和小麦粒线虫（*Anguina tritici*）等都有很强的捕食能力（Bilgrami，1992）。利用水生单齿线虫防治番茄、辣椒根际的南方根结线虫，可以显著降低根结指数，减轻植株的受害症状（Akhtar & Mahmood，1993；Akhtar，1995）。

上述盆栽和田间试验结果均表明，单齿线虫具有高效的捕食能力，能够对土壤中的植物寄生线虫进行自然控制。如果在生产实践中能够控制单齿线虫的种群密度，那么它们就可以成功地用作生物防治剂。然而，从生物防治的现实角度来看，单齿线虫存在一些缺陷，例如环境波动耐受性差、繁殖率低、生命周期长以及同类相食等，在一定程度上限制了它们的应用。此外，一些植物寄生线虫有厚的角质层如纽带线虫（*Hoplolaimus*），或粗糙的体环如半轮线虫（*Hemicriconemoides*），或胶状基质（如根结线虫卵块），或有毒的身体分泌物如螺旋线虫（*Helicotylenchus*）等，为它们提供了抵抗捕食的能力，这也会影响单齿线虫控制植物寄生线虫种群的效果（Small & Grootaert，1983；Bilgrami，1992）。

7 我国单齿目线虫研究现状

单齿目线虫作为潜在的生防因子和环境指示因子其重要性日益受到重视，近年来，许多国家和地区相继对单齿目线虫种类和分布等进行了大规模的调查和研究。在欧洲，Boag等（1992）对英国单齿目线虫进行了大规模的调查，从5 451个土壤样本中共鉴定出11个属21种捕食性线虫，其中9个种是新记录种；Urek（1997）对斯洛文尼亚土壤线虫进行调查，共鉴定了86个属，其中捕食性线虫有9个属，均为新记录属；在保加利亚（Peneva *et al.*，1999）、波兰（Winiszewska，2002）、乌克兰（Susulovsky & Winiszewska，2002，2006）、西班牙（Jimenez-Guirado & Murillo-Navarro，2008）、法国（Andrássy，2011）、德国（Vu *et al.*，2018）以及俄罗斯（Susulovsky *et al.*，2003；Gagarin *et al.*，2017；Shmatko & Tabolin，2017；Naumova & Gagarin，2018）等国也报道了单齿目线虫种类的发生情况。

在其他大洲，非洲的西非（Siddiqi，2001）、喀麦隆（Ahmad，2000；Siddiqi & Jairajpri，2002）和苏丹（Elbadri *et al.*，2008），美洲的哥斯达黎加（Zullini *et al.*，2002）、美国阿拉斯加（Andrássy，2003）、厄瓜多尔（Vinciguerra & Orselli，2006；Orselli & Vinciguerra，2007；Andrássy，2008）和哥伦比亚（Siddiqi，2015b），以及大洋洲的巴布新几内亚（Andrássy，2008；Siddiqi，2015b）和斐济（Siddiqi，2015b）等国家，都有单齿目线虫种类的报道。在亚洲，印度（Bilgrami *et al.*，1997；Mohilal & Dhanachand，1997；Jana *et al.*，2006，2007，2008，2010a，2010b）、伊朗（Nowruzi & Barootim，1997；Shokoohi *et al.*，2013；Koohkan *et al.*，2014；Shahabi *et al.*，2016；Mahdikhani-Moghadam *et al.*，2017；Bazgir *et al.*，2021）、韩国（Choi & Khan，2000；Jairajpuri *et al.*，2000，2001a，2001b；Khan *et al.*，2003；Kim *et al.*，2018）、日本（Khan *et al.*，2000；Khan & Araki，2001）、新加坡（Ahmad *et al.*，2005）、马来西亚（Loof，2006）以及越南（Vu，2015，2016，2017，2020，2021）等国也相继开展了单齿目线虫资源的分布调查工作，越来越多的单齿类线虫新种被描述，单齿目线虫的全球分布范围也在不断扩展。

相比国外，我国关于单齿目线虫种类和发生分布的报道屈指可数，虽然一些土壤生态学和土壤动物多样性调查研究中有部分单齿线虫的简单记录，但缺少具体的属和种类鉴定，也无相应的分子特征分析。我国单齿目线虫的研究最早可追溯到1929年，伍献文（中国科学院水生生物研究所，1985）和Reinhard Hoeppli（Morley，2021）首次报道了我国福建和浙江地区的自由生活线虫种类发生分布情况（Wu & Hoeppli，1929），同时提议将Cobb（1916）建立的锯齿亚属提升到属水平即为锯齿属（*Prionchulus*）。Rahm（1937）对中国线虫和缓步动物（tardigrades）的生态和生物学进行了研究并描述了苔藓锯齿线虫（*P. muscorum*）。Rahm（1938）对海南岛自由生活和腐生线虫进行了调查，并描述了贪食单齿线虫（*Mononchus vorax*）新种，后重新命名为海南单齿线虫（*M. hainanensis*）（表3）。

中华人民共和国成立后，孙希达等（1987）对浙江省西天目山土壤线虫种类发生情况进行了调查，发现有5目23属40种线虫，其中单齿目线虫有5种，其中乳突单齿线虫（*Mononchus papillatus*）和苔藓锯齿线虫（*Prionchulus muscorum*）是西天目山土壤线虫中的优势种群。姜德全（1988）记述了四川成都、内江、乐山等地区发现的7种单齿类线虫，其中在污水沟、浅水池等水生环境发现的平截单齿线虫分布很广，为我国首次报道。伍惠生和孙希达（1992）报道在浙江、湖南等地发现有乳突克拉克线虫（*Clarkus papillatus*），该种为广布种。林秀敏等（1999）记述了采自福建省南部地区菜地、甘蔗地、沼泽地等的单齿类线虫4属7种，其中拟基齿基齿线虫（*Iotonchus parabasidontus*）、拟食肉等齿线虫（*Miconchus pararapax*）、水生单齿线虫（*Mononchus aquaticus*）、小锉齿线虫（*Mylonchulus minor*）为我国新记录种（表3）。此外，吴纪华（1999）从湖北、安徽、浙江、江西、四川等17个省区的淡水和土壤中共发现自由生活线虫154种，其中有单齿目线虫3科7个属15个种。王旭（2009）在辽宁省发现平截单齿线虫、贝尔单齿线虫（*Mononchus bellus*）和薄片单齿线虫（*Mononchus laminatus*），其中后2种线虫为我国新纪录种。刘姝含（2021）利用形态和分子的鉴定方法对采自我国7省区植被土壤样品中的8个单齿目线虫种群进行了鉴定（表3）。

截至2021年7月的统计，全球共报道单齿目种类有49属470个有效种，而我国报道的种类共有10属26个种，各种类的发生分布情况整理在表3中，另外还列出了Rahm（1938）在海南岛苔藓上发现的1新属2新种。海南单齿线虫*M. hainanensis*最初由Rahm（1938）发现并命名为贪食单齿线虫（*Mononchus vorax*），因与*Mononchus vorax* Cobb，1917同名异物，Goodey（1951）将其更改为现种名，但是Mulvey（1967）将其列为可疑种（*species inquirendum*）。拉尔夫属（*Rahmium*）最初由Rahm（1938）发现并命名*Stephanium* Rahm，1938 nec Haeckel，1887，Andrássy（1973）将该属更改为现属名，由于形态特征描述欠缺，现被视为可疑属（*genus inquirendum*），模式种为舌状拉尔夫线虫*R. lingulatum*（Rahm，1938）Andrássy，1973。

表3　我国单齿目线虫种类发生分布情况（截至2021年7月）

属名	种名	采集地	参考文献
单齿属 *Mononchus*	海南单齿线虫[1] *M. hainanensis*	海南岛苔藓	Rahm，1938； Goodey，1951
	平截单齿线虫 *M. truncatus*	四川成都、内江、乐山、灌县、松潘、红原等地的污水沟、浅水池	姜德全，1988
		湖南洞庭湖、江西鄱阳湖、湖北东湖保安湖和牛山湖，安徽太平和仙源的溪流，湖北武汉、咸宁和宜昌的土壤、苔藓和草丛，安徽黄山、黟县、太平的苔藓	吴纪华，1999
		福建南部地区沼泽地	林秀敏等，1999
		辽宁省铁岭市稗草根围土	王旭等，2009
	水生单齿线虫 *M. aquaticus*	福建南部地区浅水沟渠	林秀敏等，1999
	乳突单齿线虫 *M. papillatus*	浙江西天目山、湖南衡山、岳麓山的土壤	孙希达等，1987；伍惠生和孙希达，1992

（续表）

属名	种名	采集地	参考文献
	贝尔单齿线虫 *M. bellus*	沈阳市水稻根围土	王旭等，2009
	薄片单齿线虫 *M. laminatus*	阜新市辽东栎树根围土	王旭等，2009
锯齿属 *Prionchulus*	苔藓锯齿线虫 *P. muscorum*	福建金门岛	Wu & Hoeppli，1929
		海南岛苔藓，山东	Rahm，1937，1938
		浙江西天目山、湖南衡山、岳麓山的土壤	孙希达等，1987；伍惠生和孙希达，1992
		四川茂汶、南坪、宝兴	姜德全，1988
		湖北武汉和神农架的苔藓、湖北咸宁的竹林、吉林长春和长白山、山东青岛、浙江临平和海南岛的土壤和苔藓土壤、安徽太平、黟县和黄山的苔藓和枯枝落叶层	吴纪华，1999
	棘壳锯齿线虫 *P. punctatus*	安徽黄山自鹅岭和玉屏楼的苔藓	吴纪华，1999
克拉克属 *Clarkus*	乳突克拉克线虫 *C. papillatus*	海南岛	Rahm，1938
		湖北咸宁竹林的土壤、安徽黄山的枯枝落叶层和苔藓、安徽太平的茶叶地	吴纪华，1999
库曼属 *Coomansus*	门氏库曼线虫 *C. menzeli*	吉林长白山的苔藓、安徽黄山的枯枝落叶层、湖北武汉的土壤和成宁的枯枝落叶层	吴纪华，1999
锉齿属 *Mylonchulus*	短尾状锉齿线虫 *M. brachyuris*	四川宝兴、灌县、松潘等地的山溪边的苔藓土	姜德全，1988
		湖北武汉和神农架的土壤、安徽黄山的枯枝落叶层	吴纪华，1999
		西藏自治区林芝市草地	刘姝含，2021
	短尾锉齿线虫 *M. brevicaudatus*	安徽黄山的枯枝落叶层	吴纪华，1999
		陕西省西安市周至县哑柏镇大青山苔藓土	刘姝含，2021
	拟短尾状锉齿线虫 *M. parabranchyuruis*	陕西省西安市周至县哑柏镇大青山苔藓土	刘姝含，2021
	湖泊锉齿线虫 *M. lacustris*	成都的静水池	姜德全，1988
		福建南部地区沼泽地和甘蔗根围土	林秀敏等，1999

（续表）

属名	种名	采集地	参考文献
		安徽太平的地钱和溪流、湖北武汉和河南的土壤	吴纪华，1999
	曲尾锉齿线虫 *M. sigmaturus*	成都的蔬菜地	姜德全，1988
		黑龙江省齐齐哈尔市查哈阳农场杨树	刘姝含，2021
	小曲尾锉齿线虫 *M. sigmaturellus*	河南省南阳市马唐	刘姝含，2021
	夏威夷锉齿线虫 *M. hawaiiensis*	成都的蔬菜地土	姜德全，1988
		福建南部地区蔬菜根周土	林秀敏等，1999
		湖北武汉的土壤	吴纪华，1999
		南京农业大学校园苔藓土	刘姝含，2021
	小锉齿线虫 *M. minor*	福建南部地区沙质沃土，蔬菜根周土壤	林秀敏等，1999
	阴门乳突锉齿线虫 *M. vulvapapillatus*	内蒙古呼伦贝尔市草地	刘姝含，2021
拟锉齿属 *Paramylonchulus*	穆氏拟锉齿线虫 *P. mulveyi*	广东省广州市柑橘	刘姝含，2021
基齿属 *Iotonchus*	短咽基齿线虫 *I. brachylaimus*	安徽太平枯枝落叶层	吴纪华，1999
	拟底齿基齿线虫 *I. parabasidontus*	福建南部地区菜园	林秀敏等，1999
		四川大足苔藓、广东深圳的土壤	吴纪华，1999
等齿属 *Miconchus*	拟食肉等齿线虫 *M. pararapax*	福建南部地区沙质黏土	林秀敏等，1999
	加州等齿线虫 *M. californicus*	广西桂林的土壤	吴纪华，1999
隐齿属 *Cryptonchus*	忧伤隐齿线虫 *C. tristis*	江西鄱阳湖的底泥	吴纪华，1999
	奇异隐齿线虫 *C. abnormis*	安徽太平水沟边的湿土	吴纪华，1999
单棘属 *Mononchulus*	节尾单棘线虫 *M. nodicaudatus*	湖北东湖、梁子湖和牛山湖的底泥和水草、四川小三峡的芦苇	吴纪华，1999
拉尔夫属 *Rahmium*	舌状拉尔夫线虫 *R. lingulatum*	海南岛苔藓	Rahm，1938；Andrássy，1973

在近一个世纪中，我国单齿目线虫的研究极度匮乏，迄今已报道的单齿目线虫种类数只占全球总报道数的5.5%，亟须对我国单齿目线虫种类发生分布情况展开系统调查，同时需要丰富我国单齿目种群的有关形态特征与分子信息，为单齿目线虫系统进化研究提供更多有价值的信息。此外，我国不同地理区域单齿目线虫种类的生防潜力也有待进一步了解，同时单齿目线虫在土壤生态系统中的生态功能也需要详细阐明。

8 研究展望

目前我国的单齿线虫研究相当欠缺，在一些土壤生态学的研究报道中会出现土壤线虫种类多样性的信息，但均缺少详细的单齿目线虫种类鉴定信息。另一方面，单齿目线虫的分子信息相比其他土壤线虫类群而言比较缺乏。目前线虫门已有超过100种线虫完成了全基因组测序，但目前尚无任何单齿线虫完成全基因组测序。GenBank数据库中单齿目线虫条形码分子序列数量极少，仅有的序列多为18S rDNA序列，尚无mtDNA-*COI*、ITS等常用分子鉴定靶标。信息的欠缺使得单线目线虫种类的分子鉴定和系统发育分析受到限制，同时也阻碍了采用宏基因组技术分析其物种多样性及生态学研究。单齿目线虫在全世界范围的陆地和水生生境中均有分布，目前我国已报道的种类数量仅占全球已报道种的5.5%，因此，对我国单齿目线虫种类资源进行大范围调查，对分离到的种群进行形态鉴定和分子特征分析，不仅可为数据库补充更多的分子信息，而且对单齿目线虫的系统分类研究，以及我国土壤线虫多样性和土壤生态学研究都有重要的意义。

线虫是地球上分布最广泛、数量最多的多细胞生物，其类群包括了土壤食物网中的所有营养级。土壤线虫群落参与元素循环，并通过影响土壤的肥力、二氧化碳和其他气体循环，在全球生物地球化学的各个方面都发挥着核心作用。单齿线虫是土壤中对环境变化最为敏感的类群之一，在生态学研究中常作为环境指示生物（Yeates *et al.*，1993）。单齿线虫也是土壤中的主要捕食类群，一些种类如水生单齿线虫（*Mononchus aquaticus*）、小锉齿线虫（*Mylonchulus minor*）、曲尾锉齿线虫（*M. sigmaturus*）和平截锯齿线虫（*Prionchulus punctatus*）（Cohn & Mordechai，1974；Small，1979；Bilgrami，1992；Kassab & Abdel，1996）等能够捕食多种具有经济危害性的植物寄生线虫，具有一定的潜在生防利用价值。然而，单齿线虫食性复杂，捕食具有非特异性，种群数量易受环境波动的影响，生命周期长和繁殖率低等，这些因素都制约了其在生物防治中的开发与应用。

我国国土辽阔，生态环境多样，物种资源丰富，但关于捕食性线虫种群的研究极为稀缺。对于利用捕食性线虫来控制植物线虫病害的这一环境友好的控制策略，应该得到人们的认识和推广。当前迫切需要开展我国不同农业气候区的捕食性线虫物种多样性研究，对能够较好地适应当地气候的捕食性线虫种群进行形态和分子鉴定以及生物学特性研究，开发可以大规模培养的条件和配方以及施用时间和模式的可持续技术，以及通过盆栽试验确定捕食性线虫对植物寄生线虫的控制效果后，可以进一步进行田间试验进行验证。

参考文献

陈立杰，王旭，王媛媛，等，2010. 单齿目线虫的分类及其生防潜力研究进展[M]//彭德良. 中国线虫学研究. 北京：中国农业科学技术出版社，3：247-253.

耶格，1965. 生物名称和生物学术语的词源[M]. 滕砥平，蒋芝英，译. 北京：科学出版社.

姜德全，1988. 四川捕食性线虫（单齿科）的记述[J]. 四川动物，7：4-6.

林秀敏，陈美，陈清泉，等，1999. 闽南地区捕食性线虫（Nematoda，Mononchida）的记述[J]. 厦门大学学报（自然科学版），1：112-116.

刘姝含，2021. 单齿目和矛线目线虫的种类鉴定及食性研究[D]. 南京：南京农业大学.

孙希达，赵英，胡江琴，等，1989. 西天目山土壤线虫区系与生态的初步探讨[J]. 杭州师范学院学报，3：62-68.

王旭，2008. 捕食性线虫多样性及生防潜力初探[D]. 沈阳：沈阳农业大学.

伍惠生，孙希达，1992. 线虫纲. 中国亚热带土壤动物（尹文英主编）[M]. 北京：科学出版社：161-189.

吴纪华，1999. 中国淡水和土壤线虫的研究[D]. 武汉：中国科学院水生物研究所.

吴纪华，梁彦龄，1997. 中国长江流域自由生活线虫初步研究[J]. 水生生物学报，21（增）：114-122.

中国科学院水生生物研究所，1985. 怀念伍献文所长[J]. 水生生物学报，9：195-202.

AHMAD N，JAIRAJPURI MS，1982. Population fluctuations of predatory nematode *Parahadronchus shakili*（Jairajpuri，1969）（Mononchida）[J]. Proceeding of Symposium on Animal Population，3：1-12.

AHMAD W，2000. New and known species of Mononchida（Nematoda）from Mbalmayo reserve forest，Cameroon[J]. Annales Zoologici，50：145-149.

AHMAD W，BANIYAMUDDIN M，JAIRAJPURI M S，2005. Three new and a known species of Mononchida（Nematoda）from Singapore[J]. Journal of Nematode Morphology and Systematics，7：97-107.

AHMAD W，JAIRAJPURI M S，2010. Mononchida，The Predatory Soil Nematodes，298 pp. Brill Academic Publishers，Leiden.

AKHTAR M，1989. Studies on the predatory behavior of *Mononchus aquaticus*[J]. International Nematology Network Newsletter，6：8-9.

AKHTAR M，1995. Biological control of the root-knot nematode *Meloidogyne incognita* in tomato by the predatory nematode *Mononchus aquaticus*[J]. International Pest Control，37：18-19.

AKHTAR M，MAHMOOD I，1993. Effect of *Mononchus aquaticus* and organic amendments on *Meloidogyne incognita* development on chili[J]. Nematologia Mediterranea，21：251-252.

ALLEN-MORLEY C R，COLEMAN D C，1989. Resilience of soil biota in various food webs to freezing perturbations[J]. Ecology，70：1127-1141.

ALTHERR E，1950. Les nématodes du Parc national suisse（Nématodes libres du sol）[J]. Ergebnisse der Wissenschen Untersuchung des Schweizerischen Nationalparks，3：1-46.

ALTHERR E，1953. Nématodes du sol du Jura vaudois et français. I [J]. Bulletin Société Vaudoise des Sciences Naturelles，65：429-460.

ALTHERR E，1968. Nematodes de la nappe phreatique du reseau fluvial de la Saale（Thuringe）et psammiques du Lac Stechlin（Brandebourg du nord）[J]. Limnologica，6：247-320.

ANDRÁSSY I，1958. Über das system der Mononchiden（Mononchidae Chtitwood，1937 Nematoda）[J]. Annales Historico-Naturales Musei Nationalis Hungarici，50：151-171.

ANDRÁSSY I，1959. Die Mündhohlentypen der Monnonchiden und der schlussel der *Mylonchulus*-Arten（Nematoda）[J]. Opuscula Zoologica Budapest，3：3-12.

ANDRÁSSY I，1964. Sübwasser nematoden aus den Groben Gebrigsgegenden Ostafrikas[J]. Acta Zoologica Academiae Scientiarum Hungaricae，10：1-59.

ANDRÁSSY I，1972. Zwei neue Gattungen von Bodennematoden[J]. Annales Universitatis Scientiarum Budapestensis de Rolando Eőtvős nominatae Sectio Biologica，14：87-92.

ANDRÁSSY I, 1973. 100 neue Nematodenarten in der ungarischen Fauna[J]. Opuscula Zoologica Budapest, 11: 7-48.

ANDRÁSSY I, 1976. Evolution as a basis for the systematization of nematodes[M]. London: Pitman Publishing: 288.

ANDRÁSSY I, 1992. A taxonomic survey of the family Mylonchulidae (Nematoda) [J]. Opuscula Zoologica Budapest, 25: 11-35.

ANDRÁSSY I, 2008. Four new species of Mononchida (Nematoda) from tropical regions[J]. Opuscula Zoologica Budapest, 39: 3-13.

ANDRÁSSY I, 1993a. A taxonomic survey of the family Mononchidae (Nematoda) [J]. Acta Zoologica Hungarica, 39: 13-60.

ANDRÁSSY I, 1993b. A taxonomic survey of the family Anatonchidae (Nematoda) [J]. Opuscula Zoologica Budapest, 26: 9-52.

ANDRÁSSY I, 1996. *Tricaenonchus caucasius* gen. et sp. n., a remarkable nematode species from the Caucasus (Nematoda, Mononchidae) [J]. Zoosystematica Rossica, 4: 19-21.

ANDRÁSSY I, 2003. New and rare nematodes from Alaska II. Four species of the order Mononchida[J]. Journal of Nematode Morphology and Systematics, 5: 61-72.

ANDRÁSSY I, 2009. Free-living nematodes of Hungary (Nematoda errantia), Ⅲ[J]. Budapest: Hungarian Natural History Museum: 586.

ANDRÁSSY I, 2011. Three new species of the genus *Mononchus* (Nematoda, Mononchida), and the "real" *Mononchus truncatus* Bastian, 1865[J]. Journal of Natural History, 45: 303-326.

ARPIN P, 1976. Etude et discussion sur un milieu de culture pour Mononchidae (Nematoda) [J]. Revue Décologie Et De Biologie Du Sol, 13: 629-634.

ARPIN P, 1979. Ecologie et systematique des nematodes Mononchidae des zones foresteries et harpaeces zones climate, temperate humid I. Types de sol et groupements specifiques[J]. Revue De Nématologie, 4: 131-143.

ARPIN P, 1991. Clarification on the biological characterization of forest humus by Mononchida nematodes study[J]. Revue Décologie Et De Biologie Du Sol, 28: 133-144.

ARPIN P, 2000. Morphometric plasticity in *Prionchulus punctatus* (Cobb, 1917) Andrássy, 1958 and *Clarkus papillatus* (Bastian, 1865) Jairajpuri, 1970 (Nematoda: Mononchida): Adaptation to different humus forms?[J]. Annales Zoologici, 50: 165-175.

ARPIN P, Armendariz I, 1996. Nematodes and their relationship to forest dynamics, II. Abundance and morphometric variability of Mononchidae related to changes in humus forms[J]. Biology and Fertility of Soils, 23: 414-419.

AZMI M I, 1983. Predatory behaviour of nematodes. Biological control of *Helicotylenchus dihystera* through the predaceous nematodes, *Iotonchus monhystera*[J]. Indian Journal of Nematology, 13: 1-8.

AZMI M I, 1997. Studies on biotic potential and predation efficiency of *Iotonchus monhystera* (Mononchida, Nematoda) [J]. Indian Journal of Nematology, 27: 222-232.

AZMI M I, 1999. Acceleration of activity of predator nematode in the presence of organic matter[J]. Indian Journal of Nematology, 29: 89-90.

AZMI M I, Jairajpuri M S, 1979. Effect of mechanical stimulation and crowding on *Mylonchulus dentatus*[J]. Nematologia Mediterranea, 7: 203-207.

BANAGE W B, 1963. The ecological importance of free-living soil nematodes with special reference to those of moorland soil[J]. Journal of Animal Ecology, 32: 133-140.

BAQRI S Z，Jairajpuri MS（1974. Studies on Mononchida V. The mononchs of El-Salvador with descriptions of two new genera *Actus* and *Paracrassibucca*[J]. Nematologica，19：326–333.

BARBUTO M，Zullini A，2006. Moss inhabiting nematodes，influence of the moss substratum and geographical distribution in Europe[J]. Nematology，8：575–582.

BASTIAN H C，1865. Monograph on the Anguillulidae，free nematoids，marine，land，and freshwater with descriptions of 100 new species[J]. Transactions of the Linnean Society of London，25：173–184.

BAZGIR Z，Naghavi A，Zolfaghari Z，2021. Description of *Prionchulus girchi* sp. nov.（Nematoda，Mononchina）with additional data on two known species of the genus *Prionchulus* from Lorestan province，Iran[J]. Helminthologia，58：85–91.

BILGRAMI A L，1992. Resistance and susceptibility of prey nematodes to predation and strike rate of the predators，*Mononchus aquaticus*，*Dorylaimus stagnalis*，and *Aquatides thornei*[J]. Fundamental and Applied Nematology，15：265–270.

BILGRAMI A L，1993. Analysis of relationships between predation by *Aporcelaimellus nivalis* and different trophic categories[J]. Nematologica，39：356–365.

BILGRAMI A L，Ahmad I，Jairajpuri M S，1983. Some factors influencing predation by *Mononchus aquaticus*[J]. Revue De Nématologie，6：325–326.

BILGRAMI A L，Ahmad I，Jairajpuri M S，1985. Interaction between mononchs in non-sterile agar plates[J]. Indian Journal of Nematology，15：339–340.

BILGRAMI A L，Ahmad I，Jairajpuri M S，1986. A study of the intestinal contents of some mononchs[J]. Revue De Nématologie，9：191–194.

BILGRAMI A L，Jairajpuri M S，1984. Cannibalism in *Mononchus aquaticus*[J]. Indian Journal of Nematology，14：202–203.

BILGRAMI A L，Kulshreshtha R，1994. Evaluation of predation abilities of *Mylonchulus dentatus*[J]. Indian Journal of Nematology，23：191–198.

BILGRAMI A L，Kulshreshtha R，Pervez R，1997. Community analysis of predaceous and free living nematodes of Aligarh district[J]. Indian Journal of Nematology，27：104–110.

BLAXTER M L，De Ley P，Garey JR，*et al.*，1998. A molecular evolutionary framework for the phylum Nematoda[J]. Nature，392：71–75.

BOAG B，SMALL R W，NEILSON R，*et al.*，1992. The Mononchida of Great Britain：observations on the distribution and ecology of *Anatonchus tridentatus*，*Truxonchus dolichurus* and *Miconchoides studeri*（Nematoda）[J]. Nematologica，38：502–513.

BONGERS T，FERRIS H，1999. Nematode community structure as a bioindicator in environmental monitoring[J]. Trends in Ecology and Evolution，14：224–228.

BONGERS T，KRASSIMIRA I M，EKSCHMITT K，2001. Acute sensitivity of nematode taxa to $CuSO_4$ and relationships with feeding-type and life history classification[J]. Environmental Toxicology and Chemistry，20：1511–1516.

BOUWMAN L A，ZWART K B，1994. The ecology of bacteriovorous protozoans and nematodes in arable soil[J]. Agriculture Ecosystems and Environment，51：145–160.

BRINKE M，RISTAU K，BERGTOLD M，*et al.*，2011. Using meiofauna to assess pollutants in freshwater sediments，a microcosm study with cadmium[J]. Environmental Toxicology and Chemistry，30：427–438.

BUANFSUWON D K，JENSEN H J，1966. A taxonomic study of Mononchidae（Enoplida ，Nemata）inhabiting cultivated areas of Thailand[J]. Nematologica，12：259–274.

CARVALHO J C，1951. Unanova espécie de *Mononchus*（*M. ibitiensis* n. sp.）[J]. Bragantia，11：51–54.

CASSIDY G H，1931. Sone mononchs of Hawaii[J]. Hawaii Planters Rec，35：305–339.

CHITWOOD B G，CHITWOOD M B，1937. An introduction to Nematology[M]. Baltimore：Monumental Printing：240.

CHITWOOD B G，CHITWOOD M B，1937. The histology of nemic esophage. VIII. The esophagus of representatives of the Enoplida[J]. Journal of the Washington Academy of Sciences，27：517–531.

CHITWOOD D J，2003. Research on plant-parasitic nematode biology conducted by the United States Department of Agriculture-Agricultural Research Services[J]. Pest Management Science，59：748–753.

CHOI Y E，KHAN Z，2000. Descriptions of two new species of *Iotonchus* and first record of *Coomansus zschokkei*（Mononchida）from Korea[J]. Annales Zoologici，50：183–191.

CHOUDHARI B N，SIVAKUMAR C V，2000. Biocontrol potential of *Mylonchulus minor* against some plant parasitic nematodes[J]. Annals of Plant Protection Sciences，8：53–57.

CHOUDHURY B N，SIVAKUMAR C V，1997. Influence of organic amendments on a predatory mononch *Mylonchulus minor* and its associated nematodes[J]. Journal of the Agricultural Science Society of North East India，10：245–248.

CHRISTIE J R，1960. Biological control-predaceous nematodes[M]//Sasser J M，Jenkins W R. Nematology：Fundamentals and Recent Advances with Emphasis on Plant Parasitic and Soil Forms. Chapel Hill：University of North Carolina Press：466-468.

CLARK W C，1960. The oesophago-intestinal junction in the Mononchidae（Enoplida，Nematoda）[J]. Nematologica，5：178–183.

CLARK W C，1961. A revised classification of the order Enoplida（Nematoda）[J]. New Zealand Journal of Science，4：123–150.

CLARK W C，1963. Notes on Mononchidae（Nematoda）of the New Zealand region with description of new species[J]. New Zealand Journal of Science，6：612–632.

COBB N A，1913. New nematode genera found inhabiting fresh water and non-brackish soils[J]. Journal of the Washington Academy of Sciences，3：432–444.

COBB N A，1916. Notes on new genera and species of nematodes. Four subdivisions of *Mononchus*[J]. Journal of Parasitology，7：182–212.

COBB N A，1917. The Mononchs（*Mononchus* Bastian，1865）. A genus of free-living predatory nematode[J]. Soil Science，3：431–486.

COBB N A，1918. Filter-bed nemas：nematodes of the slow sand filter-beds of American cities[J]. Contribution to a Science of Nematology，7：189–212.

COBB N A，1920. Transfer of nematodes（mononchs）from place to place for economic purposes[J]. Science，51：640–641.

COETZEE V，1965. South African species of the genus *Cobbonchus* Andrássy，1958（Nematoda：Mononchidae）[J]. Nematologica，11：281–290.

COETZEE V，1966. Species of the genera *Granonchulus* and *Cobbonchus*（Mononchidae）occurring in Southern Africa[J]. Nematologica，12：302–312.

COETZEE V，1967. Species of the genus *Mylonchulus*（Nematoda：Mononchidae）occurring in Southern Africa[J]. Nematologica，12：557–567.

COETZEE V，1968. South African species of the genera *Mononchus* and *Prionchulus*（Mononchidae）[J]. Nematologica，14：63–76.

COHN E，MORDECHAI M，1974. Experiments in suppressing citrus nematode populations by use of a marigold and a predaceous nematode[J]. Nematologia Mediterranea，2：43–53.

COOMANS A，LIMA M B，1965. Description of *Anatonchus amiciae* n. sp.（Nematoda，Mononchidae）with observations on its juvenile stages and anatomy[J]. Nematologica，11：413–431

COOMANS A，LOOF P A A，1970. Morhology and taxonomy of Bathyodontina（Dorylaimida）[J]. Nematologica，16：180–196.

DE CONINCK L A P，1939. Les nématodes libres de la grotte de Han（Han-sur-lesse，Belgique）. Note de biospéléologie[J]. Bulletin du Musée Royald' Histoire Naturell Belgique，15：1–40.

DE LEY P，BLAXTER M L，2002. Systematic position and phylogeny[M]//Lee D L. The Biology of Nematodes. London，UK：Taylor & Francis：1–30

DE LEY P，COOMANS A，1989. A revision of the genus *Bathyodontus* Fielding，1950 with the description of a male of *B. cylindricus* Fielding，1950（Nematoda，Mononchida）[J]. Nematologica，35：147–164.

DERYCKE S，VANAVERBEKE J，RIGAUX A，et al.，2010. Exploring the use of cytochrome oxidase c subunit I（COI）for DNA barcoding of free-living marine nematodes[J]. PLoS ONE，5：e13716.

DOUCET M E，1980. Description d'une nouvelle espèce de genre *Mylonchulus*（Nematoda：Mononchida）[J]. Nematologia Mediterranea，8：37–42.

DUJARDIN F，1845. Histoire naturelle des helminthes ou vers intestinaux[M]. Paris：Libraire Encyclopedique de Roret：654.

ELBADRI G A A，KHAN Z，MOON I S，*et al.*，2008. Description of three new species of soil nematodes from Sudan[J]. International Journal of Nematology，18：4–12.

EROSHENKO A S，1975. Ten new nematode species of the order Mononchida Jairajpuri，1969 from coniferous forests of Primorye[J]. Institute of Biology and Pedology，Far-East Science Centre，USSR Academy of Sciences Proceedings，New Series，26：152–169.

ESSER R P，1963. Nematode interactions in plates of no sterile water agar[J]. Proceedings of the Soil Crop Sciences Society of Florida，23：121–128.

ESSER R P，Sobers E K，1964. Natural enemies of nematodes[J]. Proceedings of the Soil Crop Sciences Society of Florida，24：326–353.

FERRIS H，VENETTE R C，LAU S S，1996. Dynamics of nematode communities in tomatoes grown in conventional and organic farming systems，and their impact on soil fertility[J]. Applied Soil Ecology，18：13–29.

FIELDING M J，1950. Three new predacious nematodes[J]. The Great Basin Naturalist，10：45–50.

FILIPJEV I N，1934. The classification of free-living nematodes and their relation to parasitic nematodes[J]. Smithsonian Miscellaneous Collection，89：1–63.

GAGARIN V G，NAUMOVA T V，2017. Description of the two new nematodes species of the genus *Mononchus* bastian，1865（Nematoda，Mononchida）from Lake Baikal[J]. Amurian Zoological Journal，9：121–130.

GAUGLER R，BILGRAMI A L，2004. Nematode Behaviour Wallingford：CABI Publishing：432.

GOODEY T，1951. Soil and freshwater nematodes London：Methuen：390.

GROOTAERT P，MAERTENS D，1976. Cultivation and life cycle of *Mononchus aquaticus*[J]. Nematologica，22：173–181.

GROOTAERT P，WYSS U，1979. Ultrastructure and function of anterior region feeding apparatus in *Mononchus aquaticus*[J]. Nematologica，25：163–173.

GUIRADO D J，ALHAMA J C，GUTIERREZ M D G. 1997. Mononchid nematodes from Spain. Six known species and *Miconchus baeticus* sp. n. occurring in southern fir forests[J]. Fundamental and Applied Nematology，20，

371-383.

GUIRADO D J，SANTIAGO R P，ARIAS M，*et al.*，1993. Ecology of mononchid nematodes from Spain relationships between species and habitats[J]. Fundamental and Applied Nematology，16：315-320.

HOLTERMAN M，RYBARCZYK K，VAN DER WURFF A，*et al.*，2006. Phylum-wide analysis of SSU rDNA reveals deep phylogenetic relationships among nematodes and accelerated evolution towards crown clades[J]. Molecular Biology and Evolution，23：1792-1800.

HOM A，1996. Microbial pesticides，IPM and the consumer[J]. IMP Practioner，18：1-10.

IVANOVA T S，DZHURAEVA L M，1971. A new genus of a new family Trigronchidae n. fam.（Nematoda，Mononchida）from Tadzhikistan[J]. Izvestiya Akademii Nauk Tadzhikskoi，4：89-93.

JAIRAJPURI M S，1969. Studies on Mononchida of India Ⅰ. The genera *Hadronchus*，*Iotonchus*，and *Miconchus* and a revised classification of Mononchida，new order[J]. Nematologica，15：557-581.

JAIRAJPURI M S，1970. Studies on Mononchida of India Ⅱ. the genera *Mononchus*，*Clarkus* n. gen. and *Prionchulus*（Family Mononchidae Chitwood，1937）[J]. Nematologica，16：213-221.

JAIRAJPURI M S，1971. Studies on Mononchida of India IV. The genera *Sporonchulus*，*Bathyodontus* and *Oionchus*（Nematoda）[J]. Nematologica，17：407-412.

JAIRAJPURI M S，AZMI M I，1978. Some studies on the predatory behaviour of *Mylonchulus dentatus*[J]. Nematologia Mediterranea，6：205-212.

JAIRAJPURI M S，KHAN W U，1977. Studies on Mononchida of India. IX. Further division of the genus *Clarkus* Jairajpuri，1970 with the proposal of *Coomansus* n. gen.（Family Mononchidae Chitwood，1937）and descriptions of two new species[J]. Nematologica，23：89-96.

JAIRAJPURI M S，KHAN W U，1982. Predatory Nematodes（Mononchida）[M]. New Delhi：Associated Publishing：131.

JAIRAJPURI M S，RAHMAN M F，1984. *Hadronchoides microdenticulatus* n. gen.，n. sp.（Nematoda，Iotonchidae）from India[J]. Nematologica，29：266-268.

JAIRAJPURI MS，TAHSEEN Q，CHOI Y E，2000. Description of *lotonchus onchus* n. sp. and detailed observations on *I. litoralis* Coetzee，1967（Anatonchoidea，Mononchida）from Korea[J]. Asia-pacific Entomology，3：19-24.

JAIRAJPURI M S，TAHSEEN Q，CHOI Y E，2001a. *Parkellus parkus* gen. n.，sp. n. and *Miconchus koreanus* sp. n.（Mononchida），two new predaceous nematodes from Korea[J]. International Journal of Nematology，11：98-103.

JAIRAJPURI M S，TAHSEEN Q，CHOI Y E，2001b. *Micatonchus reversus* n. gen. sp. n.（Mononchida，Anatonchidae），a unique mononch from Korea[J]. International Journal of Nematology，11：77-80.

JANA T，CHATTERJEE A，MANNA B，2006. *Nullonchus rafiqi* sp. n.，a new mononchid species from West Bengal，India[J]. Nematologia Mediterranea，34：183-186.

JANA T，CHATTERJEE A，MANNA B，2007. *Iotonchus cuticaudatus* sp. n.，a new mononchid species from West Bengal，India with an unusual case of bivulvarity[J]. Russian Journal of Nematology，15：41-47.

JANA T，CHATTERJEE A，MANNA B，2008. Description of *Parahadronchus shakili*（Mononchida，Nematoda）showing some abnormalities in the buccal cavity with an updated key to species of the genus *Parahadronchus*[J]. Nematologia Mediterranea，36：197-202.

JANA T，DATTARAY P，GHOSH G，*et al.*，2010a. First report of *Prionchulus kralli*（Mononchida，Nematoda）from India with a revised and updated key to species of the genus *Prionchulus* Cobb，1916[J]. Nematologia Mediterranea，38：59-65.

JANA T，GHOSH G，CHATTERJEE A，2010b. *Actus shamimi* sp. n.（Nematoda，Mononchida）from the Andaman and Nicobar Islands，India，with a key to the species of *Actus* Baqri & Jairajpuri，1974[J]. Nematology，12：343-348.

JENSEN H J，MULVEY R H，1968. Predaceous nematodes（Mononchidae）of Oregon[M]. studies in Zoology：Oregon State Monographs.

JIMENEZ-GUIRADO D，MURILLO-NAVARRO R，2008. Mononchid nematodes from Spain. Two species of *Mylonchulus* Cobb，1916 inhabiting the coastal dunes of the Cadiz Gulf. Journal of Nematode Morphology and Systematics，11：137-146.

JIMÉNEZ-GUIRADO D，NAVARRO R，LIÉBANAS G，*et al.*，2007. Morphological and molecular characterisation of a new awl nematode，*Dolichodorus mediterraneus* sp. n.（Nematoda：Dolichodoridae）[J]. from Spain. Nematology，9：189-199.

JIMÉNEZ-GUIRADO D，PEÑA-SANTIAGO R，CASTILLO P，1993. Mononchid nematodes from Spain：one known and another new species of the genus *Miconchus* Andrássy，1958[J]. Fundamental and applied Nematology，16：63-72.

KASSAB A S，ABDEL K K，1996. Suppressing root-knot，citrus and reniform nematodes by use of less irrigation frequency and predacious nematode in olive[J]. Annals of Agricultural Science Cairo，41：511-520.

KHAN W U，AHMAD S，JAIRAJPURI M S，1978. Studies on Mononchida of India X. Two new species of the genus *Miconchus* Andrássy，1958[J]. Nematologica，24：321-327.

KHAN W U，JAIRAJPURI M S，1980. Studies on Mononchida of India XIII. The genus *Iotonchus*（Cobb，1916）Altherr，1950 with a key to the species[J]. Nematologica，26：1-9.

KHAN Z，ARAKI M，2001. Species of predatory soil nematodes（Mononchida）from Japan[J]. Journal of Nematology，33：262-263.

KHAN Z，ARAKI M，BILGRAMI A L，2000. *Iotonchus sagaensis* sp. n.，*I. arcuatus* sp. n. and *Miconchus japonicus* sp. n.（Nematoda，Mononchida）from Japan[J]. International Journal of Nematology，10：143-152.

KHAN Z，KIM Y H，2007. A review on the role of predatory soil nematodes in the biological control of plant parasitic nematodes[J]. Applied Soil Ecology，35：370-379.

KHAN Z，LEE S M，CHOI J S，*et al.*，2003. Descriptions of two new and a known species of predatory nematodes（Nematoda：Mononchida）from Korea[J]. Nematologia Mediterranea，31：207-213.

KIM J，KIM T，SHI H，*et al.*，2018. *Prionchulus oleksandri*（Nematoda，Mononchida）from Korea[J]. Animal Systematics Evolution and Diversity，34：194-198.

KIRJANOVA E S，KRALL E L，1969. Plant parasitic nematodes and their control（Russian）[M]. Leningrad：Nauka：1477.

KOOHKAN M，SHOKOOHI E，2013. Molecular analysis of *Mylonchulus sigmaturus* Cobb，1917 based on 18S rDNA[C]. Proceedings of the 8th National Biotechnology Congress，Iran：Tehran.

KOOHKAN M，SHOKOOHI E，2014. Identification and molecular analysis of *Mylonchulus paitensis* Yeates，1992 based on 18S rDNA[J]. Journal of Nematology，46：190-190.

KOOHKAN M，SHOKOOHI E，ABOLAFIA J，2014. Study of some mononchids（Mononchida）from Iran with a compendium of the genus *Anatonchus*[J]. Tropical Zoology，27：88-127.

KOOHKAN M，SHOKOOHI E，MULLIN P，2015. Phylogenetic relationships of three families of the suborder Mononchina Kirjanova and Krall，1969 inferred from 18S rDNA[J]. Nematology，17：1113-1125.

KULSHRESHTHA R，BILGRAMI A L，KHAN Z，1993. Predation abilities of *Mylonchulus minor* and factors influencing predation[J]. Annals of Plant Protection Sciences，1：79-84.

LAL A, SANWAL K C, MATHUR V K, 1983. Changes in the nematode populations of undisturbed land with the introduction of land development practices and cropping sequences[J]. Indian Journal of Nematology, 13: 133–140.

LINFORD M B, OLIVIERA J M, 1937. The feeding of hollow-spear nematodes on other nematodes[J]. Science, 85, 295–297.

LOOF P A A, 1964. Free-living and plant-parasitic nematodes from Venezuela[J]. Nematologica, 10: 2001–2300.

LOOF P A A, 2006. Mononchina (Dorylaimida) from Western Malaysia[J]. Nematology, 8: 287–310.

LORDELLO L G E, 1970. Research on nematodes of the family Mononchidae encountered in Brazil. "Pesquisas sobre nematoides da famalia Monónchidae encontrados no Brasil" [J]. Anais Escola Superior de Agricultura 'Luiz de Queiroz', 17: 15–48.

LORENZEN S, 1981. Entwurf eines phylogenetischen Systems der freilebenden Nematoden[J]. Verőffentlichungen des Instituts fur Meeresforschung Bremerhaven, Supplement, 7: 1–472.

MAERTENS D, 1975. Observations on life cycle of *Prionchulus punctatus* (Cobb, 1917) and culture conditions[J]. Biologisch Jaarboek-Dodonaea (Belgium), 43: 197–218.

MAGGENTI A R, 1983. Nematode higher classification as influenced by species and family concepts[M]//Stone A R, Platt HM, Khalil LF London: Concepts in Nematode Systematics[J]. Academic Press: 25-40.

MAHDIKHANI-MOGHADAM E, BUB J A A, CHERY S B, *et al.*, 2017. Study of some mononchids (Nematoda, Mononchida) from Iran[J]. Pakistan Journal of Nematology, 35: 37–45.

MANKAU R, 1980. Biological control of nematode pests by natural enemies[J]. Annual Review of Phytopathology, 18, 415–440.

MCSORLEY R, FREDERICK J J, 1999. Nematode populations during decomposition of specific organic amendment. Journal of Nematology, 31: 37–44.

MCSORLEY R, GALLHER R N, 1996. Effect of yard waste compost on nematode densities and maize yield[J]. Journal of Nematology, 28, 655–660.

MELODY C, GRIFFITHS B, DYCKMANS J, *et al.*, 2016. Stable isotope analysis (δ 13 C and δ 15 N) of soil nematodes from four feeding groups[J]. PeerJ, 2373: 1–19.

MENZEL R, 1920. Über die Nahrung der freilebenden Nematoden und die Art ihrer Aufnahme. Ein Beitrag zur Kenntnis der Ernährung der Würmer[J]. Verhandl Naturf Ges Basel, 31: 153–188.

MICOLETZKY H, 1922. Die freilebende Erd Nematoden[J]. Archiv für Naturgreschichte, Abteilung, 87: 1–650.

MOHANDAS C, PRABHOO N R, 1980. The feeding behaviour and food preference of predatory nematodes (Mononchids) from soil of Kerala (India) [J]. Revue d'Ecologie et de Biologie du sol, 17: 53–60.

MOHILAL N, DHANACHAND C, 1997. Three new species of mononchs (Nematoda, Mononchida) [J]. Indian Journal of Nematology, 27: 179–186.

MORLEY N J, 2021. Reinhard Hoeppli (1893–1973): The life and curious afterlife of a distinguished parasitologist[J]. Journal of Medical Biography, 29: 162–169.

MULLIN P G, HARRIS T S, POWERS T O, 2005. Phylogenetic relationships of Nygolaimina and Dorylaimina (Nematoda: Dorylaimida) inferred from small subunit ribosomal DNA sequences[J]. Nematology, 7: 59–79.

MULVEY R H, 1961. The Mononchidae, a family of predaceous nematodes. I. Genus *Mylonchulus* (Enoplida, Nematoda) [J]. Canadian Journal of Zoology, 39: 665–696.

MULVEY R H, 1963. The Mononchidae, a family of predacious nematodes. V. Genera *Sporonchulus*,

Granonchulus and *Prionchuloides* n. gen.（Enoplida，Mononchidae）[J]. Canadian Journal of Zoology，41：763-774.

MULVEY R H，1967. The Mononchidae，a family of predaceous nematodes. VI. Genus *Mononchus*（Nematoda，Mononchidae）[J]. Canadian Journal of Zoology，45：915-940.

MULVEY R H，1978. Predacious nematodes of the family Mononchidae from the Mackenzie and Porcupine river systems and Somerset Island，N.W.T，Canada[J]. Canadian Journal of Zoology，56：1847-1868.

MULVEY R H，JENSEN H J，1967. The Mononchidae of Nigeria[J]. Canadian Journal of Zoology，45：667-727.

NAUMOVA T V，GAGARIN V G，2018. *Prodorylaimus baikalensis* sp. n. and *Mononchus minutus* sp. n.（Nematoda）from Lake Baikal，Russia[J]. Zootaxa，4459：525-534.

NEHER D A，OLSON R K，1999. Nematode communities in soils of four farm cropping management systems[J]. Pedobiologia，43：430-438.

NELMES A J，1974. Evaluation of the feeding behaviour of *Prionchulus punctatus*（Cobb），a nematode predator[J]. Journal of Animal Ecology，43：553-565.

NICO A I，JIMÉNEZ-DÍAZ R M，CASTILLO P，2004. Control of rootknot nematodes by agro-industrial wastes in potting mixtures[J]. Crop Protection，23：581-587.

NOWRUZI R，BAROOTI S，1997. Predatory and plant parasitic nematodes from Hormozgan province[J]. Applied Entomology and Phytopathology，64：14-16

OLIA M，AHMAD W，ARAKI M，*et al.*，2009. Molecular characterisation of some species of *Mylonchulus*（Nematoda，Mononchida）from Japan and comments on the status of *Paramylonchulus* and *Pakmylonchulus*[J]. Nematology，11：337-342.

OLIA M，AHMAD W，ARAKI M，*et al.*，2008. *Actus salvadoricus* Baqri and Jairajpuri（Mononchida，Mylonchulidae）from Japan with comment on the phylogenetic position of the genus *Actus* based on 18S rDNA sequences[J]. Japanese Journal of Nematology，38：57-69.

ORSELLI L，VINCIGUERRA M T，2007. Three new and a rare species of Mononchida（Nematoda）from Ecuador[J]. Journal of Nematode Morphology and Systematics，9：137-146.

PALOMARES-RIUS J E，NAVARRETE C C，CASTILLO P，2014. Cryptic species in plant-parasitic nematodes[J]. Nematology，16：1105-1118.

PEÑA-SANTIAGO R，2014. Order Mononchida Jairajpuri，1969[M]//Schmidt-Rhaesa A ed. Handbook of Zoology：Gastrotricha，Cycloneuralia and Gnathifera，vol.2. Nematoda Berlin/Boston：Walter de Gruyter GmbH：299-312.

PENEVA V，NEILSON R，NEDELCHEV S，1999. Mononchoid nematodes from oak forests in Bulgaria. 1. The subfamily Anatonchinae Jairajpuri，1969 with descriptions of *Anatonchus genovi* sp. n. and *Tigronchoides quercus* sp. n[J]. Nematology，1：37-53.

PENNAK R W，1953. Fresh Water Invertebrates of the United States[M]. New York：Ronald Press：769.

RAHM P G，1937. Ökologische und biologische Bemerkungen zur anabiotichen Fauna Chinas（Nematoden und Tardigraden）[J]. Annotations Zoologicae Japonenses，11：233-248.

RAHM P G，1938. Freilebende und saprophytische Nematoden der Insel Hainan[J]. Annotations Zoologicae Japonenses，17：646-667.

RAMA K，DASGUPTA M K，1998. Biocontrol of nematodes associated with mandarin orange decline by the promotion of predatory nematode *Iotonchus tenuicaudatus*（Kreis，1924）[J]. Indian Journal of Nematology，28：118-124.

RAY S，DAS S N，1983. *Hadronchulus shamimi* n. gen，n. sp. and *Cobbonchus artemisiae* Mononchida，

Nematoda）from Orissa，India[J]. Nematologica，28：247–252.

RITTER M，LAUMOND C，1975. Review of the use of nematodes in biological control programs against parasites and pests of cultivated plants. Bulletin des Recherches Agronomiques de Gembloux，Semaine d'Elude Agriciture et Hygiène des Plantes：331–334.

RUSIN L Y，ALESHIN V V，TCHESUNOV A V，*et al.*，2003. The 18S ribosomal RNA gene of *Soboliphyme baturini* Petrow，1930（Nematoda：Dioctophymida）and its implications for phylogenetic relationships within Dorylaimia[J]. Nematology，5：615–628.

SALINAS K A，KOTCON J，2005. In vitro culturing of the predatory soil nematode *Clarkus papillatus*[J]. Nematology，7：5–9.

SAMSOEN L，1984. Experiments with the male of *Prionchulus punctatus*（Cobb，1917）Andrássy，1958[J]. Revue De Nématologie，7：417.

SANCHEZM M S，MINOSHIMA H，FERRIS H，*et al.*，2006. Linking soil properties and nematode community composition，effects of soil management on soil food webs[J]. Nematology，8：703–715.

SAUR E，ARPIN P，1989. Ultrastructural analysis of the intestinal contents of *Clarkus papillatus*（Nematoda：Mononchina）：ecological interest of the survey[J]. Revue De Nématologie，12：413–422.

SCHENK J，KLEINBÖLTING N，TRAUNSPURGER W，2020. Comparison of morphological，DNA barcoding，and metabarcoding characterizations of freshwater nematode communities[J]. Ecology Evolution，10：2885–2899.

SHAHABI S，AHMAD K，RAKHSHANDEHROO F S，*et al.*，2016. Occurrence and distribution of nematodes in rice fields in Guilan Province，Iran and the first record of *Mylonchulus polonicus*（Stefanski，1915）Cobb，1917（Nematoda，Mononchina）[J]. Journal of Plant Protection Research，56：420–429.

SHMATKO V Y，TABOLIN S B，2017. *Clarkus bulyshevae* sp. nov.（Nematoda，Mononchida）from soils in the Rostov region[J]. Zoologichesky Zhurnal，96：1342–1346.

SHOKOOHI E，MEHRABI-NASAB A，MIRZAEI M，*et al.*，2013. Study of mononchids from Iran，with description of *Mylonchulus kermaniensis* sp. n.（Nematoda，Mononchida）[J]. Zootaxa，3599：519–534.

SIDDIQI M R，1983. Phylogenetic relationships of the soil nematode orders Dorylaimida，Mononchida，Triplonchida and Alaimida，with a revised classification of the subclass Enoplia[J]. Pakistan Journal of Nematology，26：79–110.

SIDDIQI M R，1984a. Four new genera and four new species of mononchs（Nematoda）[J]. Pakistan Journal of Nematology，2：1–13.

SIDDIQI M R，1984b. *Nullonchus*，a new genus of toothless mononchs，with comments on the phylogenetic relationship of Nullonchinae n. subfam.（Nematoda，Mononchida）[J]. Nematologica，30：11–21.

SIDDIQI M R，2001. Study of *Iotonchus* species（Mononchida）from West Africa with descriptions of eleven new species[J]. International Journal of Nematology，11：104–123.

SIDDIQI M R，2015a. Descriptions of seven new genera and ten new species of Mononchida（Nematoda）[J]. International Journal of Nematology，25：39–64.

SIDDIQI M R，2015b. Descriptions of seven new species of the nematode genus *Miconchus* Andrássy，1958（Mononchida）[J]. International Journal of Nematology，25：145–165.

SIDDIQI M R，Jairajpri MS，2002. *Crestonchulus crestus* gen. n.，sp. n.（Nematoda：Mononchida）from Cameroon[J]. International Journal of Nematology，11：85–88.

SMALL R W，1979. The effects of predatory nematodes on populations of plant parasitic nematodes in pots[J]. Namatologica，25：94–103.

SMALL R W，1987. A review of the prey of predatory soil nematodes[J]. Pedobiologia，30：179–206.

SMALL R W，Evans AAF，1981. Experiments on the population growth of the predatory nematode *Prionchulus punctatus* in laboratory culture with observations on life history[J]. Revue De Nématologie，4：261–270.

SMALL R W，Grootaert P，1983. Observations on the predatory abilities of some soil dwelling predatory nematodes[J]. Nematologica，29：109–118.

STEINER G，Heinly H，1922. The possibility of control of *Heterodera radicicola* and other plant-injurious nemas by means of predatory nemas，especially by *Mononchus papillatus*[J]. Journal of the Washington Academy of Sciences，12：367–386.

STEINER W A，1994. The influence of air pollution on moss-dwelling animals，2. Aquatic fauna with emphasis on Nematoda and Tardigrada[J]. Revue Suisse de Zoologie，101：699–724.

STIRLING G R，1991. Biological Control of Plant Parasitic Nematodes：Progress，Problems and Prospects[M]. Wallingford：CABI Publishing：282.

SUBBOTIN S A，Ragsdale E J，Mullens T，*et al.*，2008. A phylogenetic framework for root lesion nematodes of the genus *Pratylenchus*（Nematoda）：evidence from 18S and D2-D3 expansion segments of 28S ribosomal RNA genes and morphological characters[J]. Molecular Phylogenetics and Evolution，48：491–505.

SUSULOVSKY A，Winiszewska G，2002. *Prionchulus fistulosus* sp. n.（Nematoda Mononchina）from Ukraine[J]. Annales Zoologici，52：483–488.

SUSULOVSKY A，Winiszewska G，2006. Two new species of the genus *Prionchulus* Cobb，1916（Nematoda，Mononchina）[J]. Annales Zoologici，56：241–248.

SUSULOVSKY A，Winiszewska G，Gagarin VG，2003. New and little known *Prionchulus* species（Nematoda，Mononchina）from Kamchatka Peninsula，Russia[J]. Molecular Plant Pathology，53：749–754.

SZCZYGIEL A，1966. Studies on the fauna and population dynamics of nematodes occurring on strawberry plantation[J]. Ekologia Polska，14：651–709.

SZCZYGIEL A，1971. Wystepowanie drapieznych nicieni zrodziny Mononchidae w glebach uprawnych w polsce[J]. Zeszyty Problemowe Postepow Nauk Rolniczych，121：145–158.

THORNE G，1924. Utah nemas of the genus *Mononchus*[J]. Transactions of the American Microscopical Society，43：157–171.

THORNE G，1927. The life history，habit and economic importance of some mononchs[J]. Journal of Agriculture Research，34：265–286.

THORNE G，1932. Specimens of *Mononchus acutus*（=*Iotonchus acutus*）found to contain *Trichodorus obtusus*，*Tylenchus robustus* and *Xiphinema americanum*[J]. Journal of Parasitology，19：90.

UREK G，1997. Nematode population of field soils in Slovenia[J]. Zbornik Biotehniške Fakultete Univerze Ljubljana，69：127–136.

VAN MEGEN B H M，VAN DEN ELSEN S，HOLTERMAN M，*et al.*，2009. A phylogenetic tree of nematodes based on about 1200 full length small subunit ribosomal DNA sequences[J]. Nematology，11：927–950.

VAN RENSBURG CJ，FOURIE H，ASHRAFI S，*et al.*，2021. Description of *Prionchulus jonkershoekensis* n. sp.（Nematoda：Mononchida），a new predatory species from South Africa[J]. Journal of Nematology，53：e2021–39.

VINCIGUERRA M T，ORSELLI L，2006. *Iotonchus aequatorialis* sp. n.（Nematoda，Mononchida）from Ecuador with a key to the species of *Iotonchus* Cobb，1916 and remarks on the identity of the genus[J]. Nematology，8：837–846.

VU T T T，2015. New records of the genus *Iotonchus*（Mononchida，Iotonchidae）for Vietnam fauna and an updated key to species from Vietnam[J]. Tap Chi Sinh Hoc，37：272–281.

VU T T T，2016. New data of two *Mylonchulus* species（Mononchida：Mylonchulidae）and an updated key to species from Vietnam[J]. Tap Chi Sinh Hoc，38：287–292.

VU T T T，2017. Occurrence of the genus *Actus*（Mononchida：Mylonchulidae）in Vietnam[J]. Tap Chi Sinh Hoc，39：264–269.

VU T T T，2020. Description of a new species，*Actus hagiangensis*（Mononchida，Mylonchulidae）from Ha Giang Province，Vietnam. Zootaxa，4861：131–138.

VU T T T，Hallmann J，Winiszewska G，2018. Description of a new predatory soil nematode *Prionchulus sturhani* sp. nov.（Nematoda：Mononchida）[J]. Annales Zoologici，68：403–408.

VU T T T，2021. Description of a new species *Coomansus batxatensis*（Mononchida，Mononchidae）from Vietnam，with an updated key to species[J]. Journal of Helminthology，95：e28.

VU T T T，LE TML，NGUYEN T D，2021. Morphological and molecular characterization of *Iotonchus lotilabiatus* n. sp.（Nematoda：Iotonchidae）from Lao Cai Province，Vietnam[J]. Journal of Nematology，53：e2021–66.

WANG K H，MYERS R Y，SRIVASTAVA A，*et al.*，2015. Evaluating the predatory potential of carnivorous nematodes against *Rotylenchulus reniformis* and *Meloidogyne incognita*[J]. Biological Control，88：54–60.

WINISZEWSKA G，2002. *Prionchulus brevicaudatus* sp. n.（Nematoda，Mononchina）from Poland[J]. Annales Zoologici，52：343–346.

WU X W，HOEPPLI R，1929. Free-living nematodes from Fookien and Chekiang[J]. Archiv für Schiffs-und Tropen-Hygiene，33：35–41.

YEATES G W，1967. Studies on nematodes from dune sands. 3. Oncholaimidae，Ironidae，Alaimidae and Mononchidae[J]. New Zealand Journal of Science，10：299–321.

YEATES G W，1987a. Significance of developmental stages in the coexistence of three species of Mononchoidea（Nematoda）in a pasture soil[J]. Biology and Fertility of Soils，5：225–229.

YEATES G W，1987b. Nematode feeding and activity：the importance of developmental stages[J]. Biology and Fertility of Soils，3：143–146.

YEATES G W，BOAG B，2003. Growth and life histories in Nematoda with particular reference to environmental factors[J]. Nematology，5：653–664.

YEATES G W，BOAG B，SMALL R W，1994. Species diversity and biogeography of Mononchoidea（Nematoda）[J]. Russian Journal of Nematology，2：45–54.

YEATES G W，BONGERS T，GOEDE R G D，*et al.*，1993. Feeding habits in soil nematode families and genera - An outline for soil ecologists[J]. Journal of Nematology，25：315–319.

YEATES G W，WARDLE D A，1996. Nematodes as predators and prey：relationships to biological control and soil processes[J]. Pedobiologia，40：43–50.

ZULLINI A，LOOF P A A，BONGERS T，2002. Free-living nematodes from nature reserves in Costa Rica. 2. Mononchina[J]. Nematology，4：1–23.

ZULLINI A，PENEVA V，2006. Order Mononchida[M]//Eyualem-Abebe，Andrássy I，Traunspurger W. Freshwater Nematodes，Ecology and Taxonomy. Wallingford CABI：Publishing：468-496.

中国线虫学研究（第八卷）Nematology Research in China（Vol.8）：250-260

植物寄生线虫类毒素过敏原蛋白研究进展*

罗书介[1,2**]，黄文坤[2]，彭　焕[2]，孔令安[2]，彭德良[2***]
（[1]扬州大学园艺与植物保护学院，扬州　225009；[2]中国农业科学院植物保护研究所，北京　100193）

摘　要： 植物寄生线虫严重危害农作物生产，其分泌的蛋白质和小分子物质有助于侵染寄主。其中有一类包含SCP或CAP结构域的蛋白质，被称为类毒素过敏原蛋白（venom allergen-like proteins，VAPs），在植物寄生线虫中分布广泛。目前的研究表明VAPs在线虫寄生过程中具有重要功能。除了植物寄生线虫，VAPs在动物寄生线虫、自由生活线虫，甚至昆虫中均有分布，因此对VAPs的功能研究有助于揭示植物寄生线虫寄生机制，以及与其他类型线虫之间的差别。本文综述了VAPs在寄生线虫特别是植物寄生线虫中的研究现状，有助于对已有研究结果进行总结和进一步研究提供思路，也为以VAPs为靶标的抗病育种提供参考。

Advance in the studies on venom allergen-like proteins from plant parasitic nematodes

Luo Shujie[1,2**]，Huang Wenkun[2]，Peng Huan[2]，Kong Li'an[2]，Peng Deliang[1***]
（[1]*College of Horticulture and Plant Protection*，*Yangzhou University*，*Yangzhou* 225009；
[2]*Institute of Plant Protection*，*Chinese Academy of Agricultural Sciences*，*Beijing* 100193）

Abstract：Plant parasitic nematodes（PPNs）are the serious threat of agriculture in the world. PPNs secrete pathogenic proteins and small molecules to assist infections in plants. Venom allergen-like proteins（VAPs）which harbor at least one SCP or CAP domain each，were found in most PPNs. VAPs play important roles in the infections of PPNs. VAPs were also found in animal parasitic nematodes，free-living nematodes and even insects. Studying the functions of VAPs facilitate to reveal the parasitism mechanism of PPNs and the difference of infections between PPNs and other nematodes. Here we summarize the advance of VAPs in parasitic nematodes，especially in PPNs，to derivate future issues about these proteins. This review also contributes to the development of the protection strategies of crops based on VAPs as targets.

1　引言

植物寄生线虫分泌的可改变寄主细胞结构或功能的蛋白质或小分子被定义为效应子effector[1]。其中，类毒素过敏原蛋白venom allergen-like proteins（VAPs或VALs）分布广泛。此类蛋白属于Sperm-coating protein/Tpx/antigen 5/pathogenesis-related-1/Sc7（SCP/TAPS）或

* 基金项目：国家自然科学基金（31772142）；中国农业科学院科技创新工程（ASTIP-2016-IPP-15）
** 作者简介：罗书介，博士，主要从事植物线虫分子生物学研究。E-mail：loshujie@163.com
*** 通讯作者：彭德良，研究员，主要从事植物线虫致病机理及控制技术研究。E-mail：pengdeliang@caas.cn

cysteine-rich secretory proteins/antigen 5/pathogenesis-related 1（CAP）protein家族[2, 3]。

除了植物寄生线虫，VAP类蛋白还广泛存在于动物寄生线虫和自由生活线虫中，并且往往都包含相同的结构域，但是它们之间具有哪些联系，以及相互之间的差异是否和寄生线虫寄主范围的差异有关还不清楚。2018年Wilbers等人重点分析了植物寄生线虫、动物寄生线虫和自由生活线虫VAPs之间的进化关系，发现寄生线虫和自由生活线虫的VAPs之间并没有明显不同。而植物寄生线虫和动物寄生线虫的VAPs之间也没有明显差异。而来源于马铃薯腐烂茎线虫*Ditylenchus destructor*、松材线虫*Bursaphelenchus xylophilus*，动物寄生线虫圆线虫*Strongyloides ratti*、旋毛虫*Trichinella spiralis*，以及自由生活线虫全齿复活线虫*Panagrellus redivivus*的VAPs在进化树上聚在同一个分支，说明不同类线虫的VAPs可能拥有同一个祖先[4]。

随着各种新型分子生物学技术例如RNAi、原位杂交、互作蛋白筛选等的应用，寄生线虫基因的功能研究越来越普遍和深入。而且考虑到植物寄生线虫和动物寄生线虫之间的差异，普遍存在于这两种线虫中的VAPs引起了研究人员的重视[5]。本文从结构、功能等方面综述了寄生线虫类毒素过敏原蛋白VAPs的研究现状，重点总结了植物寄生线虫VAPs的研究进展，为进一步深入揭示植物寄生线虫寄生机制，比较植物寄生线虫和动物寄生线虫VAPs的功能差异提供思路。

2 类毒素过敏原蛋白的结构和功能

VAPs通常包含一个或多个SCP或CAP结构域，这类结构域的长度一般在120 ~ 170氨基酸之间[6]。来自奥氏奥斯特他线虫*Ostertagia ostertagi*的OsASP1包含一个CAP结构域，且通过二硫键形成二聚体[7]。美洲钩口线虫*Necator americanus*的NaASP1包含两个SCP结构域，并通过共价键连接在一起[8]。全齿复活线虫*P. redivivus*的VAP（PRJNA186477_Pan_g9869.t1，WormBase）则包含四个SCP结构域。此外有些寄生线虫的VAPs与其他结构域联系在一起，例如犬弓蛔虫*Toxocara canis*中的ShK毒素结构域[9]。CAP结构域在三级结构上通常包含一个高度保守的α-β-α三明治构型，并通过二硫键稳固结构[10, 11]。Wilbers等人对已经报道的VAPs氨基酸序列进行多序列比对和高级结构分析，发现这些蛋白的二硫键、α螺旋、β折叠在空间结构上存在保守性，而环区（loop regions）、N端和C端均存在较大的变异性，然而这种环区占了全部结构的50%以上[4]。通常SCP/TAPS蛋白都包含CAP腔，一般由两个谷氨酸和两个组氨酸组成四联体，用于结合二价阳离子，例如Zn^{2+}和Mg^{2+}[12, 13]。尽管如此，来自很多植物和动物寄生线虫的VAPs所包含的CAP腔缺少两个组氨酸，而且可与其它类型腔以通道的方式连接，以运送水分、离子和其它小分子[14, 15]。除了CAP腔外，还包含两个具有不同功能的结合腔，可结合白细胞三烯（leukotrienes）、固醇类（sterols）以及带负电荷的磷脂质（phospholipids）[16-18]，如来自酵母的CBM环（caveolin-binding motif loop）和棕榈酸结合腔（palmitate-binding cavity）[18, 19]。来自姚虻*Tabanus yao*唾液的tablysin-15（CAP家族蛋白）包含棕榈酸结合腔，可以结合白细胞三烯以抑制炎症反应，形成此结合腔的两个α螺旋在不同寄生线虫VAPs中具有较高的保守性[4, 16]。VAPs和线虫中多聚蛋白抗原或过敏原（polyprotein antigens and/or allergens，NPAs）、脂肪酸结合蛋白（fatty acid-binding proteins，nemFABPs）以及脂肪酸视黄醇结合蛋白（fatty acid-and retinol-binding proteins，

FARs）一样，属于脂质类结合蛋白[20]。

3 动物寄生线虫类毒素过敏原蛋白研究

目前动物中SCP/TAPS类蛋白的相关功能研究已涉及免疫反应[21, 22]、睾丸或精子发育[23]、毒液侵入[24, 25]和寄生侵入[26, 27]等方面。由膜翅目昆虫分泌的毒素过敏原（venom allergen antigen 5，AG5）蛋白属于一个大家族[28]，该家族成员广泛分布于动物寄生线虫犬钩口线虫*Ancylostoma caninum*[8, 29]、旋盘尾丝虫*Onchocerca volvulus*[27]和马来丝虫*Brugia malayi*[26]，以及自由生活线虫秀丽隐杆线虫*Caenorhabditis elegans*[30]中。与AG5类蛋白很相似的 ancylostoma-secreted protein（ASP）类蛋白是犬钩口线虫侵染性三龄幼虫分泌物中的主要成分，此类蛋白在线虫由自由生活向寄生生活过渡中起重要作用[8, 29]。2008年Chalmers等人从曼氏裂体线虫*Schistosoma mansoni*中鉴定了28个*VAP*基因，并根据基因结构和遗传进化关系将这28个基因分成两个类型[6]。在类圆线虫属*Strongyloides*中，VAP的表达主要倾向于寄生时期而不是自由生活时期[31]。马来丝虫*B. malayi*的BmVAP1在蚊传三龄幼虫时期高量表达，到了后期则被抑制[26]。VAPs在寄生线虫中的广泛性和在寄生时期上调表达的特性预示着其在与寄主互作过程中的重要作用。生活环境对寄生虫的*VAP*基因表达量也有影响，例如环纹背带线虫*Teladorsagia circumcincta*在粘膜上生存时*VAP*基因的表达量相比在内腔中明显升高[32]。总之寄生线虫的*VAPs*表达量主要在寄生线虫与寄主接触时上升，包括侵入、移动和取食阶段。由于其免疫原性，该蛋白还可作为候选靶标用于开发疫苗。美洲钩口线虫NaASP2被当作疫苗开发时在动物实验中取得较好效果[33-35]，但是由于较强的过敏反应导致临床应用困难[36]。尽管如此，这些结果依然证实了此类蛋白在寄生线虫侵染寄主过程中的免疫原性。

VAPs在寄生线虫体内的表达部位也与其功能紧密相关。显微解剖技术揭示捻转血矛线虫*Haemonchus contortus*的食道腺是分泌产生AG5类蛋白的主要器官，预示这类蛋白可能是在线虫取食过程中分泌的[37]。2003年Zhan等人报道犬钩口线虫雌成虫可产生四种额外的ASP，这些ASP的表达部位不尽相同，其中ASP3定位在雌虫的咽腺和食道腺，ASP4定位在雌虫表皮，ASP5定位在肠道边缘膜，ASP6定位在头部和排泄孔。此外，这些ASP包含的功能性结构域数量也有所不同，ASP3只包含一个结构域，而ASP4、ASP5、ASP6均包含两个串联的功能性结构域[38]。曼氏裂体线虫*S. mansoni*的VAP同样定位到食道腺上[39]。多形螺旋线虫*Heligmosomoides polygyrus* VAP1和VAP2的定位实验结果证明它们主要集中在与寄主接触的线虫表皮上[40]。引起河盲症的盘尾丝虫*Onchocerca volvulus*的VAP1是由二龄和三龄幼虫的食道腺合成并通过脱粒作用分泌到寄主体内[41]。美洲钩口线虫NaASP2通过CD79A结合人类淋巴B细胞，激活下游的信号途径[42]。NaASP2同样诱导组织中嗜中性粒细胞的迁移和聚集，促进炎症反应以增加组织通透性，帮助线虫在组织中的迁移[43]。曼氏裂体线虫*S. mansoni*的SmVAP9诱导巨噬细胞中金属蛋白酶的差异表达并修饰宿主（包括脊椎动物和软体动物）胞外基质重构基因的表达[44]。

4 植物寄生线虫类毒素过敏原蛋白研究现状

2000年Ding等人从南方根结线虫*Meloidogyne incognita*中通过RNA指纹法分离到一个693bp的基因序列，编码含231个氨基酸残基的蛋白质序列，该基因主要在侵染前期表达[45]。Blast比对结果显示其与膜翅目昆虫中的AG5类蛋白有相似性，并命名为MiMSP1，序列分析显示在5′端有一段21个氨基酸残基的信号肽，此类蛋白通常在羧基端含有保守的半胱氨酸残基[8]。2001年Gao等人克隆了两个大豆孢囊线虫*Heterodera glycines*毒素过敏原蛋白基因*hg-vap-1*和*hg-vap-2*，序列分析表明其分别包含648bp和639bp的编码区，编码215和212个氨基酸残基的蛋白质，分别含有25个和19个氨基酸残基的信号肽，Southern杂交显示大豆孢囊线虫中可能含有更多此类基因，原位杂交揭示这两个基因都在线虫的食道腺中表达[46]。2007年Wang等人克隆鉴定了一个新的南方根结线虫毒素过敏原蛋白基因*Mi-vap-2*，其编码294个氨基酸序列，包含16个氨基酸残基的信号肽，和一个典型的HYTQ的motif，该motif中的Y被W代替，这也是植物寄生线虫的典型特征，Southern杂交显示南方根结线虫中包含多个此类基因，原位杂交显示该基因在线虫亚腹食道腺中表达，RT-PCR揭示该基因在线虫侵染前和侵染后早期表达水平较高[47]。

目前对于植物寄生线虫*VAP*基因的功能研究较少，但是可以借鉴动物寄生线虫中此类基因的功能研究，例如许多在线虫侵染阶段表达的基因往往抑制寄主的免疫反应[48, 49]。2009年Kang等人首次从松材线虫*B. xylophilus*的EST库中找到了两个*VAP*基因[50]，并在2012年时报道BxVAP1在线虫侵染植物过程中由食道腺分泌并且在松木生长繁殖阶段高量表达，RNAi结果显示*BxVAP1*表达量下降后线虫在寄主体内的移动被明显抑制[51]。2011年Lin等人从松材线虫中鉴定了4个*VAP*类基因，其中*BxVAP1*、*BxVAP2*和*BxVAP3*分别编码204、206和203个氨基酸的蛋白质，含有17、17和18个氨基酸的信号肽，另外还包含一个假基因。原位杂交结果显示*BxVAP1*、*BxVAP2*和*BxVAP3*都定位在食道腺细胞，但是无法分辨具体在哪个细胞。RT-PCR结果显示这3个基因在线虫的一龄、未孵化二龄、孵化二龄、雌成虫和雄成虫中都有表达[52]。2016年Li等人在昆虫细胞中表达了BxVAP1，将表达产物接种于寄主马尾松（*Pinus massoniana*）上，发现其可以提高α-蒎烯（α-pinene）合成酶基因（一个存在于松木类植物中与防御反应相关的基因）的表达量，接种15天后寄主显示病害症状，且木质部髓显示棕褐色组织斑点，预示着重组BxVAP1可以伤害组织细胞[53]。

2012年Lozano-Torres等人从马铃薯金线虫*Globodera rostochiensis*中分离出一个VAP，命名为GrVAP1。发现该蛋白可引起由Cf-2介导的植物免疫反应，但是此过程需要一个胞外受体Rcr3^{pim}（木瓜类半胱氨酸蛋白酶）的诱导，即由Rcr3^{pim}识别GrVAP1并诱导Cf-2产生对线虫的抗性。*Cf-2*是一个已经报道的与植物抵抗叶霉*Cladosporium fulvum*相关的基因。然而当*Cf-2*不存在时，Rcr3^{pim}则起致病靶标的作用，即有*Rcr3*^{pim}基因的植物相比没有该基因的植物更感病[54]。早期就有学者报道美洲钩虫*N. americanus*分泌产生的VAP的作用靶标是人类中性粒细胞表面的识别互补受体3（integrin complement receptor 3）[43, 55, 56]。因此推测植物寄生线虫中的VAP类分泌蛋白也有固定的作用靶标或者受体。2014年Lozano-Torres等人进一步研究了GrVAP1在线虫侵染寄主过程中的作用。*GrVAP1*基因的表达高峰集中在线虫侵入寄主和在寄主内移动时，而RNA干扰后明显抑制了线虫的侵入。将GrVAP1以及甜菜孢囊线虫*H.*

*schachtii*的HsVAP1和HsVAP2在拟南芥中过表达后能明显增加侵染线虫数量，并且还能增加植物对其它不相关病原物的感病性，例如灰霉菌*Botrytis cinerea*、丁香假单胞菌*Pseudomonas syringae*、甘蓝疫霉*Phytophthora brassicae*[57]。除了前文提到的GrVAP1与番茄中Rcr3^{pim}互作外，GrVAP1还可通过抑制马铃薯中类似的表面受体C14^{tub}以抑制寄主免疫反应。此外，将*C. fulvum*中的胞外效应子Avr2（Rcr3^{pim}的配体）转入拟南芥后，可以提高甜菜孢囊线虫在拟南芥中形成的雌虫数量。并且*Rcr3^{pim}*在拟南芥中的同源基因*pap1*、*pap4*和*pap5*的敲除突变明显增加拟南芥对甜菜孢囊线虫的敏感性。另外作者还通过转录组测序的方式筛选了*HsVAP1*和*HsVAP2*过表达的拟南芥中表达量显著变化的基因，其中植物细胞壁相关枯草杆菌蛋白酶类丝氨酸蛋白酶基因*AtSBT3.14*的表达量在*HsVAP1*表达后显著下降。AtSBT3.14的功能还不清楚，但是其同源物AtSBT3.3已被证明是引导拟南芥防御反应的胞外分子开关[58]。*AtSBT3.14*的敲除突变拟南芥对线虫更感病，因此推测其作用可能是胞外调控植物基本免疫反应[57]。*NPQ4*基因在转基因*HsVAP1*和*HsVAP2*的拟南芥中高量表达，其编码的PsbS蛋白（chlorophyll-associated photosystem II subunit S protein）作用于叶绿体类囊体膜上[59，60]，引起多余叶绿素激发能的热耗散，如果PsbS蛋白表达量不足，将导致额外的叶绿素激发能向单态氧（singlet oxygen）转变[61]，后者可引起氧化性损伤，但同时也为脂类氧化成氧脂素激素（例如茉莉酸）提供能量，即与植物的程序性细胞死亡有关[62，63]。作者推测在过表达*HsVAP1*的拟南芥中，*NPQ4*的上调表达有效限制了单态氧的形成，进而影响氧脂素激素（例如茉莉酸及其前体）的产生，从而影响植物防御反应的信号途径[64]。而*NPQ4*基因的突变则能增强对线虫的免疫[57]。

通常RNAi技术都用于降低目标基因的表达，但是来自南方根结线虫*M. incognita*的*MiVAP2*在VIGS（病毒介导的RNAi）后表达量反而上升，并且将此种特征遗传给了下一代，进而促进了线虫的发育（例如根结和雌虫的形成）[65]。作者推测RNAi后基因表达量上升的原因可能是植物的保护性反馈（反弹），但是具体原因尚不明确。西班牙根结线虫*M. hispanica*和拟松材线虫*Bursaphelenchus mucronatus*中也报道了*VAP*基因[66，67]，其中*MhiVAP1*基因的表达量在线虫暴露到寄主番茄根部的渗出液中时明显上升，这是侵染前病原物和寄主的互作方式，推测可能是线虫感知到寄主后提前分泌相关效应蛋白，为侵染寄主做准备[68]。体外dsRNA浸泡实验显示RNAi后*MhiVAP1*基因的表达量下降，并且抑制了寄主根系对线虫的吸引以及线虫侵染寄主的能力[69]。禾谷孢囊线虫中的两个*VAPs*，*HaVAP1*和*HaVAP2*在基因序列、表达定量和定位分析中均表现出明显差异，且在线虫侵染寄主过程中具有不同功能和定位，但是两者都能抑制由BAX引起的烟草叶片细胞死亡，推测可能是线虫进化中的差异选择导致[70]。香蕉穿孔线虫中也发现了VAP，且与抑制寄主防御反应有关[71]。

高通量测序的应用发现很多植物寄生线虫中存在*VAP*基因，例如花生茎线虫*Ditylenchus africanus*[72]、马铃薯腐烂茎线虫*Ditylenchus destuctor*[73-75]，水稻根结线虫*M. graminicola*[76]。

5 总结展望

寄生线虫中的VAPs通常在线虫侵染过程中表达，而且表达部位多集中在食道腺或与寄主接触的虫体部位，这些特征预示着它们作用于线虫与寄主的互作过程，与线虫寄生紧密相关。序列和结构分析推测这些蛋白的作用方式可能是脂类（固醇类或棕榈酸）结合和通道运输，相应的功能可能是抑制寄主的免疫反应或重构胞外基质。虽然已经有很多植物寄生线虫的VAPs被研究和报道，并揭示了它们在线虫危害中的作用，但是其具体作用方式，例如参与下游的哪些信号途径，以及不同VAPs之间为何会表现出功能差异依然未明，这些还需要进一步研究。预期的研究结果可为将*VAP*基因用于植物抗病育种、提高作物产量提供依据。

参考文献

[1] HOGENHOUT S A，VAN DER HOORN R A L，TERAUCHI R，*et al.* Emerging concepts in effector biology of plant-associated organisms[J]. Molecular Plant-Microbe Interactions，2009，22（2）：115-122.

[2] CANTACESSI C，CAMPBELL B E，VISSER A，*et al.* A portrait of the “SCP/TAPS” proteins of eukaryotes-Developing a framework for fundamental research and biotechnological outcomes[J]. Biotechnology Advances，2009，27（4）：376-388.

[3] CANTACESSI C AND GASSER R B. SCP/TAPS proteins in helminths-where to from now?[J]. Molecular and Cellular Probes，2012，26（1）：54-59.

[4] WILBERS R H P，SCHNEITER R，HOLTERMAN M H M，*et al.* Secreted venom allergen-like proteins of helminths：conserved modulators of host responses in animals and plants[J]. PLoS Pathogens，2018，14（10）：e1007300.

[5] JASMER D P，GOVERSE A，SMANT G. Parasitic nematode interactions with mammals and plants [J]. Annual Review of Phytopathology，2003，41（1）：245-270.

[6] CHALMERS I W，MCARDLE A J，COULSON R M，*et al.* Developmentally regulated expression，alternative splicing and distinct sub-groupings in members of the *Schistosoma mansoni* venom allergen-like（SmVAL）gene family[J]. BMC Genomics，2008，9：89.

[7] BORLOO J，GELDHOF P，PEELAERS I，*et al.* Structure of *Ostertagia ostertagi* ASP-1：insights into disulfide mediated cyclization and dimerization[J]. Acta Crystallographica D，Biological Crystallography，2013，D69：493-503.

[8] HAWDON J M，JONES B F，HOFFMAN D R，*et al.* Cloning and characterization of *Ancylostoma*-secreted protein[J]. The Journal of Biological Chemistry，1996，271（12）：6672-6678.

[9] TETTEH K K A，LOUKAS A，TRIPP C，*et al.* Identification of abundantly expressed novel and conserved genes from the infective larval stage of *Toxocara canis* by an expressed sequence tag strategy[J]. Infection and Immunity，1999，67（9）：4771-4779.

[10] ASOJO O A. Structure of a two-CAP-domain protein from the human hookworm parasite *Necator americanus*[J]. Acta Crystallographica Section D，2011，67（5）：455-462.

[11] ASOJO O A，KOSKI R A，BONAFE N. Structural studies of human glioma pathogenesis-related protein 1[J]. Acta Crystallographica Section D，2011，67（10）：847-855.

[12] MASON L，TRIBOLET L，SIMON A，*et al.* Probing the equatorial groove of the hookworm protein and vaccine candidate antigen，*Na*-ASP-2[J]. The International Journal of Biochemistry & Cell Biology，2014，50：146-155.

[13] VOLPERT M，MANGUM J E，JAMSAI D，*et al.* Eukaryotic expression，purification and structure/function analysis of native，recombinant CRISP3 from human and mouse[J]. Scientific Reports，2014，4：4217.

[14] ASOJO O A，DARWICHE R，GEBREMEDHIN S，*et al.* Heligmosomoides polygyrus venom allergen-

like protein-4（HpVAL-4）is a sterol binding protein[J]. International Journal for Parasitology，2018，48（5）：359-369.

[15] DARWICHE R，LUGO F，DRUREY C，*et al.* Crystal structure of *Brugia malayi* venom allergen-like protein-1（BmVAL-1），a vaccine candidate for lymphatic filariasis[J]. International Journal for Parasitology，2018，48（5）：371-378.

[16] XU X，FRANCISCHETTI I M B，LAI R，*et al.* Structure of protein having inhibitory disintegrin and leukotriene scavenging functions contained in single domain[J]. Journal of Biological Chemistry，2012，287（14）：10967-10976.

[17] VAN GALEN J，VAN BALKOM B W M，SERRANO R L，*et al.* Binding of GAPR-1 to negatively charged phospholipid membranes：unusual binding characteristics to phosphatidylinositol[J]. Molecular Membrane Biology，2010，27（2-3）：81-91.

[18] CHOUDHARY V AND SCHNEITER R. Pathogen-related yeast（PRY）proteins and members of the CAP superfamily are secreted sterol-binding proteins[J]. Proceedings of the National Academy of Sciences of the United States of America，2012，109（42）：16882-16887.

[19] DARWICHE R，MENE-SAFFRANE L，GFELLER D，*et al.* The pathogen-related yeast protein Pry1，a member of the CAP protein superfamily，is a fatty acid-binding protein[J]. Journal of Biological Chemistry，2017，292（20）：8304-8314.

[20] FRANCHINI G R，PÓRFIDO J L，IBÁÑEZ SHIMABUKURO M，*et al.* The unusual lipid binding proteins of parasitic helminths and their potential roles in parasitism and as therapeutic targets[J]. Prostaglandins，Leukotrienes and Essential Fatty Acids，2015，93：31-36.

[21] KJELDSEN L，COWLAND J B，JOHNSEN A H，*et al.* SGP28，a novel matrix glycoprotein in specific granules of human neutrophils with similarity to a human testis-specific gene product and to a rodent sperm-coating glycoprotein[J]. FEBS Letters，1996，380（3）：246-250.

[22] ALEXANDER D，GOODMAN R M，GUT-RELLA M，*et al.* Increased tolerance to two oomycete pathogens in transgenic tobacco expressing pathogenesis-related protein 1a[J]. Proceedings of the National Academy of Sciences of the United States of America，1993，90（15）：7327-7331.

[23] MAEDA T，SAKASHITA M，OHBA Y，*et al.* Molecular cloning of the rat Tpx-1 responsible for the interaction between spermatogenic and sertoli cells[J]. Biochemical and Biophysical Research Communications，1998，248（1）：140-146.

[24] MILNE T J，ABBENANTE G，TYNDALL J D，*et al.* Isolation and characterization of a cone snail protease with homology to CRISP proteins of the pathogenesis-related protein superfamily[J]. Journal of Biological Chemistry，2003，278（33）：31105-31110.

[25] YAMAZAKI Y AND MORITA T. Structure and function of snake venom cysteine-rich secretory proteins[J]. Toxicon，2004，44（3）：227-231.

[26] MURRAY J，GREGORY W F，GOMEZ-ESCOBAR N，*et al.* Expression and immune recognition of *Brugia malayi* VAL-1，a homologue of vespid venom allergens and *Ancylostoma* secreted proteins[J]. Molecular and Biochemical Parasitology，2001，118（1）：89-96.

[27] TAWE W，PEARLMAN E，UNNASCH T R，*et al.* Angiogenic activity of *Onchocerca volvulus* recombinant proteins similar to vespid venom antigen 5[J]. Molecular and Biochemical Parasitology，2000，109（2）：91-99.

[28] FANG K S Y，VITALE M，FEHLNER P，*et al.* cDNA cloning and primary structure of a white-face hornet venom allergen，antigen 5[J]. Proceedings of the National Academy of Sciences of the United

States of America, 1988, 85 (3): 895-899.

[29] HAWDON J M, NARASIMHAN S, HOTEZ P J. *Ancylostoma* secreted protein 2: cloning and characterization of a second member of a family of nematode secreted proteins from *Ancylostoma caninum*[J]. Molecular and Biochemical Parasitology, 1999, 99 (2): 149-165.

[30] ZHAN B, JOHN H, SHAN Q, *et al. Ancylostoma* secreted protein 1 (ASP-1) homologues in human hookworms[J]. Molecular and Biochemical Parasitology, 1999, 98 (1): 143-149.

[31] HUNT V L, TSAI I J, COGHLAN A, *et al.* The genomic basis of parasitism in the *Strongyloides* clade of nematodes[J]. Nature Genetics, 2016, 48: 299-307.

[32] MCNEILLY T N, FREW D, BURGESS S T G, *et al.* Niche-specific gene expression in a parasitic nematode; increased expression of immunomodulators in *Teladorsagia circumcincta* larvae derived from host mucosa[J]. Scientific Reports, 2017, 7: 7214.

[33] LOUKAS A, BETHONY J, BROOKER S, *et al.* Hookworm vaccines: past, present, and future[J]. The Lancet Infectious Diseases, 2006, 6 (11): 733-741.

[34] MENDEZ S, D' SAMUEL A, ANTOINE A D, *et al.* Use of the air pouch model to investigate immune responses to a hookworm vaccine containing the *Na*-ASP-2 protein in rats[J]. Parasite Immunology, 2008, 30 (1): 53-56.

[35] XIAO S, ZHAN B, XUE J, *et al.* The evaluation of recombinant hookworm antigens as vaccines in hamsters (*Mesocricetus auratus*) challenged with human hookworm, *Necator americanus*[J]. Experimental Parasitology, 2008, 118 (1): 32-40.

[36] DIEMERT D J, PINTO A G, FREIRE J, *et al.* Generalized urticaria induced by the *Na*-ASP-2 hookworm vaccine: implications for the development of vaccines against helminths[J]. Journal of Allergy and Clinical Immunology, 2012, 130 (1): 169-176.e6.

[37] SCHALLIG H D F H, VAN LEEUWEN M A W, VERSTREPEN B E, *et al.* Molecular characterization and expression of two putative protective excretory secretory proteins of *Haemonchus contortus*[J]. Molecular and Biochemical Parasitology, 1997, 88 (1-2): 203-213.

[38] ZHAN B, LIU Y, BADAMCHIAN M, *et al.* Molecular characterisation of the *Ancylostoma*-secreted protein family from the adult stage of *Ancylostoma caninum*[J]. International Journal for Parasitology, 2003, 33 (9): 897-907.

[39] ROFATTO H K, PARKER-MANUEL S J, BARBOSA T C, *et al.* Tissue expression patterns of *Schistosoma mansoni* Venom Allergen-Like proteins 6 and 7[J]. International Journal for Parasitology, 2012, 42 (7): 613-620.

[40] HEWITSON J P, HARCUS Y, MURRAY J, *et al.* Proteomic analysis of secretory products from the model gastrointestinal nematode *Heligmosomoides polygyrus* reveals dominance of Venom Allergen-Like (VAL) proteins[J]. Journal of Proteomics, 2011, 74 (9): 1573-1594.

[41] MACDONALD A J, TAWE W, LEON O, *et al. Ov*-ASP-1, the *Onchocerca volvulus* homologue of the activation associated secreted protein family is immunostimulatory and can induce protective anti-larval immunity[J]. Parasite Immunology, 2004, 26 (1): 53-62.

[42] TRIBOLET L, CANTACESSI C, PICKERING D A, *et al.* Probing of a human proteome microarray with a recombinant pathogen protein reveals a novel mechanism by which hookworms suppress B-cell receptor signaling[J]. The Journal of Infectious Diseases, 2015, 211 (3): 416-425.

[43] BOWER M A, CONSTANT S L, MENDEZ S. *Necator americanus*: The *Na*-ASP-2 protein secreted by the infective larvae induces neutrophil recruitment *in vivo* and *in vitro*[J]. Experimental Parasitology,

2008，118（4）：569-575.

[44] YOSHINO T P，BROWN M，WU X，*et al.* Excreted/secreted *Schistosoma mansoni* venom allergen-like 9（SmVAL9）modulates host extracellular matrix remodelling gene expression[J]. International Journal for Parasitology，2014，44（8）：551-563.

[45] DING X，SHIELDS J，ALLEN R，*et al.* Molecular cloning and characterisation of a venom allergen AG5-like cDNA from *Meloidogyne incognita*[J]. International Journal for Parasitology，2000，30（1）：77-81.

[46] GAO B，ALLEN R，MAIER T，*et al.* Molecular characterisation and expression of two venom allergen-like protein genes in *Heterodera glycines*[J]. International Journal for Parasitology，2001，31（14）：1617-1625.

[47] WANG X，LI H，HU Y，*et al.* Molecular cloning and analysis of a new venom allergen-like protein gene from the root-knot nematode *Meloidogyne incognita*[J]. Experimental Parasitology，2007，117（2）：133-140.

[48] MONROY F G，DOBSON C，ADAMS J H. Low molecular weight immunosuppressors secreted by adult *Nematospiroides dubius*[J]. International Journal for Parasitology，1989，19（1）：125-127.

[49] RAYBOURNE R，DEARDORFF T L，BIER J W. *Anisakis simplex*：Larval excretory secretory protein production and cytostatic action in mammalian cell cultures[J]. Experimental Parasitology，1986，62（1）：92-97.

[50] KANG J S，LEE H，MOON I S，*et al.* Construction and characterization of subtractive stage-specific expressed sequence tag（EST）libraries of the pinewood nematode *Bursaphelenchus xylophilus*[J]. Genomics，2009，94（1）：70-77.

[51] KANG J S，KOH Y H，MOON Y S，*et al.* Molecular properties of a venom allergen-like protein suggest a parasitic function in the pinewood nematode *Bursaphelenchus xylophilus*[J]. International Journal for Parasitology，2012，42（1）：63-70.

[52] LIN S，JIAN H，ZHAO H，*et al.* Cloning and characterization of a venom allergen-like protein gene cluster from the pinewood nematode *Bursaphelenchus xylophilus*[J]. Experimental Parasitology，2011，127（2）：440-447.

[53] LI Y，WANG Y，LIU Z，*et al.* Functional analysis of the venom allergen-like protein gene from pine wood nematode *Bursaphelenchus xylophilus* using a baculovirus expression system[J]. Physiological and Molecular Plant Pathology，2016，93：58-66.

[54] LOZANO-TORRES J L，WILBERS R H P，GAWRONSKI P，*et al.* Dual disease resistance mediated by the immune receptor Cf-2 in tomato requires a common virulence target of a fungus and a nematode[J]. Proceedings of the National Academy of Sciences of the United States of America，2012，109（25）：10119-10124.

[55] ASOJO O A，GOUD G，DHAR K，*et al.* X-ray structure of *Na*-ASP-2，a pathogenesis-related-1 protein from the nematode parasite，*Necator americanus*，and a vaccine antigen for human hookworm infection[J]. Journal of Molecular Biology，2005，346（3）：801-814.

[56] DEL VALLE A，JONES B F，HARRISON L M，*et al.* Isolation and molecular cloning of a secreted hookworm platelet inhibitor from adult *Ancylostoma caninum*[J]. Molecular and Biochemical Parasitology，2003，129（2）：167-177.

[57] LOZANO-TORRES J L，WILBERS R H P，WARMERDAM S，*et al.* Apoplastic venom allergen-like proteins of cyst nematodes modulate the activation of basal plant innate immunity by cell surface

receptors[J]. PLoS Pathogens，2014，10（12）：e1004569.
[58] RAMIREZ V，LOPEZ A，MAUCH-MANI B，*et al.* An extracellular subtilase switch for immune priming in Arabidopsis[J]. PLoS Pathogens，2013，9（6）：e1003445.
[59] LI X，BJÖRKMAN O，SHIH C，*et al.* A pigment-binding protein essential for regulation of photosynthetic light harvesting[J]. Nature，2000，403：391-395.
[60] LI X，GILMORE A M，CAFFARRI S，*et al.* Regulation of photosynthetic light harvesting involves intrathylakoid lumen pH sensing by the PsbS protein[J]. Journal of Biological Chemistry，2004，279（22）：22866-22874.
[61] ROACH T AND KRIEGER-LISZKAY A. The role of the PsbS protein in the protection of photosystems I and II against high light in *Arabidopsis thaliana*[J]. Biochimica et Biophysica Acta（BBA）-Bioenergetics，2012，1817（12）：2158-2165.
[62] DANON A，MIERSCH O，FELIX G，*et al.* Concurrent activation of cell death-regulating signaling pathways by singlet oxygen in *Arabidopsis thaliana*[J]. The Plant Journal，2005，41（1）：68-80.
[63] TRIANTAPHYLIDÈS C，HAVAUX M. Singlet oxygen in plants：production，detoxification and signaling[J]. Trends in Plant Science，2009，14（4）：219-228.
[64] DEMMIG-ADAMS B，COHU C M，AMIARD V，*et al.* Emerging trade-offs - impact of photoprotectants（PsbS，xanthophylls，and vitamin E）on oxylipins as regulators of development and defense[J]. New Phytologist，2013，197（3）：720-729.
[65] CHI Y，WANG X，LE X，*et al.* Exposure to double-stranded RNA mediated by tobacco rattle virus leads to transcription up-regulation of effector gene *Mi-vap-2* from *Meloidogyne incognita* and promotion of pathogenicity in progeny[J]. International Journal for Parasitology，2016，46（2）：105-113.
[66] DUARTE A，CURTIS R，MALEITA C，*et al.* Characterization of the venom allergen-like protein（*vap-1*）and the fatty acid and retinol binding protein（*far-1*）genes in *Meloidogyne hispanica*[J]. European Journal of Plant Pathology，2014，139（4）：825-836.
[67] YAN X，CHENG X，WANG Y，*et al.* Comparative transcriptomics of two pathogenic pinewood nematodes yields insights into parasitic adaptation to life on pine hosts[J]. Gene，2012，505（1）：81-90.
[68] DUARTE A，MALEITA C，ABRANTES I，*et al.* Tomato root exudates induce transcriptional changes of *Meloidogyne hispanica* genes[J]. Phytopathologia Mediterranea，2015，54（1）：104-108.
[69] DUARTE A，MALEITA C，EGAS C，*et al.* Significant effects of RNAi silencing of the venom allergen-like protein（*Mhi-vap-1*）of the root-knot nematode *Meloidogyne hispanica* in the early events of infection[J]. Plant Pathology，2017，66（8）：1329-1337.
[70] LUO S，LIU S，KONG L，*et al.* Two venom allergen-like proteins，HaVAP1 and HaVAP2，are involved in the parasitism of *Heterodera avenae*[J]. Molecular Plant Pathology，2019，20（4）：471-484.
[71] LI J，XU C，YANG S，*et al.* A venom allergen-like protein，RsVAP，the first discovered effector protein of *Radopholus similis* that inhibits plant defense and facilitates parasitism[J]. International Journal of Molecular Sciences，2021，22（9）：4782.
[72] HAEGEMAN A，JACOB J，VANHOLME B，*et al.* Expressed sequence tags of the peanut pod nematode *Ditylenchus africanus*：the first transcriptome analysis of an Anguinid nematode[J]. Molecular and Biochemical Parasitology，2009，167（1）：32-40.
[73] PENG H，GAO B，KONG L，*et al.* Exploring the host parasitism of the migratory plant-parasitic nematode *Ditylenchus destuctor* by expressed sequence tags analysis[J]. PLoS One，2013，8（7）：e69579.

[74] 王秉宇，彭德良，黄文坤，等. 马铃薯腐烂茎线虫类毒液过敏原蛋白基因cDNA全长的克隆与序列分析[J]. 华中农业大学学报，2011，30（2）：182-186.

[75] 周采文，胡先奇，彭德良，等. 马铃薯腐烂茎线虫类毒液过敏原蛋白基因（*Dd-vap-1*）的克隆与表达定位分析[J]. 农业生物技术学报，2013，21（3）：299-305.

[76] PETITOT A S，DEREEPER A，AGBESSI M，*et al*. Dual RNA-seq reveals *Meloidogyne graminicola* transcriptome and candidate effectors during the interaction with rice plants[J]. Molecular Plant Pathology，2016，17（6）：860-874.

中国线虫学研究（第八卷）Nematology Research in China（Vol.8）：261-265

线粒体基因组在植物寄生线虫系统发育中的应用*

薛　清**，杜虹锐，孙思迪，高玉霞，王　暄，李红梅***
（南京农业大学农作物生物灾害综合治理教育部重点实验室，南京　210095）

摘　要：线粒体基因组具有母系遗传、进化速度快、高拷贝数、无基因重组等特点，能提供碱基含量、基因重排、tRNA特殊结构等基因组水平信息，已广泛应用于物种的系统发育、生物地理、群体遗传以及生态学等研究领域。本文总结了线虫线粒体基因组结构、系统发育研究最新进展以及相关测序方法，以期为线虫线粒体基因组有关研究提供参考与借鉴。
关键词：线粒体基因组；高通量测序；垫刃亚目；植物寄生线虫；系统发育

Application of mitochondrial genomes in phylogenetic evolution of plant parasitic nematodes

Xue Qing，Du Hongrui，Sun Sidi，Gao Yuxia，Wang Xuan，Li Hongmei*
（Key Laboratory of Integrated Management of Crop Diseases and Pests，Ministry of Education，Nanjing Agriculture University，Nanjing 210095，China）

Abstract： Mitochondrial genome has the characteristics of maternal inheritance，fast evolution，high copy number，and lack of gene recombination. It can provide genome-level information such as nucleotide base composition，gene rearrangement，and structure of tRNA. It has been widely used in phylogeny，biogeography，population genetics，ecology and other research fields. In this review we summarized the latest advances in the study of nematode mitochondrial genome structure，phylogeny，and related sequencing methods，in order to provide references for the related research of nematode mitochondrial genome.
Key words： mitochondrial genome；next generation sequencing；Tylenchina；plant parasitic nematode；phylogeny

1　前言

线粒体基因组具有母系遗传、进化速度快、高拷贝数、无基因重组等特点，能提供碱基含量、基因重排、tRNA特殊结构等基因组水平信息[1]，因而成为研究不同生物不同分类水平关系的最热门的系统发育标记，广泛应用于物种的系统发育和生物地理研究、群体遗传以及生态学等研究领域[2，3]。截至2019年已有200余种线虫完成了线粒体基因组测序，并

* 基金项目：国家自然科学基金项目（32001876），中央高校基本科研业务费专项（KJQN202108）
** 作者简介：薛清，副教授，从事植物线虫学研究。E-mail：qingxue@njau.edu.cn
*** 通讯作者：李红梅，教授，博士生导师，从事植物线虫学研究。E-mail：lihm@njau.edu.cn

用于解析相关类群的系统进化关系，其中有20种为植物寄生线虫[4, 5]。本文总结了线虫线粒体基因组结构、系统发育研究最新进展以及相关测序方法，以期为线虫线粒体基因组相关研究提供参考与借鉴。

2　线虫的线粒体基因组结构

线虫的线粒体基因组结构通常为一个双链闭环，少数为两个双链闭环，大小为12～22kb，一般包括37个基因，编码氧化磷酸化所需酶的13个蛋白编码基因（Protein coding genes，PCGs），分别是*atp6*、*atp8*、*cob*、*cox1-3*、*nad1-6*和*nad4L*，编码线粒体核糖体RNA组分的2个rRNA（*rrnS*和*rrnL*）基因，以及用来翻译不同线粒体蛋白的22个tRNA基因，目前已知只有旋毛属（*Trichinella* spp.）和鞭虫属（*Trichuris* spp.）线虫包含*atp8*基因，而大多数线虫缺少*atp8*基因[6]。

线虫的线粒体基因组中存在非编码区（non-coding region，NCR），具有较高的突变率，线粒体基因组大小的变异通常与非编码区的长度差异、某些序列的重复、多拷贝有关，因此通过非编码区大小的比较分析，我们可以估计物种内或关系密切物种之间的种群遗传结构[7]。线虫的线形特异性基因排列模式经常被用作推断系统发育关系的辅助工具，在迄今已报道的线虫线粒体基因组中，除一些特有的基因排列和少数tRNA易位外，多数线虫线粒体基因的排列模式是相似的[8]。线虫的线粒体基因基本都是朝同一方向转录的，但有些线虫的基因转录方向则不同，如旋毛线虫（*Trichinella spiralis*）的基因可以在不同的方向转录[9]。

线虫的线粒体DNA碱基组成有明显的AT偏倚性，如在松材线虫（*Bursaphelenchus xylophilus*）中A+T含量占83.5%[10]，而线粒体DNA遗传密码子也具有比较明显的AT偏倚性，这种AT偏倚性富含进化相关信息，有助于研究线虫的系统进化。编码蛋白质基因通常使用富含T或A的密码子，如起始密码子ATT或TTG、终止密码子TAA或TAG等均有较高的使用频率[9]。大多数线虫的*trn*基因缺少TΨC臂[11]，所以在线虫线粒体基因组的22个tRNA基因中（除2个*trnS*基因外），有20个基因的二级结构与其他动物类群的tRNA基因的二级结构不同。

3　线粒体基因组测序方法

迄今已知的植物寄生线虫的线粒体基因组序列的获取，绝大多数是通过长PCR（long range PCR，LR-PCR）和克隆PCR扩增，然后再通过引物步移（primer walking）的桑格（Sanger）测序。利用该方法对线粒体基因组进行测序具有较高的准确性，但是对引物数量和保守性要求较高，需满足引物在不同类群间的通用性。此外，线粒体基因组的重复序列、A+T富含区域和二级结构等特征也会导致线粒体基因组扩增的困难[12]。随着测序技术的发展，特别是高通量测序技术的发展及测序成本的快速下降，大幅度推动了组学的研究，使从全基因组鸟枪法测序（whole genome shotgun sequencing）数据中获取线粒体基因组成为可能。

通过高通量测序法获取线粒体基因组的主要难点是如何高效分离和富集线粒体DNA进行拼接，而避免核DNA的污染。目前线粒体基因组的获取主要有三种方法：

（1）先通过氯化铯密度梯度离心/差速离心或者试剂盒富集磁珠，将核DNA和线粒体DNA分离[13, 14]，然后将富集的线粒体DNA进行文库构建和高通量测序。该方法可以保证高通量测序获得的数据是来自线粒体，有效避免了核DNA的污染[15]，同时降低了后期拼接难度。由于该方法的分离过程操作烦琐，耗时耗力，对DNA的质量和数量要求较高，难以在线虫中应用。

（2）先进行PCR扩增，再对扩增产物进行高通量测序。该方法无须构建DNA文库，同时需要的起始DNA样本量少，对DNA量较少的线虫和小型昆虫较为适用。但是，该方法对引物的特异性有较高要求，实践中设计和寻找适于线虫的引物较为困难，阻碍了其在线虫中的应用。目前，仅有美洲剑线虫（*Xiphinema americanum*）采用该方法完成了线粒体基因组测序[16]。

（3）直接进行高通量测序，通过生物信息学方法从获取的机读序列（reads）中过滤获得线粒体序列，并进行线粒体基因组拼装。该方法无须被测序物种线粒体基因组相关信息，适合于已知遗传进化信息较少类群的从头测序（*de novo* sequencing）。这种方法的缺点是高通量测序数据中包括了线粒体基因组数据和核基因组数据，而其中线粒体基因组序列的占比较低。已有研究显示，昆虫中线粒体数据量仅占总数据量的0.5%～1.4%[17，18]。因此，该方法不仅需要较高的测序深度以获得充足的数据量，而且从全基因组数据中获得线粒体基因组数据，需要消耗更高的生物信息学计算成本。目前，通过该方法测序获得线粒体基因组的有苜蓿滑刃线虫（*Aphelenchoides medicagus*）[5]、艾灵顿球孢囊线虫（*Globodera ellingtonae*）[19]和哥伦比亚纽带线虫（*Hoplolaimus Columbus*）[20]。

4　线粒体基因在线虫分类与系统进化中的应用

线粒体中的蛋白编码基因（PCGs）已被用来推测线虫在线虫门中的系统发育位置[4]。Zasada等[16]对美洲剑线虫12个地理种群的线粒体基因组进行了测序和分析，发现线粒体基因组相比18S与ITS基因更能够有效地区分各地理种群。Humphreys-Pereira等[6]的研究显示，线粒体基因组中的*cox2-trnH*基因之间非编码区（NCR）的长度和组成，可作为鉴定根结线虫（*Meloidogyne* spp.）的诊断工具。线粒体基因组与核糖体RNA基因的遗传背景不同，以它们为分子靶标的系统进化分析经常会产生不同的系统进化关系。例如，基于核糖体RNA基因的系统发育研究显示垫刃亚目（Tylenchina）为单系，其包括四个次目，分别为垫刃次目（Tylenchomorpha）、全凹咽次目（Panagrolaimomorpha）、头叶次目（Cephalobomorpha）和蚓线次目（Drilonematomorpha）[21]。然而，基于线粒体基因组的系统发育显示垫刃亚目并非单系，其中滑刃总科（Aphelenchoidea）、全凹咽次目（Panagrolaimomorpha）与垫刃总科（Tylenchoidea）、头叶次目（Cephalobomorpha）分属于不同的单系支[22，23]。通过分析线粒体基因的核苷酸和氨基酸序列构建的系统发育树，发现以松材线虫为代表的滑刃总科与垫刃总科的关系相对较远，并非姐妹群，其形态上的高度相似可能是由于趋同进化所导致[10]。

此外，基于线粒体基因组的进化分析也可产生类似于核糖体RNA基因的分析结果。Humphreys-Pereira等[6]通过分析12个线粒体蛋白编码基因证实了根结线虫属（*Meloidogyne* spp.）和孢囊线虫属（*Heterodera* spp.）有着较远的亲缘关系，它们共有的植物根系固定性内寄生可能是由于趋同进化，这与基于18S rRNA基因的系统发育研究所揭示的结果相一致[21]。除核酸序列外，线虫的线粒体基因组排序也可为解析系统发育关系提供信息。嘴刺纲（Enoplea）的线粒体基因排列变化丰富，即使在近缘种中也存在较大的差异，因此难以解析关系较远类群的进化关系；相比嘴刺纲，色矛纲（Chromadorea）的基因排序包含更多进化相关信息，能够在一定程度上应用于解析系统发育关系[24]。但是，在小杆次目（Rhabditomorpha）、蛔虫次目（Ascaridomorpha）、双胃次目（Diplogasteromorpha）、全凹咽次目（Panagrolaimomorpha）以及滑刃总科（Aphelenchoidea）中，不同类群的线虫可能存在相近或完全相同的线粒体基因排序[4]，可用的信息非常有限，限制了其作为进化靶标分子的广泛应用。

5 讨论与展望

线粒体基因组结构简单、稳定，而且含有丰富的进化信息，少量的线粒体基因信息就能反映群体的遗传结构，构建基于线粒体DNA序列的进化树已经成为系统进化研究的重要工具之一。近年来线虫的线粒体基因组信息不断增加，对线虫不同属种的线粒体基因组分析也越来越多，与动物寄生线虫相比，植物寄生线虫与自由生活线虫的线粒体全基因序列测序相对较少，不同进化地位线虫种类代表序列不足。未来应进一步加强对植物寄生线虫和自由生活线虫中更多有代表性种类的线粒体基因组研究，以促进对线虫营养生态系统的进化和多样性更为全面深入的认识。

参考文献

[1] BROWN W M，GEORGE M J，WILSON A C. Rapid evolution of animal mitochondrial DNA[J]. Proceedings of the National Academy of Sciences of the United States of America，1979，76（4）：1967-1971.

[2] BOORE J L. Animal mitochondrial genomes[J]. Nucleic Acids Research，1999，27（8）：1767-1780. DOI：10.1093/nar/27.8.1767.

[3] AVISE J C. Phylogeography：retrospect and prospect[J]. Journal of Biogeography，2009，36（1）：3-15. DOI：10.1111/j.1365-2699.2008.02032.x.

[4] KERN E，KIM T，PARK J K. The mitochondrial genome in nematode phylogenetics[J]. Frontiers in Ecology and Evolution，2020，8：250. DOI：10.3389/fevo.2020.00250.

[5] 薛清，杜虹锐，薛会英，等. 苜蓿滑刃线虫线粒体基因组及其系统发育研[J]. 生物技术通报，2021，37（7）：98-106. DOI：10.13560/j.cnki.biotech.bull.1985.2021-0628.

[6] HUMPHREYS-PEREIRA D A，ELLING A A. Mitochondrial genomes of *Meloidogyne chitwoodi* and *M. incognita*（Nematoda：Tylenchina）：Comparative analysis，gene order and phylogenetic relationships with other nematodes[J]. Molecular and Biochemical Parasitology，2014，194（1-2）：20-32. DOI：10.1016/j.molbiopara.2014.04.003.

[7] LUNT D H，WHIPPLE L E，HYMAN B C. Mitochondrial DNA variable number tandem repeats（VNTRs）：utility and problems in molecular ecology[J]. Molecular Ecology，1998，7（11）：1441-1455. DOI：10.1046/j.1365-294x.1998.00495.x.

[8] KIM T，KERN E，PARK C，*et al*. The bipartite mitochondrial genome of *Ruizia karukerae*（Rhigonematomorpha，Nematoda）[J]. Scientific Reports，2018，8：7482. DOI：10.1038/s41598-018-25759-0.

[9] HU M，GASSER R B. Mitochondrial genomes of parasitic nematodes-progress and perspectives[J]. Trends in Parasitology，2006，22（2）：78-84. DOI：10.1016/j.pt.2005.12.003.

[10] SULTANA T，KIM J，LEE S-H，*et al.* Comparative analysis of complete mitochondrial genome sequences confirms independent origins of plant-parasitic nematodes[J]. BMC Evolutionary Biology，2013，13：12. DOI：10.1186/1471-2148-13-12.

[11] HUMPHREYS-PEREIRA D A，ELLING A A. Mitochondrial genome plasticity among species of the nematode genus *Meloidogyne*（Nematoda：Tylenchina）[J]. Gene，2015，560（2）：173-183. DOI：10.1016/j.gene.2015.01.065.

[12] 沙淼，林立亮，李雪娟，等. 线粒体基因组测序策略和方法[J]. 应用昆虫学报，2013，50（1）：293-297. DOI：10.7679/j.issn.2095-1353.2013.039.

[13] BIGNELL G R，MILLER A R M，EVANS I H. Isolation of mitochondrial DNA. In：Evans I H（eds）. Yeast Protocols[M]. Methods in Molecular Biology™，Humana Press，1996，53：109-116. DOI：10.1385/0-89603-319-8：109.

[14] LI G，DAVIS B W，EIZIRIK E，*et al.*. Phylogenomic evidence for ancient hybridization in the genomes of living cats（Felidae）[J]. Genome Research，2016，26：1-11. DOI：10.1101/gr.186668.114.

[15] 杨倩倩，李志红，伍祎，等. 线粒体CO Ⅰ基因在昆虫DNA条形码中的研究与应用[J]. 应用昆虫学报，2012，49（6）：1687-1695. DOI：CNKI：SUN：KCZS.0.2012-06-043.

[16] ZASADA I A，PEETZ A，HOWE D K，*et al.* Using mitogenomic and nuclear ribosomal sequence data to investigate the phylogeny of the *Xiphinema americanum* species complex[J]. PLoS One，2014，9（2）：e90035. DOI：10.1371/journal.pone.0090035.

[17] ALEX C P，TIMMERMANS M J T N，GIMMEL M L，*et al.* Soup to tree：the phylogeny of beetles inferred by mitochondrial metagenomics of a Bornean rainforest sample[J]. Molecular Biology and Evolution，2015，32（9）：2302-2316. DOI：10.1093/molbev/msv111.

[18] GÓMEZ-RODRÍGUEZ C，CRAMPTON-PLATT A，TIMMERMANS M J T N，*et al.* Validating the power of mitochondrial metagenomics for community ecology and phylogenetics of complex assemblages[J]. Methods in Ecology and Evolution，2015，6（8）：883-894. DOI：10.1111/2041-210X.12376.

[19] PHILLIPS W S，BROWN A M V，HOWE D K，*et al.* The mitochondrial genome of *Globodera ellingtonae* is composed of two circles with segregated gene content and differential copy numbers[J]. BMC Genomics，2016，17（1）：1-4. DOI：10.1186/s12864-016-3047-x.

[20] MA X，AGUDELO P，RICHARDS V P，*et al.* The complete mitochondrial genome of the Columbia lance nematode，*Hoplolaimus columbus*，a major agricultural pathogen in North America[J]. Parasites and Vectors，2020，13（1）：321-332. DOI：10.1186/s13071-020-04187-y.

[21] DE LEY P，BLAXTER M L. A new system for Nematoda：combining morphological characters with molecular trees，and translating clades into ranks and taxa. In：Cook R，Hunt D J.（Eds）. Nematology Monographs and Perspectives 2[M]. Leiden，The Netherlands，Brill，2004，633-653.

[22] KIM J，LEE S-H，GAZI M，*et al.* Mitochondrial genomes advance phylogenetic hypotheses for Tylenchina（Nematoda：Chromadorea）[J]. Zoologica Scripta，2015，44（4）：446-462. DOI：10.1111/zsc.12112.

[23] KIM J，KERN E，KIM T，*et al.* Phylogenetic analysis of two *Plectus* mitochondrial genomes（Nematoda：Plectida）supports a sister group relationship between Plectida and Rhabditida within Chromadorea [J]. Molecular Phylogenetics and Evolution，107：90-102. DOI：10.1016/j.ympev.2016.10.010.

[24] HYMAN B C，LEWIS S C，TANG S，*et al.* Rampant gene rearrangement and haplotype hypervariation among nematode mitochondrial genomes[J]. Genetica，2011，139：611-615. DOI：10.1007/s10709-010-9531-3.

中国线虫学研究（第八卷）Nematology Research in China（Vol.8）：266-278

马铃薯金线虫风险分析

刘　慧[1*]，赵守岐[1]，刘茂炎[3]，马　晨[1]，彭　焕[2]，彭德良[2**]
（[1]全国农业技术推广服务中心　北京；[2]中国农业科学院植物保护研究所　北京；
[3]四川省农业科学院植物保护研究所　成都）

马铃薯金线虫（*Globodera rostochiensis*）属垫刃目、异皮线虫科、球孢囊属，是国际公认的重要检疫性有害生物，也是我国进境植物检疫性有害生物，主要为害马铃薯等茄科植物，目前在我国没有分布。据国外报道，在马铃薯金线虫广泛分布地区实施严格的防治措施后，该线虫危害造成的马铃薯产量损失仍达9%；在热带地区，危害严重时造成产量损失80%～90%，甚至绝收。为防止其传入，长期以来我国一直禁止马铃薯种薯的商业引进，目前尚未批准任何食用马铃薯的输入。2000年以来，我国逐步解禁了荷兰等部分疫情发生国家的种薯进口。风险分析认为，随着贸易的发展，马铃薯金线虫极有可能随马铃薯种质资源等的交换和引进传入我国。马铃薯金线虫在我国马铃薯产区均适合发生为害，潜在危害损失和社会影响巨大。建议在传入定殖高风险区域设立监测点，建立马铃薯金线虫监测体系，加强马铃薯种薯的检疫监督管理，发现疫情及时处置。

1　马铃薯金线虫基本情况

1.1　寄主范围

马铃薯金线虫寄主范围较窄，主要危害的农作物有马铃薯、番茄及其他茄属植物。此外，金鱼草、曼陀罗、天仙子、酢浆草、光龙葵、欧白英、藜等植物也是其寄主。

1.2　危害症状

马铃薯金线虫属于固着性内寄生线虫，寄生在马铃薯等寄主植物的根部为害。孢囊内卵受寄主根分泌物的刺激孵化出二龄幼虫，侵入寄主根部。根系受害后，引起地上部分矮化、发黄和其他失绿等症状，马铃薯上常表现马铃薯早衰和侧根增生，结薯小且少。田间病株分布不均匀，有发病中心团，随着连续种植马铃薯和农事操作，病团逐年扩大，直至全田发病。

1.3　形态特征

马铃薯金线虫主要形态特征如下：

雌虫：亚球形，具突出的颈，虫体球形部分的角质层具有网状脊，无侧线。口针锥部

基金项目：国家自然科学基金（32072398）

*第一作者：高级农艺师，主要从事有害生物风险分析与植物检疫工作。
**通讯作者：研究员，主要从事重大作物线虫、检疫性线虫与线虫病害综合治理技术研究。

约为口针长度的50%，有时略弯曲，口针基部球圆形，明显向后倾斜。排泄孔明显，位于颈基部。阴门膜略凹陷，阴门横裂状。肛门位于阴门膜之外，肛门与阴门间角质层有20个平行脊。

孢囊：亚球形具突出的颈，无突出的阴门锥；阴门锥为单环膜孔型，新孢囊的阴门锥完整，较老的孢囊部分或全部阴门锥丢失。无阴门桥、下桥及其它残存的腺体结构；无泡状突，但阴门区域可能有一些小而不规则黑色素沉积物。无亚晶层，角质膜与雌虫相似，为“Z”字形（Stone，1973）。

二龄幼虫：蠕虫形，角质层环纹明显，侧区4条侧线，偶尔有两纹。头部轻微缢缩，4～6个环纹。口盘卵圆形，侧唇和一对背腹亚中唇环绕口盘。口盘和唇形成卵圆形轮廓。头骨架严重骨化，前、后头状体分别位于2～3个和6～8个体环处。口针发育好，口针锥部小于口针长的50%，口针基部球略向后倾斜，食道腺体在腹面延伸至排泄孔后35%体长处，排泄孔位于20%体长处，半月体2个体环长，位于排泄孔前？个环纹处，半月小体小于1个体环长，位于排泄孔后5～6个环纹处。4个生殖腺细胞几乎位于60%体长处，尾部渐变尖细。

雄虫：蠕虫形，具钝圆形的尾，热杀死固定时，虫体弯曲，后部卷曲90°～180°，呈“C”形或“S”形，角质层具规则环纹，侧区4条侧线延伸至尾末端，两条外侧线具网纹但内侧线无网纹。头部圆形缢缩，具6～7个环纹，头骨架严重骨化。前头状体（anterior cephalids）和后头状体分别位于2～4和6～9个体环处。口针发育好，基部球向后倾斜，口针锥部占整个口针长的45%。中食道球椭圆形，中间有明显的新月形瓣门，无明显的食道肠瓣状结构。半月体2个环纹长，位于排泄孔前2～3个环纹处，半月小体1个环纹长，位于排泄孔后9～12个体环处。单精巢，泄殖腔开口小，具升起的唇。交合刺强壮，弓形，末端单指尖状。

1.4 生活史

马铃薯金线虫生活史受温度、湿度、昼长等因素影响较大，发育周期各地不一，但与寄主植物的生活周期保持同步。幼虫共4龄，1龄幼虫在孢囊内，2龄幼虫侵入根尖后，一直在根内取食为害。4龄幼虫蜕皮后变成成虫，雄成虫离开植株进入土内，雌成虫仅头和颈部固着于根内。雌虫交配后，卵留在雌虫体内，雌虫死后变成孢囊，马铃薯收获后，孢囊从根部脱落，留于土壤。孢囊内常含200～600个卵，每年孢囊内的卵仅少部分孵化，卵可在孢囊内存活长达30年。

1.5 与相似种的区别

马铃薯金线虫与白线虫的形态学特征非常相似，难与区分。两个种的主要区别是马铃薯白线虫的幼虫通常比马铃薯金线虫的大；白线虫的幼虫口针较长，为21～26（23.6）μm，而金线虫的幼虫口针较短，为21～23（21.8）μm；白线虫的幼虫体长较长，为440～525（484）μm，而金线虫的幼虫体长较短，为425～505（468）μm；白线虫的幼虫尾长较长，为46～52（51.9）μm，而金线虫幼虫尾长为40～50（43.9）μm；白线虫幼虫口针基部球前表面向前突起，而金线虫的幼虫口针基部球圆形，向后倾斜。

表1　马铃薯金线虫和马铃薯白线虫幼虫形态特征比较

形态指标	马铃薯金线虫幼虫	马铃薯白线虫幼虫
口针	较短，21～23（21.8）μm	较长，21～26（23.6）μm
体长	较短，425～505（468）μm	较长，440～525（484）μm
幼虫尾长	较短40～50（43.9）μm	较长，46～52（51.9）μm

白线虫的雌虫为白色或奶油色至亮褐色，金线虫雌虫为金黄色；白线虫雌虫口针较长，为23～29（26.7）μm，而金线虫雌虫口针较短，为21～25（22.9）μm；白线虫雌虫阴门与肛门间角质层的脊数为8～20（12.2），而金线虫雌虫阴门与肛门间角质层的脊数16～31（21.6）。白线虫孢囊阴门与肛门间距离较短，为32～35μm，而金线虫孢囊阴门与肛门间距离较长，为88～102μm。

表2　马铃薯金线虫和马铃薯白线虫雌虫形态特征比较

形态指标	马铃薯金线虫雌虫	马铃薯白线虫雌虫
颜色	金黄色	白色或奶油色至亮褐色
口针	较短，21～25（22.9）μm	较长，23～29（26.7）μm
阴门与肛门间角质层的脊数	16～31（21.6）	8～20（12.2）
孢囊阴门与肛门间距离	较长，为88～102μm	较短，为32～35μm

1.6　分布范围

据“中国国家有害生物检疫信息平台”和CABI网站查询，目前，马铃薯金线虫在世界80个国家和地区有发生分布（表3），其中，欧洲有英国、荷兰、法国、比利时、俄罗斯、葡萄牙、瑞典、瑞士、意大利等40个国家和地区，北美洲有加拿大、美国、墨西哥、哥斯达黎加、巴拿马等5个国家，南美洲有智利、阿根廷、秘鲁、委内瑞拉、哥伦比亚、厄瓜多尔、玻利维亚等7个国家，大洋洲有澳大利亚、新西兰及诺福克岛等3个国家和地区，非洲有南非、肯尼亚、埃及、阿尔及利亚、利比亚、摩洛哥、塞拉利昂、突尼斯等8个国家，亚洲有印度、马来西亚、以色列、印度尼西亚、日本等17个国家。

表3　马铃薯金线虫地理分布

序号	地理分布		
1	北美洲	巴拿马	
2	北美洲	哥斯达黎加	
3	北美洲	加拿大	
4	北美洲	加拿大	不列颠哥伦比亚省

（续表）

序号	地理分布		
5	北美洲	加拿大	纽芬兰省
6	北美洲	美国	
7	北美洲	美国	加利福尼亚州
8	北美洲	美国	纽约州
9	北美洲	墨西哥	
10	大洋洲	澳大利亚	
11	大洋洲	澳大利亚	维多利亚州
12	大洋洲	澳大利亚	西澳大利亚州
13	大洋洲	诺福克岛	
14	大洋洲	新西兰	
15	非洲	阿尔及利亚	
16	非洲	埃及	
17	非洲	肯尼亚	
18	非洲	利比亚	
19	非洲	摩洛哥	
20	非洲	南非	
21	非洲	塞拉利昂	
22	非洲	突尼斯	
23	南美洲	阿根廷	
24	南美洲	玻利维亚	
25	南美洲	厄瓜多尔	
26	南美洲	哥伦比亚	
27	南美洲	秘鲁	
28	南美洲	委内瑞拉	
29	南美洲	智利	
30	欧洲	阿尔巴尼亚	
31	欧洲	爱尔兰	
32	欧洲	爱沙尼亚	
33	欧洲	奥地利	
34	欧洲	白俄罗斯	
35	欧洲	保加利亚	
36	欧洲	比利时	

（续表）

序号	地理分布		
37	欧洲	冰岛	
38	欧洲	波兰	
39	欧洲	丹麦	
40	欧洲	德国	
41	欧洲	俄罗斯	
42	欧洲	俄罗斯	东西伯利亚
43	欧洲	俄罗斯	俄罗斯北部地区
44	欧洲	俄罗斯	俄罗斯远东地区
45	欧洲	俄罗斯	南部俄罗斯
46	欧洲	俄罗斯	西西伯利亚
47	欧洲	俄罗斯	中部俄罗斯
48	欧洲	法国	
49	欧洲	法国	法国[大陆]
50	欧洲	法罗群岛	
51	欧洲	芬兰	
52	欧洲	荷兰	
53	欧洲	捷克	
54	欧洲	克罗地亚	
55	欧洲	拉脱维亚	
56	欧洲	立陶宛	
57	欧洲	列支敦士登	
58	欧洲	卢森堡	
59	欧洲	罗马尼亚	
60	欧洲	马耳他	
61	欧洲	挪威	
62	欧洲	葡萄牙	
63	欧洲	葡萄牙	马德拉岛
64	欧洲	葡萄牙	葡萄牙[大陆]
65	欧洲	前南斯拉夫	
66	欧洲	瑞典	
67	欧洲	瑞士	
68	欧洲	塞尔维亚和黑山	

（续表）

序号	地理分布		
69	欧洲	斯洛伐克	
70	欧洲	斯洛文尼亚	
71	欧洲	苏格兰	
72	欧洲	乌克兰	
73	欧洲	西班牙	
74	欧洲	西班牙	加那利群岛
75	欧洲	西班牙	西班牙[大陆]
76	欧洲	希腊	
77	欧洲	希腊	克利特岛
78	欧洲	希腊	希腊[主要大陆]
79	欧洲	匈牙利	
80	欧洲	意大利	
81	欧洲	意大利	意大利[大陆]
82	欧洲	英国	
83	欧洲	英国	北爱尔兰
84	欧洲	英国	海峡群岛
85	欧洲	英国	英格兰和威尔士
86	亚洲	土耳其	
87	亚洲	阿曼	
88	亚洲	巴基斯坦	
89	亚洲	菲律宾	
90	亚洲	黎巴嫩	
91	亚洲	马来西亚	
92	亚洲	日本	
93	亚洲	日本	北海道
94	亚洲	日本	九州
95	亚洲	塞浦路斯	
96	亚洲	沙特阿拉伯	
97	亚洲	斯里兰卡	
98	亚洲	塔吉克斯坦	
99	亚洲	叙利亚	
100	亚洲	亚美尼亚	

（续表）

序号	地理分布		
101	亚洲	以色列	
102	亚洲	印度	
103	亚洲	印度	喀拉拉邦
104	亚洲	印度	泰米尔纳德邦
105	亚洲	印度尼西亚	
106	亚洲	印度尼西亚	爪哇
107	亚洲	约旦	

2 传播途径

马铃薯金线虫主要以孢囊的形态随人为调运进行远距离传播。

孢囊可随马铃薯种薯、苗木、花卉鳞球茎、消费或加工用马铃薯块茎上黏附的土壤传播到新的地区。

农事操作、污染的农具和交通工具可将农田土壤中的孢囊带走，也是重要的传播途径。

大风、水流、雨水也能传播。

在土壤内，马铃薯金线虫2龄幼虫可短距离移动。

在我国，马铃薯金线虫极有可能随马铃薯种薯及土壤进行远距离传播。

3 潜在的适生区域

3.1 我国马铃薯生产总体现状

我国马铃薯栽培始于明朝万历年间，京津地区是我国最早见到马铃薯的地区之一，已有400多年的栽培历史。我国马铃薯种植区域广泛，北起黑龙江，南至海南岛都有马铃薯种植，除江苏、河南、广西和海南等省份（自治区）种植面积较小外，其余各省均有大面积种植马铃薯。我国马铃薯种植面积和产量近60年来（1961—2017年）呈逐年上升趋势：1961年我国马铃薯种植面积为130万hm^2，产量为1 290.7万t，单产为世界平均水平的81.1%，为661.5kg/亩。至2017年种植面积由达到576.7万hm^2，产量增加至9 920.5万t，种植面积和产量分别占全球的29.9%和25.5%；单产增加为1 146.73kg/亩，为全球单产平均水平的85.6%。种植面积、产量和单产比1961年分别增长了343.8%、668.6%和73.7%，种植面积和产量均均有大幅上升，而单产在统计的年份中只有1961年、1973年、1974年、1977年和1998年达到了世界平均水平，近20年来我国的马铃薯单产水平仍落后于世界平均水平。随着我国马铃薯种植业的迅速发展，马铃薯生产的区域布局逐渐形成。统计2007—2016年全国主要省份马铃薯产量发现，马铃薯主产区集中在我国西北和西南地区，甘肃、贵州、内蒙古、四川和云南五省份（自治区）总的马铃薯种植面积和产量占比超过全国的50%（图1至图3）。

马铃薯产业发展对于保障食物安全、促进农业现代化、发展区域经济等意义重大。中国是全球最大的发展中国家，马铃薯产业在中国发挥越来越重要的作用。随着马铃薯在我国粮食生产中的地位持续上升，2015年，农业部把马铃薯主粮化工作列入重要议程，2016年农业农村部（原农业部）为贯彻落实中央1号文件精神和新形势下国家粮食安全战略部署，推进农业供给侧结构性改革，转变农业发展方式，加快农业转型升级，把马铃薯作为主粮产品进行产业化开发，正式发布了《关于推进马铃薯产业开发的指导意见》。意见中提出将马铃薯作为主粮产品进行产业化开发，提出到2020年，马铃薯种植面积扩大到6.67万hm^2以上，平均亩产提高到1 300kg，总产达到1.3亿t左右。意见中指出要完善马铃薯生产扶持政策，落实农业支持保护补贴、农机购置补贴等政策；加大科研投入，提升科技创新对马铃薯产业发展的驱动能力等。在目前中国马铃薯主粮化战略的背景下，马铃薯产业在中国的发展前景将更加广阔。

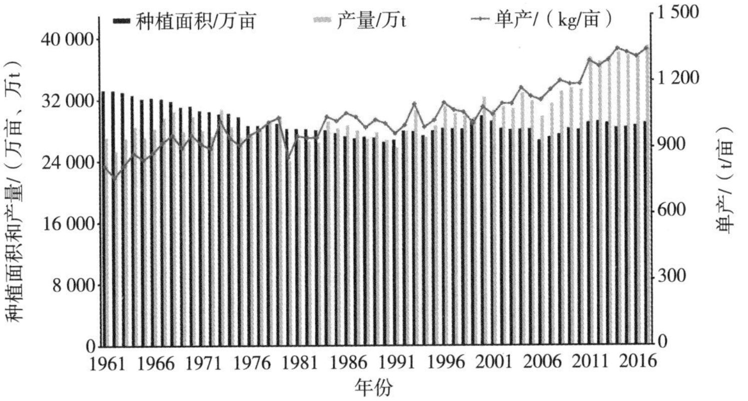

图1　世界马铃薯生产规模（1961—2017年）

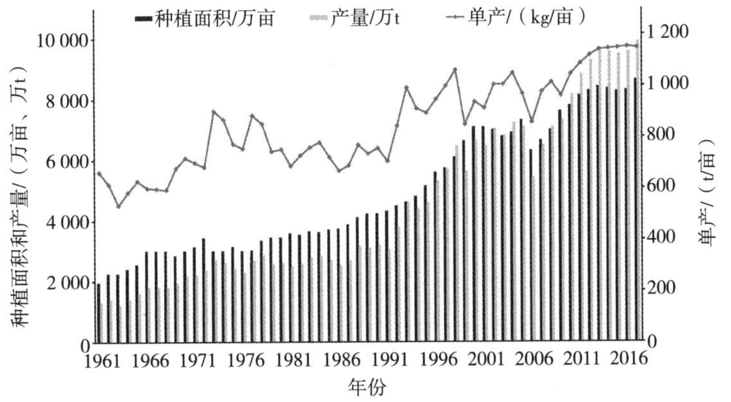

图2　我国马铃薯生产规模（1961—2017年）

3.2　潜在的适生区域

现有研究表明，马铃薯金线虫能在任何能够种植马铃薯的环境中存活。在较冷温度条件下如英格兰，每年主要发生1代，发生时期依赖于种植时期。在温暖地区如以色列，在冬季侵染种植的寄主作物。加拿大纽芬兰地区与我国黑龙江纬度相近，于1962年发现马铃薯金线虫为害，每年约投入80万加元用于控制和研究，目前仍未根除。马铃薯金线虫在温带、热带和寒带地区广泛分布，欧洲和地中海组织地区所有种植马铃薯区域均有马铃薯金线虫发生。因此，可推断我国所有马铃薯种植区域均适合马铃薯金线虫定殖和为害，我国西南、西北、东北等马铃薯主产区均为冷凉区域，且是我国重要的马铃薯种薯生产区域，是马铃薯金线虫传入和发生的高风险区域。

4 潜在的危害评估

由于马铃薯金线虫卵能在孢囊内存活多年，抗逆性极强，防控和根除较难。在马铃薯金线虫发生国家和地区，除对马铃薯进行严格检疫外，主要采取土壤熏蒸和轮作（一般3年以上）方法进行控制，但是熏蒸和轮作对于我国尤其是西南山区实施难度大。马铃薯是我国四大主粮作物之一，全国各省市均有种植，种植面积和总产量占世界的1/4以上。番茄和茄子是我国重要的蔬菜，种植广泛。一旦该线虫在我国定殖，造成的损失难以估量。

4.1 传入扩散可能性高

1997年我国农业部发布公告，禁止从48个马铃薯金线虫发生国家和地区进口马铃薯块茎及繁殖材料（表4）。但是，仍有少数来自疫区的用于科研目的种薯进入我国。随着贸易发展需要，2000年以来，我国先后解禁进口荷兰（尚未产生贸易）、加拿大、美国（仅限于阿拉斯加）和英国（微型薯）的种薯。此外，该线虫的发生分布范围逐渐扩大，现有分布区域远超过1997年公告的疫情发生区，这也意味着有可能从其他该线虫发生的国家和地区引进马铃薯及种薯。马铃薯金线虫孢囊很小，即使种薯等带土量很少，仍可能随土壤被埋在种薯的芽眼或任何不规则的凹面中传播。我国口岸多次在货物上截获马铃薯金线虫。2000年3月，江苏3个口岸3次在国际航行船舶上截获马铃薯金线虫，表明马铃薯金线虫传播方式隐蔽，传播途径复杂。因此，马铃薯金线虫极有可能随马铃薯和种薯传入我国。

表4 禁止公告

禁止进境物	禁止进境的原因（防止传入的危险性病虫害）	禁止的国家或地区
马铃薯块茎及繁殖材料	马铃薯黄矮病毒 马铃薯帚顶病毒 马铃薯金线虫 马铃薯白线虫 内生集壶菌	亚洲：日本、印度、巴勒斯坦、黎巴嫩、尼泊尔、以色列、缅甸 欧洲：丹麦、挪威、瑞典、独联体、波兰、捷克、斯洛伐克、匈牙利、保加利亚、芬兰、病毒、德国、奥地利、瑞士、荷兰、比利时、英国、爱尔兰、法国、西班牙、葡萄牙、意大利 非洲：突尼斯、阿尔及利亚、南非、肯尼亚、坦桑尼亚、津巴布韦 美洲：加拿大、美国、墨西哥、巴拿马、委内瑞拉、秘鲁、阿根廷、巴西、厄瓜多尔、玻利维亚、智利 大洋洲：澳大利亚、新西兰

4.2 定殖适生范围广

国外研究报道，马铃薯金线虫孵化的最适温度为20℃，20～25℃为侵入和发育的最适温度。我国马铃薯主要产区均气候凉爽，如东北、西北和西南地区，气温较低，适合马铃薯孢囊线虫的暴发流行。马铃薯是我国重要的粮食作物和经济作物，番茄、茄子产业是我国蔬菜产业的重要组成部分，种植广泛。因此，马铃薯金线虫，马铃薯金线虫孢囊一旦传入我国，温湿度条件合适，且寄主植物普遍，定殖适生范围广。

4.3 潜在经济损失大

4.3.1 造成直接经济损失大

马铃薯金线虫为害根部引起马铃薯产量降低甚至绝收，且没有有效的根除方法，造成直接经济损失。近年来，我国马铃薯种植面积基本稳定，总产略有增加（近年来马铃薯面积和产量见表5、图3）。2018年，我国马铃薯种植面积8 000多万亩，鲜薯总产量约1亿t，按照平均20%的产量损失计算，以商品薯2.0元/kg来计算，每年造成的直接经济损失将达400亿元。一旦马铃薯金线虫扩散危害番茄和茄子，损失更大。

表5　2012—2018年中国马铃薯行业产量及种植面积情况

年份	土豆产量/万t	种植面积/万hm^2
2012	1 687.17	503.08
2013	1 717.59	502.58
2014	1 683.11	491.04
2015	1 645.33	478.56
2016	1 698.57	480.24
2017	1 769.63	485.99
2018	1 804.88	490.22

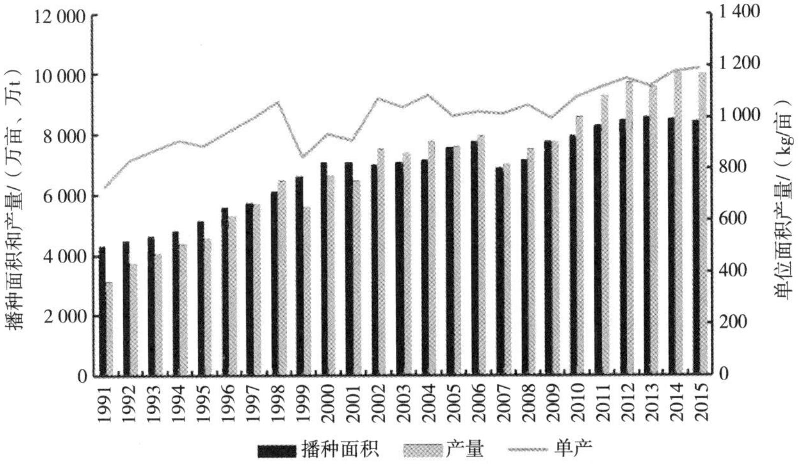

图3　我国马铃薯播种面积、产量和单产

4.3.2 影响马铃薯出口贸易

4.3.2.1 我国马铃薯贸易现状

全球马铃薯及产品的贸易量迅速上涨，进出口量基本满足同比增长。我国的马铃薯种植面积和总产量均居世界第一位，但产量大国地位与贸易国地位极不相称（冯献和詹玲，2012）。我国马铃薯国际贸易的主要类型包括种用马铃薯、鲜或冷藏的马铃薯、冷冻马铃薯、马铃薯淀粉、马铃薯细粉等。根据联合国商品贸易统计数据库中我国1992—2018年马铃薯贸易量显示：中国马铃薯及产品的出口量在波动中增加，而进口量波动明显（图4）。2018年我国马铃薯出口量、出口额分别为46.69万t，同比分别减少11.7%，进口量为5.83万t，同比减少20.7%。

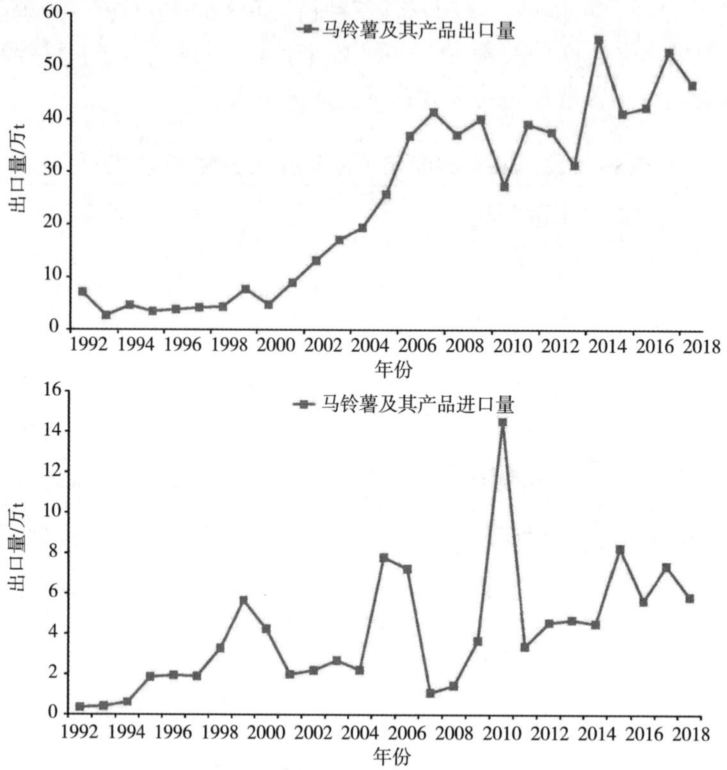

图4　中国马铃薯及其产品进出口情况

从出口品种来看，鲜或冷藏的马铃薯是2018年我国马铃薯主要出口品种，占出口总量的95.97%，出口量、出口额分别为44.80万t、2.61亿美元，比2017年分别减少了12.1%和6.9%。从出口目的地来看，我国马铃薯出口市场相对集中，主要出口马来西亚、俄罗斯、越南、新加坡等国家和中国香港地区，其中马来西亚是我国最大的马铃薯出口市场（周向阳等，2019）。从进口品种来看，马铃薯淀粉是2018年我国马铃薯及其产品主要进口品种，进口量为4.9万t，占比为83.57%。进口国主要为德国、荷兰、波兰和美国。

4.3.2.2　对马铃薯出口贸易的影响

马铃薯金线虫是国际上关注的重要检疫性有害生物，欧盟、南锥体区域植保委员会、欧洲和地中海植保组织将马铃薯金线虫作为检疫性有害生物，马来西亚、俄罗斯、印度尼西亚、土耳其、阿尔巴尼亚、阿尔及利亚、爱沙尼亚、安提瓜和巴布达、巴拉圭、巴西、白俄罗斯、保加利亚、塞尔维亚、比利时、冰岛、波兰、丹麦、哥斯达黎加、古巴、韩国、荷兰、吉尔吉斯斯坦、加拿大、捷克、克罗地亚、拉脱维亚、老挝、立陶宛、罗马尼亚、马达加斯加、马耳他、马其顿、毛里塔尼亚、美国、摩尔多瓦、摩洛哥、墨西哥、南非、挪威、瑞士、塞尔维亚、斯洛伐克、斯洛文尼亚、突尼斯、乌克兰、乌拉圭、匈牙利、也门、印度尼西亚、约旦、越南、智利等50多个国家也将其作为检疫性有害生物管理。据https://comtrade.un.org/data/查询，我国2017年出口马铃薯264 956.75t，主要出口国有马来西亚、俄罗斯、越南、哈萨克斯坦、斯里兰卡、新加坡、印度尼西亚、蒙古、埃及、尼日利亚、土耳其、科威特、波兰、德国等45个国家。一旦我国马铃薯发生马铃薯金线虫，极有可能影响我国马铃薯鲜薯和种薯出口贸易。除马铃薯外，其他带根的农产品出口也将严重受阻。

4.3.3 防控成本高

马铃薯金线虫具有休眠和滞育的特性，在土壤内能存活多年，抗逆性极强，铲除极其困难。土壤熏蒸剂能杀死大量的线虫，但是价格比较昂贵，很难大面积实施。

4.4 社会影响不可低估

马铃薯是我国第四大主粮，人均消费日益增加（图5）。马铃薯金线虫一旦传入，防控成本高，灭杀效果有限，贵州、云南、四川等马铃薯种植区域大都为山区，不适宜采用土壤熏蒸处理。马铃薯作为山区人民主食，也是主要的经济来源，采用轮作方法不可行。马铃薯、番茄是贫困地区农业增效、农民增收的重要农作物，已逐渐成为优势产业。贫困地区发展马铃薯生产极有可能随种薯传入马铃薯金线虫，直接影响产业扶贫效果。熏蒸剂杀线剂一般有毒，由于安全问题或其对臭氧层的影响，以前用于线虫控制的许多化学品现已被禁止或正在逐步淘汰，同时存在污染地下水的风险。

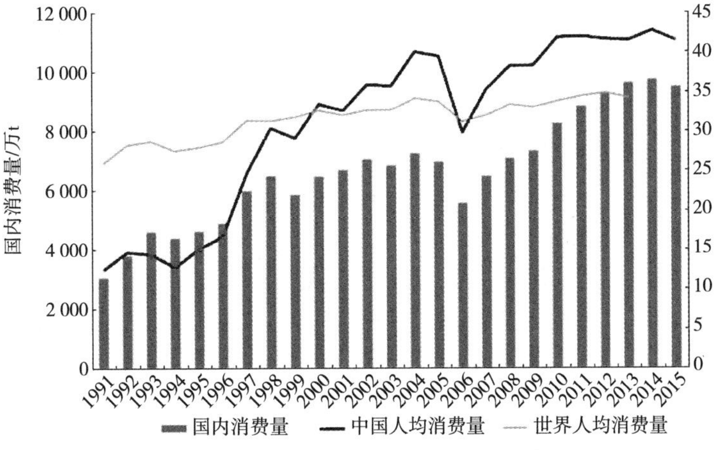

图5 马铃薯消费情况

5 风险管理措施

马铃薯金线虫传入早期很难发现，国外经验表明，马铃薯金线虫从定殖到被发现有危害状至少需要7～8年时间。这导致该线虫的发现、监测和调查难。鉴于马铃薯金线虫传入风险高，定殖适生范围广，调查、防控铲除难，为防止马铃薯金线虫传入和危害，提出如下风险管理措施。

5.1 建立马铃薯金线虫监测体系

早发现早预防，所有防控措施均是建立在合理监测基础上的。在马铃薯主产区尤其是马铃薯种薯主要生产区设立监测点，建立马铃薯金线虫监测体系，开展日常监测和调查。发现疑似疫情，采集疑似土壤样品和马铃薯及时送有关专家检测。

5.2 加强马铃薯种薯检疫

马铃薯种薯是马铃薯金线虫风险最高的传播途径。欧盟和日本等国家和地区均对马铃薯种薯严格检疫管理，要求种薯不能携带马铃薯金线虫等疫情，确保疫情不随种薯调运扩散，减少传播源，降低危害损失。我国海关应加强对进境马铃薯种薯的检验检疫，我国国内农业植物检疫机构应加强马铃薯种薯产地检疫和调运检疫，禁止携带马铃薯金线虫的马铃薯种薯调出。

5.3 应急处置疫情发生点

一旦发现马铃薯金线虫疫情，应立即封锁疫情发生点，划定疫情发生区，对疫情发生点采取销毁马铃薯薯块和植株、土壤熏蒸、种植诱集寄主等应急处置措施，禁止发生点再次种植马铃薯、番茄、茄子等茄属植物，同时禁止疫情发生区的马铃薯薯块和种薯调出。有条件的区域可采取其他根除措施。

土壤熏蒸。采用威百亩、溴甲烷或棉隆等杀线剂进行土壤熏蒸。据报道，美国2006年在爱达荷针对马铃薯白线虫采取溴甲烷熏蒸，孢囊内卵的活性衰退率达99%。

种植诱集寄主。马铃薯金线虫一旦成功侵入寄主，将在根上固定取食，无法自由移动。国外报道，采用马铃薯诱集寄主，土壤中的线虫密度下降73%～87%。利用其专性寄生的特点，土壤熏蒸后，继续种植马铃薯，作为诱捕植物刺激马铃薯金线虫孵化，30～50天后喷洒除草剂杀灭马铃薯植株，导致线虫将无法继续发育而死亡。

5.4 加强技术储备和检疫能力建设

建议组织有关专家密切关注国外有关马铃薯金线虫的发生、防控技术进展等信息，重点对马铃薯金线虫生物学、适生范围、疫情灾变流行规律和封锁控制措施等进行研究，做好技术储备。马铃薯金线虫在欧洲等国家已发生多年，发生国家已形成了比较完整的国家监管体系，建议学习其先进经验，开展马铃薯金线虫的识别、监测和防控技术培训，提升我国农业植物检疫人员对该线虫的鉴别和防控水平。

参考文献

冯献，詹玲，2012. 中国马铃薯贸易形势与前景展望[J]. 农业贸易展望（9）：45-50.

韩嫣，武拉平，2016. 中国马铃薯贸易形势及竞争策略[J]. 农业贸易展望（10）：58-62.

周向阳，张洪宇，张晶，等，2019. 2018年马铃薯市场形势回顾及2019年展望[J]. 中国蔬菜，363（5）：14-17.

王秀丽，王士海，2017. 全球马铃薯进出口贸易格局的演变分析：兼论中国马铃薯国际贸易的发展趋势[J]. 世界农业（9）：123-130，139.